# 钢-混凝土组合结构火灾力学性能及工程应用

Fire Mechanical Behaviour and Engineering Applications of Steel-concrete Composite Structures

王广勇 著

化学工业出版社

·北京·

## 内容简介

钢管混凝土结构和型钢混凝土结构是两种典型的、应用广泛的钢-混凝土组合结构。钢-混凝土组合结构多用于高层建筑结构，高层建筑结构面临着较高的火灾危险性，钢-混凝土组合结构的耐火性能、抗火设计和火灾后性能评估方法是结构抗火和火灾后性能评估领域的关键问题。本书主要内容包括：钢管混凝土框架结构耐火性能及抗火设计方法、型钢混凝土框架结构耐火性能试验研究及精细计算模型、型钢混凝土框架结构抗火设计原理、火灾后型钢混凝土结构力学性能评估方法、火灾后型钢混凝土结构抗震性能评估方法。最后，还包括工程应用。

本书可供从事土木工程结构、防灾减灾、工程防火领域的研究与设计人员以及高等院校土木建筑类专业的师生参考。

## 图书在版编目（CIP）数据

钢-混凝土组合结构火灾力学性能及工程应用 / 王广勇著 . —北京：化学工业出版社，2024.2
ISBN 978-7-122-44449-3

Ⅰ.①钢… Ⅱ.①王… Ⅲ.①钢筋混凝土结构-耐火性-研究 Ⅳ.①TU375

中国国家版本馆 CIP 数据核字（2023）第 217181 号

责任编辑：张　艳
文字编辑：罗　锦　师明远
责任校对：王　静
装帧设计：王晓宇

出版发行：化学工业出版社
　　　　　（北京市东城区青年湖南街13号　邮政编码100011）
印　　装：北京建宏印刷有限公司
787mm×1092mm　1/16　印张23　字数566千字
2024年3月北京第1版第1次印刷

购书咨询：010-64518888
售后服务：010-64518899
网　　址：http://www.cip.com.cn
凡购买本书，如有缺损质量问题，本社销售中心负责调换。

定　　价：198.00元

前言
PREFACE

建筑火灾是发生频率很高的灾害，建筑火灾严重威胁着人员生命和财产的安全，同时也威胁着建筑结构的安全。2001年9月11日，美国世界贸易中心双子塔被飞机撞击，引起大火导致整体建筑结构发生连续性倒塌，导致多人死亡，引起了人们对建筑结构耐火机理的重视。分析表明，高温作用下，世界贸易中心钢桁架楼板在高温下软化，失去对钢柱的支撑作用，使得钢柱承载能力骤降，进而引起整体结构的连续性倒塌破坏。2003年11月3日，湖南省衡阳市商住楼衡州大厦的底层仓库发生大火，导致结构整体坍塌，造成了20名消防队员牺牲。事后检测和分析发现，衡州大厦建筑结构整体倒塌是底层钢筋混凝土柱耐火能力不足导致的。2015年1月2日，哈尔滨北方南勋陶瓷市场仓库发生大火，造成3栋居民楼整体倒塌，导致5名消防队员牺牲。该建筑底部为钢筋混凝土框架结构，上部为砌体结构。火灾下建筑结构的安全可以为人员疏散、消防灭火提供安全保障，也可为建筑本身及财产提供安全保障。火灾下建筑结构安全是生命和财产安全的最后一道防线，一旦建筑结构倒塌，其余将无从谈起，火灾下建筑结构的安全至关重要。为此，需要采用科学合理的方法进行抗火设计，掌握建筑结构的耐火性能及抗火设计原理成为结构抗火设计的迫切需要。

此外，建筑结构遭遇火灾后，需要对其火灾后的静力力学性能开展评估，为其火灾后的修复和加固提供参考依据。处于抗震设防区的建筑结构，遭受火灾后仍然面临着抗震设计的需求，需要对其火灾后的抗震性能进行评估。例如，2009年2月9日发生的央视电视文化中心（TVCC）大火造成了1名消防队员的牺牲和1.6亿元的直接经济损失。尽管TVCC没有倒塌，但火灾对建筑结构造成了严重的损伤。由于该建筑结构位于8度抗震设防区，建筑结构面临着火灾后抗震性能评价和修复加固的难题。为此，需要对遭受火灾的建筑结构进行抗震性能评估，这就需要火灾后建筑结构的抗震性能计算模型及评估方法。

钢管混凝土结构和型钢混凝土结构是两种典型且广泛应用的钢-混凝土组合结构。由于具有较好的抗震性能、延性和承载能力，钢-混凝土组合结构广泛应用于高层或超高层建筑结构。高层建筑增加了消防灭火和人员疏散的困难，国家对其耐火能力提出了较高要求，以进一步提高高层建筑中的钢-混凝土组合结构的耐火能力。钢-混凝土组合结构由型钢和钢筋混凝土、钢管和混凝土组成，存在钢-混凝土之间复杂的界面特性和型钢对混凝土的约束作用等机理，其传热机制和耐火机理复杂，需要对其开展深入研究。此外，火灾作用下，整体结构各组成部分之间存在热膨胀导致的温度内力和材料高温劣化导致的性能下降相互耦合作用，整体结构的力学性能更加复杂。对于高层建筑结构，重力荷载的二阶效应和水平风荷载都会对整体结构的耐火性能产生较大影响。因此，从整体结构的角度考察钢-混凝土组合结构的耐火性能更合理。

本书介绍了钢-混凝土组合结构耐火性能计算模型和抗火设计方法，从整体结构的角度探讨了钢-混凝土组合结构的耐火性能及破坏形态，揭示了火灾下整体结构的工作机理，建立了考虑结构整体作用的抗火设计方法和实用方法。本书还介绍了火灾后钢-混凝土组合结构的静力力学性能评估方法和抗震性能计算模型及评估方法。

众所周知，结构工程是一门试验性很强的学科，本书介绍了大量的结构耐火性能试验、结构火灾后性能试验和火灾后抗震性能的试验成果，而且这些试验多数为整体框架结构的试验。试验研究不仅为本书理论研究内容奠定了坚实的实践基础，也为读者提供了生动的直观感受和第一手研究资料。作者进行理论研究的同时，积极将理论研究成果应用于工程实践，并及时发现工程实践中的新问题，进一步研究其工作机理，及时提出理论方法，最终形成了理论和工程实践相互促进的良好循环。本书成果已应用于北京中国尊巨型钢管混凝土柱的抗火设计、央视电视文化中心建筑结构的火灾后性能评估及修复加固，以及宁波地铁和厦门地铁车辆段的钢筋及型钢混凝土框架结构的抗火设计等多项结构抗火设计和火灾后性能评估实际工程中。本书也详细介绍了理论成果的应用情况。

在研究过程中，博士生郑蝉蝉参与了端部约束型钢混凝土柱耐火性能的试验研究和理论研究工作，博士生张超参与了型钢混凝土框架结构火灾后力学性能的试验和理论研究工作。研究生谢福娣、刘维华、苏恒、方淳锟、崔兴晨、李政从事了部分试验研究工作。在作者进行央视电视文化中心建筑结构火灾后性能评估和修复加固工作中，得到了中国建筑科学院李引擎、清华大学韩林海老师及课题组的大力支持。在结构抗火设计方法推广工作中得到中交建筑集团徐峰等人的大力支持。在此，一并表示诚挚的感谢。本书相关研究内容得到了国家自然科学基金（项目编号：51778595、51278477）、山东省自然科学基金（项目编号：ZR2023ME126）、北京市自然科学基金（项目编号：8172052）、中交建筑集团有限公司项目"大型综合交通枢纽关键建造技术创新与应用"和烟台大学博士启动基金（项目编号：TM20B73）等科技项目的资助和支持，特此致谢。最后，感谢烟台大学对本书出版的资助。

由于作者水平和视野所限，书中难免存在不足和疏漏之处，真诚希望读者提出批评和建议。

著者

2023 年 7 月

# 目录
## CONTENTS

# 第1章 钢管混凝土柱-钢梁框架的耐火性能

## 1.1 圆钢管混凝土柱-钢梁框架的耐火性能

### 1.1.1 引言

钢管混凝土结构是由钢和混凝土两种材料组成的，它充分发挥了钢和混凝土两种材料的优点，具有承载能力高、延性好等优点。近年来，由钢管混凝土柱和钢梁组成的框架结构在住宅建筑中的应用越来越广泛。但由于住宅建筑火灾发生频繁，对人民生命和财产的危害较大，因此，对钢管混凝土框架耐火性能的研究十分必要。当建筑发生火灾时，火灾往往发生在建筑的局部区域，研究局部火灾作用下建筑结构的耐火性能同样十分重要。

钢管混凝土柱中钢管与混凝土之间存在较强的相互作用，这种相互作用对火灾下结构的变形、结构的极限状态和破坏机理有明显的影响。另外，我国现行防火设计规范规定了基于独立构件的抗火设计方法，而研究表明火灾下考虑结构的整体作用后构件的耐火性能与独立构件的耐火性能存在差别。准确地了解火灾下钢管混凝土平面框架的工作机理，包括变形规律、破坏机理、耐火极限状态、耐火极限和结构整体作用对构件耐火性能的影响规律是了解火灾下钢管混凝土框架耐火性能和准确地进行这类结构抗火设计的关键。本节建立了火灾下可考虑钢管与混凝土相互作用的多层多跨钢管混凝土柱-钢梁平面框架温度场和力学性能分析的有限元计算模型，并以局部火灾作用下典型的三层三跨钢管混凝土平面框架结构为例，对局部火灾下多层多跨钢管混凝土平面框架结构的破坏规律和机理、变形规律和耐火极限等规律进行了研究，并探讨了结构整体作用对构件耐火性能的影响规律。

### 1.1.2 火灾下钢管混凝土平面框架结构有限元计算模型的建立

#### 1.1.2.1 典型框架的确定

对典型的钢管混凝土框架结构住宅进行的调查显示，这些住宅建筑以圆形或矩形钢管混凝土柱-工字钢梁框架-剪力墙为主，层数在 8～30 层之间，层高在 2.8～3m 之间，跨数以三跨居多。参照典型的钢管混凝土住宅建筑的布局，选择典型的 3 层 3 跨钢管混凝土平面框架作为典型代表对多层多跨框架的耐火性能进行分析，平面框架计算模型如图 1.1.1 所示。平面框架的结构布局及荷载均参照典型钢管混凝土柱框架住宅的工程实例。平面框架的跨度分别为 4.8m、4.4m、4.6m，层高 2.8m，梁截面为 I 350mm×150mm×6.5mm×9mm。

混凝土采用 C30 混凝土，钢梁采用 Q235 钢，钢管采用 Q345 钢，材料强度取标准值。

顶层柱顶作用集中荷载 $N_i$（$i$=1,2,3 和 4），梁上作用均布荷载 $q$，荷载布置见图 1.1.1。根据国家标准《建筑结构荷载规范》（GB 50009—2012）[1] 确定恒载和活载，并根据《建筑钢结构防火技术规范》（GB 51249—2017）[2] 进行了火灾时的荷载组合。柱顶荷载情况 1（$N_1$=1024kN、$N_2$=1036kN、$N_3$=1322kN、$N_4$=773kN）、$q$=59kN/m 对应于实际结构 3 层柱底端火灾时的轴压力组合值。为研究荷载参数变化对结构耐火性能的影响规律，适当变化了柱顶荷载和梁均布荷载。荷载参数的变化有两种，第一种在保持 $q$=59kN/m 不变的条件下变化柱顶荷载 $N_i$，对应于当实际建筑高度变化时的情况。第二种是在保持柱顶荷载情况 1 和 $q$=59kN/m 作用下框架荷载总值不变的条件下变化梁均布荷载 $q$，计算中取 $q$ 分别为 32kN/m、59kN/m 和 86kN/m，分别对应于左跨梁梁端和跨中均出现塑性铰时对应的均布极限荷载的 0.30、0.56、0.83 倍，这个值为框架梁的受弯荷载比。

本节参考的工程实例为无侧移框架，为研究无侧移框架的耐火性能，有限元模型中在最上层中跨梁跨中约束水平位移，以模拟剪力墙对框架提供的水平支撑作用。

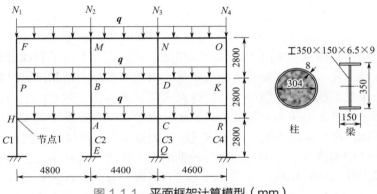

图 1.1.1  平面框架计算模型（mm）

考虑火灾发生位置的偶然性，共设计了 9 种火灾工况进行分析，各火灾工况见图 1.1.2。考虑到受火范围不大，火灾温度采用 ISO834（1999）[3] 标准升温曲线，室温取 20℃。为了近似模拟实际火灾，受火区域内柱采用周边受火，受火区域边柱靠近内侧的四分之三的柱表面受火，外侧四分之一面积为散热面。框架传热分析中考虑楼板的影响，建立了楼板模型。

对钢管混凝土柱-钢梁平面框架采用厚涂型防火涂料，并采取两种防火保护层厚度。第一种采用参考的实际结构的保护层厚度，梁和柱保护层厚度分别取 20mm 和 12mm，实际建筑保护层厚度满足国家标准《建筑设计防火规范（2018 年版）》（GB 50016—2014）[4] 对耐火等级为二级建筑的防火要求，根据《建筑设计防火规范（2018 年版）》（GB 50016—2014）[4]，梁的耐火极限为 1.5h，柱的耐火极限为 2.5h。

整体分析表明，采用第一种防火保护层厚度时框架均首先出现了梁的失稳破坏，而柱则没有破坏。实际建筑中，当结构的高度进一步增加，柱轴压比进一步加大时，结构就容易出现钢管混凝土柱首先破坏的情况。为了研究框架中钢管混凝土柱保护层厚度首先破坏时的框架性能，梁和柱保护层厚度分别取 50mm 和 7mm 时，并在柱顶荷载情况 2（$N_1$=2304kN、$N_2$=3060kN、$N_3$=2976kN、$N_3$=1740kN）、$q$=59kN/m 时出现了柱首先破坏的情形。

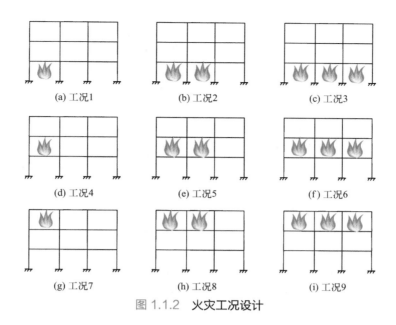

图 1.1.2　火灾工况设计

### 1.1.2.2　材料热工参数和热力学模型

（1）材料热工参数

本节采用 Lie[5] 给出的钙质混凝土热传导系数和比热容的计算公式，Lie[5] 把密度和比热容放在一起并区分硅质和钙质给出它们与温度的关系式，Lie 提出的模型将在本书后面介绍。

（2）材料高温本构关系

钢筋采用各向同性强化弹塑性模型，高温下钢筋的应力-应变关系采用 Lie[5] 提出的模型，如式（1.1.1），钢筋的热膨胀变形采用 Lie[5] 提出的模型。

$$\sigma=\begin{cases}\dfrac{f(T,0.001)}{0.001}\varepsilon & \varepsilon\leqslant\varepsilon_{p}\\[3mm]\dfrac{f(T,0.001)}{0.001}\varepsilon_{p}+f\left[T,\left(\varepsilon-\varepsilon_{p}+0.001\right)\right]-f(T,0.001) & \varepsilon>\varepsilon_{p}\end{cases}\qquad(1.1.1)$$

其中，$\sigma$、$\varepsilon$ 分别为应力和应变；$f(T,0.001)=(50-0.04T)\left\{1-\exp\left[(-30+0.03T)\times\sqrt{0.001}\right]\right\}\times6.9$；$f(T,\varepsilon-\varepsilon_{p}+0.001)=(50-0.04T)\left\{1-\exp\left[(-30+0.03T)\sqrt{\varepsilon-\varepsilon_{p}+0.001}\right]\right\}\times6.9$；$\varepsilon_{p}$ 为与比例极限对应的应变；$T$ 为温度，℃。

混凝土采用 ABAQUS 提供的塑性损伤混凝土本构模型。王卫华[6] 提出了适合高温下钢管混凝土柱内受约束的混凝土的单轴受压应力应变关系，经过了大量试验结果的验证，精确度高，采用王卫华[6] 提出的适于用三维实体单元分析的混凝土单轴应力应变关系模型。对于常温区的钢管约束下的混凝土单轴受压应力应变关系，采用韩林海[7] 提出的考虑约束效应并适合于纤维模型法的应力应变关系。高温下混凝土单轴受拉应力应变关系采用双线性模型，高温下混凝土热膨胀系数采用 Lie[5] 提出的模型。

### 1.1.2.3 有限元模型概述

本节采用软件 ABAQUS 建立钢管混凝土框架的有限元模型,利用 ABAQUS 软件的顺序耦合方式进行火灾下力学性能分析,即首先进行结构的传热分析,然后进行升温条件下的力学分析。

为了精确地了解结构受火部分的力学行为,本节有限元模型采用梁单元、壳单元和实体单元混合建模方式,受火钢梁和钢管采用壳单元 S4R 模拟,受火混凝土采用 C3D8R 模拟。当火灾发生在第二层或第三层时,底部受火梁也采用壳单元模拟。由于钢管和混凝土柱热膨胀系数不同,钢管和混凝土之间存在滑移,有时钢管还会发生局部屈曲,本节中钢管和混凝土之间设立硬接触,钢管为主面,混凝土为从面,二者之间的黏结力通过设立库仑摩擦近似模拟,摩擦系数近似取常温下的值 0.6[7]。非受火部分的钢框架梁采用梁单元 B32 模拟,而框架柱的钢管和混凝土部分均采用 B32 模拟,二者通过"tie"约束方式连接共同变形。与力学分析模型相对应,温度场分析中框架受火部分采用与力学模型相同的网格划分,钢梁和钢管用热传导壳单元 DS4 模拟,混凝土采用三维热传导单元 DC3D8 单元划分网格,防火涂料和楼板采用热传导壳单元 DS4 模拟。钢管混凝土框架的温度场分析有限元模型及高温下力学性能分析有限元模型及其网格划分见图 1.1.3,在力学分析模型中柱底层底端均施加了固结边界条件。

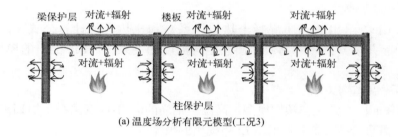

(a) 温度场分析有限元模型(工况3)

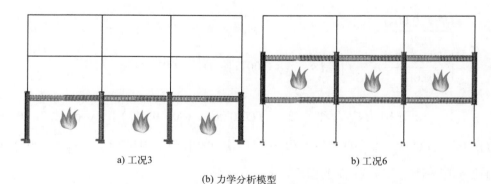

a) 工况3　　　　　　　　　　　　　　b) 工况6

(b) 力学分析模型

**图 1.1.3　钢管混凝土框架温度场和力学性能分析有限元模型**

为了模拟楼板对钢梁的侧向支撑作用,在钢梁上翼缘的中心线上施加垂直框架平面方向平动约束和转动约束以模拟楼板对钢梁上翼缘的约束作用。

### 1.1.2.4 有限元模型的验证

（1）钢管混凝土柱

利用本节有限元模型对韩林海[7]进行的 13 根圆形钢管混凝土轴心受压柱和偏心受压柱

耐火极限试验进行了数值模拟。这些柱长度 3.81m，截面外径为 150～478mm，钢管厚度 4.6～8mm，火灾荷载比在 0.5～0.9 之间。对于轴心受压钢管混凝土柱，计算中采用了施加大小为 H/1000 的初始偏心模拟钢管混凝土柱的初始缺陷，其中 H 为柱高。对于偏心受压柱，除初始偏心外，还施加荷载偏心。耐火极限的计算结果与试验结果的对比如图 1.1.4 所示。可见，由于耐火极限试验的离散性，有些计算点与实测值差别较大，但总体上计算结果与实测结果基本吻合。

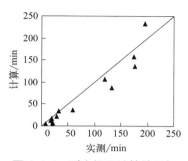

图 1.1.4　耐火极限计算结果与实测结果[7] 的比较

（2）钢管混凝土柱-钢梁连接节点

Song 等[8]进行了 1 个带楼板的圆钢管混凝土柱-钢梁连接节点的耐火性能试验。节点柱高度 3.8m，梁长度 3.9m，节点柱截面为 $D \times t$=325mm×5mm，梁截面为 I200mm×120mm×4.85mm×7.63mm，其中 $D$ 为柱截面外径，$t$ 为钢管厚度。钢管、H 型钢梁翼缘、腹板和板钢筋的屈服强度实测值 $f_y$ 分别为 376MPa、245MPa、295MPa、388MPa，混凝土立方体抗压强度 $f_{cu}$ 为 54.3MPa。节点柱底端固结，柱顶约束水平和转动位移。柱顶作用轴向压力 $N_c$，梁端作用竖向荷载 $N_b$，柱和梁火灾荷载比均为 0.5，节点的计算简图如图 1.1.5 所示。

柱保护层厚度为 7mm，梁保护层厚度为 15mm。为了模拟实际受火的节点，节点受火方式采用如图 1.1.5 所示三面受火方式，升温曲线采用 ISO834（1999）[3] 标准升温曲线，温度测点布置如图 1.1.6 所示。

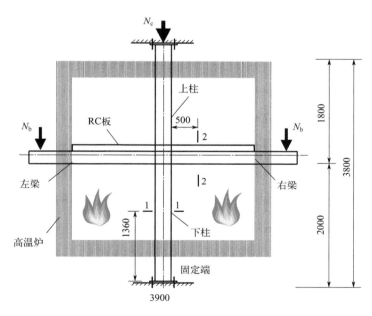

图 1.1.5　节点计算简图（mm）

利用本节建模方法建立了钢管混凝土柱-钢梁连接节点的有限元模型，其中节点楼板利用壳单元 S4R 模拟，建立的高温下节点力学性能分析有限元模型如图 1.1.7 所示。

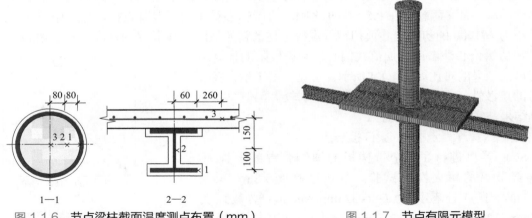

图 1.1.6 节点梁柱截面温度测点布置（mm）　　　　图 1.1.7 节点有限元模型

计算的节点耐火极限为 56min，该节点实测耐火极限为 48min，二者基本吻合。计算得到的节点柱截面 1—1 和梁截面 2—2 各测点温度-受火时间关系曲线与试验曲线的比较分别如图 1.1.8、图 1.1.9 所示。可见，梁柱截面各测点温度计算值与实测值基本吻合。

计算得到的节点试件梁柱端变形-受火时间关系曲线与试验曲线的比较如图 1.1.10 所示，其中 $\Delta_{\mathrm{c}}$ 为柱端变形，$\Delta_{\mathrm{b}}$ 为梁端变形，以向上为正。可见，计算值与实测值基本吻合。

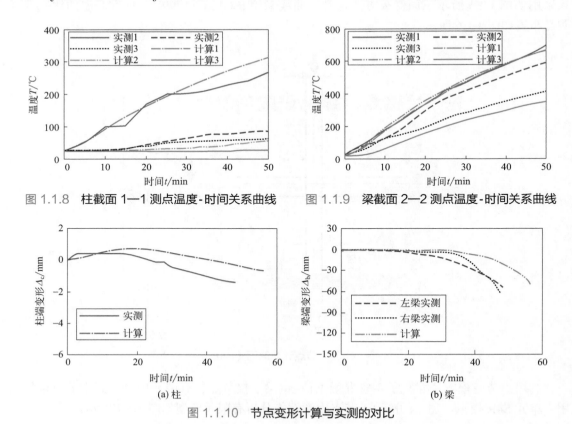

图 1.1.8 柱截面 1—1 测点温度-时间关系曲线　　图 1.1.9 梁截面 2—2 测点温度-时间关系曲线

(a) 柱　　　　　　　　　　　　　(b) 梁

图 1.1.10 节点变形计算与实测的对比

### 1.1.3　框架温度场

利用建立的温度场计算模型计算的工况 3 和工况 6、受火时间为 120min 时钢管混凝土框架温度场分布如图 1.1.11 所示。图中 NT11 表示温度，单位℃。从图 1.1.11 可看出，由于混凝土吸热，钢梁靠近节点的区域温度比钢梁中部低，钢管的温度比钢梁低得多，钢梁端部温度场受节点影响的区域较小，钢梁的温度可认为沿长度方向均匀分布。工况 6 时框架下部受火钢梁的温度较低，但受火时间 120min 时腹板最高温度超过 200℃。此时，虽然钢材的屈服强度下降很小，但钢材的热膨胀变形不可忽略，因此，受火区域底部受火梁应该考虑温度升高效应。

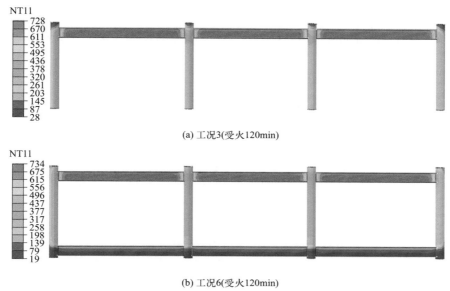

(a) 工况3(受火120min)

(b) 工况6(受火120min)

图 1.1.11　钢管混凝土框架温度场

### 1.1.4　火灾下钢管混凝土框架结构耐火性能分析

火灾下，框架结构到达承载能力极限状态时，结构部分构件的变形和部分特征点的位移出现快速增加的现象，这些变形和位移增加的速率也快速增加，当这些变形和位移及其增加速率达到一定的标准时才可认为结构到达耐火极限状态，此时的受火时间即为耐火极限，而目前还没有公认的关于框架结构的耐火极限标准。分析表明，火灾下钢筋混凝土框架和型钢混凝土框架出现了受火梁的受弯破坏和受火柱的受压破坏导致的框架破坏[9]，钢管混凝土出现了受火梁的整体失稳破坏和受火柱受压破坏导致的框架破坏[10,11]。尽管这些破坏都是框架整体破坏中不可分割的组成部分，但受火构件的破坏仍是框架破坏的主要原因。因此，仍可通过评价这些框架中发生破坏的受火构件的变形获得框架的耐火极限。本节主要考察受火柱的变形、受火梁跨中挠度的大小及其增加速率判断结构是否到达耐火极限，而梁柱构件的耐火极限标准仍参照 ISO834[3] 执行，其耐火极限标准与《建筑构件耐火试验方法》（GB/T 9978）相同。

根据 ISO834（1999）[3] 标准：①当梁最大挠度达到 $L^2/(400h)$（mm），同时当挠度超过 $L/30$（mm）后变形速率超过 $L^2/(9000h)$（mm/min），梁达到耐火极限，其中 $L$ 为梁跨

度，$h$ 为梁截面高度；②关于柱的耐火极限，当柱轴向压缩量达到 $0.01H$（mm）并且轴向压缩速率超过 $0.003H$（mm/min）时，柱到达耐火极限，其中 $H$ 为柱受火高度，以mm 计。

### 1.1.4.1 局部破坏形态

分析表明，梁柱保护层厚度分别为 20mm 和 12mm 情况下，当柱顶荷载情况 1（$N_1$=1024kN、$N_2$=1036kN、$N_3$=1322kN、$N_4$=773kN）、梁荷载 $q$=59kN/m 时，各火灾工况下均发生了跨度最大的左跨受火梁的整体屈曲破坏。

（1）破坏形态

图 1.1.12 中给出了典型工况 3、工况 6 框架破坏时的变形。首先以上述荷载情况下工况3 为例对框架的破坏过程进行分析。从图 1.1.12（a）可见，跨度最大的左边跨发生的挠曲变形发展最大，最右跨的挠曲变形次之，跨度最小中间跨挠曲变形最小。可见，跨度越大，受火梁挠度发展得越快。框架左跨受火钢梁首先发生了自下翼缘开始的整体失稳破坏，而右跨梁出现了梁端附近下翼缘和腹板的屈曲破坏，但整个梁尚未发生整体失稳破坏。

(a) 工况3                  (b) 工况6

图 1.1.12　框架破坏时的变形

左边跨受火梁跨中上翼缘挠度和下翼缘跨中（取下翼缘中部节点）侧移与受火时间的关系曲线分别如图 1.1.13、图 1.1.14 所示。可见，受火前期，左边跨梁跨中上翼缘挠度和下翼缘侧移发展较慢，而下翼缘侧移发展更慢，受火后期二者增加明显加快。$A$ 点（$A$ 点对应梁开始整体失稳时刻）时，跨中上翼缘挠度和下翼缘侧移开始快速增加，表明受火梁开始整体失稳。

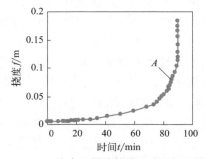

图 1.1.13　跨中上翼缘挠度 - 时间关系曲线

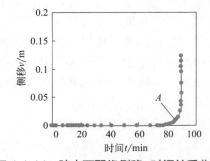

图 1.1.14　跨中下翼缘侧移 - 时间关系曲线

工况 3 左边跨受火梁的屈曲过程如图 1.1.15 所示。可见，首先，受火梁两端腹板发生了受剪屈曲，下翼缘发生了受压屈曲。然后，由于两端腹板和下翼缘的局部屈曲，引发了梁中部下翼缘的扭转和侧移。最后，由于梁跨中下翼缘的扭转和侧移，梁中部腹板在竖向发生屈曲变形，从而加剧了下翼缘的扭转和侧移变形。随着受火梁局部变形的累加，逐步形成了整体失稳。

(a) $t=86.3\text{min}$            (b) $t=90\text{min}$

图 1.1.15　受火梁下翼缘失稳

分析表明，随温度升高，框架中左边跨梁两端腹板首先发生屈曲，带动下翼缘整体侧向变形，导致跨中下翼缘侧移。由于跨中下翼缘侧移，跨中腹板在竖向压应力作用下屈曲，最后形成受火梁自下翼缘开始的整体屈曲。横向荷载作用下梁端剪力较大，形成斜向主压应力，有使梁两端腹板屈曲的趋势。受火梁受热膨胀产生压应力与荷载产生的斜向主压应力的共同作用也加剧了梁端腹板屈曲的趋势。在上述两种主压应力共同作用下，当温度升高引起钢材强度下降达一定程度，钢梁两端腹板就会发生局部屈曲，进而逐步引发钢梁的整体失稳。因此，梁横向荷载和钢梁受热膨胀的共同作用导致了钢梁的整体屈曲。为了保证框架结构受火时构件的安全，可将受火梁的整体屈曲当作框架的耐火极限状态。在高温下，钢梁不仅发生了局部屈曲，而且发生了受火梁的整体失稳，其破坏形式与常温下有明显的差别。

（2）框架内力分布规律

本节以柱顶荷载情况 1、梁荷载 $q=59\text{kN/m}$ 情况下、工况 3 为例分析框架梁柱的内力分布规律，工况 3 左跨受火梁跨中截面的轴力、弯矩与受火时间的关系曲线如图 1.1.16 所示。可见，受火后，跨中截面轴力经历了压力先增加后减小、最后转变为拉力的过程。受火梁跨中截面轴力增加的主要原因是受火梁受热膨胀时受到周围构件约束。受火后期，由于梁的挠曲变形和材料的高温软化，轴力绝对值开始减小。梁整体失稳后，轴力由压力迅速转变为拉力。从图 1.1.16（b）可见，受火过程中梁跨弯矩经历了一个略为减小然后又增加的过程，除梁接近破坏时弯矩大幅减小外，受火过程中弯矩变化的幅度不大。

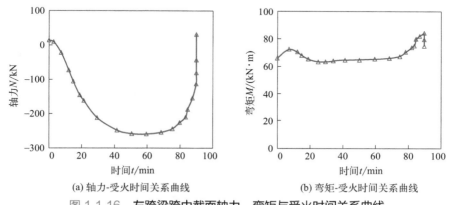

(a) 轴力-受火时间关系曲线            (b) 弯矩-受火时间关系曲线

图 1.1.16　左跨梁跨中截面轴力、弯矩与受火时间关系曲线

工况 3 底层柱底端的轴力和弯矩与受火时间的关系如图 1.1.17 所示，图中轴力以拉力为正，柱端弯矩以顺时针方向为正。可见，受火过程中，各柱底截面轴力变化不大。从图 1.1.17（b）还可看出，随受火时间的增加，各柱底弯矩绝对值首先增大，然后减小，而两根边柱的柱底弯矩变化幅度更大。这是因为框架底层受火后发生热膨胀作用，导致底层

边柱梁端水平位移之差增加，从而使柱底弯矩绝对值增加。随受火时间增加，受火梁挠度增加，轴压力减小，导致边柱上端向外膨胀的位移减缓；又随温度增加，柱材料性能劣化，二者的共同作用导致了边柱底端弯矩绝对值减小。

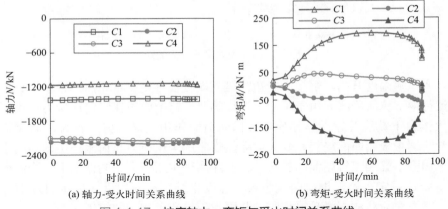

(a) 轴力-受火时间关系曲线　　　　　(b) 弯矩-受火时间关系曲线

图 1.1.17　柱底轴力、弯矩与受火时间关系曲线

### 1.1.4.2　整体破坏形态

分析表明，当柱和梁保护层厚度分别 7mm、50mm 时，柱顶荷载情况 2（$N_1$=2304kN、$N_2$=3060kN、$N_3$=2976kN、$N_4$=1740kN）、梁荷载 $q$=59kN/m 情况下钢管混凝土平面框架发生了包括梁柱的框架破坏，破坏的范围较大，称为框架的整体破坏方式。

（1）变形及破坏规律

非顶层火灾工况条件下，当火灾范围扩大至整个楼层时，中部两根柱的轴压比较大，两根中柱的挠曲带动上端节点的转动，从而导致跨中受火梁的挠曲，发生框架整体破坏。例如底层火灾工况 3 发生了两根中柱和中跨受火梁同时破坏导致的框架整体破坏。工况 3 框架破坏时的变形如图 1.1.18 所示。从图 1.1.18 中可以看出，三跨框架梁和两根中柱的变形均较大，框架破坏的范围覆盖框架的三跨。因此，在平面框架中，当结构到达耐火极限状态时，框架破坏的范围不再局限于某一构件，而是扩大至某一范围，甚至是整个框架，本节把这种破坏范围大于一个构件的破坏形式定义为整体破坏，破坏范围内的受火构件和非受火构件形成的子结构称为破坏子结构。

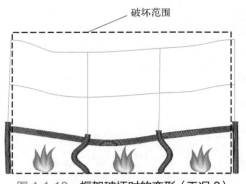

图 1.1.18　框架破坏时的变形（工况 3）

本节以工况 3 为例，对其耐火性能进行详细分析。框架受火部分的节点 A、C 的竖向位移与受火时间的关系曲线如图 1.1.19 所示，梁 AC 跨中挠度与受火时间的关系曲线如图 1.1.20 所示，以上各节点编号的位置见图 1.1.1。可见，框架破坏时，中间两受火柱顶端位移、框架顶部节点位移、受火梁 AC 的跨中挠度增长速度加快，这说明这两根柱发生了失稳破坏，梁 AC 挠度迅速增大。此时，框架受火柱 C2 和 C3 的柱顶变形已经达到了 ISO834[3] 关于柱耐火极限的标准，按此标准，这两根柱已经发生破坏，受火梁 AC 也达到 ISO834[3] 关于受弯构件耐火极限标准。

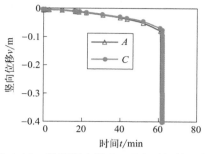

图 1.1.19 柱顶竖向位移 - 受火时间关系曲线

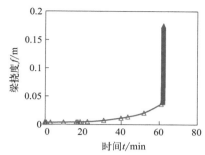

图 1.1.20 梁 AC 挠度 - 受火时间关系曲线

（2）内力分布规律

以工况 3 为例进行分析。受火前和破坏时框架常温区钢梁及钢管（不含混凝土）弯矩图如图 1.1.21 所示，图中 SM2 表示弯矩，单位为 N·m。可见，受火前，梁端弯矩 $M_{MF}$（$M_{MF}$ 表示梁 FM 的 M 端的弯矩）、$M_{MN}$、$M_{NO}$ 均为负弯矩。破坏时，由于受火柱 C2、C3 的竖向压缩变形和节点的转动，这三个弯矩转变为正弯矩，说明受火梁的受力状态发生了明显的变化（注：此处梁端弯矩以下翼缘受拉为正，上翼缘受拉为负）。由于受火内柱发生破坏导致整个（三跨）框架梁发生类似一根简支梁的挠曲变形，导致了常温区梁端弯矩的变化。

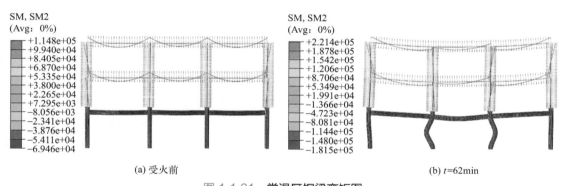

(a) 受火前　　　　　　　　　　　　(b) $t$=62min

图 1.1.21 常温区钢梁弯矩图

## 1.1.5 结论

建立了钢管混凝土柱 - 钢梁平面框架耐火性能分析的有限元计算模型，计算结果与试验结果吻合较好。利用上述模型研究了火灾下钢管混凝土平面框架的破坏形态及破坏机理、变形及内力重分布规律。分析表明：

①随着梁柱保护层厚度和柱轴压比的变化，钢管混凝土柱 - 钢梁平面框架出现了两种典型的破坏形式，即受火梁整体失稳导致的局部破坏和由受火柱破坏导致的框架整体破坏。

②当梁柱保护层采用常用厚度、柱轴压比为中等数值时，各火灾工况下，框架出现了跨度最大受火梁自下翼缘开始的整体失稳破坏，这种破坏方式与常温下钢梁的整体弯扭失稳明显不同。

③当梁保护层厚度和柱轴压比进一步增加时，框架出现了受火柱破坏导致的框架整体破坏。

# 1.2 矩形钢管混凝土柱-钢梁平面框架的耐火性能

## 1.2.1 引言

1.1 节的研究针对圆形钢管混凝土柱展开。在钢管混凝土结构中，矩形钢管混凝土柱使用更方便，矩形钢管混凝土结构占有一定的比重，本节对矩形钢管混凝土柱-钢梁框架的耐火性能进行研究。

目前，钢管混凝土结构耐火性能的研究主要集中在钢管混凝土柱、钢管混凝土梁柱节点、单层钢管混凝土框架等方面，对局部火灾作用下多层多跨的矩形钢管混凝土平面框架耐火性能的研究较少。

本节首先建立了矩形钢管混凝土柱-钢梁平面框架耐火性能分析的有限元模型，对一局部火灾作用下典型的三层三跨矩形钢管混凝土平面框架结构进行了分析，研究了火灾下结构的破坏规律、破坏机理、变形规律和耐火极限等规律。

## 1.2.2 矩形钢管混凝土框架结构耐火性能有限元计算模型

### 1.2.2.1 典型框架的确定

本节选择的分析对象为一 3 层 3 跨矩形钢管混凝土平面框架，如图 1.2.1 所示，结构布局及荷载均参考某居民小区典型钢管混凝土框架住宅的工程实例。框架跨度分别为 4.8m、4.4m、4.6m，层高 2.8m。柱方形钢管尺寸为 300mm×300mm×6mm，梁为 H 型钢与楼板组成的组合梁，按照强度和刚度等效的原则换算为型钢梁 HN350mm×150mm×6.5mm×9mm。

混凝土强度等级采用 C40，混凝土强度采用标准值。钢管钢材采用 Q345 钢材，屈服强度 $f_y$ =345MPa，钢梁钢材采用 Q235 钢材，屈服强度 $f_y$ =235MPa。

根据结构实际恒载和设计取用的活载，参考《建筑钢结构防火技术规范》（GB 51249—2017）[2] 进行了火灾时荷载组合，采用的组合后荷载为梁间均布荷载 28.8kN/m 及梁柱自重，框架柱顶的集中荷载为工程实例第三层柱顶作用的火灾时的组合荷载，荷载布置见图 1.2.1，其中 $q$ 为均布荷载。

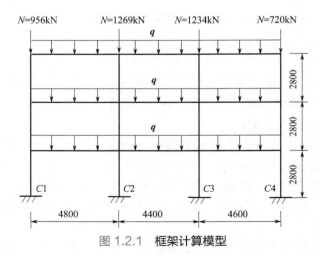

图 1.2.1 框架计算模型

住宅建筑中最可能的情况是某个住户起火。住户火灾中，根据火灾发生的轻重程度和房间隔墙的布置，火灾可能发生在 1 个房间、2 个或 3 个房间。假设火灾只发生在第一层，共设计了 3 种火灾工况进行分析，火灾工况见图 1.2.2。考虑到受火范围不大，火灾温度采用 ISO834 标准升温曲线。上部受火梁（以下简称为受火梁）和受火区域边柱采用三面受火，受火区域内柱采用四面受火。框架的耐火等级为二级，梁的耐火极限为 1.5h，柱的耐火极限为 2.5h。根据《建筑设计防火规范（2018 年版）》（GB 50016—2014）[4]，钢梁的防火涂料厚度 20mm，钢管混凝土柱的防火涂料厚度为 18mm。

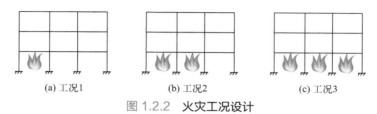

(a) 工况1        (b) 工况2        (c) 工况3

图 1.2.2　火灾工况设计

#### 1.2.2.2　材料热工参数和热力学模型

（1）材料热工参数

本节采用 Lie T T[5] 给出的钙质混凝土热传导系数和比热容的计算公式。

（2）材料高温本构关系

高温下钢筋的应力-应变关系采用 Lie T T[5] 提出的模型，钢筋的热膨胀变形也采用了 Lie T T[5] 提出的模型。

高温下钢管混凝土柱内混凝土受周围钢管的约束，其应力应变关系曲线与非约束混凝土不同，采用韩林海[7] 提出的混凝土应力应变模型，该模型包含了混凝土的高温徐变。高温下混凝土热膨胀系数采用 Lie T T[5] 提出的模型。

#### 1.2.2.3　有限元模型及其网格划分

本节采用软件 ABAQUS 建立钢管混凝土框架的有限元模型，利用软件的顺序耦合方式进行火灾分析，即首先进行结构的传热分析，然后进行升温条件下的力学分析。

受火钢梁采用壳单元 S4R 模拟，钢管混凝土钢管采用壳单元 S4R 模拟，混凝土采用 C3D8R 模拟。本节中钢管和混凝土之间采用接触方式连接。非受火部分的框架钢梁采梁单元 B32 模拟，而框架柱的钢管和混凝土部分都采用 B32 模拟，二者通过"tie"约束方式粘接起来共同变形。与力学分析模型相对应，温度场分析中框架受火部分采用与力学模型相同的网格划分，钢梁和钢管用热传导壳单元 DS4 模拟，混凝土采用三维热传导单元 DC3D8 单元划分网格，防火涂料也用热传导壳单元 DS4 模拟。钢管混凝土框架的有限元模型及其网格划分见图 1.2.3，模型在柱底层底端均施加了固结边界条件。

实际工程中，钢梁通过抗剪连接件与楼板相连，楼板限制了钢梁上翼缘的侧移。为了模拟楼板的作用，在钢梁上翼缘的中心线上施加约束，约束中心线的侧向平移和侧向转动。

#### 1.2.2.4　有限元模型的验证

目前还没有查阅到矩形钢管混凝土柱-钢梁平面框架的耐火性能试验数据，本节利用建立的有限元模型对韩林海[7] 进行的矩形钢管混凝土柱火灾试验进行了数值模拟，计算中采用了施加大小为 $L/1000$ 的初始偏心模拟钢管混凝土的初始缺陷，其中 $L$ 为柱高。耐火极限的计算结果与试验结果的对比见图 1.2.4。可见，总体上计算结果与试验结果基本吻合。

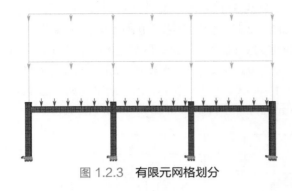

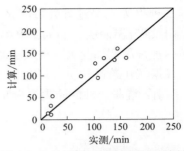

图 1.2.3　有限元网格划分　　　　图 1.2.4　计算结果与实测结果比较

### 1.2.3　框架温度场

为了研究防火涂料厚度变化对框架温度场的影响规律，分别计算了三种涂料厚度时框架在火灾工况 3 作用下、受火时间为 119min 时的温度场分布，分别见图 1.2.5（a）、（b）、（c），图中为半框架。其中图（a）为梁和柱均没有防火保护层的情况，图（b）为梁和柱的保护层厚度均为 10mm 的情况，图（c）中梁保护层为 20mm，柱保护层厚度 18mm，为本节重点分析的保护层厚度。

(a) 无防火保护层　　　　　　(b) 梁、柱保护层10mm　　　　　(c) 梁保护层20mm、柱18mm

图 1.2.5　受火 119min 时框架温度场（℃）

从图 1.2.5（a）可看出，由于没有防火涂料的保护作用，钢梁和钢管的温度较其余两种情况高，钢梁的温度更加均匀，钢梁端部温度场受节点核心区的影响很小，钢梁的温度可认为沿长度方向均匀分布。从图 1.2.5（b）可看出，钢梁靠近节点的部分温度比钢梁中部低，这是由于节点区混凝土的存在大大降低了钢梁端部温度值，但从钢梁整个长度来看，节点区钢梁温度降低的长度很短；钢梁上翼缘温度低于下翼缘的温度。从图 1.2.5（c）可看出，钢梁下翼缘的温度比上翼缘的温度低。这是因为传热分析中考虑了楼板底面升温，而钢梁防火涂料较厚，热量通过楼板底面流向钢梁上翼缘的速度高于通过防火保护层流向下翼缘的速度，这就导致了钢梁上翼缘温度比下翼缘高。可见，防火涂料厚度不仅影响钢梁温度高低，而且还影响温度分布的形式，从而还有可能影响结构的破坏形式。

### 1.2.4　框架结构耐火性能

#### 1.2.4.1　破坏形态及破坏机理

（1）结构变形

结构到达耐火极限状态时工况 1 ～ 工况 3 的变形见图 1.2.6。可见，三个工况的耐火极限状态都是受火梁的挠曲变形过大而破坏，并且都是跨度最大的左边跨发生的挠曲变形最大，是首先发生破坏的梁。将工况 1 受火梁在受火时间（$t$）分别为 197min 和 231min 时的变形图示于图 1.2.7，图中上翼缘由于施加约束，无侧移发生。可见，受火时间为 197min，钢梁腹板发生了受压局部屈曲。从图 1.2.7（b）中可以看出，耐火极限时，除腹板和下翼缘发生局部屈曲外，还发生了梁整体弯扭屈曲。因此，耐火极限时工况 1 左边跨受火梁发生了弯扭屈曲破坏。分析表明，耐火极限时工况 2 和工况 3 的受火梁均发生了整体弯扭屈曲破坏，而且均为跨度最大的左边跨首先发生弯扭屈曲，而且在所有受火梁中破坏的程度最大。根据现行《钢结构设计标准》（GB 50017—2017），常温下本节框架梁的腹板和翼缘都能保持局部稳定，不需要加劲肋；而且由于楼板的存在，梁也不会发生整体弯扭屈曲。在高温下，钢梁不仅发生了局部屈曲，而且发生了受火梁的整体弯扭屈曲，其破坏形式与常温下迥然不同，这是由于钢梁高温下受热膨胀产生了压力导致的。

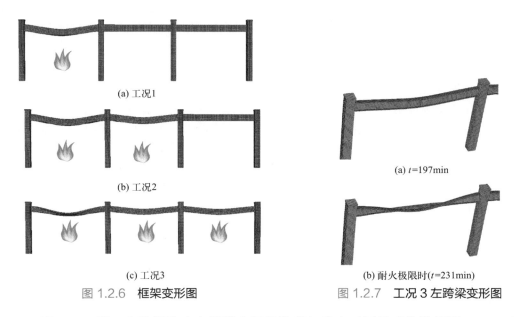

图 1.2.6　框架变形图　　　　　图 1.2.7　工况 3 左跨梁变形图

工况 1～工况 3 左跨梁跨中上翼缘中间处挠度与受火时间关系曲线见图 1.2.8（a），下翼缘中间处水平位移与受火时间关系见图 1.2.8（b）。可见，耐火极限时，上翼缘跨中挠度发生了突增现象，而此时下翼缘中间处水平位移大小也发生了突增现象，说明下翼缘及腹板发生了侧向扭转。

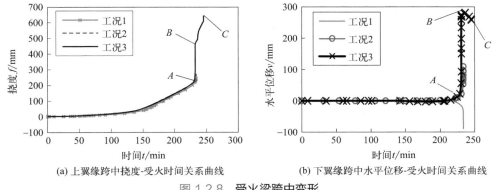

(a) 上翼缘跨中挠度-受火时间关系曲线　　　(b) 下翼缘跨中水平位移-受火时间关系曲线

图 1.2.8　受火梁跨中变形

《建筑构件耐火试验方法》（GB/T 9978）中规定受弯构件到达耐火极限时的挠度为 $L/20$，其中 $L$ 为计算跨度。图 1.2.8（a）中工况 1、工况 2 上翼缘挠度接近 250mm 时发生突增现象，之后的计算不再收敛，此时已经达到上述标准规定的耐火极限。从图 1.2.8 中可以看出，在 $AB$ 段，下翼缘中心侧移快速增加的同时，受火梁上翼缘挠度迅速增加，说明受火梁发生了整体弯扭失稳，梁的弯扭失稳是梁上翼缘挠度快速增加的原因。$BC$ 段，下翼缘侧移不再增加，这是下翼缘受拉增加了结构的刚度，阻滞了侧扭屈曲；上翼缘跨中挠度增速减慢，说明梁又开始能够承载，这类似于约束梁整体受弯破坏时的悬链线效应，但由于悬链线效应发生在梁弯扭失稳之后，机理要复杂一些。

综上所述，受火梁在受压的情况下，高温使其强度降低发生了自下翼缘开始的非线性弯扭屈曲破坏，从而导致了上翼缘跨中挠度迅速增加。尽管由于悬链线效应，受火梁在整体屈曲后还能承载一段时间，但由于此时受火梁已经发生失稳，而且跨中变形也比较大，因此，框架的耐火极限状态应为受火梁发生弯扭失稳破坏，不能利用悬链线效应承载，结构的耐火极限可以通过上翼缘挠度与受火时间关系曲线上挠度快速增加的点 $A$ 确定。

（2）受火梁内力状态

工况 1～工况 3 左边跨跨中截面轴力、弯矩与受火时间关系曲线见图 1.2.9。可见，三个工况的轴力和弯矩都经历了首先增加然后减小的过程，到达耐火极限状态后轴力由压力转化为拉力。轴力的最大值大约在受火 90min 时出现，弯矩的最大值出现得较早，大约在受火 30min 时出现。受火梁内力绝对值增加的主要原因是受火梁受热膨胀的同时受到周围结构约束，受火后期，由于材料的高温软化，弯矩和轴力绝对值开始减小。从图 1.2.9（a）中还可看出，受火前期，工况 1～工况 3 左边跨跨中轴力绝对值依次增加，这说明受热膨胀的梁越多，产生的轴压力越大。

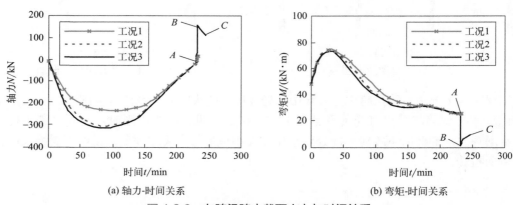

(a) 轴力-时间关系　　　　　　　　(b) 弯矩-时间关系

图 1.2.9　左跨梁跨中截面内力与时间关系

### 1.2.4.2　框架结构耐火极限

工况 1～工况 3 的耐火极限分别为 233min、231min、231min，非常接近。从图 1.2.9（a）可以看出，接近耐火极限时三个工况受火梁跨中截面的轴压力非常接近，而梁的弯扭失稳与轴压力直接相关，因此，耐火极限也非常接近。

### 1.2.5　结论

本节对典型的矩形钢管混凝土柱-钢梁平面框架住宅结构中进行了有限元分析，在所研究的参数范围内可得到如下结论：

①本节建立了矩形钢管混凝土平面框架结构火灾性能分析的有限元模型，然后，在所建立模型的基础上，对火灾下钢管混凝土平面框架结构的力学性能进行了理论分析。

②防火涂料厚度不仅影响钢梁温度高低，而且还影响温度分布的形式：当钢梁防火涂料厚度为10mm时，钢梁上翼缘温度低于下翼缘；当钢梁防火涂料厚度为20mm时，钢梁上翼缘温度高于下翼缘。

③受火梁在受压的情况下，高温使其强度降低发生非线性弯扭屈曲破坏，从而导致了上翼缘跨中挠度迅速增加，框架的耐火极限状态为受火梁发生弯扭失稳破坏。

④在梁柱防火涂料厚度分别为20mm、18mm的条件下，工况1～工况3的耐火极限接近。这是因为受火后期，三种工况受火梁中轴压力接近，受火梁发生弯扭失稳的时间也比较接近。

# 第2章 端部约束钢管混凝土柱的耐火性能

## 2.1 端部约束钢管混凝土柱的耐火性能参数分析

### 2.1.1 引言

所有的火灾中，建筑火灾发生的次数最多，约占80%，火灾下建筑结构的安全十分重要。钢管混凝土柱施工方便，承载能力和抗震性能均较好，在高层建筑结构中的应用越来越多。对钢管混凝土柱耐火性能的研究可为钢管混凝土柱的抗火设计和防火保护提供实用方法，钢管混凝土柱耐火性能的研究十分重要。

对于实际的框架结构，由于建筑结构整体性，各构件之间存在较大的相互作用，建筑结构总是作为一个整体结构承受荷载。火灾作用下，由于受火的框架构件刚度降低，荷载由受火构件向非受火构件转移。同时，由于受火构件端部受非受火构件的约束，受火构件的受力又呈现出复杂性。框架结构中，框架柱的两端边界条件为两端弹性嵌固边界条件，既有转动约束约束柱端的转动，也有竖向约束约束柱端的上下移动。以第1章分析的一火灾下三层钢管混凝土柱-钢梁框架为例进行说明。火灾下该框架结构的变形如图2.1.1（a）所示。内柱C2底端为固定端，顶端为弹性嵌固端。由于柱顶的约束作用，火灾下柱C2发生了双曲率变形，如图2.1.1（b）所示。如果不考虑柱端的转动约束和竖向约束，柱为两端简支柱，此时火灾下两端简支柱的变形如图2.1.1（c）所示。计算还表明，如果仅柱端边界条件不同，荷载及其他条件都相同，本例中框架柱C2的耐火极限比简支柱大许多。可见，由于柱C2受周围结构的约束作用，与简支柱相比，其火灾下的受力形态、变形形态和耐火能力都发生了较大变化。因此，研究考虑端部约束的钢管混凝土柱的耐火性能更符合实际。需要说明的是，如果整体结构没有抗倒塌能力，轴向约束柱在失稳后结构一般会发生倒塌，轴向约束不再起作用。如果整体结构具有较好的抗倒塌能力，轴向约束柱失稳后，其余结构仍可提供较好作用。

国内外在钢管混凝土构件耐火性能的研究方面已经取得了部分成果。例如，Lie等[12-14]对钢管混凝土柱的耐火性能进行了试验研究，提出了钢管混凝土柱耐火性能分析的纤维模型法。韩林海[7]进行了钢管混凝土轴心和偏心受压柱的耐火性能试验，研究了截面尺寸、保护层厚度等参数对钢管混凝土柱耐火性能的影响规律。Song等[8]进行了考虑火灾与荷载耦合的钢管混凝土柱-钢梁节点力学性能的实验研究，提出了节点力学性能的分析方法。框架结构耐火性能研究方面也取得了部分成果。Han 等 [15] 进行了 8 榀单层单跨组合框架的耐火极限试验，其中包括 4 榀圆钢管混凝土柱-钢筋混凝土梁框架、2 榀圆钢管混凝土梁框架和 2 榀方钢管混凝土柱-钢筋混凝土梁框架。试验结果表明，受火过程中框架梁出现一定的悬链线效应，使得柱 P-Δ 效应增加，钢管端部发生局部屈曲，最终破坏是由柱破坏开始的。Han 等 [16] 建立了利用三维实体单元模拟混凝土、壳单元模拟钢管、线单元模拟钢筋的钢管混凝土柱-钢筋混凝土梁框架的耐火性能计算模型，计算结果与试验结果吻合较好。

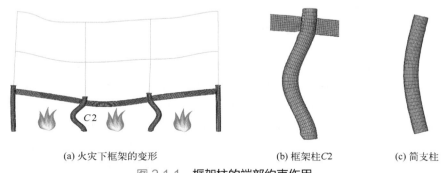

(a) 火灾下框架的变形　　　　　　(b) 框架柱C2　　　　(c) 简支柱

**图 2.1.1　框架柱的端部约束作用**

为了研究结构整体性对构件耐火性能的影响，开展了约束构件耐火性能的研究。乔长江 [17] 对受升降温全过程火灾影响的钢筋混凝土约束柱的耐火性能进行了试验研究和理论分析，考察了荷载比等参数对柱内力的影响规律。Huang 等 [18] 开展了型钢混凝土柱在不同轴向约束刚度作用下柱耐火性能的试验研究，研究发现在柱的升温阶段，由于材料的膨胀效应，轴向约束在增加柱内力的同时会降低的柱耐火极限。Wang 等 [19] 对矩形薄壁钢管混凝土柱的耐火试验开展研究，研究了转动约束刚度对钢管混凝土柱的内力和有效长度的影响规律。

综上所述，目前进行了钢管混凝土柱及钢管混凝土框架耐火性能的试验和理论研究，并进行了部分约束构件耐火性能的研究，尚没有端部受约束的圆钢管混凝土柱耐火性能研究方面的研究成果。另一方面，仅对特定框架中钢管混凝土柱的耐火性能进行了研究，还没有对不同约束作用下钢管混凝土柱的耐火性能进行系统的参数研究成果。

本节建立了端部约束钢管混凝土柱耐火性能分析的有限元计算模型，考虑转动约束、竖向约束及轴向约束与转动不同组合，考虑偏心距的影响，对火灾下端部约束钢管混凝土柱的变形形态、内力重分布、耐火极限等进行了系统的参数研究，本节可为钢管混凝土柱的抗火设计提供参考。

### 2.1.2　火灾下端部约束钢管混凝土柱耐火性能有限元计算模型

#### 2.1.2.1　端部约束钢管混凝土柱耐火性能计算模型

如前所述，框架结构中，钢管混凝土框架柱两端的约束包括转动约束和轴向约束。另外，钢管混凝土柱两端还作用有偏心压力。本节分析两端偏心距大小相等、方向相同时钢管混凝土柱的耐火性能，偏心距大小和方向不同时的钢管混凝土柱的耐火性能将另文介绍。端部约束钢管混凝土柱的计算简图如图 2.1.2 所示。图中 $k_l$ 为轴向约束，$k_r$ 为转动约束，$P$ 为柱端轴向压力，$M$ 为弯矩。

根据常见的办公建筑钢管混凝土柱常用尺寸选择钢管混凝土长度和截面尺寸，钢管混凝土柱高度 5.1m，柱截面钢管外径 500mm，壁厚 20mm。与纯钢管相比，增加混凝土后钢管混凝土柱的温度场较低，钢管混凝土柱的保护层可适当减薄。本章钢管混凝土柱的保护层采用厚涂型钢结构防火涂料，厚度采用 10mm。

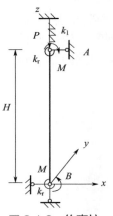

图 2.1.2 约束柱
计算模型

钢管混凝土柱混凝土强度一般较高，本章混凝土采用 C50 钙质混凝土，钢管采用 Q345 钢材，材料强度取标准值。

荷载是影响钢管混凝土耐火性能的主要因素之一。为了便于比较，本章荷载按照钢管混凝土轴心受压时极限荷载的 0.5 倍取值。计算钢管混凝土柱轴心受压承载力时，为了考虑实际结构的制作误差，根据《混凝土结构设计规范（2015 年版）》（GB 50010—2010），两端取等偏心距 20mm，通过有限元分析可得到柱的极限荷载。本章柱的轴心受压极限荷载为 12982kN，计算中柱顶竖向荷载统一取 6491kN，这样可保证各柱的轴压比相等。

《建筑设计防火规范（2018 年版）》（GB 50016—2014）[4] 规定建筑结构进行耐火设计时可采用 ISO834 标准升温曲线。标准升温是对实际火灾升温的一种简化处理，这里取 ISO834 标准升温曲线作为火灾温度场，室温取 20℃。

#### 2.1.2.2 材料热工参数和热力学模型

本节采用的钢材和混凝土材料的热工参数及力学性能参数同第 1 章。第 1 章中对材料性能参数的准确性进行了试验验证，可用于本节钢管混凝土柱耐火性能的数值分析。

### 2.1.3 端部约束钢管混凝土柱耐火性能的参数分析

实际框架结构中，钢管混凝土柱端部既有轴向约束，也有转动约束。为了使机理分析更加清晰，本章首先将端部的轴向约束和转动约束分开，分别研究轴向约束和转动约束对钢管混凝土柱耐火性能的影响规律，最后分析轴向约束和端部约束共同作用时对柱耐火性能的影响规律。

#### 2.1.3.1 轴向约束刚度的影响

轴向约束刚度比为弹簧轴向刚度 $S$ 与钢管混凝土柱轴向受压线刚度 $N$ 的比值，轴向约束刚度比 $\alpha$ 为

$$\alpha = S / N$$

柱轴压线刚度 $N$ 为

$$N = EA / H$$

式中，$EA$ 为钢管混凝土柱的轴向刚度，为钢管截面轴压刚度和混凝土截面轴压刚度之和，即 $EA = E_s A_s + E_c A_c$，$E_s$ 和 $A_s$ 分别为钢管的弹性模量和截面面积，$E_c$ 和 $A_c$ 分别为混凝土的弹性模量和截面面积；$H$ 为柱高度。

框架结构中钢管混凝土柱为端部受约束柱，柱所在层数不同、与柱相连的梁刚度不同，约束刚度不同。一般情况下，柱端部轴向约束比 $\alpha$ 介于 0.005 ~ 0.15 之间。本章取 $\alpha$ 分别为

0、0.05 和 0.1 三个参数，基本涵盖了工程中的常用范围，其中 $\alpha=0$ 代表柱端无约束的极限情况。

实际工程中，柱分为轴心受压柱和偏心受压柱。由于实际中施工等偏差的影响，轴心受压柱理论上并不存在。故《混凝土结构设计规范（2015 年版）》（GB 50010—2010）规定轴心受压柱要考虑附加偏心距（取 20mm 和偏心方向截面最大尺寸的 1/30 中较大值）。为了考虑偏心距对端部约束钢管混凝土柱耐火性能的影响，同时考虑轴心受压时的上述因素，本节考虑偏心距 $e$ 分别取 20mm、50mm 和 100mm 三个参数，对应的偏心率 $e/r$ 分别为 0.08、0.2 和 0.4，$r$ 为柱外半径。其中 $e$ 取 20mm 代表轴心受压柱。

高温作用下，三种轴向约束刚度比条件下钢管混凝土柱的破坏（或变形）形态如图 2.1.3 所示。当 $\alpha=0$ 时，柱发生了柱高中间截面压弯破坏导致的柱破坏，柱的变形为单曲率形式，与常温下两端简支柱的破坏形式相同。当 $\alpha=0.05$、0.1 时，柱没有发生破坏，但柱的变形形式与 $\alpha=0$ 相似。上述三种情况下，由于柱两端为铰接，如果火灾下柱发生破坏，均为柱高中间截面的压弯破坏。

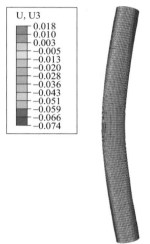

图 2.1.3　火灾下轴向约束钢管混凝土柱变形及破坏形式

$e=50mm$ 时轴向约束刚度比 $\alpha$ 分别为 0、0.05 和 0.1 时柱顶竖向位移与受火时间关系曲线如图 2.1.4 所示。从图中可见，三种轴向约束刚度比情况下，受火前期柱顶位移均向上，而且三种情况下位移曲线接近重合。大约受火 85min 时，试件向上的位移到达峰值 $A$。之后，柱顶竖向位移开始向下增加。受火前期，由于钢材和混凝土材料受热发生膨胀，柱顶出现向上的竖向位移。随温度升高，材料性能劣化，柱顶位移恢复至受火前的值，并开始向下增加。总体上看，$\alpha=0$ 柱顶向下的位移增加最快，向下的位移也最大。$\alpha=0.1$ 柱顶向下的位移增加最慢，向下的位移最小。$\alpha=0.05$ 柱顶向下的位移介于两者之间。可见，轴向约束刚度给柱增加了支撑作用，使得结构整体的刚度增加。而且，随约束刚度比增加，受火后期柱顶向下的竖向位移减小。

当 $\alpha=0$ 时，柱顶竖向位移在受火 154min 后向下快速增加，可以认为柱的耐火极限为 154min。当 $\alpha=0.05$、0.1 时，柱顶竖向位移发生因热膨胀导致的向上位移之后，柱顶竖向位移开始向下增加。之后，两种轴向约束刚度比情况下的竖向位移向下增加的速率变得较为缓慢，至受火 800min 时，端部约束柱还没有破坏。可见，由于增加了约束弹簧，柱的耐火极限增加了许多。由于高温作用，弹簧承担的荷载增加，柱承受的竖向荷载降低，钢管混凝土柱承担的荷载向竖向弹簧转移。从结构整体角度看，这是一个火灾下内力重分布的过程。

$e=50mm$ 时轴向约束刚度比 $\alpha$ 分别为 0、0.05 和 0.1 时柱高中间截面轴力、弯矩与受火时间的关系曲线分别如图 2.1.5、图 2.1.6 所示。从图中可见，$\alpha=0$ 即无约束情况下，柱到达耐火极限时柱截面轴力迅速降低，弯矩增加，表明发生压弯破坏。当 $\alpha=0.05$、0.1 时，受火后，柱中截面的轴压力开始增加，到达峰值后开始降低。如前所述，受火后柱受热发生热膨胀，由于柱顶有弹簧约束，柱受热发生膨胀时要受到轴向弹簧的约束作用，所以柱的轴压力增加。与受火前相比，$\alpha=0.05$、0.1 时柱高中间截面的轴压力分别增加 1% 和 3%。而无轴向约束时就没有出现柱轴压力增加的现象。因此，轴向约束使柱的轴力增加，结构抗火设计时要考虑由于结构整体对柱约束导致的柱内力增加。

从图中可以看出，$\alpha=0.05$、0.1 时，柱轴力峰值点 $A$ 之后，柱高中间截面轴压力逐渐降低，$\alpha=0.05$ 轴压力绝对值稍小一些。由于受火后期 $\alpha=0.05$ 的柱顶向下的竖向位移较大，弹性约束力较大，柱承担的压力就稍小一些。从图 2.1.6 可见，$\alpha=0.05$ 和 $\alpha=0.1$ 柱中间截面的弯矩在受火过程中出现了峰值，且 $\alpha=0.05$ 的柱峰值弯矩较大。总之，受火过程中，通过内力重分布，轴向约束弹簧承担的荷载比重增加，柱承担的荷载比重减少，荷载由柱向轴向约束弹簧转移。换句话说，轴向约束弹簧能给柱提供支持作用，使得高温下柱破坏延后。实际中，由于轴向约束弹簧的承载能力有限，当约束弹簧到达承载能力时，约束柱也就破坏了。

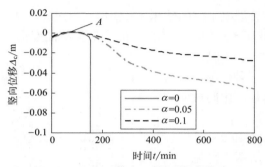

图 2.1.4 $e$=50mm 时柱顶竖向位移-
受火时间关系曲线

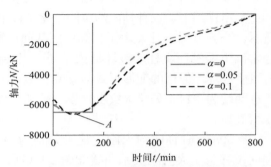

图 2.1.5 $e$=50mm 时柱高中间截面轴力-
受火时间关系

$e$=20mm 时轴向约束刚度比 $\alpha$ 分别为 0、0.05 和 0.1 时柱顶竖向位移与受火时间关系曲线如图 2.1.7 所示。从图中可见，$e$=20mm 时三种轴向约束刚度比条件下，柱顶竖向位移的变化趋势与 $e$=50mm 基本一致，都随约束刚度增加，柱顶竖向位移减少。

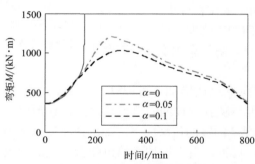

图 2.1.6 $e$=50mm 柱高中间截面弯矩-
受火时间关系曲线

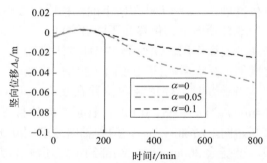

图 2.1.7 $e$=20mm 柱顶竖向位移-
受火时间关系曲线

$e$=20mm 时轴向约束刚度比 $\alpha$ 分别为 0、0.05 和 0.1 时柱高中间截面轴力、弯矩与受火时间关系曲线分别如图 2.1.8、图 2.1.9 所示。从图中可见，$e$=20mm 时三种约束刚度下柱中间截面轴力和弯矩的变化趋势与 $e$=50mm 时基本一致，都是随约束刚度增加，柱中间截面轴力和弯矩下降较慢，受火后期，荷载由柱向轴向弹簧转移。

$e$=100mm 时轴向约束刚度比 $\alpha$ 分别为 0、0.05 和 0.1 时柱顶竖向位移与受火时间关系曲线如图 2.1.10 所示。从图中可见，$e$=100mm 时三种轴向约束刚度下，柱顶竖向位移的变化趋势与 $e$=20mm 和 $e$=50mm 时基本一致，都随约束刚度增加，柱顶竖向位移减少。从

图 2.1.10 中还可看出，$\alpha=0.05$ 时，在 $BC$ 阶段柱顶竖向位移向下发生突变。这是柱在 $B$ 点时失去承载能力，柱竖向位移快速增加，至 $C$ 点时，由于竖向约束提供了反力，柱没有破坏，柱和约束弹簧组成的结构又在新的状态下继续承受荷载。

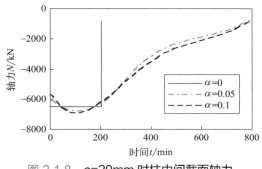

图 2.1.8　$e=20$mm 时柱中间截面轴力-
受火时间关系曲线

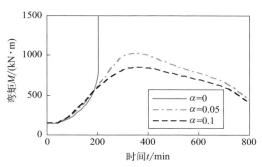

图 2.1.9　$e=20$mm 时柱中间截面弯矩-
受火时间关系曲线

$e=100$mm 时轴向约束刚度比 $\alpha$ 分别为 0、0.05 和 0.1 时柱高中间截面轴力、弯矩与受火时间关系曲线分别如图 2.1.11、图 2.1.12 所示。从图中可见，$e=100$mm 时三种约束刚度下柱中间截面轴力和弯矩的变化趋势与 $e=20$mm 和 $e=50$mm 时基本一致，都是随约束刚度增加，柱中间截面轴力和弯矩随受火时间增加缓慢下降。受火后期，柱中间截面的弯矩和轴力都变小，荷载由柱向轴向弹簧转移。从图 2.1.11 中还可看出，相应于柱顶竖向位移突变段，$\alpha=0.05$ 柱的中间截面轴力也发生了突变。

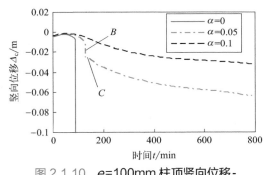

图 2.1.10　$e=100$mm 柱顶竖向位移-
受火时间关系曲线

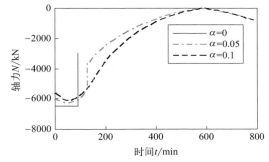

图 2.1.11　$e=100$mm 时柱中间轴力-
受火时间关系

现在分析偏心距 $e$ 对柱的变形和内力变化规律的影响。$\alpha=0.05$ 情况下，$e$ 分别为 20mm、50mm 和 100mm 时柱顶竖向位移-受火时间关系曲线如图 2.1.13 所示。从图中可见，受火过程中，$e$ 越小柱顶向下的位移越小。如前所述，柱顶向上的位移是由于柱受热膨胀导致的，柱偏心距较小时柱的弯曲变形较小，轴向变形较大，同样的温度升高将导致较大的竖向膨胀位移。从图 2.1.13 还可看出，受火过程中，偏心距越大，柱向下的位移越大。偏心距越大，柱端弯矩越大，柱产生的挠曲变形越大，导致柱顶向下的竖向位移越大。

$\alpha=0.05$、$e$ 分别为 0.02m、0.05m 和 0.1m 时柱中截面的轴力、弯矩与受火时间的关系曲线分别如图 2.1.14、图 2.1.15 所示。从图 2.1.14 可见，偏心距 $e$ 越大，柱中截面的轴压力越小。柱偏心距越大时柱顶向下的竖向位移越大，弹簧的拉力越大，所以柱中截面的轴压力越小。从图 2.1.15 可见，受火前期，偏心距不同，各柱中弯矩相差较大，这主要是由于不同偏心距引起的初始弯矩不同导致的。在受火后期，由于竖向弹簧承受的荷载越来越大，各柱中截面的弯矩越来越接近。

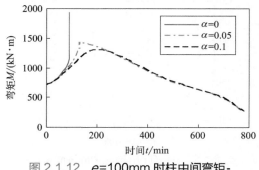

图 2.1.12　e=100mm 时柱中间弯矩-
受火时间关系曲线

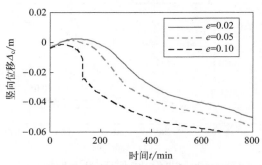

图 2.1.13　α=0.05、e 不同时柱顶竖向位移-
受火时间关系

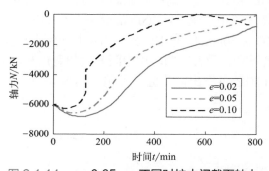

图 2.1.14　α=0.05、e 不同时柱中间截面轴力-
受火时间关系曲线

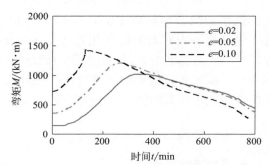

图 2.1.15　α=0.05、e 不同时柱中间截面弯矩-
受火时间关系曲线

### 2.1.3.2　转动约束刚度的影响

这里分析仅有转动约束作用于柱端时钢管混凝土柱的耐火性能。设弹簧的转动刚度为 $B$，两端固结梁的转动刚度为 $C$，则转动刚度约束比 $\beta$ 为：

$$\beta = B / C$$

式中，$C=4EI/H$；$H$ 为柱高；$EI$ 为钢管混凝土柱截面抗弯弹性刚度，$EI=E_sI_s+E_cI_c$，$E_sI_s$ 和 $E_cI_c$ 分别为钢管截面和混凝土截面的弹性抗弯刚度。

工程中常用的 $\beta$ 在 $0\sim4$ 之间，本章 $\beta$ 分别取 0、2、4 三个参数进行分析。

$e=50mm$ 情况下，当 $\beta$ 分别为 0、2、4 时柱破坏时的变形如图 2.1.16 所示。从图中可见，当 $\beta$ 不同时柱的变形和破坏形式不同。当 $\beta=0$ 时柱破坏时的变形为单曲率变形，当柱中间截面发生压弯破坏时整个柱就发生了破坏。当 $\beta=2$ 和 4 时，转动约束产生约束弯矩，约束弯矩作用于柱端，阻止柱端的转动，柱端截面产生与约束弯矩方向相同的曲率变形，火灾高温下柱的变形为双曲率变形。由于约束弯矩的作用，柱端边界为弹性嵌固边界。随受火时间增加，柱端截面的屈服弯矩降低，当屈服弯矩降低至柱端承担的弯矩时，柱端截面出现塑性铰。当柱中间截面和柱两端截面都出现塑性铰时整个柱才发生破坏。柱破坏时柱中部和上下两端均出现了塑性铰，柱总共出现三个塑性铰，柱形成机构而破坏，这与常温下两端固结梁的破坏形式类似。由于当 $\beta=2$ 和 4 时柱出现三个塑性铰才破坏，而当 $\beta=0$ 时只要柱中截面出现塑性铰柱就破坏，因此，当 $\beta=2$ 和 4 时柱的承载能力要高于 $\beta=0$，耐火极限也较大。可见，转动约束可使火灾下柱的屈曲长度增加，从而增加柱的耐火极限，当转动约束比增加到一定程度后，柱的耐火极限变化不大。

$e=50\text{mm}$ 情况下，当 $\beta$ 分别为 0、2、4 时柱顶竖向位移与受火时间关系曲线如图 2.1.17 所示。从图中可见，三种情况下，受火过程中柱顶首先出现了向上的位移，这是由于柱受热膨胀导致的。受火后期，柱顶竖向位移开始向下增加，至耐火极限时柱顶竖向位移向下急剧增加，柱发生破坏。

从图 2.1.17 还可见，当 $\beta=0$ 即没有转动约束时，柱在受火时间为 154min 时柱顶竖向位移快速向下增加，柱的耐火极限为 154min。当 $\beta=2$ 和 4 时，柱的耐火极限都增加到 654min。可见，增加转动约束后，柱的耐火极限增加，耐火能力增强。而图 2.1.4 显示，仅仅增加轴向约束后，柱在 800min 之内没有破坏。可见，轴向约束使柱耐火极限增加的作用要比转动刚度强。

从图 2.1.17 中还可看出，当 $\beta=2$ 和 4 时，柱顶竖向位移-受火时间关系曲线十分相似，几乎重合。可见，其他条件相同时，当转动约束刚度比大于某值时柱顶竖向位移-受火时间关系曲线和耐火极限基本一致。当转动约束刚度比大于某值时，柱破坏时在柱中间及两端截面出现塑性铰，柱两端截面塑性铰出现的时间与转动约束刚度比关系不大，因此，当 $\beta$ 大于某值时柱的耐火极限接近。

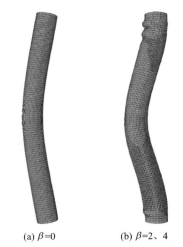

(a) $\beta=0$     (b) $\beta=2$、4

图 2.1.16 转动约束刚度不同时柱的破坏形态

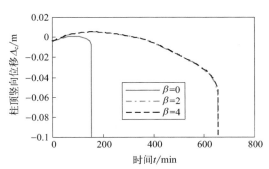

图 2.1.17 $e=50\text{mm}$ 时柱顶竖向位移-受火时间关系曲线

$e=50\text{mm}$ 情况下，当 $\beta$ 分别为 0、2、4 时柱中间截面轴力与受火时间关系曲线如图 2.1.18 所示。从图中可见，三种情况下，耐火极限之前，柱中间截面轴力保持恒定。由于仅有转动约束，在竖向为静定结构，柱中截面的轴力与所施加的集中荷载平衡。

$e=50\text{mm}$ 情况下，当 $\beta$ 分别为 0、2、4 时柱中间截面弯矩与受火时间关系曲线如图 2.1.19 所示。从图中可见，当 $\beta=0$ 时，受火前柱中间截面弯矩较其他两种情况大。受火过程中至耐火极限以前，柱中间截面弯矩增长幅度较大。而当 $\beta$=2、4 时，耐火极限以前柱中间截面弯矩变化很小，只有当到达耐火极限时截面弯矩才迅速增加。由于增加了转动约束，减小了柱的弯曲变形，受火过程中柱的挠曲变形较小，导致柱中间截面弯矩较小。

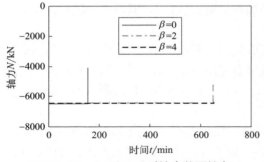

图 2.1.18 *e*=50mm 时柱中截面轴力-受火时间关系曲线

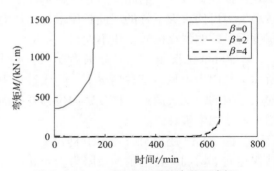

图 2.1.19 *e*=50mm 时柱中截面弯矩-受火时间关系曲线

$e$=20mm 情况下，当 $\beta$ 分别为 0、2、4 时柱顶竖向位移、柱中间截面轴力和弯矩与受火时间的关系曲线分别如图 2.1.20、图 2.1.21、图 2.1.22 所示。可见，$\beta$=2 时柱的耐火极限比 $\beta$=4 时稍小，但总体比较接近。$e$=100mm 情况下，当 $\beta$ 分别为 0、2、4 时柱顶竖向位移、柱中间截面轴力和弯矩与受火时间的关系曲线分别如图 2.1.23、图 2.1.24、图 2.1.25 所示。从图中可见，当 $e$=20mm、100mm 时柱的变形、柱中间截面弯矩、轴力与时间关系曲线与 $e$=50mm 时接近，耐火极限也接近。

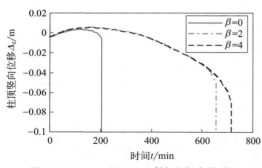

图 2.1.20 *e*=20mm 时柱顶竖向位移-受火时间关系曲线

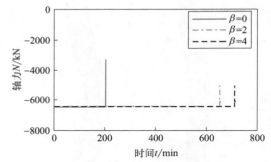

图 2.1.21 *e*=20mm 时柱中截面轴力-受火时间关系曲线

为进一步分析偏心距 $e$ 的影响，将 $\beta$=2 时偏心距 $e$ 不同时柱顶竖向位移、柱中间截面的轴力和弯矩与受火时间的关系曲线示于图 2.1.26、图 2.1.27、图 2.1.28。可见，偏心距 $e$ 对上述曲线影响很小。由于约束刚度的存在，减小了由于荷载偏心造成的柱挠曲变形，尽管偏心距不同，柱的挠曲变形仍十分接近，致使柱的变形和内力十分接近。

### 2.1.3.3 轴向约束和转动约束共同作用

（1）转动约束不变、轴向约束变化

保持 $\beta$=2，选取 $\alpha$=0、0.05、0.1 进行分析，分别分析了偏心距 $e$ 为 20mm、50mm 和 100mm 时钢管混凝土柱的耐火性能。

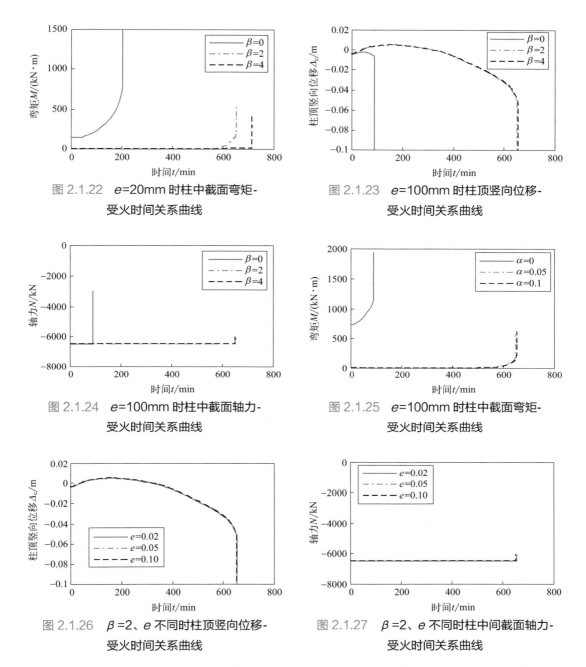

图 2.1.22　e=20mm 时柱中截面弯矩-
受火时间关系曲线

图 2.1.23　e=100mm 时柱顶竖向位移-
受火时间关系曲线

图 2.1.24　e=100mm 时柱中截面轴力-
受火时间关系曲线

图 2.1.25　e=100mm 时柱中截面弯矩-
受火时间关系曲线

图 2.1.26　β=2、e 不同时柱顶竖向位移-
受火时间关系曲线

图 2.1.27　β=2、e 不同时柱中间截面轴力-
受火时间关系曲线

e=50mm、α=0、0.05、0.1 时柱破坏时或受火过程中的变形如图 2.1.29 所示。从图中可见，α=0 时柱受火破坏时柱中和两端出现了塑性铰，柱截面为压弯破坏，柱的变形为双曲率变形。由于端部转动约束的作用，柱两端产生了塑性铰，柱的破坏形式为两端和柱中出现了三个塑性铰。同时，由于轴心约束为 0，不能给柱提供轴向支持作用，柱在受火 653min 时发生了破坏。当 α=0.05、0.1 时，受火过程中，基本上呈现轴向压缩变形。受火过程中，转动约束阻碍柱挠曲变形的增长，同时轴向约束弹簧也不断承担由于柱刚度降低而使弹簧增加的荷载。可见，正是转动约束和轴向约束的耦合作用才使柱的变形主要表现为压缩变形。

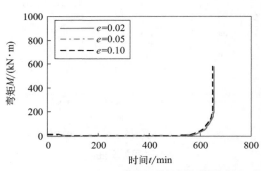

图 2.1.28 $\beta=2$、$e$ 不同时柱中间截面弯矩-
受火时间关系曲线

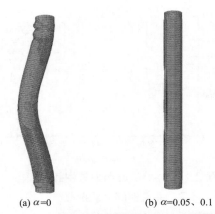

(a) $\alpha=0$      (b) $\alpha=0.05$、0.1

图 2.1.29 轴向约束刚度不同时柱的变形形态
（$\beta=2$）

$e=50$mm、$\alpha=0$、0.05、0.1 时柱顶竖向位移-受火时间关系曲线如图 2.1.30 所示。从图中可见，受火前期，三种情况下柱都发生了向上的热膨胀变形，$\alpha=0$ 时柱热膨胀变形稍大。受火后期，由于柱的刚度降低，柱顶竖向位移向下。$\alpha=0$ 的柱在受火 653min 时发生了破坏，而 $\alpha=0.05$、0.1 的柱在受火的 800min 内没有发生破坏。受火前期，由于轴向约束弹簧，约束了柱的热膨胀变形，$\alpha=0$ 的柱的热膨胀变形最大。受火后期，由于轴向约束弹簧分担了柱由于刚度降低而卸掉的部分荷载，$\alpha=0.05$、0.1 时柱顶竖向位移均较 $\alpha=0$ 小。由于刚度越大，弹簧分担的荷载越大，因此，$\alpha$ 越大，柱顶向下的竖向位移越小。

$e=50$mm、$\alpha=0$、0.05、0.1 时柱中截面轴力-受火时间关系曲线如图 2.1.31 所示。从图中可见，受火前期，$\alpha=0.05$、0.1 的柱中间截面轴力首先增加、然后减小，出现了压力峰值，这是由于轴向约束刚度阻碍柱的热膨胀导致柱压力增加引起的，而 $\alpha=0$ 的柱没有约束弹簧，柱中间截面轴力在柱破坏前保持恒定。$\alpha=0.05$、0.1 时的压力峰值比 $\alpha=0$ 时分别大 6% 和 9%，可见，由于轴向约束刚度，受火过程中柱轴压力增加较大，不能忽略。压力峰值点后，$\alpha=0.05$、0.1 的柱中截面轴力逐渐降低。由于柱的刚度降低，柱中间截面的轴压力逐渐降低。

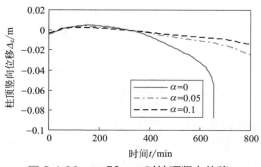

图 2.1.30 $e=50$mm 时柱顶竖向位移-
受火时间关系曲线

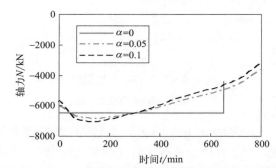

图 2.1.31 $e=50$mm 时柱中截面轴力-受火时间关系曲线（$\beta=2$）

$e=50$mm 情况下，$\alpha=0$、0.05、0.1 时柱中截面弯矩-受火时间关系曲线如图 2.1.32 所示。从图中可见，受火过程中 $\alpha=0$ 的柱弯矩变化不大，这是因为转动约束刚度阻碍了柱的挠曲变形。耐火极限时，$\alpha=0$ 的柱中间截面弯矩急剧增加，这是由于柱中截面发生屈服导致的。还可看出，受火过程中，$\alpha=0.05$、0.1 的柱中间截面弯矩基本保持较小值。如前所述，受火过程中，柱的挠曲变形很小，柱基本上呈直线状态，因此，柱中截面弯矩很小。

$e=20$mm 情况下，当 $\beta=2$、$\alpha$ 分别为 0、0.05、0.1 时柱顶竖向位移、柱中间截面轴力和弯矩与受火时间的关系曲线分别如图 2.1.33、图 2.1.34、图 2.1.35 所示。$e=100$mm 情况下，当 $\beta=2$、$\alpha$ 分别为 0、0.05、0.1 时柱顶竖向位移、柱中间截面轴力和弯矩与受火时间的关系曲线分别如图 2.1.36、图 2.1.37、图 2.1.38 所示。从图中可见，当 $e=20$mm、100mm 时柱的变形、柱中间截面弯矩、轴力与时间关系曲线与 $e=50$mm 时接近，耐火极限也相等。

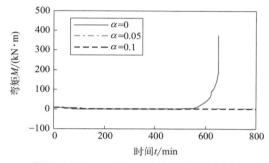

图 2.1.32 $e=50$mm 时柱中截面弯矩-
受火时间关系曲线（$\beta=2$）

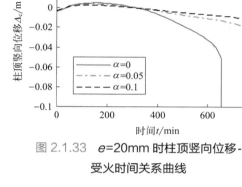

图 2.1.33 $e=20$mm 时柱顶竖向位移-
受火时间关系曲线

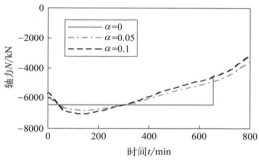

图 2.1.34 $e=20$mm 时柱中截面轴力-
受火时间关系曲线

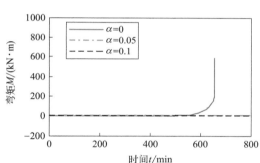

图 2.1.35 $e=20$mm 时柱中截面弯矩-
受火时间关系曲线

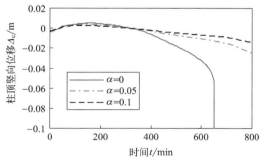

图 2.1.36 $e=100$mm 时柱顶竖向位移-
受火时间关系

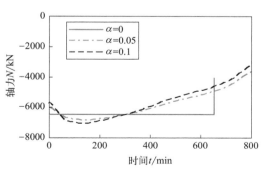

图 2.1.37 $e=100$mm 时柱中截面轴力-
受火时间关系

为进一步分析偏心距 $e$ 的影响，将 $\beta=2$、$\alpha=0.05$、偏心距 $e$ 不同时柱顶竖向位移、柱中间截面的轴力和弯矩与受火时间的关系曲线示于图 2.1.39、图 2.1.40、图 2.1.41。从图 2.1.39、图 2.1.40 可以看出，偏心距 $e$ 对柱顶变形、柱中间截面轴力的影响很小。从图 2.1.41 可见，偏心距不同时柱中间截面的初始弯矩相差较大，受火过程中由于转动约束刚度阻碍了柱的挠曲变形，导致柱中间截面的弯矩进一步变小，偏心距对受火过程中柱中间截面弯矩影响较小。

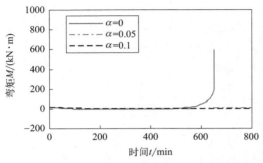

图 2.1.38　$e=100\text{mm}$ 时柱中截面弯矩-受火时间关系曲线

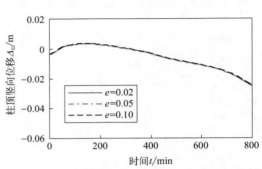

图 2.1.39　$\beta=2.0$、$\alpha=0.05$、$e$ 不同时柱顶竖向位移-受火时间关系曲线

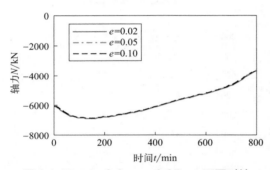

图 2.1.40　$\beta=2.0$、$\alpha=0.05$、$e$ 不同时柱中间截面轴力-受火时间关系曲线

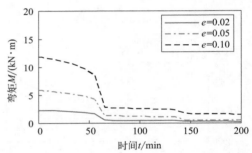

图 2.1.41　$\beta=2.0$、$\alpha=0.05$、$e$ 不同时柱中间截面弯矩-受火时间关系曲线

（2）轴向刚度不变、转动刚度变化

保持 $\alpha=0.05$ 不变，选取 $\beta=0$、2、4 进行分析，分别分析了偏心距 $e$ 为 20mm、50mm 和 100mm 时钢管混凝土柱的耐火性能。

当 $\alpha=0.05$、$\beta=0$、2、4 时受火过程中柱的变形如图 2.1.42 所示。从图中可见，当 $\beta=0$ 时柱的变形为单曲率变形，当 $\beta=2$、4 时柱的变形仅为轴向压缩变形，柱仍保持基本直线状态。当 $\beta=0$ 时柱端无转动约束，由于柱顶作用有上下两端对称的弯矩，柱的变形呈现出单曲率挠曲变形。当 $\beta=2$、4 时，由于柱端的转动约束弹簧阻碍了柱端的转动，柱的变形为轴向压缩变形。

$e=50\text{mm}$、$\alpha=0.05$、$\beta=0$、2、4 时柱顶竖向位移与受火时间关系曲线如图 2.1.43 所示。从图中可见，受火前期，三种情况下柱都发生了向上的热膨胀变形，峰值点之后，柱顶竖向位移向下增加。$\beta=0$ 的柱向下的柱顶竖向位移最大，$\beta=2$、4 柱顶向下竖向位移较小，而且 $\beta=2$、4 时柱顶竖向位移十分接近。如前所述，当 $\beta=0$ 时柱发生了挠曲变形，导致柱顶竖向位移较大。由于转动约束作用，当 $\beta$=2、4 时柱发生了轴向压缩变形，柱顶竖向位移较小。

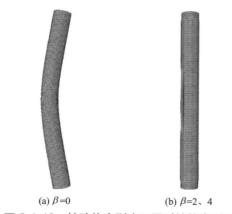

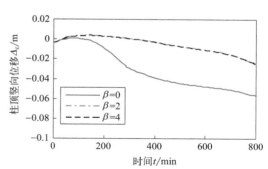

(a) $\beta$=0       (b) $\beta$=2、4

图 2.1.42 　转动约束刚度不同时柱的变形形态（ $\alpha$ =0.05）

图 2.1.43 　 $e$=50mm 时柱顶竖向位移 - 受火时间关系曲线（ $\alpha$ =0.05）

　　$e$=50mm、$\alpha$=0.05、$\beta$=0、2、4 时柱中间截面轴力与受火时间关系曲线如图 2.1.44 所示。从图中可见，受火前期，柱中间截面轴力出现了一个峰值，之后轴力开始降低。峰值之后，$\beta$=0 的柱轴力降低较多，$\beta$=2、4 的柱轴力下降较小。当 $\beta$=0 时柱发生了挠曲变形，柱顶向下的竖向位移较大，竖向弹簧分担的荷载较大导致柱轴力较小。当 $\beta$=2、4 时柱为轴向压缩变形，柱顶竖向变形较小，弹簧分担的荷载较小，柱轴力较大。

　　$e$=50mm、$\alpha$=0.05、$\beta$=0、2、4 时柱中间截面弯矩与受火时间关系曲线如图 2.1.45 所示。从图中可见，受火后，$\beta$=0 的柱中间截面弯矩较大，到达峰值后又迅速降低。之后，弯矩缓慢降低。受火过程中，$\beta$=2、4 的柱中间截面弯矩一直保持一个较小值，变化不大。受火后，$\beta$=0 的柱挠曲变形增加较快，引起柱中间截面弯矩增加较快。当柱顶竖向位移增加至某一程度，柱轴向弹簧分担的荷载较大，柱分担的轴力减小，从而导致截面的弯矩降低。当 $\beta$=2、4 时，柱的变形为轴向压缩变形，挠曲变形很小，导致截面弯矩较小。

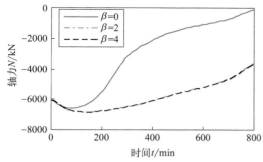

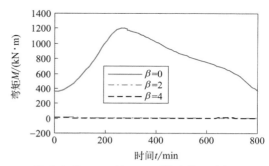

图 2.1.44 　 $e$=50mm 时柱中截面轴力 - 受火时间关系曲线（ $\alpha$ =0.05）

图 2.1.45 　 $e$=50mm 时柱中截面弯矩 - 受火时间关系曲线（ $\alpha$ =0.05）

　　$e$=20mm 情况下当 $\alpha$=0.05、$\beta$ 分别为 0、2、4 时柱顶竖向位移、柱中间截面轴力和弯矩与受火时间的关系曲线分别如图 2.1.46、图 2.1.47、图 2.1.48 所示。$e$=100mm 情况下当 $\alpha$=0.05、$\beta$ 分别为 0、2、4 时柱顶竖向位移、柱中间截面轴力和弯矩与受火时间的关系曲线分别如图 2.1.49、图 2.1.50、图 2.1.51 所示。从图中可见，当 $e=20mm$、100mm 时柱的变形、柱中间截面弯矩、轴力随受火时间的变化规律与 $e=50mm$ 时相近。

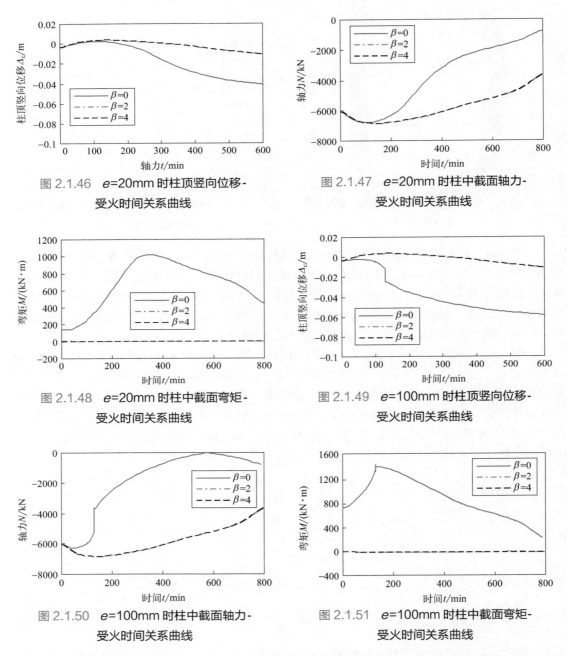

图 2.1.46　$e=20mm$ 时柱顶竖向位移-
受火时间关系曲线

图 2.1.47　$e=20mm$ 时柱中截面轴力-
受火时间关系曲线

图 2.1.48　$e=20mm$ 时柱中截面弯矩-
受火时间关系曲线

图 2.1.49　$e=100mm$ 时柱顶竖向位移-
受火时间关系曲线

图 2.1.50　$e=100mm$ 时柱中截面轴力-
受火时间关系曲线

图 2.1.51　$e=100mm$ 时柱中截面弯矩-
受火时间关系曲线

为了进一步考察轴向约束和转动约束变化时钢管混凝土柱的变形形态，又增加了另外的参数进行分析。当 $\alpha=0.025$、$\beta$ 分别为 1、2 时柱在受火 800min 时的变形分别如图 2.1.52（a）、（b）所示。从图中可见，这时尽管变形较小，但柱已经呈现出双曲率变形的变形模式。可见，当轴向约束进一步变小时，柱的轴压力增加，柱破坏时的变形转变为轻微的双曲率变形。长柱破坏时出现的挠曲变形是柱的基本变形形式，本节中因为柱还没有到达破坏，故这种变形方式不明显。

### 2.1.4　结论

本节建立了端部约束钢管混凝土柱耐火性能分析的有限元计算模型，计算结果与试验结果吻合较好。利用上述模型研究了火灾下端部约束钢管混凝土柱的破坏形态、变形规律、内力重分布规律以及受力机理。分析表明：

① 轴向约束刚度作用下，偏心受压柱的变形为单曲率变形。轴向约束刚度给柱提供了支撑作用，与无轴向约束相比，轴向约束使约束柱的刚度增加，受火后期，约束柱的柱顶位移减小。而且，随约束刚度增加，受火后期柱顶竖向位移减小。轴向约束条件下，受火过程中柱的轴压力首先增加然后减小，抗火设计时要考虑柱内力增加的可能性。轴向约束能够较为明显地增加柱的耐火能力。

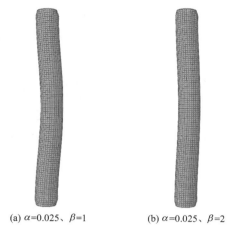

(a) $\alpha=0.025$、$\beta=1$　　(b) $\alpha=0.025$、$\beta=2$

图 2.1.52　受火 800min、$\alpha=0.025$ 时柱的
变形（变形放大 5 倍）

② 转动约束作用下，柱的变形为双曲率变形，耐火极限状态时，柱两端和中间截面出现塑性铰，柱出现三个塑性铰成为机构而破坏。转动约束可使火灾下柱的屈曲长度减小，从而增加柱的耐火极限；当转动约束比增加到一定程度后，柱的耐火极限变化不大。转动约束作用下，受火过程中柱的挠曲变形较小，柱中间截面的弯矩也较小，只在破坏时柱的挠曲变形才迅速增加。

③ 在本节选定的参数范围内，与仅有转动约束或轴向约束相比，轴向约束和转动约束共同作用时，钢管混凝土柱的变形形态基本上为轴向变形，这时柱的挠曲变形较小，柱内的轴压力较大，柱中截面弯矩较小。这时，受火后期，由于轴向约束的作用减小了柱内周压力，同时转动刚度进一步约束了柱的挠曲变形，导致柱的挠曲变形较小，柱基本上呈现出轴向变形。

# 2.2　受框架约束钢管混凝土柱的耐火性能参数分析

## 2.2.1　引言

本节建立了火灾下钢管混凝土柱-钢梁框架耐火性能计算模型，利用该框架耐火性能计算模型对钢管混凝土柱的典型破坏形态进行分析。对不同火灾场景下、不同位置的钢管混凝土柱的破坏形态、受力机理、内力重分布规律、耐火极限等进行了系统的分析。本章研究结论可为钢管混凝土框架柱的抗火设计提供参考依据。

## 2.2.2　火灾下框架约束钢管混凝土柱耐火性能有限元计算模型

### 2.2.2.1　典型框架的确定

选择典型的 3 层 3 跨钢管混凝土平面框架作为典型代表对多层多跨框架的耐火性能进行分析，选择一榀平面框架作为计算模型，平面框架的结构布局及荷载与第 1 章相同。平面框架的跨度分别为 4.8m、4.4m、4.6m，层高 2.8m，梁截面为 I 350mm×150mm×6.5mm×9mm。框架柱为圆形钢管混凝土柱，钢管外径 320mm，厚度 8mm。

混凝土采用 C30 混凝土，钢梁采用 Q235 钢，钢管采用 Q345 钢，材料强度根据现行结构设计规范取标准值。

顶层柱顶作用集中荷载 $N_i$，梁上作用均布荷载 $q$，荷载布置见图 2.2.1。$N_i$（$i$=1,2,3 和 4）表示柱顶荷载，$q$ 表示梁均布荷载。根据国家标准《建筑结构荷载规范》（GB 50009—2012）[1] 确定恒载和活载，并根据《建筑钢结构防火技术规范》（GB 51249—2017）[2] 进行了火灾工况下的荷载组合。参与组合的荷载包括恒载和活载，计算中取 $q$ 为 59kN/m。

实际结构设计中，根据结构抗侧刚度不同，平面框架分为有侧移框架和无侧移框架。本章参考的工程实例为无侧移框架。因此，本章研究无侧移框架的耐火性能，有限元模型中在最上层中跨梁跨中约束水平位移。

实际建筑工程中，当建筑结构的高度进一步增加、柱轴压比进一步增加时，结构就可能出现钢管混凝土框架柱破坏的情况。为了研究框架柱的破坏形态，梁和柱保护层厚度（厚型防火涂料）分别取 50mm 和 7mm。框架梁匀布线荷载 $q$=59kN/m，并在柱顶施加集中荷载（$N_1$=2304kN，$N_2$=3060kN、$N_3$=2976kN、$N_4$=1740kN），荷载布置见图 2.2.1。以下为了叙述方便，本章将框架柱编号为 $C_{ij}$，其中 $i$ 代表柱所在的层数，$j$ 代表柱从左侧数第几根柱，典型柱的编号如图 2.2.1 所示。

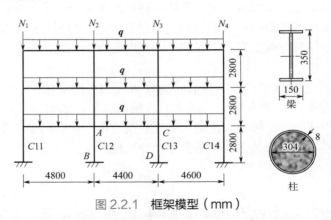

图 2.2.1　框架模型（mm）

考虑火灾发生位置的偶然性，共设计了 9 种火灾工况进行分析，各火灾工况见图 1.1.2。考虑到受火范围不大，火灾温度采用 ISO834（1999）[3] 标准升温曲线，室温取 20℃。为了近似模拟实际火灾，受火区域内柱采用周边受火，受火区域边柱靠近内侧的四分之三的柱表面受火，外侧四分之一面积为散热面。框架传热分析中考虑楼板的影响，建立了楼板模型。

对钢管混凝土柱-钢梁平面框架采用厚涂型防火涂料，并采取两种防火保护层厚度。第一种采用参考的实际结构的保护层厚度，梁和柱保护层厚度分别取 20mm 和 12mm，实际建筑保护层厚度满足国家标准《建筑设计防火规范（2018 年版）》（GB 50016—2014）[4] 对耐火等级为二级建筑的防火要求，根据《建筑设计防火技术规范（2018 年版）》（GB 50016—2014）[4]，单个梁的耐火极限为 1.5h，单个柱的耐火极限为 2.5h。第二种为前述的梁和柱的防火保护层厚度，分别为 50mm 和 7mm。

整体分析表明，由于混凝土吸热作用，框架中钢管混凝土柱耐火性能较好，而钢梁耐火性能较差，采用第一种防火保护层厚度时框架均首先出现了梁的失稳破坏，而柱则没有破坏。

#### 2.2.2.2 有限元模型概述

采用 ABAQUS 软件建立钢管混凝土柱-钢梁平面框架的有限元模型。利用 ABAQUS 软件的顺序耦合计算方法进行火灾下力学性能分析。首先建立框架结构的传热计算模型，进行结构的传热分析，然后进行升温条件下的力学性能分析。

局部火灾作用下，直接受火的结构温度升高，这部分称为高温区，而远离受火部分的结构仍然保持常温，称为常温区。为了节约计算量，高温区和常温区采取不同维度的单元建立模型。传热模型只建立高温区计算模型，钢管和保护层用壳单元建模，混凝土用实体单元建模。力学模型中，高温区受火钢梁和钢管采用壳单元 S4R 模拟，高温区受火混凝土采用实体单元 C3D8R 模拟，钢管与混凝土之间采用硬接触模拟，常温区框架梁柱均采用梁单元 B32 模拟。温度场计算模型及力学性能分析有限元模型及其网格划分见图 1.1.3。

### 2.2.3 材料热工及高温性能参数

采用 Lie 等[12-14]提出的混凝土热传导系数和比热容的计算公式，采用钙质混凝土的值。

钢材采用各向同性强化弹塑性模型，高温下钢材的应力-应变关系和热膨胀系数采用 Lie[12-14]提出的模型。

混凝土采用 ABAQUS 提供的塑性损伤混凝土本构模型，采用王卫华[6]提出的适合钢管混凝土柱的单轴受压应力应变关系。

### 2.2.4 框架梁柱截面温度场

利用建立的温度场计算模型计算的受火时间为 80min 时三面受火（受火区域的边柱）和四面受火（周边受火的中柱）钢管混凝土框架柱温度场分布如图 2.2.2 所示。从图 2.2.2 可看出，受火 80min 时，两柱大部分钢管温度大于 340℃，钢管的温度较高。

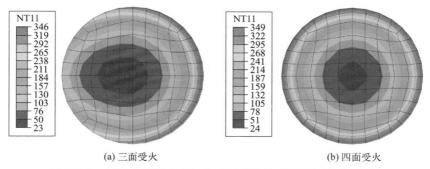

(a) 三面受火　　　　　　　　　　　(b) 四面受火

图 2.2.2　工况 3 时受火 80min 时框架梁柱温度场（单位：℃）

### 2.2.5 火灾下框架整体的破坏形态

计算得到的各火灾工况下框架及框架柱的破坏形态如图 2.2.3 所示。分析表明，根据受火区域破坏的柱数量不同，钢管混凝土平面框架出现了两种典型的破坏形态。第一种破坏形态包括两根柱的破坏，第二种破坏形态只包含一根柱破坏。两根柱破坏时，框架破坏的范围包括与破坏柱相连的上层柱及与破坏柱及其上层柱相连的框架梁组成的框架子结构。此时，框架破坏的范围较大。一根柱破坏时，框架破坏的范围只包括破坏柱以上两跨子结构，框架的破坏范围较小。分析表明，火灾工况 3、6 及顶层火灾工况 7、8、9 发生了第一种破坏形式，其余工况发生了第二种破坏形式。

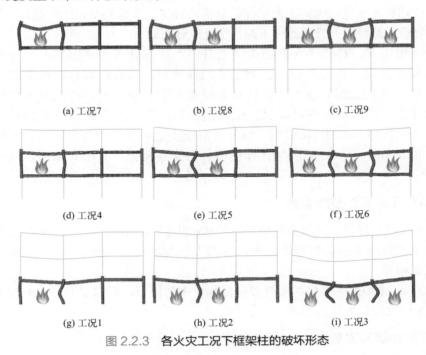

| (a) 工况7 | (b) 工况8 | (c) 工况9 |

| (d) 工况4 | (e) 工况5 | (f) 工况6 |

| (g) 工况1 | (h) 工况2 | (i) 工况3 |

图 2.2.3　各火灾工况下框架柱的破坏形态

### 2.2.6　火灾下钢管混凝土柱的破坏形态

#### 2.2.6.1　四面受火柱

　　框架破坏时，火灾工况 2、5、8 的柱 $C12$、$C22$、$C32$ 和火灾工况 3、6、9 的柱 $C13$、$C23$、$C33$ 均为四面受火柱。上述火灾工况下的四面受火柱出现了两种典型的破坏形态。第一种破坏形态为柱上下两端和柱中出现了 3 个塑性铰，柱形成机构而发生破坏。非顶层火灾工况下出现破坏的四面受火柱均为这种破坏形态。这类破坏典型的破坏形态如图 2.2.4 所示。非顶层火灾工况下，发生破坏的柱位于非顶层，此时柱的上下两端不仅有梁的约束作用，也有柱的约束作用，转动约束作用较大。火灾下，转动约束有效地阻止了节点的转动。框架柱

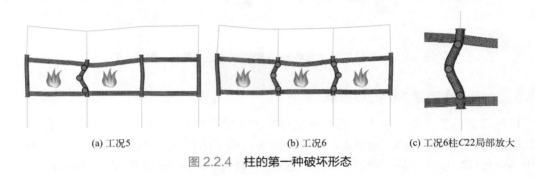

(a) 工况5　　　　　　　　　(b) 工况6　　　　　　(c) 工况6柱$C22$局部放大

图 2.2.4　柱的第一种破坏形态

为两端连续构件，火灾下柱中部发生挠曲变形，由于两端的约束作用阻止了节点转动，随着柱中部挠曲变形增加，柱上下两端的曲率不断增大，柱端的弯矩也不断增大，当柱端的弯矩达到屈服弯矩时，柱端的曲率快速增加，这时柱端就出现了塑性铰。当柱中和两端均出现塑性铰时，柱形成机构而破坏。这种情况下，经分析，极限状态下柱的计算长度系数为0.5。抗火计算时，这类柱的计算模型可按照两端和柱中出现三个塑性铰取。

框架破坏时，顶层火灾工况8的柱C32和工况9时的柱C32和C33中上部出现了一个塑性铰，这种破坏形态为第二种破坏形态。典型的工况9柱C32的破坏形态如图2.2.5所示。顶层火灾工况下，受火柱位于顶层，柱上节点仅与两根钢梁相连，火灾下钢梁刚度降低较多，柱上端节点的转动约束刚度较小，不能有效阻止柱上端的转动。当柱中上部某一截面在压力和弯矩共同作用下出现屈服时，该截面附件就形成了塑性铰，柱受压弯破坏。此时柱的计算模型可按照图2.2.5（b）取。

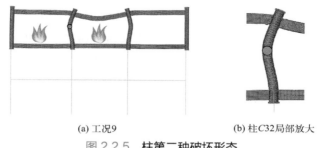

(a) 工况9　　　　　　　　　(b) 柱C32局部放大

图 2.2.5　**柱第二种破坏形态**

### 2.2.6.2　三面受火柱

工况1、4、7出现破坏的柱均为三面受火柱，工况8情况下破坏柱C33也是三面受火柱。与四面受火柱相同，三面受火柱也存在两种破坏形式：第一种为柱两端和柱中均出现塑性铰，柱出现三个塑性铰而破坏；第二种为顶层工况下柱仅出现一个塑性铰而破坏。第一种破坏情况出现在非顶层受火柱，由于柱端的转动约束较大，柱出现了三个塑性铰而发生破坏。第二种情况为顶层火灾工况，此时，柱上端的转动约束较小，不能阻止柱上端的转动，在竖向压力作用下，柱中上部出现塑性铰导致柱破坏。这两种情况下柱的典型破坏情况分别如图2.2.6、图2.2.7所示。

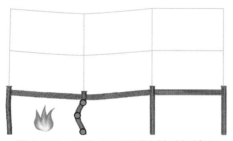

图 2.2.6　**工况1三面受火柱破坏情况**

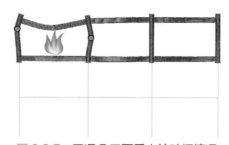

图 2.2.7　**工况7三面受火柱破坏情况**

### 2.2.7　框架柱耐火极限参数分析

计算的各火灾工况框架柱的耐火极限见表2.2.1。

表 2.2.1　各工况耐火极限　　　　　　　　　　　单位：min

| 火灾工况 | 1 | 2 | 3 | 4 | 5 | 6 | 7 | 8 | 9 |
|---|---|---|---|---|---|---|---|---|---|
| 耐火极限 | 113 | 68 | 63 | 127 | 85 | 79 | 94 | 81 | 81 |

#### 2.2.7.1　四面受火框架柱

四面受火柱发生破坏的工况有工况 2、3、5、6、8、9，其中工况 8 既有四面受火柱发生破坏，也有三面受火柱发生破坏。

（1）火灾发生在相同楼层时

从表 2.2.1 可以看出，除顶层火灾工况外，当火灾在同层内蔓延时，随受火范围的扩大，耐火极限减小，但总体上相差不大。例如工况 2 和工况 3 的耐火极限分别为 68min 和 63min，相差 5min，工况 5 和工况 6 的耐火极限分别为 85min 和 79min，相差 6min。同层火灾工况条件下，当火灾范围较小时，受火破坏柱承受的荷载向周围柱重新分布，受火破坏柱的内力较小。当火灾范围较大时，受火破坏柱承受的荷载向周围柱转移得较少，柱的内力较大，柱的耐火极限较小。例如，工况 2 和工况 3 中柱 C12 发生了破坏，两种工况柱底端截面的轴力、弯矩与受火时间的关系曲线如图 2.2.8 所示。从图中可见，受火过程中，特别是破坏时，工况 2 时柱的轴压力较小，因此，柱的耐火极限较小。但总体看来，两种火灾工况下，柱底截面内力相差不大。

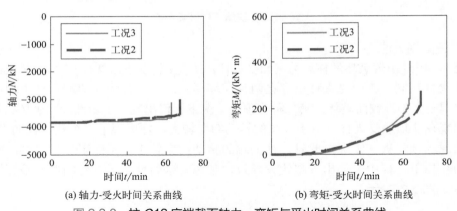

(a) 轴力-受火时间关系曲线　　　　　　(b) 弯矩-受火时间关系曲线

图 2.2.8　柱 C12 底端截面轴力、弯矩与受火时间关系曲线

（2）火灾发生在不同楼层时

从表 2.2.1 可见，同跨火灾情况下，除顶层火灾工况外，当火灾发生在第二层时框架柱的耐火极限大于火灾发生在第一层的火灾工况。这里以工况 3 的柱 C12 和工况 6 的柱 C22 为例进行说明。工况 3 和工况 6 的两根破坏柱底端截面的轴力和弯矩与受火时间的关系曲线如图 2.2.9 所示。从图中可见，受火过程中，特别是破坏时，工况 3 柱 C12 的轴压力和弯矩均比工况 6 的柱 C22 大。由于这两根柱均为三个塑性铰的破坏模式，破坏模式相同，柱 C22 轴压力比柱 C12 小，因此，柱 C22 的耐火极限较大。因此，火灾发生在第二层时的耐火极限大于第一层。

当火灾发生在第三层时，受火框架受周围构件的支撑作用较少，受火框架柱破坏时仅出现一个塑性铰，这种破坏模式的承载能较小，火灾下框架柱的承载能力也较小。因此，尽管轴压比较小,但框架柱的耐火极限比二层火灾工况小。

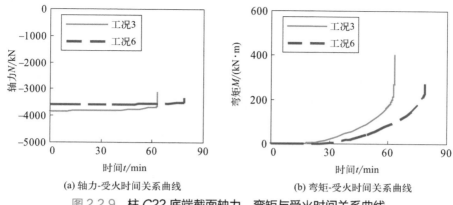

(a) 轴力-受火时间关系曲线     (b) 弯矩-受火时间关系曲线

图 2.2.9　柱 $C22$ 底端截面轴力、弯矩与受火时间关系曲线

#### 2.2.7.2　三面受火框架柱

从表 2.2.1 可见,同跨火灾工况下,当火灾发生在非顶层时,工况 4 的耐火极限大于工况 1 的耐火极限。这两种火灾工况下发生破坏的柱 $C12$ 和柱 $C22$ 底端截面的轴力和弯矩随受火时间的变化曲线如图 2.2.10 所示。从图中可以看出,受火过程中工况 1 破坏柱 $C12$ 所受内力较大,特别是破坏时柱的压力加大,压力较大导致耐火极限较小。这两种情况下,火灾下破坏的柱 $C22$ 和 $C12$ 的两端约束情况相同,破坏时均出现三个塑性铰,但由于 $C12$ 的轴压力大于 $C22$,因此 $C22$ 的耐火极限较小。第三层火灾工况 7 下 $C32$ 的破坏时柱仅出现了一个塑性铰,这种模式下柱的承载力较小,尽管轴压比较小,其耐火极限与 $C12$ 接近。

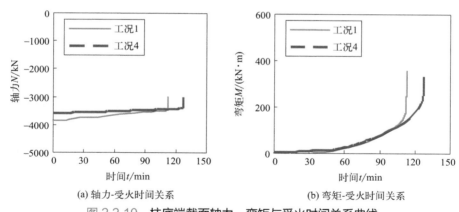

(a) 轴力-受火时间关系     (b) 弯矩-受火时间关系

图 2.2.10　柱底端截面轴力、弯矩与受火时间关系曲线

### 2.2.8　结论

本节建立了火灾下受框架约束的钢管混凝土框架柱耐火性能计算模型,计算结果得到了试验结果的验证。对不同火灾场景下、框架不同位置的钢管混凝土框架柱的破坏形态、受力机理、内力重分布规律、耐火极限等进行了系统的分析。在本节研究的参数范围内可得到如下结论:

① 火灾下框架柱出现两种典型的破坏形态。当柱位于非顶层时，由于柱顶转动约束较大，柱破坏时出现 3 个塑性铰，柱成为机构发生破坏。当柱位于顶层时，由于柱上端的转动约束较小，柱破坏时在中上部出现一个塑性铰而破坏。这两种破坏形态可用于钢管混凝土柱抗火设计计算模型的选取。

② 非顶层火灾工况下，同层火灾工况下，当柱受火情况相同时，随受火范围的扩大，由于内力重分布，火灾中破坏的柱的所受压力变大，耐火极限减小。非顶层火灾工况下，同跨火灾工况下，随楼层增高，柱的轴压力减小，柱的耐火极限增加。

# 第3章 钢筋混凝土框架结构的耐火性能

## 3.1 轴向约束钢筋混凝土 T 形梁的耐火性能参数分析

### 3.1.1 引言

在型钢混凝土柱-钢筋混凝土梁框架结构及钢筋混凝土框架结构中，钢筋混凝土框架梁两端受其周围构件的约束，为受约束构件。为了获得钢筋混凝土框架梁的耐火性能，需要对受约束的钢筋混凝土梁的耐火性能开展研究。这里首先对受轴向约束的钢筋混凝土 T 形约束梁（简称 T 形梁）的耐火性能开展研究。

### 3.1.2 火灾下钢筋混凝土 T 形梁的有限元计算模型

#### 3.1.2.1 钢筋混凝土 T 形梁模型

设计一个办公建筑中钢筋混凝土约束梁模型，跨度 9m，梁截面为 300mm×750mm，翼缘长度为 400mm。主筋为 HRB400 级钢筋，箍筋和板筋为 HPB335 级钢筋，板布置双向钢筋$\phi$8@200，梁两端箍筋加密$\phi$8@100，中间部分$\phi$8@200，板厚 120mm，梁保护层厚度 25mm，板保护层厚度 20mm，混凝土强度等级为 C30，材料参数均按照现行混凝土规范取标准值。恒载和活载组合的设计值为 29.7kN/m。梁左、右端上截面分别设置两根$\Phi$28 的受拉钢筋，贯穿整根梁，梁端上截面受拉筋$\Phi$25 长度为梁全长的 1/4。模型中材料强度取标准值。约束梁如图 3.1.1 所示。

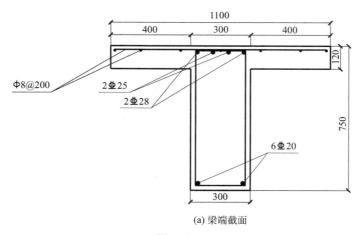

(a) 梁端截面

图 3.1.1

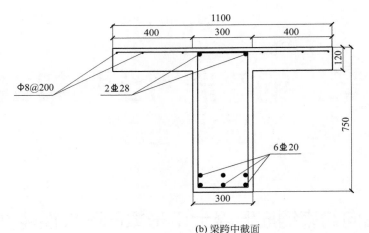

(b) 梁跨中截面

图 3.1.1　T 形梁配筋（mm）

T 形梁采用三面受火的受火形式，升温模型采用 ISO834[3] 标准升温曲线。

采用有限元软件 ABAQUS 建立钢筋混凝土 T 形梁有限元计算模型，混凝土采用实体单元 C3D8R 划分网格，钢筋采用 T3D2 单元划分网格。

### 3.1.2.2　材料热工参数及高温力学性能参数

钢筋和混凝土材料的热工参数和高温力学性能参数采用 Lie[5] 提出的模型，具体表达式可参见第 1 章。

### 3.1.2.3　有限元模型的建立

（1）温度场模型

传热分析时，综合辐射系数取 0.5，受火面的对流换热系数取 25W/（m·℃），非受火面的对流换热系数取 9W/（m·℃）。分析单元采用热传导单元 DC3D8。

计算得不同时刻梁截面温度如图 3.1.2 所示，其中 NT11 表示温度，单位为℃。可见，随着受火时间的增加，截面温度出现分层现象，外层温度达到 1200℃时，最内部温度只有350℃左右，说明混凝土的导热率较低，对钢筋有一定的保护作用。

（2）热力耦合模型

采用顺序耦合方式计算，将温度场模型的计算结果作为预定义场导入模型，采用恒载升温的方式对模型的耐火性能开展研究。钢筋采用 Embedded region 的方式嵌入到混凝土中。约束梁左端轴向固定，右端根据不同轴向约束刚度选择轴向约束弹簧。力学分析中，混凝土采用实体 C3D8R 的单元类型，钢筋采用桁架 3DT2 单元。建立的模型如图 3.1.3 所示。

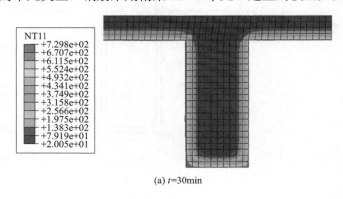

(a) t=30min

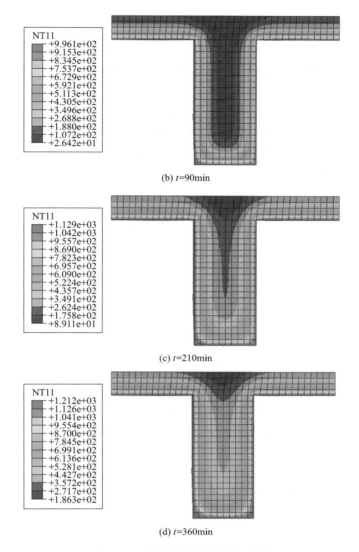

NT11
+9.961e+02
+9.153e+02
+8.345e+02
+7.537e+02
+6.729e+02
+5.921e+02
+5.113e+02
+4.305e+02
+3.496e+02
+2.688e+02
+1.880e+02
+1.072e+02
+2.642e+01

(b) $t$=90min

NT11
+1.129e+03
+1.042e+03
+9.557e+02
+8.690e+02
+7.823e+02
+6.957e+02
+6.090e+02
+5.224e+02
+4.357e+02
+3.491e+02
+2.624e+02
+1.758e+02
+8.911e+01

(c) $t$=210min

NT11
+1.212e+03
+1.126e+03
+1.041e+03
+9.554e+02
+8.700e+02
+7.845e+02
+6.991e+02
+6.136e+02
+5.281e+02
+4.427e+02
+3.572e+02
+2.717e+02
+1.863e+02

(d) $t$=360min

图 3.1.2　T 形梁截面温度场（℃）

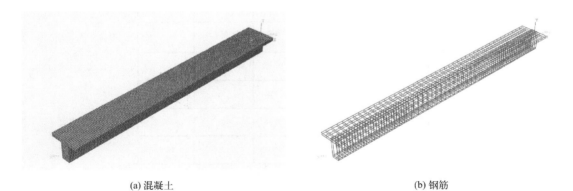

(a) 混凝土

(b) 钢筋

图 3.1.3　T 形梁有限元计算模型

### 3.1.3　钢筋混凝土 T 形梁的耐火性能参数分析

#### 3.1.3.1　轴向约束刚度比的选取

采用 Huang[18] 等提出的轴向约束刚度比的计算公式进行参数的选定。为了简化分析过程，采用如下基本假定：

① 梁端部的轴向约束刚度在整个升温过程中保持不变；

② 框架中所有的柱具有相同的惯性矩 $I_c$，所有的梁具有相同惯性矩 $I_b$；

③ 除受火梁柱之外，框架中其他梁柱均处在常温之中。

以图 3.1.4 框架受火情况为例，选用框架中部受火梁 $BC$ 为研究对象，其轴向约束刚度比的计算公式如下：

$$\alpha = \frac{K_H L}{E_C A_L} \tag{3.1.1}$$

$$K_H = \frac{24i}{H^2} \tag{3.1.2}$$

$$i = \frac{EI_C}{H} \tag{3.1.3}$$

式中　$\alpha$——轴向约束刚度比；

　　　$K_H$——上下两层框架柱的水平抗侧刚度之和；

　　　$E_C$——常温下混凝土的弹性模量；

　　　$A_L$——梁 $BC$ 横截面面积；

　　　$L$——梁 $BC$ 计算长度；

　　　$H$——柱 $AA_2$、$BB_2$ 的计算高度；

　　　$i$——框架柱的水平抗侧刚度；

　　　$I_C$——框架柱 $AA_2$、$BB_2$ 的惯性矩。

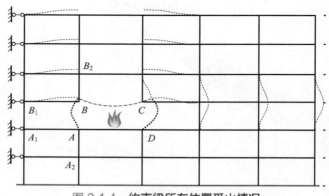

图 3.1.4　约束梁所在位置受火情况

根据设计的约束梁模型，假设梁 $BC$ 上下两层框架柱截面尺寸为 600mm×600mm，相应柱的高度可以取 3m、3.6m、4.2m、4.8m。则对应的 $K_H$、$\alpha$ 取值见表 3.1.1。

表 3.1.1 常用轴向约束刚度比的取值

| $H$/m | 3 | 3.6 | 4.2 | 4.8 |
|---|---|---|---|---|
| $K_H$ /（N/m） | $2.88×10^8$ | $1.67×10^8$ | $1.05×10^8$ | $7.06×10^7$ |
| $\alpha$ | 0.269 | 0.156 | 0.098 | 0.066 |

采用的受轴向约束简支梁的计算模型左端为固定铰支座，右端除简支边界条件之外设置沿梁轴向的弹簧约束，取 $\alpha$ 分别为 0、0.066、0.098、0.156、0.269、∞ 等 6 个参数，分别对应工况 1～工况 6，基本覆盖了工程常用的范围，其中 $\alpha$ =0 代表梁端无约束的极限情况，$\alpha$ = ∞ 表示两端均为固定铰支座、梁端水平方向的轴向约束刚度为无穷大的极限情况。除此之外，设定工况 7 为两端固接的钢筋混凝土 T 形梁与以上 6 种工况进行比较。

### 3.1.3.2 梁的破坏形式和耐火极限的参数分析

在梁两端无转动约束（工况 1～工况 6）情况下，约束梁破坏形态相同，如图 3.1.5（a）所示，均为梁跨中出现塑性铰破坏。工况 7（梁两端固接）时，由于负弯矩影响，梁端和跨中均出现塑性铰，共三个塑性铰，梁形成机构而破坏，破坏时跨中竖向位移相对其他工况偏小，如图 3.1.5（b）所示。

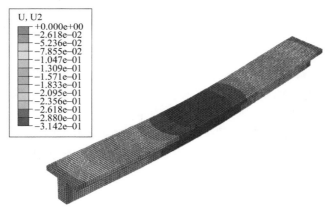

(a) 无转动约束(工况3)

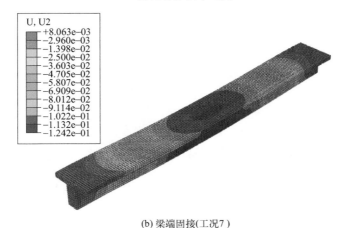

(b) 梁端固接(工况7)

图 3.1.5　钢筋混凝土 T 形梁的破坏形态

随着温度的升高，约束梁跨中位移随时间变化曲线如图 3.1.6 所示。7 种工况下梁跨中位移缓慢向下增加，其中，工况 2～工况 5 四种情况位移曲线比较接近。受火初期，跨中位移受钢材和混凝土热膨胀以及材料强度降低的共同影响而向下增加。大约受火时间达到 63min 时，随着温度升高，钢材与混凝土强度不断减小，工况 1 的位移向下快速增加，首先破坏，对应的位移转折点处即代表该梁达到了耐火极限，时间为 63min。当时间大约处在 80～87min 之间时，工况 2～工况 5 的约束梁先后破坏。工况 6 与工况 7 先后分别在 106min 和 345min 时破坏，各工况位移变化情况见表 3.1.2。以上现象表明：随着约束弹簧刚度变大，梁的轴压力增加，导致截面抗弯能力增强，受轴向约束简支梁的耐火极限提高；工程常用范围下对应的工况 2～工况 5 中的耐火极限，与近似简支梁（工况 1）、轴向完全固定的梁（工况 6）的耐火极限差别较大，在模拟高温下约束梁受力情况时应考虑实际边界条件。

表 3.1.2　各工况耐火极限的比较

| 工况 | 工况 1 | 工况 2 | 工况 3 | 工况 4 | 工况 5 | 工况 6 | 工况 7 |
|---|---|---|---|---|---|---|---|
| 约束刚度 $\alpha$ | 0 | 0.066 | 0.098 | 0.156 | 0.269 | $\infty$ | 固接 |
| 耐火极限 /min | 63 | 80 | 83 | 85 | 87 | 106 | 345 |

梁左端轴压力与时间的关系曲线如图 3.1.7 所示。从图中可见，随着受火时间的增加，轴压力逐渐增加，轴压力达到峰值之后，轴压力开始逐渐减小，直到破坏，轴压力迅速减小。当轴压力降至零后随变形增加，轴力转变成拉力，并逐渐增加。随着轴向刚度比的增加，轴压力明显增大，峰值增大。这是因为梁截面尺寸、跨度一定时，轴向刚度越大，约束梁轴向热膨胀引起的附加轴压力越大。当约束梁达到耐火极限时，梁端轴压力迅速减小。无轴向约束时没有出现轴力增加的现象。随着轴向刚度比的增加，峰值之后出现缓慢下降段的现象更加显著。这是因为随着受火时间增加，约束梁出现内力重分布现象，弹簧约束越大，弹簧承担的轴力比重越大，相应被约束梁本身承担的轴力比重越小，轴力由梁向约束弹簧传递。

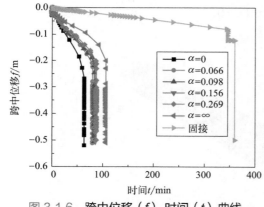

图 3.1.6　跨中位移（$f$）-时间（$t$）曲线

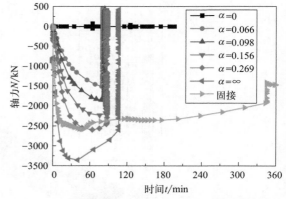

图 3.1.7　梁端轴力（$N$）-时间（$t$）关系曲线

### 3.1.3.3　钢筋和混凝土应力分布规律

选取工况 4 与轴向无约束的工况 1 进行对比分析。为了便于观察，图中所示箭头方向对应标注由上到下的数值，颜色相同的等值线，数值相同，混凝土应力分布图所用单位均为MPa，钢筋应力分布图所用单位均为Pa。混凝土采用纵向应力S33，拉应力为正，压应力为负。钢筋采用S11应力云图，拉应力为正，压应力为负。

（1）工况1（$\alpha=0$）

约束梁跨中截面混凝土应力分布随时间的变化如图3.1.8所示。从图中可见，随着时间增加，温度升高，截面应力发生较大变化。受火前期，除顶面外的截面周围，温度较高，由于混凝土受热膨胀，膨胀导致截面周边出现压应力，但截面上边缘的压应力则是由荷载引起的。截面内部由温度较低的，热膨胀变形较小，出现拉应力区域，这种现象主要是温度内力引起的。受火后期，随着温度升高，截面的应力分布逐渐向常温下的应力分布回归。温度升高导致混凝土强度降低，T形梁下部混凝土逐步承受拉应力而开裂退出工作，混凝土由下到上逐步破坏。受火时间达到63min时，T形梁达到耐火极限，此时截面压应力区域更小，截面大部分区域为拉应力。

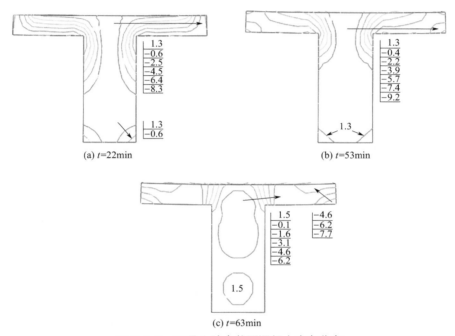

图 3.1.8　工况 1 跨中截面混凝土应力分布

约束梁纵向钢筋应力分布随时间的变化如图3.1.9所示。可见，在受拉区，由于混凝土传热能力低，钢筋受混凝土保护，导致其温度增加值较小，基本能保持其抗拉能力，拉应力变化不大。

（2）工况4（$\alpha=0.156$）

约束梁跨中截面混凝土应力分布随时间的变化如图3.1.10所示。从图中可见，增加轴向约束之后，受火过程中截面的压应力分布较广。受火时间达到85min时，截面上面压应力分布与简支梁接近，温度应力影响较小。与工况1比较发现，由于轴向约束的作用，工况4梁截面的整体压应力大于工况1的压应力。工况4耐火极限高于工况1，说明轴向约束对T形梁的耐火性能起到了积极作用。

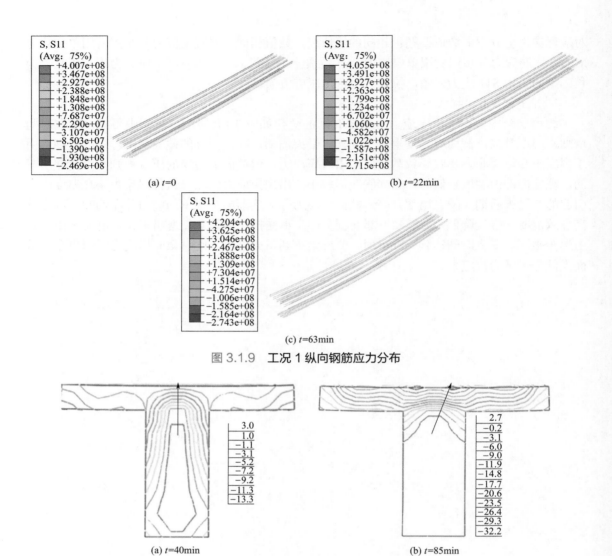

(a) $t=0$      (b) $t=22$min

(c) $t=63$min

图 3.1.9   工况 1 纵向钢筋应力分布

(a) $t=40$min      (b) $t=85$min

图 3.1.10   工况 4 跨中混凝土应力分布

约束梁纵向钢筋应力分布随时间的变化如图 3.1.11 所示。工况 4 纵向钢筋应力变化规律

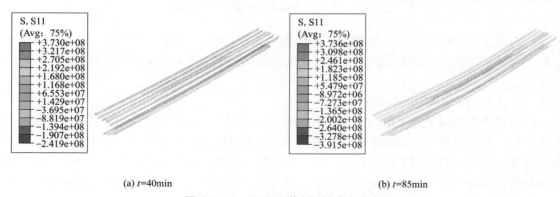

(a) $t=40$min      (b) $t=85$min

图 3.1.11   工况 4 纵向钢筋应力分布

与工况 1 大体一致，所以不再赘述。由于工况 4 的梁截面增加了轴向弹簧约束，其钢筋拉应力整体上小于工况 1 的拉应力。

### 3.1.4 结论

通过前文分析，可得如下结论：

① 由于轴向约束的影响，火灾下受轴向约束的钢筋混凝土简支梁由于受热膨胀而产生了较大轴压力，该轴压力在一定程度上可增加截面的抗弯承载力；而且，随着约束弹簧刚度变大，火灾下梁内产生的轴压力增加，导致截面抗弯能力增强，约束梁的耐火极限提高。

② 轴向约束刚度对钢筋混凝土简支梁的耐火性能影响较大，钢筋混凝土梁抗火设计时应采用实际的边界条件，考虑约束作用的影响。

③ 受轴向约束钢筋混凝土 T 形梁火灾下破坏时的破坏形态相同，均为梁跨中出现塑性铰破坏，破坏时刻梁竖向位移基本相同，梁两端固定时，由于两端负弯矩承载力影响，梁端和跨中均出现塑性铰，形成机构而破坏。

④ 轴向弹簧约束越大，承担的轴力比重越大，相应约束梁本身承担轴力的比重越小，轴力由梁向轴向弹簧转移，从而出现内力重分布现象越明显。

⑤ 受火前期，混凝土热膨胀特性导致梁截面先出现外部受压、内部受拉的现象，随着受火时间增加，混凝土强度降低，梁截面受拉区面积减小，截面压应力由外部向内部发生重分布，即荷载由温度高的区域向温度低的区域转移。

⑥ 梁端约束对 T 形梁整体应力分布影响较大，内力重分布现象明显。

## 3.2 钢筋混凝土框架结构耐火性能及抗火设计方法

### 3.2.1 引言

型钢混凝土框架结构的框架梁多数为钢筋混凝土梁，型钢混凝土框架结构的耐火性能与钢筋混凝土框架结构较为接近，对钢筋混凝土框架结构耐火性能的研究是对型钢混凝土框架结构耐火性能研究的有益补充，本节针对钢筋混凝土框架结构的耐火性能开展研究。采用梁单元高效计算模型建立钢筋混凝土框架整体结构耐火性能计算模型，并对火灾下典型的多层多跨钢筋混凝土框架结构的变形特点、典型破坏形态、火灾下的内力重分布规律以及耐火极限的变化规律进行分析，在上述分析的基础上提出了钢筋混凝土框架结构的抗火设计实用建议。

### 3.2.2 钢筋混凝土框架结构耐火性能高效计算模型

#### 3.2.2.1 典型框架的确定

调查发现，多层公用建筑（包括学校、宾馆、宿舍、办公楼等）框架结构以 3 跨居多。多层框架以 7 层为典型，7 层框架基本反映了框架柱的轴压比变化范围。为了具有一定的代表性，设计了一幢横向 3 跨、纵向 6 跨、高度 7 层的典型钢筋混凝土框架结构，对其火灾下的受力机理开展研究。该框架结构纵横向跨度均为 8.4m，层高 4m，高度为 28m，取其一榀横向框架进行分析。框架布置如图 3.2.1（a）所示。

该框架结构采用 C30 混凝土，主筋采用 HRB400 级钢筋。框架梁截面尺寸为

400mm×700mm，框架柱截面尺寸为 600mm×600mm。柱和梁截面主筋保护层厚度均为 30mm。考虑楼板自重后楼面恒载采用 5.12kN/m²，楼面活载采用 3.2kN/m²。火灾工况下荷载组合采用恒载与活载的标准组合。根据《建筑设计防火规范（2018 年版）》（GB 50016—2014）[4]，楼板的耐火极限最大不超过 1.5h，相对于梁和柱，楼板的耐火极限较低，梁柱破坏时楼板早已破坏，失去结构作用，故框架计算模型中不考虑楼板。为了方便建模，梁采用对称配筋。按上述荷载条件采用 SATWE 软件设计该框架，确定的梁截面配筋为上下边各为 6⨍25，此时梁配筋率为 $\rho$=1.11%。柱截面配筋为 6⨍20，沿周边均匀分布。框架梁柱截面配筋如图 3.2.1（b）、图 3.2.1（c）所示。经计算，底层边柱轴压比［简称为轴压比，根据《混凝土结构设计规范（2015 年版）》（GB 50010—2010），轴压比按照材料强度设计值计算］$n$=0.71。此时，图 3.2.1（a）中框架顶层节点集中荷载 $N_1$、$N_2$、$N_3$ 及 $N_4$ 均为 0。称为荷载工况 1。

另外，为了考虑柱轴压比的变化对框架耐火性能的影响，保持楼面恒载及活载不变，在框架顶层节点分别施加 $N_1$=1992kN、$N_2$=2400kN、$N_3$=2400kN、$N_4$=1992kN、方向向下的集中力，$N_1 \sim N_4$ 之间的比例与楼层荷载向该节点导荷之后形成的节点荷载之间的比例相同，称为荷载工况 2。此时，底层边柱轴压比 $n$=1.03。两种荷载工况下各柱的轴压比如图 3.2.1（a）所示，框架柱轴压比左右对称。图 3.2.1（a）中 "/" 前的为荷载工况 1 时柱轴压比，"/" 后的为荷载工况 2 时柱轴压比。实际建筑结构中，柱的轴压比在一定范围内变化。对于同一建筑，柱截面相同时，低层柱的轴压比较大。主要传递竖向压力，柱传递的弯矩较小。因此，通过在框架柱顶施加集中荷载的方法可基本模拟框架柱轴压力水平增加的情况。

为了对框架结构的耐火性能进行参数分析，减少梁的配筋率进行对比研究，此时梁截面上下各配置 6⨍20，梁配筋率 $\rho$=0.72%。需要说明的是，这种工况设计仅是为了参数分析，揭示配筋率变化时框架结构的耐火机理。

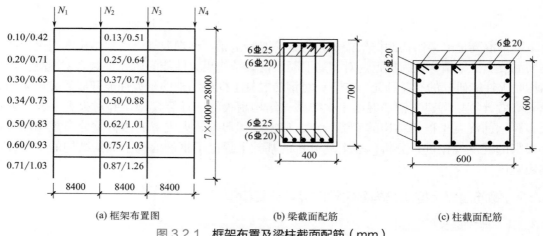

(a) 框架布置图    (b) 梁截面配筋    (c) 柱截面配筋

图 3.2.1　框架布置及梁柱截面配筋（mm）

### 3.2.2.2　火灾场景设计

这里研究的建筑空间为一般建筑空间，非大空间建筑。根据《建筑设计防火规范（2018 年版）》（GB 50016—2014）[4]，室内火灾温度与时间的关系可采用 ISO834[3] 标准升温曲线。该建筑每层建筑面积为 1270m²，依据《建筑设计防火规范（2018 年版）》（GB 50016—2014）[4]，只需划分一个防火分区。假设火灾发生在某一层的全部三跨。在竖向，对火灾发生层的位置进行参数分析，分析了火灾分别发生在各楼层时钢筋混凝土框架结构的耐火性能。典型的火灾场景布置如图 3.2.2 所示。某层受火时，框架中柱为四面受火，框架边柱为三面受火，上部框架梁为三面受火，底部框架梁为顶面受火。

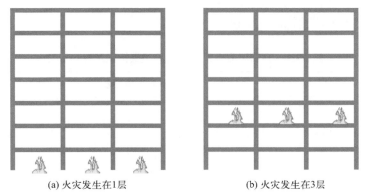

(a) 火灾发生在1层        (b) 火灾发生在3层

图 3.2.2 **典型的火灾场景**

### 3.2.2.3 有限元模型概述

本节框架耐火性能分析有限元模型采用第 8 章 8.4 节建立的基于梁柱单元的钢筋混凝土框架结构耐火性能有限元计算模型。

## 3.2.3 框架结构的破坏形态及耐火极限

### 3.2.3.1 框架结构耐火极限的定义

《建筑设计防火规范（2018 年版）》（GB 50016—2014）[4] 和 ISO834[3] 给出了结构构件的耐火极限定义，而对框架结构的耐火极限还没有统一的定义。

根据文献 [10]，通过考察结构特征点的位移确定结构的耐火极限，特征点的位移有受火梁跨中挠度和受火柱顶位移。参考 ISO834[3] 关于梁柱耐火极限的定义。根据 ISO834[3] 标准：①当梁最大挠度达到 $L^2/(400h)$（mm），同时当挠度超过 $L/30$（mm）后变形速率超过 $L^2/(9000h)$（mm/min），梁达到耐火极限，其中 $L$ 为梁跨度，$h$ 为梁截面高度；②关于柱的耐火极限，当柱轴向压缩量达到 $0.01H$（mm）并且轴向压缩速率超过 $0.003H$（mm/min）时，柱到达耐火极限，其中 $H$ 为柱加载后受火前的高度，以 mm 计。

对于发生局部破坏的工况，其破坏一般开始于受火梁，根据标准①确定耐火极限。对于发生整体破坏的工况，其破坏一般开始于受火柱，根据标准②确定耐火极限。

### 3.2.3.2 框架结构的破坏形态及耐火极限

各种火灾场景、柱轴压比及梁配筋率情况下框架的破坏形态和耐火极限见表 3.2.1。表 3.2.1 中给出了各种火灾场景下框架的耐火极限及框架破坏原因，梁破坏代表框架局部破坏，柱破坏代表整体破坏。

分析表明，各火灾场景下发生了两种典型的框架破坏模式。当 $n$=0.71、$\rho$=0.72% 时的火灾场景 2 ～ 7 以及 $n$=0.71、$\rho$=1.11% 时的火灾场景 4 ～ 7，框架均发生了左右两边跨梁破坏导致的框架破坏形态。在这种框架破坏形态中，随受火时间增加，受火楼层顶部边跨梁挠度发展较中跨梁快，边跨梁首先达到耐火极限，框架发生破坏。由于仅有框架梁发生破坏，破坏的范围较小，没有引起框架结构的整体坍塌，因此将这种破坏形态称为框架的局部破坏形态。

除上述情况，其余火灾场景下均发生了框架柱破坏，包括框架边柱首先发生破坏及框架中柱首先发生破坏两种破坏形态。在这种破坏形态中，由于框架柱发生破坏，框架破坏的范围较大，框架结构往往整体发生倒塌，因此将这种破坏形态称为框架的整体破坏形态。

当框架发生整体破坏形态或局部破坏形态时，定义为框架结构的耐火极限状态，这时的火灾持续时间定义为框架结构的耐火极限。

**表 3.2.1　钢筋混凝土框架结构的耐火极限及破坏形态**　　　　单位：min

| $n$、$\rho$ | | 火灾发生层数 | | | | | | |
|---|---|---|---|---|---|---|---|---|
| | | 1 | 2 | 3 | 4 | 5 | 6 | 7 |
| $n=0.71$ | $\rho=0.72\%$ | 177（整体边柱破坏） | 424（局部破坏） | 436（局部破坏） | 440（局部破坏） | 443（局部破坏） | 408（局部破坏） | 365（局部破坏） |
| | $\rho=1.11\%$ | 135（整体边柱破坏） | 503（整体中柱破坏） | 506（整体中柱破坏） | 639（局部破坏） | 641（局部破坏） | 640（局部破坏） | 508（局部破坏） |
| $n=1.03$ | $\rho=1.11\%$ | 31（整体边柱破坏） | 74（整体边柱破坏） | 230（整体中柱破坏） | 403（整体中柱破坏） | 491（整体中柱破坏） | 501（整体中柱破坏） | 505（整体边柱破坏） |

### 3.2.4　框架的局部破坏形态

#### 3.2.4.1　变形及内力

分析表明，当火灾发生于任一层时，当柱轴压比较小时，框架发生了两边跨梁破坏导致的框架局部破坏。例如，火灾场景5，当 $n=0.71$、$\rho=0.72\%$ 时，到达耐火极限状态时框架竖向位移 $\Delta$ 云图如图 3.2.3 所示。其中图 3.2.3（a）为框架耐火极限时框架的变形图，图 3.2.3（b）为框架梁出现悬链线效应时的变形图。从图 3.2.3（a）可见，框架到达耐火极限时，受火楼层上下部的梁均发生了明显的竖向变形，受火楼层边柱也发生了较大的向外膨胀变形。受火楼层顶部的梁为三面受火，下部受火梁为顶面受火，上部三面受火梁温度较高，发生较大的向外膨胀变形，导致与之相连的柱发生向外的侧移。虽然只是顶面一面受火，但受火层底部三跨顶面受火梁也发生了较大的挠曲变形，变形值比顶部受火梁小。

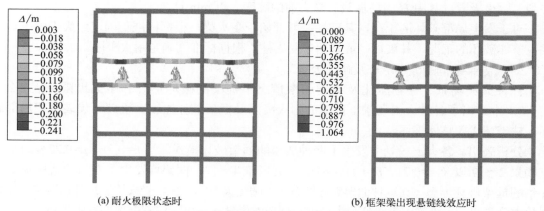

(a) 耐火极限状态时　　　　　　　　　(b) 框架梁出现悬链线效应时

图 3.2.3　框架局部破坏形态（$n=0.71$、$\rho=0.72\%$）

当 $n$=0.71、$\rho$=0.72% 时，火灾场景 3 受火楼层左跨三面受火梁跨中挠度与受火时间关系曲线如图 3.2.4 所示。从图中可见，曲线上存在三个特征点。$A$ 点时框架梁挠度开始快速增加，表明框架梁正在失去平衡。$AB$ 阶段是框架梁从一个平衡状态向另外一个平衡状态的转变阶段。$B$ 点时框架梁的挠度不再增加，框架梁进入另外一个平衡状态。

该框架梁跨中截面的轴力与受火时间关系曲线如图 3.2.5 所示，轴力以拉力为正。从图中可见，$A$ 点之前框架梁跨中截面轴力为压力，随受火时间增加，压力增加。这是因为受火框架梁受热膨胀，但梁端受到框架的约束不能自由膨胀，从而导致梁内产生较大的压力，而压力又进一步导致框架梁挠度增加。$AB$ 阶段，在框架梁挠度快速增加的过程中，梁内轴力由压力转变为拉力。在 $BC$ 阶段，框架梁又达到一个新的平衡状态。此时，框架梁处于受拉状态。由于框架梁主要受拉，$BC$ 阶段框架梁出现悬链线效应。

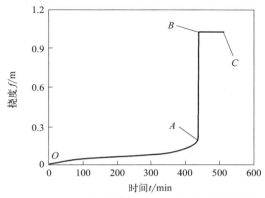

图 3.2.4 受火梁跨中挠度 - 受火时间关系曲线

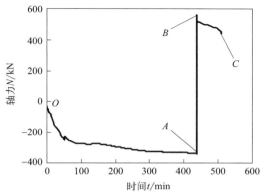

图 3.2.5 火灾场景 3 左边跨受火梁跨中轴力 - 受火时间关系曲线（$n$=0.71、$\rho$=0.72%）

$BC$ 阶段，框架梁依靠悬链线效应承载。这时，框架梁挠度很大，而且框架梁将会给节点施加较大拉力，不利于框架整体的稳定性。因此，框架梁不应依靠悬链线效应承载，框架梁的耐火极限状态应该以 $A$ 点为准。$A$ 点时框架梁内存在较大的压力，压力对框架梁的耐火极限有影响。

当 $n$=0.71、$\rho$=0.72% 时，各火灾场景下框架到达耐火极限状态时，发生破坏的左边跨梁跨中截面的轴力与受火时间关系曲线如图 3.2.6 所示。从图中可见，受火过程中左边跨受火梁均产生了较大的轴压力。从图 3.2.6 可见，火灾场景 6、7 中，左边跨受火梁内的轴压力较小，其余火灾场景下轴压力接近。当火灾发生在 6、7 层时，左边跨受火梁所受约束较小，其余火灾场景下，左边跨受火梁所受约束相近，轴压力也接近。可见，左边跨受火梁内轴压力与梁所受约束大小有关。

梁轴压力类似拱效应，推迟了框架梁的破坏，增加了其耐火极限。而且，轴压力越大，耐火极限越大。另外，从图 3.2.6 还可看出，受火过程中梁的最大轴压力达到 365kN，此时梁的轴压比为 0.06。

当 $n$=0.71、$\rho$=0.72% 时，火灾场景 3 时，左边跨梁左端和跨中截面弯矩与受火时间关系曲线如图 3.2.7 所示。从图 3.2.7 可见，受火后梁左端弯矩增加，跨中弯矩减小。如前所述，受火过程中由于受热膨胀，梁内产生了轴压力，使梁端弯矩增加，跨中弯矩减小，轴压力对梁的耐火极限有明显影响。

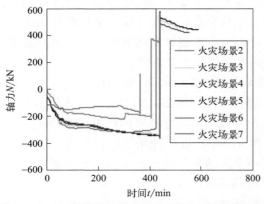

图 3.2.6　左边跨跨中截面轴力-受火时间关系曲线
（$n$=0.71、$\rho$ =0.72%）

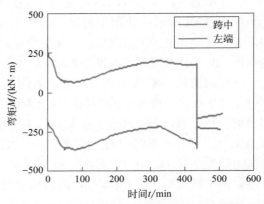

图 3.2.7　火灾场景 3 左边跨梁跨中及梁端截面
弯矩-受火时间关系曲线（$n$=0.71、$\rho$ =0.72%）

当 $n$=0.71、$\rho$=0.72% 时，火灾场景 3 中，受火层左边柱和左中柱轴力与受火时间关系曲线如图 3.2.8 所示。从图中可见，受火过程中左边柱轴压力缓慢增加，左中柱轴压力缓慢减小，但总体上变化不大。这是由于框架整层全部受火，受火层各柱之间的膨胀变形差较小，各柱之间的相互约束作用较小，导致柱轴力总体上变化不大。另外，由于左中柱是四面受火，温度较左边柱高，受火过程中柱的荷载向边柱传递。

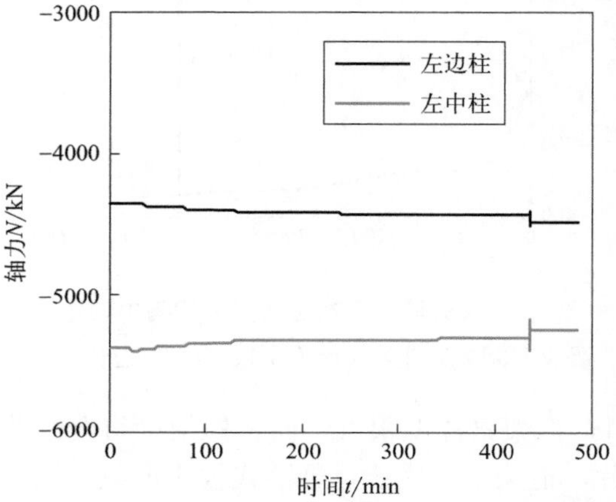

图 3.2.8　火灾场景 3 受火层边柱及中柱轴力-
受火时间关系曲线（$n$=0.71、$\rho$ =0.72%）

### 3.2.4.2　框架结构的耐火极限状态

从上面的分析知，框架局部破坏方式下只有边跨受火梁发生了破坏，中跨受火梁及框架的其余构件都没有发生破坏。框架左边跨受火梁发生破坏时，受火梁两端和跨中出现塑性铰，受火梁成为机构而破坏，框架典型的破坏机构如图 3.2.9 所示。梁破坏时框架的破坏机构均可按图 3.2.9 所示破坏机构进行简化计算。

(a) 3层发生火灾　　　　(b) 5层发生火灾

图 3.2.9　框架梁破坏机构

### 3.2.4.3　框架的耐火极限

从表 3.2.1 可见，框架发生局部破坏时，各火灾场景下，当 $n=0.71$，$\rho=1.11\%$ 时框架结构的耐火极限均大于 $\rho=0.72\%$ 时的耐火极限。可见，框架局部破坏时梁配筋率增加可使框架结构的耐火极限增加。火灾下，框架梁两端及跨中均出现塑性铰，之后梁才破坏，增加梁的配筋率可提高梁端及跨中截面的承载力，进而增加框架梁的耐火极限。

轴压比及梁配筋率相同，框架发生局部破坏时，顶层及次顶层火灾场景耐火极限较小，其余火灾场景耐火极限相差不大。火灾下，框架梁受热膨胀，但受到周围的约束作用，梁内产生压力。一定范围内压力能提高框架梁的极限荷载，增加梁的耐火极限。顶层及次顶层火灾场景下，受火框架梁所受约束较少，梁内产生的压力较小，耐火极限较小。可见，受火梁所受的约束对其耐火极限有部分影响。

## 3.2.5　框架结构的整体破坏形态

### 3.2.5.1　变形及内力

当 $n=1.03$、$\rho=1.11\%$ 时，各火灾场景下出现了由框架柱破坏导致的框架整体破坏。当 $n=0.71$、$\rho=1.11\%$ 时，火灾场景 1、2、3 下也发生了框架整体破坏形态。与框架局部破坏形态相比，当梁配筋率和柱轴压比进一步增加时，梁的耐火极限相对于柱增加，框架出现了框架柱破坏导致的框架整体破坏形态。在框架柱的破坏形态当中，又存在两种典型的破坏形态，即框架中柱和框架边柱破坏形态，典型的框架整体破坏形态分别如图 3.2.10（a）、图 3.2.10（b）所示。

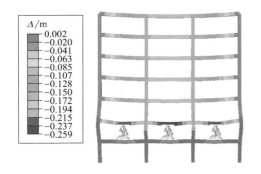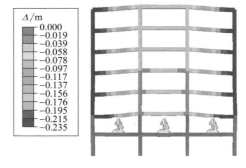

(a) 中柱破坏形态（$n=0.71$、$\rho=1.11\%$）　　　(b) 边柱破坏形态（$n=1.03$、$\rho=1.11\%$）

图 3.2.10　框架整体破坏形态

从图 3.2.10（b）中可见，2 层火灾场景下，框架到达耐火极限状态时，框架两边柱上端截面发生受压破坏，引起边跨梁发生破坏，破坏的形式类似悬臂梁的破坏。最终，由于梁柱构件的破坏导致框架的整体破坏。可见，由于框架作为一个整体承受荷载，各构件之间存在较强的相互作用，框架整体破坏时往往包含多个梁柱构件的共同破坏。从图 3.2.10（a）图中可见，2 层火灾场景下，框架到达耐火极限状态时，框架受火层 2 层的两中柱上端均发生破坏，导致框架整体破坏，框架发生整体坍塌，框架发生破坏的范围很大。由于钢筋混凝土梁主要受弯且延性较好，火灾下钢筋混凝土梁出现三个塑性铰，梁形成机构而破坏。钢筋混凝土柱受力状态主要为受压，延性较差，往往因一个截面受压破坏而破坏，这是钢筋混凝土梁和钢筋混凝土柱破坏方式的主要区别。在 2015 年 1 月 2 日发生的哈尔滨北方南勋陶瓷市场大火中，中部 3 层的钢筋混凝土框架结构的框架柱发生了破坏，破坏形态如图 3.2.11 所示。

从图中可见，框架底层柱上端发生了受压破坏。火灾高温下，框架2层楼面板向外膨胀，框架柱顶端的弯矩增加，当柱顶端在弯矩和轴压力共同作用下达到高温下柱的承载能力时，框架柱顶端就发生了受压破坏。

如图3.2.10（a）所示，当$n$=0.71、$\rho$=1.11%时，火灾场景2下框架发生了受火中柱破坏导致的框架整体破坏。如图3.2.10（b）所示，当$n$=1.03、$\rho$=1.11%时，火灾场景2下框架发生了受火边柱破坏导致的框架整体破坏。分析表明，当轴压比$n$=1.03时，受火边柱轴压比较大，火灾场景2下，三面受火梁端发生较大的热膨胀变形，导致受火框架边柱顶端发生较大侧移，引起受火边柱顶端弯矩增加。同时，由于边柱轴压比较大，受火框架边柱首先发生破坏，引起框架边柱破坏导致的框架整体破坏，框架发生整体坍塌，框架为连续性倒塌破坏。当轴压比$n$=0.71时，尽管三面受火梁端发生较大的热膨胀变形，但这时受火边柱轴压比较小，

图3.2.11　火灾下钢筋混凝土框架柱破坏形态

有较大安全储备。而受火框架中柱为四面受火，承载力衰减更快，导致框架中柱早于边柱破坏，框架发生整体坍塌，发生破坏的范围也很大，框架为连续性倒塌破坏。

可见，框架作为一个整体承受荷载，各构件之间存在较强的相互作用，框架整体破坏时往往包含多个梁柱构件的共同破坏。钢筋混凝土梁出现三个塑性铰，形成机构而破坏，钢筋混凝土柱破坏状态主要为受压破坏，延性较差，这是火灾下钢筋混凝土梁和钢筋混凝土柱破坏形态的主要区别。

下面详述框架整体破坏时结构的内力重分布及破坏机理。

当$n$=1.03、$\rho$=1.11%时，火灾场景2下框架2层右边柱柱顶竖向位移与受火时间关系曲线如图3.2.12所示。从图3.2.12可见，框架到达耐火极限时，柱顶竖向位移向下迅速增长，框架柱发生受压破坏导致框架整体倒塌。受火过程中2层右边柱柱顶截面的轴力与受火时间关系曲线如图3.2.13（a）所示，柱顶截面弯矩与受火时间关系曲线如图3.2.13（b）所示。从图3.2.13可见，受火过程中柱顶轴力基本保持不变，至耐火极限时迅速减小，表示柱发生了受压破坏。柱顶弯矩在受火过程中逐渐增加，至耐火极限时迅速减小，表示柱发生破坏。火灾下三面受火梁发生较大的热膨胀变形，导致边柱顶端发生较大的向外水平位移，从而引起柱顶弯矩增加。由于边柱破坏时的受火时间较短，截面材料温度较低，还没有引起柱承载能

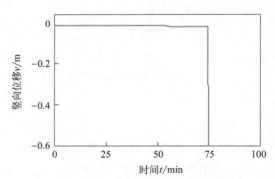

图3.2.12　火灾场景2时受火右边柱顶竖向位移（$v$）-受火时间（$t$）关系曲线

力的显著降低。柱顶弯矩在到达耐火极限前一直增加，这正是框架边柱破坏的主要原因。到达耐火极限状态时，框架2层边柱发生破坏，柱顶弯矩和轴力迅速减小。可见，高温作用产生的温度内力也会引起结构的破坏。

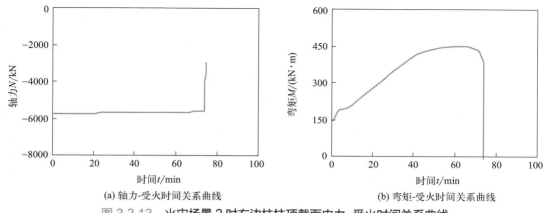

(a) 轴力-受火时间关系曲线

(b) 弯矩-受火时间关系曲线

图 3.2.13　火灾场景 2 时右边柱柱顶截面内力 - 受火时间关系曲线

　　当 $n=0.71$、$\rho=1.11\%$ 时，火灾场景 2 下框架受火 2 层的中柱首先发生了破坏。2 层左中柱柱顶的竖向位移与受火时间关系曲线如图 3.2.14 所示。从图 3.2.14 可见，框架到达耐火极限时，受火的框架中柱顶端竖向位移迅速向下增长，框架柱发生受压破坏导致框架整体倒塌。

　　受火过程中，2 层左中柱柱顶截面的轴力与受火时间关系曲线如图 3.2.15（a）所示，柱顶截面弯矩与受火时间关系曲线如图 3.2.15（b）所示。从图中可见，受火过程中柱顶端轴力基本保持不变，到达耐火极限时迅速减小，表示柱发生受压破坏。柱顶弯矩在受火过程中逐渐增加，受火 100min 时达到峰值，之后弯矩逐渐减小，至耐火极限时迅速减小，表明柱发生破坏。火灾下受火框架梁发生较大的热膨胀变形，导致受火楼层边柱及中柱顶端发生较大的向外的水平位

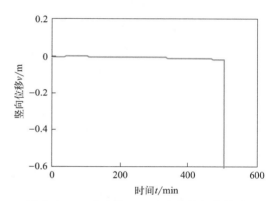

图 3.2.14　火灾场景 2 受火中柱竖向位移 - 受火时间关系曲线

移，从而引起柱顶弯矩增加。受火后期，火灾高温导致材料性能劣化，从而引起柱顶端弯矩减小。可见，当受火时间较长时，框架柱会因材料劣化导致的承载力降低而发生破坏。

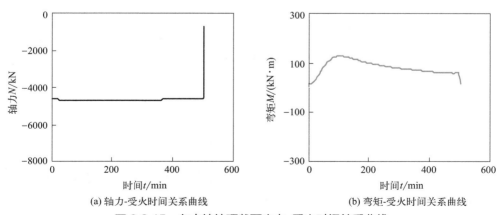

(a) 轴力-受火时间关系曲线

(b) 弯矩-受火时间关系曲线

图 3.2.15　左中柱柱顶截面内力 - 受火时间关系曲线

从以上分析知，火灾对框架结构主要产生两种作用：第一种是温度内力导致的结构破坏；第二种是高温导致的构件承载力降低。当火灾持续时间较短时，温度内力是结构破坏的主要原因。当火灾持续时间较长时，框架往往由于高温导致的构件承载力降低而破坏，温度内力是次要的。框架结构抗火设计时要注意区分这两种火灾作用。

### 3.2.5.2 框架结构的耐火极限状态

从前面的分析知，当框架发生整体破坏时，往往多个构件一起发生破坏，而柱破坏则是整体破坏的必要条件。边柱为三面受火，柱上端截面受压较大侧为高温区，高温下截面承载能力降低幅度较大。另外，由于受火层顶部三面受火梁受热膨胀，火灾下柱顶端所受弯矩均增长较大。因此，受火的框架边柱及中柱顶端截面往往是危险截面，应予重点验算。

### 3.2.5.3 耐火极限

从表 3.2.1 可以看出，当框架发生整体破坏时，轴压比越大，耐火极限越小。轴压比越大，表明柱承受的荷载越大，柱的荷载比越大，则耐火极限越小。可见，对于框架整体破坏，受火柱轴压比越大，耐火极限越小。

## 3.2.6 框架结构抗火设计方法

框架结构抗火设计仍可采用与常温下结构设计相似的方法进行，即分别计算火灾下的荷载效应组合和结构高温下的承载能力，并比较二者的大小。如果火灾下的荷载效应组合小于结构高温下的承载能力，则表示结构是安全的，否则就是不安全的。火灾下的荷载效应组合要适当考虑温度内力，而计算结构高温下的承载能力要考虑构件截面温度场对材料强度削弱的影响。对于分析的框架，火灾下框架出现了两种典型的破坏形态，一种是梁破坏，另外一种是柱破坏。结构抗火设计时可分别对梁和柱构件进行抗火设计。

由于框架梁在火灾下破坏时，梁两端和跨中出现三个塑性铰，梁的简化计算模型可取三个塑性铰模型，如图 3.2.16 所示，图中 $M_{u1}$、$M_{u2}$、$M_{u3}$ 分别为梁端截面和跨中截面抗弯承载力。计算梁截面抗弯承载力 $M_{u1}$、$M_{u2}$、$M_{u3}$ 时可考虑轴力对截面抗弯承载力的影响。另外，通过前述的计算，梁中产生的最大轴压力对应的轴压比为 0.12，轴压力不大，轴压力可在一定程度上增加梁截面抗弯能力，简化计算时可偏安全地不考虑轴压力对梁截面抗弯承载力的影响。

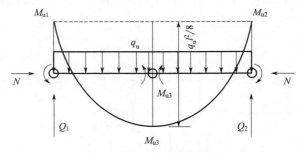

图 3.2.16　框架梁的计算模型

对于框架三塑性铰计算模型，如果梁上作用的荷载为均布荷载，高温下梁的极限荷载可按下式计算

$$\frac{M_{u1} + M_{u2}}{2} + M_{u3} = q_u l^2 / 8 \tag{3.2.1}$$

式中　$l$——梁的跨度；

　　　$q_u$——梁上的均布荷载。

框架柱破坏时，由于三面受火梁受热膨胀变形较大，导致框架柱顶端截面弯矩增大，框架柱顶端截面往往在火灾下首先发生破坏，因此，框架结构抗火设计时应对框架柱的上端截面的抗火设计格外重视。本文特定的火灾场景下的轴压比较大时受火框架柱在受火过程中轴力变化不大，框架柱抗火验算时可不考虑火灾引起的轴力变化，只考虑火灾导致柱端弯矩的变化。

### 3.2.7　结论

本节提出了基于梁单元的钢筋混凝土框架结构耐火性能计算有限元计算模型，同时对火灾下典型的多层多跨钢筋混凝土框架结构的破坏形态、变形及内力分布规律等进行了参数分析，分析结果表明：

① 火灾下框架结构出现了两种典型的破坏形态：当梁配筋率较小、柱轴压比较小时火灾下框架结构出现了框架梁破坏，为框架的局部破坏形态；当梁配筋率和柱轴压比均较大时，框架结构出现了框架柱破坏，破坏的范围较大，为整体破坏形态。框架火灾下发生局部破坏时，都是跨度较大的边跨受火梁出现三个塑性铰，形成局部破坏机构而破坏。

② 受火过程中，由于受周围结构的约束，受火梁出现了明显的轴压力；由于火灾下两端受到压力作用，受火过程中受火梁两端负弯矩增加，跨中正弯矩略有减小。在整层发生火灾的场景下，受火过程中受火框架柱轴力变化较小，而受火柱及其上下层柱的弯矩变化较大。

③ 基于分析结果，对钢筋混凝土框架结构的抗火设计提出了实用建议。

# 第4章 型钢混凝土结构耐火性能试验研究及计算模型

## 4.1 受约束型钢混凝土柱耐火性能试验研究及计算模型

### 4.1.1 引言

以往人们评估建筑结构的耐火性能时，多针对独立构件进行，忽略结构的连续性以及与其他构件的相互约束作用对受火构件的影响。而实际结构的受力状态和破坏行为表明，火灾下整体结构的力学性能与单独构件存在较明显的差别。为此，通过从原结构中取出带有边界约束的子结构或受约束的构件，来近似考虑火灾中子结构或者单根构件受结构其他构件的约束作用。这样既可以减少整体结构分析的工作量，也可以反映整体结构中构件的实际性能。

本节考虑型钢混凝土框架结构中柱周围结构对其约束作用，进行了火灾升温条件下型钢混凝土框架约束柱耐火性能试验研究，研究高温下其在不同荷载比、含钢率和荷载偏心率作用下的温度-时间关系曲线、柱顶竖向位移-时间关系曲线、破坏规律等，同时提出了受约束柱耐火性能的计算模型。

### 4.1.2 型钢混凝土约束柱耐火性能试验研究

#### 4.1.2.1 试验设计及试验装置

参考《混凝土结构设计规范（2015 年版）》（GB 50010—2010）和行业标准《组合结构设计规范》（JGJ 138—2016）等相关标准的规定，进行型钢混凝土柱试件的设计。共进行了 7 根型钢混凝土约束柱的耐火试验。各试件的具体尺寸、截面配筋、温度测点的布置情况如图 4.1.1、图 4.1.2 所示。试验分为两类，一类为轴心加载约束柱试验，另一类为偏心加载约束柱试验。轴心加载的试验装置简图如图 4.1.3 所示，偏心加载的试验装置简图如图 4.1.4 所示。约束钢梁两端为铰接，截面尺寸为 H250mm×350mm×20mm×20mm，材料等级为 Q345B。柱高为 4.31m（包括柱两端两个 30mm 的端板厚度），柱的截面尺寸为 280mm×280mm，轴向约束刚度比 $\beta_1$ 为 2.5%。各试件的编号、型钢截面尺寸、截面配筋、荷载比及偏心率等参数见表 4.1.1。其中试件 SRC01 ～ SRC03 为轴心受压试件，试件 SRC04 ～ SRC07 为偏心受压试件，轴向荷载通过柱顶约束钢梁施加，偏心荷载通过小千斤顶施加。钢板及钢筋材料实测值见表 4.1.2 和表 4.1.3。实测混凝土棱柱体试块的抗压强度平均值为 38.8MPa。

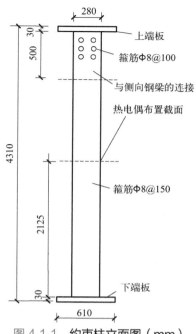

图 4.1.1　约束柱立面图（mm）

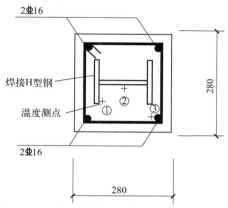

图 4.1.2　约束柱截面及热电偶布置（mm）

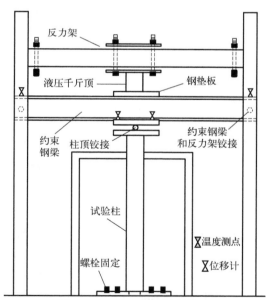

图 4.1.3　轴心加载试验装置

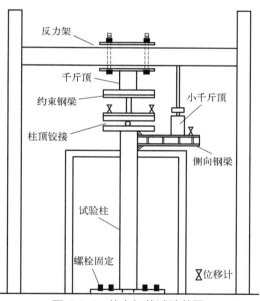

图 4.1.4　偏心加载试验装置

表 4.1.1　型钢混凝土约束柱试件设计

| 试件编号 | 加载方式 | 荷载比 $n$ | 型钢截面 /mm | 竖向荷载大小 $N_1$/kN | 梁端竖向力 $N_2$/kN | 偏心距 $e_0$/m |
|---|---|---|---|---|---|---|
| SRC01 | 轴心加载 | 0.35 | H150×150×7×10 | 1750 | — | 0 |

| 试件编号 | 加载方式 | 荷载比 $n$ | 型钢截面 /mm | 竖向荷载大小 $N_1$/kN | 梁端竖向力 $N_2$/kN | 偏心距 $e_0$/m |
|---|---|---|---|---|---|---|
| SRC02 | 轴心加载 | 0.5 | H150×150×7×10 | 2350 | — | 0 |
| SRC03 | 轴心加载 | 0.5 | H125×125×6.5×9 | 2150 | — | 0 |
| SRC04 | 偏心加载 | 0.35 | H150×150×7×10 | 1000 | 41.4 | 0.056 |
| SRC05 | 偏心加载 | 0.5 | H150×150×7×10 | 1460 | 61.4 | 0.028 |
| SRC06 | 偏心加载 | 0.5 | H125×125×6.5×9 | 1250 | 52 | 0.028 |
| SRC07 | 偏心加载 | 0.5 | H150×150×7×10 | 1110 | 95.6 | 0.056 |

表 4.1.2　型钢钢板材料强度实测值

| 型钢尺寸 /mm× mm×mm×mm | 测试钢板厚度 /mm | 屈服强度 $f_y$ /MPa | 极限强度 $f_u$ /MPa | 弹性模量 $E_a$ /（N/mm²） | 泊松比 $\mu_s$ |
|---|---|---|---|---|---|
| 150×150×7×10 | 7 | 405 | 535 | 187287 | 0.271 |
| | 10 | 410 | 576.7 | 189944 | 0.274 |
| 125×125×6.5×9 | 6.5 | 388.3 | 550 | 186988 | 0.268 |
| | 9 | 396 | 573.3 | 189455 | 0.274 |

表 4.1.3　钢筋材料强度实测值

| 测试材料 | 钢筋直径 /mm | 屈服强度 $f_y$/MPa | 抗拉强度 $f_u$/MPa | 弹性模量 $E_s$/（N/mm²） | 泊松比 $\mu_s$ |
|---|---|---|---|---|---|
| 纵筋 | 16 | 444.1.3 | 436.7 | 176631 | 0.267 |
| 箍筋 | 8 | 614.1.5 | 492.5 | 184489 | 0.264 |

　　型钢混凝土柱柱端的约束装置由水平向的约束钢梁提供，如图 4.1.5 所示。约束梁两端和试验反力架的水平钢梁用销轴连接以实现铰接，约束钢梁和型钢混凝土柱柱顶铰接，约束钢梁上部为液压千斤顶，二者紧密连接。为防止火灾试验过程中，炉盖的温度过高会对约束柱的弹性模量产生影响进而引起约束刚度的变化，在炉盖的上部、约束钢梁的下部放置两层防火棉。由于约束钢梁两端支座的连接方式为铰接，约束钢梁轴向约束刚度比为梁的刚度（$48EI/L^3$）与柱的线刚度 $[(E_cA_c+E_aA_a+E_sA_s)/H]$ 之比，按材料实测值计算得到柱的轴向约束刚度比为 0.025。其中 $A_c$ 为柱的混凝土横面截面积，$A_a$ 为型钢横截面积，$A_s$ 为钢筋的横截面面积，$H$ 为柱长，$L$ 为约束横梁两端铰中心的距离，$E_c$ 为混凝土的常温弹性模量，$E_a$ 为型钢的常温弹性模量，$E_s$ 为钢筋的常温弹性模量，$I$ 为型钢的截面惯性矩。

　　型钢混凝土柱底部为固定连接，上部为铰接连接。型钢混凝土轴心受压柱耐火试验由约束钢梁上的千斤顶提供压力。型钢混凝土偏心受压柱耐火试验由约束钢梁上的千斤顶及侧向钢梁上的千斤顶提供压力来模拟实际结构的偏心受力情况。试验装置图及千斤顶的加载情况见图 4.1.6。试验炉升温按照 ISO834 标准升温曲线进行升温，试验采用恒载升温途径，试验柱为四面受火，为保证柱下部的底座不受高温影响且柱上部没有火焰溢出炉盖，分别在型钢混凝土柱底和柱顶位置均设有耐火岩棉包裹。由于耐火岩棉的包裹作用，柱的实际受火高度为 3450mm。

图 4.1.5　约束钢梁

图 4.1.6　试验装置及千斤顶加载情况

试验测量的内容分为以下三个部分：

① 温度测量：a. 试件温度：由图 4.1.2 中型钢混凝土柱中预先布置的 3 根热电偶测量得到。b. 试验炉的炉温：通过试验炉壁上的 5 根陶瓷管热电偶测得，最后取测量温度的平均值。

② 竖向位移的测量：记录从加载开始到柱破坏过程中柱的竖向位移。位移计的分布情况为：a. 柱顶竖向位移（4 个位移计）；b. 约束钢梁支座的竖向位移（2 个位移计）；c. 侧向钢梁竖向位移（1 个位移计）（注：此位移计仅在柱偏心受压时采用）。

③ 加载：a. 当试件为轴心受压时，试验前先在柱端加载竖向荷载至预定荷载，在试验过程中保持荷载不变直至试件破坏。b. 当试件为偏心受压时，试验前先在柱端加载竖向荷载至预定荷载，再加载侧向钢梁的梁端竖向荷载至试验设计值，在试件受火过程中维持两荷载不变直至试件破坏（各柱的加载力值如表 4.1.1 所示）。在这一过程中，由于柱的变形和千斤顶液压下降的原因，荷载会出现一定的波动，可通过试验过程中液压千斤顶的自动补压来维持荷载稳定。

#### 4.1.2.2 试验过程

本次试验的具体过程：

① 首先将试件在支座上安装定位。

② 安装约束系统：将钢梁的端部铰支座依次就位，用螺栓拧紧。将约束钢梁与两端铰接支座用销轴连接。并确保约束钢梁的下部刚好和柱顶的铰支座紧密接触。

③ 千斤顶就位。液压千斤顶上端顶到反力架上。液压千斤顶的两端和销轴支座的两端用圆形钢梁连接来固定千斤顶。当型钢混凝土柱构件为偏心受压柱时，用预先制作好的侧向钢梁，通过 6 个 8.8 级 M24 的高强螺栓连接到 SRC 柱的预留孔上，螺杆由实验室提供，通过量程为 5kN 的稳压千斤顶对加载梁端施加竖向力。

④ 安装位移和温度量测系统。位移计布置位置如图 4.1.3 所示。

⑤ 试验采用恒载升温的方式进行。炉内设置温度测量热电偶 5 根，通过温度控制系统对其平均温度进行实时测量。通过各测量系统采集各测点的温度和试件的变形。

⑥ 试验终止的评价标准：当柱轴向压缩量达到 $H/100$（mm）而且轴向压缩速率超过 $0.003H$（mm/min），或者试件的变形速率超过千斤顶的加载速率时，说明试验柱的承载力明显下降，此时认为该构件已达到耐火极限，停止试验。其中，$H$ 为试验柱的受火高度（mm）。

#### 4.1.2.3 试验结果及分析

（1）试验现象

为便于描述型钢混凝土柱的试验现象及破坏特征，以图 4.1.4 为例，定义侧向加载钢梁方向为南面，约束钢梁的长度方向为东西方向。

① 点火 15 ～ 30min 阶段，由于受火初期柱在高温作用下内部水分受热蒸发，柱上端板位置处及炉盖周围有水蒸气逸出。

② 在耐火炉的南面安装有高温摄像头，可以看到炉内试件的破坏过程。由于试验柱的养护龄期为 6 个月，且混凝土强度等级为 C30 并非高强混凝土，故混凝土在升温过程中几乎未出现爆裂现象。试验中可以观测到试件 SRC01 在试验升温开始 7min 左右有出水现象［图 4.1.7（a）］，且出水现象大约持续了 19min。待试验结束打开炉盖可以看到混凝土表面的出水位置处由于高温作用留下泛白痕迹。由此可以推断试验结束后其他柱表面的泛白痕迹为高温下柱内部出水导致。

③ 除 SRC07 外，所有构件均在千斤顶油压控制系统自动停止工作（即油压补压速率小于试件压缩速率）时认为试件破坏，试验终止。在进行试件 SRC07 耐火试验的后期，由于油压机已经开始频繁补压，且柱端板上的位移计所测位移数据变化较快，已接近耐火极限边缘时刻，此时人为停止试验。

④ 对于试件 SRC02，在受火中期可以观测到柱在竖向压力和高温作用下，在柱表面的型钢翼缘位置处首先产生裂缝。在受火后期，混凝土剥落，剥落深度至主筋外边缘［图 4.1.7（b）］。待试验结束且炉内温度降至常温后，打开炉门，可以看到在柱的底部有部分混凝土碎屑堆积。除 SRC07 外，柱混凝土剥落的位置大都集中在柱上部，且剥落深度集中在钢筋保护层深度位置。由于混凝土的剥落，主筋外露，在高温作用下，主筋及型钢翼缘部分温度迅速上升，且在压力作用下纵筋很快屈曲，柱截面承载能力减小。在压弯作用下，主筋内部混凝土继续被压碎导致柱端无法持荷，最终发生绕强轴的破坏。

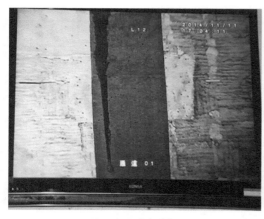 

(a) SRC01出水现象　　　　　　　　　(b) SRC02柱跨中位置混凝土剥落

图 4.1.7　试验炉中试件的变化情况

⑤ 由于 7 根型钢混凝土柱均为四面受火且受火时间较长，在升温过程中混凝土充分受热，试件在高温和竖向力的共同作用下，均出现了不同程度的破坏，如图 4.1.8 ～图 4.1.10 所示。从图中可见，无论是轴压柱还是偏压柱，型钢混凝土柱的破坏形式均表现为压弯破坏，破坏位置集中于柱的中上部。对于轴压试件（SRC01、SRC02 和 SRC03），由于千斤顶施加的竖向荷载较大，在柱接近耐火极限时，在试件的南面，柱的上半部位，外部混凝土剥落，主筋外露屈曲，柱的承载力急剧下降，竖向变形骤增，SRC 柱绕强轴弯曲，试件达到耐火极限。在柱北面的中上部，混凝土由于受拉而产生较大裂纹，在柱下半部位的南面和北面沿型钢边缘位置处混凝土产生较大的裂缝，最后轴压柱的破坏方式都是绕强轴发生失稳破坏。对于偏压试件（SRC04、SRC05、SRC06 和 SRC07），由于试件存在偏心率且弯矩绕强轴转动，当荷载比取 0.35 和 0.5 时，柱顶竖向荷载相对轴压构件偏小，在试验结束后可以观察到柱的整体破坏程度小于轴压柱。并且荷载比相同时，偏心率越大，柱的耐火极限越长，说明对于偏压构件，当荷载比较小（小于或等于 0.5 时），对柱耐火极限起决定作用的是竖向荷载的大小。

（2）试件破坏形态及耐火极限

各试件实测的耐火极限如表 4.1.4 所示，试验炉中试件的典型破坏形态如图 4.1.8

所示，自试验炉中将试件取出后试件的破坏形态如图 4.1.9 所示，各试件详细的局部破坏形态如图 4.1.10 所示。由于高温和力的耦合作用，7 根试件都出现了不同程度的破坏，无论是轴心受压构件还是偏心受压构件最后都表现为在构件的上部出现压弯破坏，破坏以混凝土被压碎为标志。试件在高温及竖向荷载共同作用下由于约束钢梁的约束作用，试件的脆性破坏不明显，柱达到耐火极限时，竖向变形增加较快。在每根试件到达离柱耐火极限 5min 左右时，油压机出现补压的声音，且补压频率随耐火时间的增加而越来越快，直到最后油压的补压速度小于柱的轴向压缩变形速率时，油压机自动卸载，试验结束。

表 4.1.4　型钢混凝土柱耐火极限

| 试件编号 | 加载方式 | 荷载比 $n$ | 型钢截面 /mm | 耐火极限 /min |
|---|---|---|---|---|
| SRC01 | 轴压 | 0.35 | H150×150×7×10 | 120 |
| SRC02 | 轴压 | 0.5 | H150×150×7×10 | 91 |
| SRC03 | 轴压 | 0.5 | H125×125×6.5×9 | 70 |
| SRC04 | 偏压 | 0.35 | H150×150×7×10 | 153 |
| SRC05 | 偏压 | 0.5 | H150×150×7×10 | 137 |
| SRC06 | 偏压 | 0.5 | H125×125×6.5×9 | 129 |
| SRC07 | 偏压 | 0.5 | H150×150×7×10 | 136 |

图 4.1.8　试验炉中试件 SRC03
破坏形态

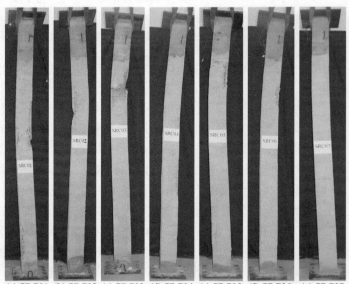

(a) SRC01　(b) SRC02　(c) SRC03　(d) SRC04　(e) SRC05　(f) SRC06　(g) SRC07

图 4.1.9　试验后试件破坏情况

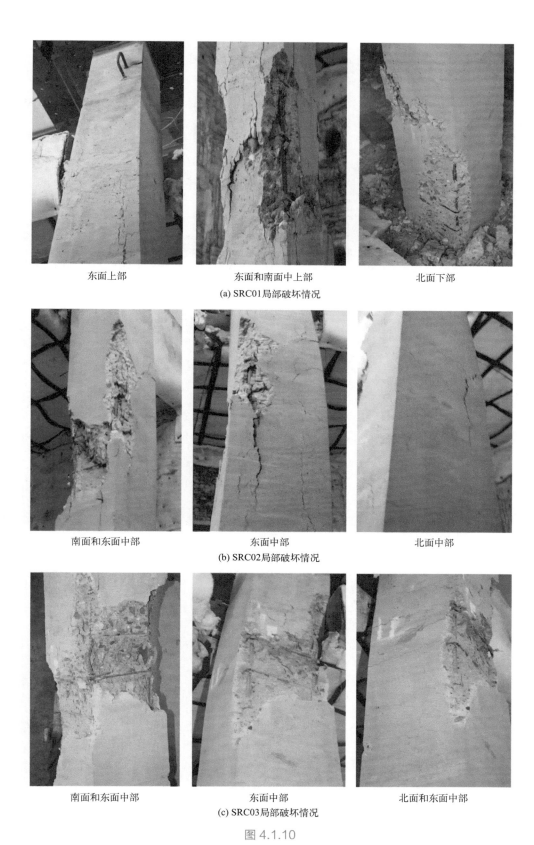

东面上部　　　　　　　　东面和南面中上部　　　　　　　北面下部

(a) SRC01局部破坏情况

南面和东面中部　　　　　　　东面中部　　　　　　　北面中部

(b) SRC02局部破坏情况

南面和东面中部　　　　　　　东面中部　　　　　北面和东面中部

(c) SRC03局部破坏情况

图 4.1.10

西面中部　　　　　　　　东面中下部　　　　　　北面和西面的中下部
(d) SRC04局部破坏情况

西面和南面上部　　　　　　西面下部　　　　　　　　东面中下部
(e) SRC05局部破坏情况

西面和南面上部　　　　　北面和西面下部　　　　　　北面和西面中部

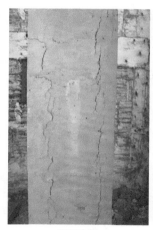
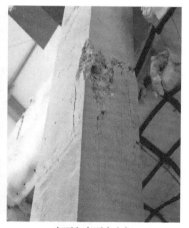

西面中部 东面和南面中上部

(f) SRC06局部破坏情况

东面和南面中部 东面和北面下部

(g) SRC07局部破坏情况

图 4.1.10 试验柱局部变形及破坏情况

（3）温度-时间关系

　　试验炉温如图 4.1.11 所示。图 4.1.12 ～图 4.1.18 为试件 SRC01 ～ SRC07 试验实测所得的柱截面 3 个温度测点的温度与时间关系曲线。由于 7 根型钢混凝土柱的炉内升温曲线都采用 ISO834 进行升温，故各柱热电偶的温度 - 时间关系曲线走势均具有一致性。

　　相对于炉温的升温曲线，各测点温度随时间的变化曲线均滞后于炉温，测点的位置离柱表面越远，滞后现象越明显，温度-时间关系曲线上的最高温度也越低。由图可得，三根热电偶的温差随升温时间的增加而增大，说明温度滞后现象和升温时间有关。比较同一试件的三根热电偶可得，由于 3 号测点在最外面，在柱受火的同一时刻 3 号热电偶（主筋位置处）温度较高，其温度升高最快；1 号热电偶（型钢翼缘边缘位置处）居中，2 号热电偶（型钢腹板中间位置处）温度最小，由此可得，离混凝土表面越远温度越低。

　　如图 4.1.12 ～图 4.1.18 所示，在升温过程中当 3 号热电偶（主筋位置处）温度达到 100℃时，实测温度曲线有一个平台期，这主要是因为水分在 100℃左右时蒸发并吸收热量，会减缓此时主筋位置的升温速率。但是远离混凝土表面后这种现象不再明显，是由于越远离混凝土表面水分越难直接蒸发出来，所以吸热现象不明显。在耐火试验过程中，由于SRC04的升温时间最长，当柱达到耐火极限时其各测点相应的温度也最高。其中主筋处的温度最高为757℃，型钢翼缘内边缘处的最高温度为522℃，型钢腹板中心处的温度最高为393℃。由于其他柱的耐火极限都小于SRC04，因此其他柱内部型钢、钢筋和混凝土的最高温度都小于SRC04。

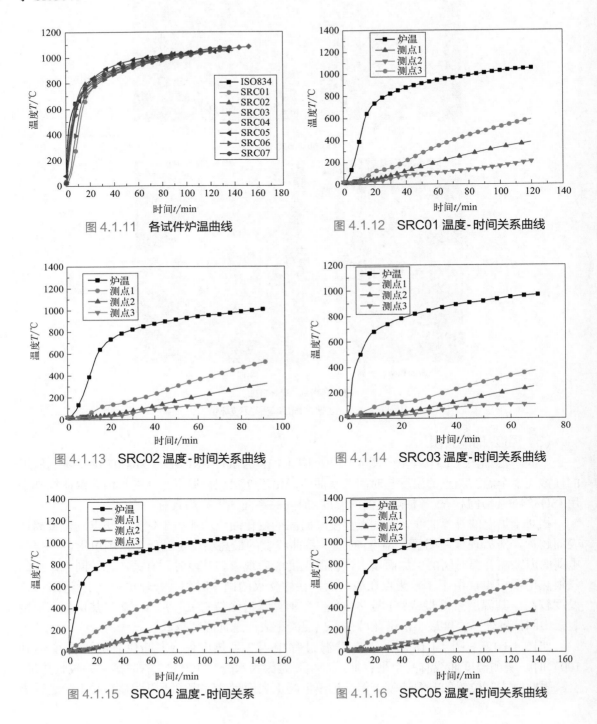

图 4.1.11　各试件炉温曲线

图 4.1.12　SRC01 温度-时间关系曲线

图 4.1.13　SRC02 温度-时间关系曲线

图 4.1.14　SRC03 温度-时间关系曲线

图 4.1.15　SRC04 温度-时间关系

图 4.1.16　SRC05 温度-时间关系曲线

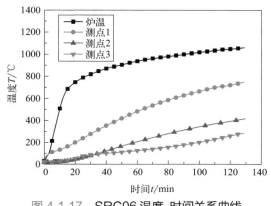

图 4.1.17　SRC06 温度-时间关系曲线

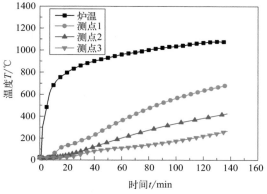

图 4.1.18　SRC07 温度-时间关系曲线

在试验过程中，用红外线测温仪来监测约束钢梁及试验炉外表面的温度，在整个试验过程中约束钢梁的最高温度均小于 70℃，保证了柱端约束系统正常工作的进行。试验准备阶段事先考虑到受火时间较长，混凝土内部的热量传递会使柱端钢板的温度有所增长，并影响试验的进行，因此试验前在柱伸出炉盖部位填塞防火棉及在约束梁下部铺设两层防火棉防止约束系统温度过高是可行的。

（4）位移-时间关系

① 柱顶竖向位移-时间关系

火灾下柱顶的竖向位移与时间关系如图 4.1.19、图 4.1.20 所示，图中竖向位移以向上为正。图中柱竖向位移随时间的变形曲线为约束柱顶部的四个位移计的测量结果取平均并减去约束钢梁两端的平均竖向位移所得的结果。由图可知。

a. 由于混凝土和钢材的热胀作用，升温过程中柱出现一定程度的热膨胀变形。这是由于在升温过程中，材料劣化产生的压缩变形小于材料的膨胀变形。对于轴向受压构件（SRC01、SRC02 和 SRC03），荷载比越大其膨胀变形的持续时间越短。由于竖向荷载较大且柱端没有弯矩作用，柱全截面受压，且主要以受压破坏为主，此时由热膨胀引起的变形较小，不足 3mm。对于偏压构件（SRC04、SRC05、SRC06 和 SRC07），由于其受力形式为压弯组合，柱受压截面面积相对轴压构件减少，故在升温过程中其受热膨胀变形相对较大，在 3mm 和 9mm 之间。其中 SRC04 和 SRC07 的偏心率相同，但 SRC04 的荷载比小于 SRC07 的荷载比，由试验数据可得 SRC04 的膨胀变形持续时间为 143min，SRC07 的膨胀变形持续时间为 137min。由此可知，偏压受力状态下，荷载比越大其膨胀变形的持续时间相应越短。

b. 在其他情况相同时，由于含钢率的不同，SRC03 的轴向约束刚度比稍大于 SRC02 的轴向约束刚度比，SRC06 的轴向约束刚度比稍大于 SRC05 的轴向约束刚度比。SRC02 的膨胀变形大于 SRC03 的膨胀变形，SRC05 的膨胀变形大于 SRC06 的膨胀变形，且在升温后期，约束刚度比大的试件的竖向位移下降速率稍小，这说明轴向约束刚度比对柱的膨胀变形和压缩变形有抑制作用。

c. 对轴压柱而言，由于试件本身存在初始弯曲且试验安装过程存在一定的初始偏心，在高温作用下，沿型钢翼缘处混凝土较易开裂，导致型钢翼缘升温较快致其转动刚度减小，柱最终的破坏形式为绕强轴失稳破坏。

d. 由图 4.1.19、图 4.1.20 可见，在柱接近耐火极限时刻，其竖向位移下降相对缓和，并不是急剧陡降，这说明约束钢梁的轴向约束分担了柱的竖向荷载，起到提高柱的耐火极限的作用。

e. 由图 4.1.20 可知，对于构件 SRC07，由于人为终止试验，柱没有充分破坏，但也接近耐火极限。

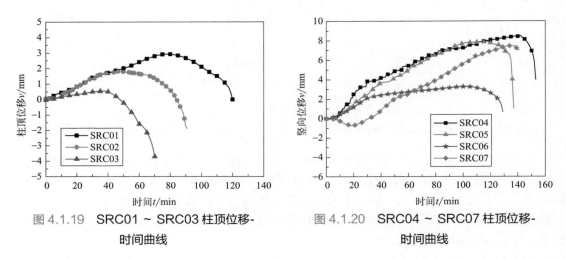

图 4.1.19　SRC01 ～ SRC03 柱顶位移-
时间曲线

图 4.1.20　SRC04 ～ SRC07 柱顶位移-
时间曲线

② 柱顶转角位移-时间关系

由于火灾作用下，轴心受压型钢混凝土柱和偏心受压型钢混凝土柱在耐火极限状态下都表现为压弯破坏，所以给出约束柱柱顶的转角与时间变化曲线，研究转角位移在高温下的变化规律可以为高温下约束柱的耐火性能提供理论依据。图 4.1.21、图 4.1.22 为 7 根型钢混凝土柱的转角-时间曲线。

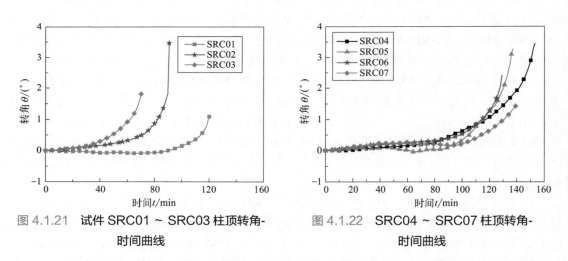

图 4.1.21　试件 SRC01 ～ SRC03 柱顶转角-
时间曲线

图 4.1.22　SRC04 ～ SRC07 柱顶转角-
时间曲线

可见，在升温过程中，柱顶的转角在升温初期变化缓慢，随着升温时间的延长转角变化速度渐趋增大。柱在升温初期，由于柱整体的转动刚度损失不大，此时端板的转角较小；随环境温度继续升高，钢筋、型钢和混凝土的转动刚度逐渐降低，转角变化速率增加；在升温后期，由于混凝土被压碎剥落、主筋压弯屈曲且型钢翼缘也局部屈曲，主筋和型钢温度的升高导致弹性模量迅速降低，以上原因直接导致截面的转动刚度迅速降低，柱的转角位移变化速率迅速增加直至构件破坏。

### 4.1.3 型钢混凝土约束柱耐火性能分析

#### 4.1.3.1 计算模型的建立

本节进行了型钢混凝土柱的耐火性能试验，试验结果可为型钢混凝土结构耐火性能计算模型提供验证手段。钢材和混凝土的热工参数同第 1 章，高温下钢材的应力-应变关系同第 1 章。

混凝土和型钢采用三维实体单元 C3D8R，钢筋采用桁架单元 T3D2，建立了试验型钢混凝土柱试件的有限元计算模型，用弹簧模拟约束钢梁，如图 4.1.23 所示。

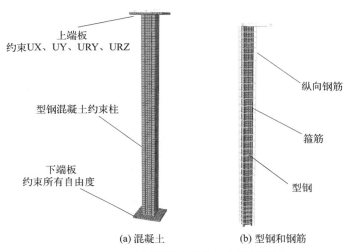

(a) 混凝土　　　(b) 型钢和钢筋

图 4.1.23　型钢混凝土约束柱有限元模型

#### 4.1.3.2 试验温度场分析

采用提出的温度场计算方法对 7 根轴向约束型钢混凝土柱的耐火性能试验进行计算，计算结果与试验结果的比较如图 4.1.24 所示。从图中可见，温度场计算结果与试验结果基本吻合。温度场计算结果和试验结果有一定误差可能是由以下原因造成的：①在混凝土振捣过程中热电偶可能偏离初始位置。②由于混凝土本身的热工性能离散性较大，但在计算过程中只能选取一种热工性能模型。

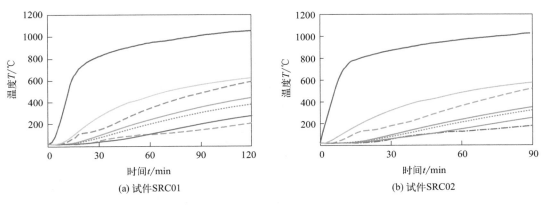

(a) 试件SRC01　　　　　　(b) 试件SRC02

图 4.1.24

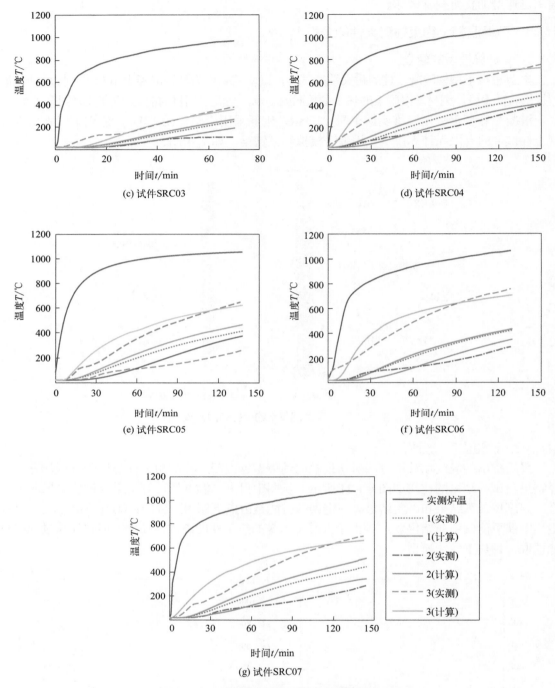

图 4.1.24　温度场计算结果与试验结果的比较

### 4.1.3.3　柱顶竖向位移-时间关系

图 4.1.25 为型钢混凝土柱竖向变形-时间关系曲线计算结果与试验的对比情况。各试件耐火极限计算结果与试验结果的对比见表 4.1.5。从图 4.1.25 及表 4.1.5 可知，7 根受约束型钢混凝土柱的耐火性能计算结果与试验结果基本吻合。

表 4.1.5　试件耐火极限的实测值与计算结果的对比

| 试件编号 | SRC01 | SRC02 | SRC03 | SRC04 | SRC05 | SRC06 | SRC07 |
|---|---|---|---|---|---|---|---|
| 实测值 /min | 120 | 91 | 70 | 153 | 137 | 129 | 136 |
| 计算结果 /min | 108 | 84 | 61 | 141 | 122 | 127 | 121 |

通过分析试验结果及计算结果，可得以下规律：

① 试验量测的柱顶竖向位移-时间关系曲线和有限元模拟曲线吻合良好。但是也存在一定的偏差，这是因为混凝土本身就具有一定的离散性，而有限元模型选取特定的材料热工性能模型和力学参数模型，由此会引起计算结果与试验实测值的偏差。

② 在升温过程中，轴向约束刚度越大，其对柱的约束能力越强，当柱发生膨胀变形时，约束钢梁对柱膨胀变形的约束能力越强。随着时间的增长，构件内部温度上升导致材料高温劣化和高温瞬态热应变进而引起柱的压缩变形。

③ 当含钢率一致时，对型钢截面为 H150mm×50mm×7mm×10mm 的 5 根构件中，SRC04、SRC05 和 SRC07 的竖向荷载较小，高温作用下柱热膨胀变形较大。对型钢截面为 H125mm×125mm×6.5mm×9mm 的 2 根构件，SRC06 的竖向荷载较小，膨胀变形相对相应较大，可见竖向荷载的大小对膨胀变形起决定作用。

④ 耐火极限的计算值小于试验值，说明有限元的计算结果相对于试验而言是偏于保守的。

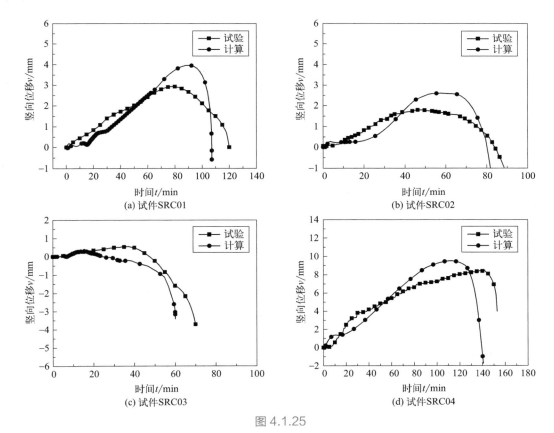

图 4.1.25

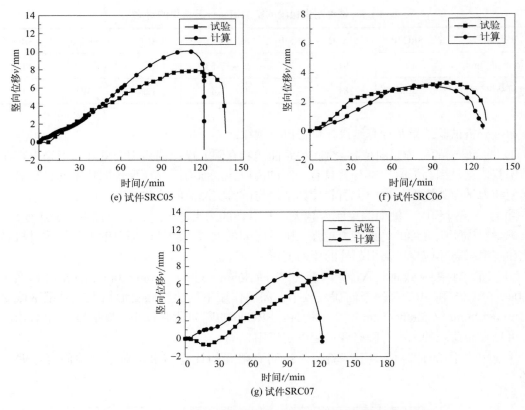

(e) 试件SRC05　　　　　　　　　(f) 试件SRC06

(g) 试件SRC07

图 4.1.25　柱顶竖向位移-时间关系曲线计算与试验结果的比较

#### 4.1.3.4　柱顶转角位移-时间关系

利用前述计算模型计算的柱顶转角-受火时间关系曲线与试验值的对比如图 4.1.26 所示。从图中可见，柱顶转角-时间关系曲线计算值与试验值基本吻合。

总体规律如下：

① 混凝土的实际材料热工性能模型和力学模型存在离散性，而有限元计算时需选取特定的材料热工性能模型和力学参数模型。在整个温度场的模拟和力学模型中，有限元模型结果相对试验而言更倾向于理想的受力状态且误差较小，因此和试验结果相比，有限元得到的柱顶转角位移-时间曲线更平滑。

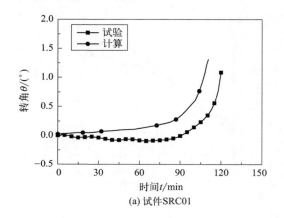

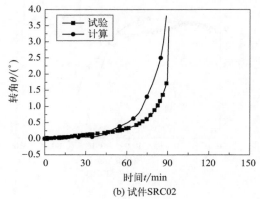

(a) 试件SRC01　　　　　　　　　(b) 试件SRC02

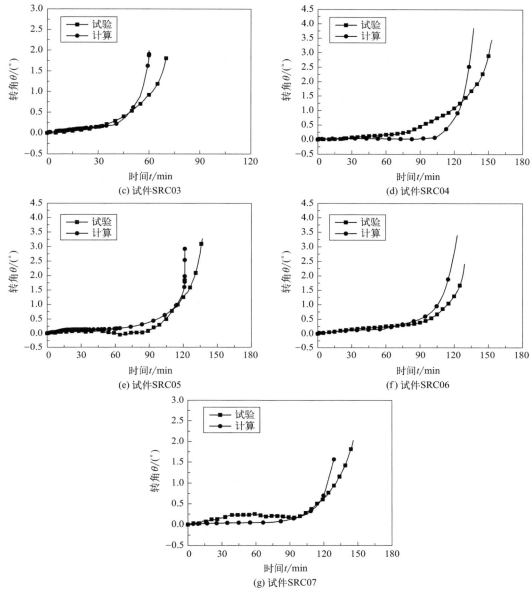

图 4.1.26　柱顶转角 - 时间关系曲线计算与试验结果的比较

② 由于 SRC04、SRC05 和 SRC07 为偏心受压且竖向荷载较小，在高温作用下柱未破坏前柱顶转角在升温初始时刻变化缓慢，且在其他情况相同时，偏心率越大，柱顶的转角越小；随升温时间的延长，柱顶转角位移逐渐增大。可见竖向荷载的大小决定了柱顶转角的变化速率，也决定了柱的耐火极限。

③ 有限元模型计算结果与试验结果基本吻合，可见，有限元模型准确可靠。

## 4.1.4　结论

为了考察火灾下不同荷载比、偏心率和含钢率对轴向约束型钢混凝土柱的影响规律，开展了 7 根型钢混凝土轴向约束柱的明火试验。试验采用恒载升温模式，测量了轴向约束型钢混凝土柱受火过程中的温度、轴向位移、柱顶转角随受火时间的变化。试验结果表明：

① 7 根试件都出现了不同程度的破坏，无论是轴心受压约束构件还是偏心受压约束构件最后都表现为偏心受压破坏。

② 相对于炉温-时间曲线，各测点温度随时间的变化曲线均滞后于炉温，测点的位置离柱表面越远，滞后现象越明显，温度-时间曲线上的最高温度也越低，同时也说明混凝土对型钢和钢筋起到了较好的保护作用。

③ 在火灾下，由于轴向约束的作用，柱轴向变形先缓慢膨胀变形然后逐渐压缩变形，且压缩变形较为缓和，这说明轴向约束分担了柱的竖向荷载，延长了柱的耐火极限。

④ 荷载比对轴向约束型钢混凝土柱耐火极限影响显著，荷载比越大，耐火极限越小；当荷载比较小（不大于 0.5）时，偏心率增大，柱的耐火极限会相应增大；含钢率增大，会在一定程度上延长柱的耐火极限。

## 4.2　型钢混凝土框架结构耐火性能试验研究及计算模型

### 4.2.1　引言

由型钢混凝土柱-钢筋混凝土梁组成的框架结构（简称型钢混凝土框架结构），充分利用了型钢混凝土柱抗震性能好、承载能力高以及钢筋混凝土梁经济性好的优点，因而在实际工程中有广泛的应用。对型钢混凝土框架结构耐火性能的研究可为这类结构的抗火设计及防火保护提供科学合理的方法，具有重要的理论意义和工程应用价值。

目前，关于建筑结构耐火性能的研究成果主要集中在构件层次[20-22]，对整体结构耐火性能的研究成果还较少。Yu 等[23]采用纤维模型方法分析型钢混凝土柱的耐火性能，计算结果与试验结果吻合较好。Moura 等[24]、Young 等[25]对受约束的型钢混凝土柱的耐火性能开展了研究，研究了不同的约束刚度对型钢混凝土柱的变形及耐火极限的影响规律。Du 等[26]进行了型钢混凝土偏心受压柱的耐火性能试验，在试验的基础上提出了型钢混凝土柱耐火性能分析的有限元计算模型。郑蝉蝉等[27]进行了型钢混凝土约束柱的耐火性能试验，针对轴心受压柱和偏心受压柱的耐火性能开展了研究，发现轴向约束对柱的耐火极限有较大影响。时旭东等[28]进行钢筋混凝土框架结构的耐火试验，发现框架受力表现出明显的内力重分布特性。Wald 等[29]在 Cardington 实验中进行了足尺钢框架结构的耐火性能试验，对自然火灾作用下整体钢结构的耐火性能开展了研究，发现整体结构的耐火性能与单个构件的耐火性能有明显差别。Han 等[30]进行了型钢混凝土框架结构的耐火性能试验，提出了火灾下型钢混凝土框架结构的破坏规律。刘猛等[31]对火灾下钢筋混凝土框架结构的受力机理进行了分析，发现框架结构出现了两种典型的破坏形态。上述成果多针对独立构件及框架子结构的耐火性能，尚缺乏型钢混凝土框架整体结构耐火性能的研究成果。

本节考虑梁柱线刚度比、梁柱荷载比等参数的变化，对型钢混凝土柱-钢筋混凝土梁组成的型钢混凝土框架结构的耐火性能开展试验研究，对型钢混凝土框架的温度场、破坏形态和耐火极限等耐火性能进行了试验研究。同时，本节还进行了升降温条件下型钢混凝土框架结构的力学性能试验研究，对升降温条件下型钢混凝土框架结构的温度场变化规律、变形随时间的变化规律开展了研究。最后，本节还对型钢混凝土框架结构耐火性能计算模型的建立方法进行了研究。本节成果为型钢混凝土框架结构的耐火性能和抗火设计提供基本的试验参考依据。

### 4.2.2 型钢混凝土框架结构耐火性能试验研究

#### 4.2.2.1 试验概况

（1）模型选取及试件制作

考虑到高温试验炉的尺寸及加载能力，选取平面框架中单层单跨型钢混凝土柱-钢筋混凝土梁框架为研究对象，试验模型如图 4.2.1 所示。考虑到型钢混凝土框架结构中存在框架梁支撑十字形次梁的典型布置，试验中在梁跨中采用集中加载。

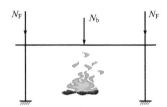

图 4.2.1　耐火试验模型选取

考虑火灾炉尺寸、千斤顶加载能力等进行试件设计。同时考虑楼板吸热作用对温度场的影响及对框架刚度和承载力的影响，试件设计时考虑楼板。最终设计的框架尺寸如图 4.2.2、图 4.2.3、图 4.2.4 所示。

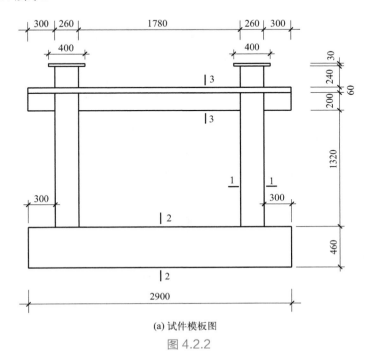

(a) 试件模板图

图 4.2.2

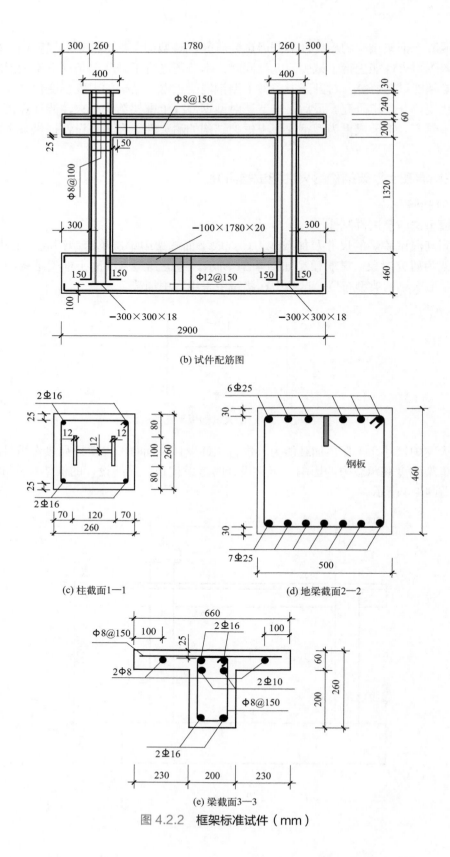

(b) 试件配筋图

(c) 柱截面1—1

(d) 地梁截面2—2

(e) 梁截面3—3

图 4.2.2　框架标准试件（mm）

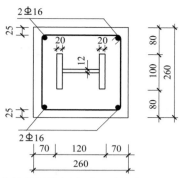

图 4.2.3 变化柱截面含钢率试件（其余同图 4.2.2）（mm）

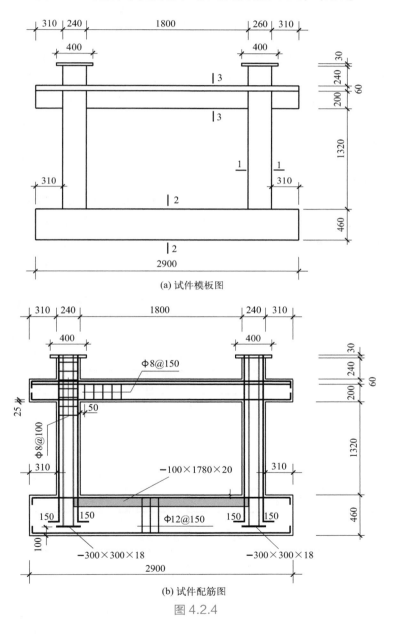

(a) 试件模板图

(b) 试件配筋图

图 4.2.4

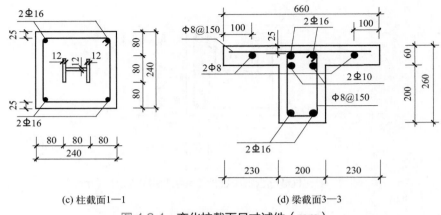

(c) 柱截面1—1                    (d) 梁截面3—3

图 4.2.4　变化柱截面尺寸试件（mm）

　　实际火灾包括升温阶段和降温阶段，现有成果表明，升降温过程对建筑结构的力学性能也有较大影响，试验包括耐火性能试验及升降温力学性能试验两类。在耐火性能试验中，考虑混凝土强度等级、柱轴压比、梁荷载比、柱截面尺寸及柱含钢率等参数的变化，共设计 8 个试件。升降温及火灾后力学性能试验考虑受火时间的变化，共设计 2 个试件，升降温及火灾后的力学性能试验结果将在 8.2 节介绍。总共设计了 10 榀框架试件。实际中，型钢混凝土柱-钢筋混凝土梁应用较多，采用型钢混凝土柱-钢筋混凝土梁试件。型钢混凝土柱截面尺寸为 260mm×260mm，钢筋混凝土梁截面尺寸为 200mm×260mm，框架柱中型钢截面分别为 H120mm×100mm×12mm×12mm 和 H120mm×100mm×12mm×20mm。型钢钢材采用 Q235B，纵筋采用 HRB335 级钢筋，箍筋采用 HRB235 级钢筋。型钢混凝土柱纵向受力钢筋直径为 16mm，型钢混凝土梁纵向受力钢筋直径分别为 10mm 和 16mm。钢筋混凝土板中布置受力钢筋和分布钢筋，直径均为 8mm。梁柱主筋混凝土保护层厚度均为 25mm。框架试件构造如图 4.2.2 所示。试件类型及数量见表 4.2.1，试件的试验参数见表 4.2.2。

　　实测 C35 混凝土立方体抗压强度平均值为 35.2MPa，C50 混凝土立方体抗压强度平均值为 45.6MPa，钢材实测强度见表 4.2.3。

表 4.2.1　试件类型及数量

| 试件类型 | 主要变化参数 | 混凝土强度等级 | 构造图 | 试件数量 |
|---|---|---|---|---|
| T1 | 基本类型 | C35 | 图 4.2.2 | 5 |
| T2 | 变化混凝土强度 | C50 | 图 4.2.2 | 1 |
| T3 | 变化柱含钢率 | C35 | 图 4.2.3 | 1 |
| T4 | 变化柱截面尺寸 | C35 | 图 4.2.4 | 1 |
| T5 | 升降温力学性能试验 | C35 | 图 4.2.2 | 2 |

表 4.2.2　试件试验参数

| 试件编号 | 柱荷载 /kN | 梁荷载 /kN | 破坏类型 | 耐火极限 /min | 备注 |
|---|---|---|---|---|---|
| T1SRCF02<br>（试件 2） | 1931 | 126 | 梁受剪破坏 | 75 | 变化梁荷载比 |

| 试件编号 | 柱荷载 /kN | 梁荷载 /kN | 破坏类型 | 耐火极限 /min | 备注 |
|---|---|---|---|---|---|
| T1SRCF03（试件3） | 1963 | 63 | 柱平面外受压破坏 | 175 | 梁荷载标准值 |
| T2SRCF04（试件4） | 1952 | 85 | 柱平面外受压破坏 | 165 | 变化混凝土强度 |
| T4SRCF05（试件5） | 1963 | 63 | 柱平面外受压破坏 | 75 | 变化柱截面尺寸 |
| T3SRCF06（试件6） | 1963 | 63 | 梁弯剪破坏 柱平面外受压破坏 | 185 | 变化柱含钢率 |
| T5SRCF07（试件7） | 1963 | 63 | 测试升降温过程中框架的变形 | 升温时间 100min | 升降温及火灾后力学性能试验 |
| T5SRCF08（试件8） | 1963 | 63 | 测试升降温过程中框架的变形 | 升温时间 70min | 升降温及火灾后力学性能试验 |
| T1SRCF09（试件9） | 1556 | 85 | 梁受剪破坏 | 150 | 变化柱轴压比 |
| T1SRCF10（试件10） | 1556 | 63 | 柱平面外受压破坏 | 202 | 变化柱轴压比 |

表 4.2.3　钢材实测参数

| 材料类别 | 钢板厚度或钢筋直径 /mm | 弹性模量 /MPa | 屈服强度 /MPa | 抗拉强度 /MPa |
|---|---|---|---|---|
| Q345 | 12 | $2.00 \times 10^5$ | 466 | 631 |
| | 20 | $1.98 \times 10^5$ | 384 | 536 |
| HRB235 | 8 | $2.00 \times 10^5$ | 352 | 518 |
| | 12 | $2.00 \times 10^5$ | 459 | 589 |
| HRB335 | 10 | $1.96 \times 10^5$ | 450 | 578 |
| | 16 | $2.00 \times 10^5$ | 489 | 613 |
| | 26 | $2.00 \times 10^5$ | 442 | 570 |

　　结构设计时的"强剪弱弯"原则是保证地震作用时结构的延性破坏，即梁柱构件受剪破坏之前不出现受弯破坏，即构件的受剪承载力大于受弯承载力。经核算，常温下，对于 C35 混凝土框架试件的框架梁，在承受水平荷载的条件下，当梁两端截面均分别达到正负抗弯承载力时，梁两端截面所受剪力较大值为 94.5kN，而梁截面的抗剪承载力为 103.2kN。因此，试件的框架梁均满足强剪弱弯的要求。

　　常温下，对于混凝土等级为 C35 的框架试件的框架梁，当梁端截面和跨中截面均为受弯破坏时，梁跨中受集中荷载的塑性极限承载力为 253.7kN，2 个梁端截面的受剪承载力为 206.4kN。因此，按塑性极限荷载设计的框架梁的抗弯承载力大于抗剪承载力。同一梁受跨中集中荷载作用下，框架梁的受弯荷载比小于受剪荷载比。

（2）试验装置和测试内容

① 试验装置

火灾升降温试验装置主要包括三部分：火灾试验炉、加载设备及数据采集设备。

火灾试验炉炉膛的净尺寸为 3m×2m×3.3m，耐火试验炉的设计温度为 1200℃，最长耐火时间长达 240min。柱顶采用 2000kN 液压千斤顶加载，梁跨中采用 200kN 液压千斤顶加载。框架结构耐火性能试验装置如图 4.2.5 所示。为了模拟平面框架实际平面外的约束条件，在平面框架试件柱顶部安装框架平面外支持钢管，以限制框架柱顶的平面外位移，相当于框架柱顶设置一个限制其平面外水平位移的支座。该支座中心至框架试件柱底端（地梁上表面）的距离为 2.11m，即自地梁顶面算起的框架侧向支撑的高度为 2.11m。

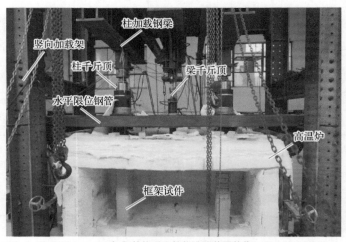

(a) 框架结构耐火性能试验装置整体

(b) 加载及测量装置

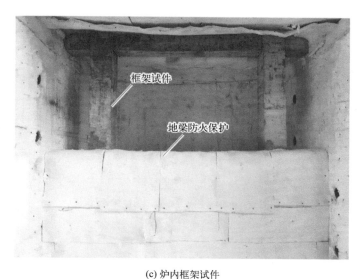

(c) 炉内框架试件

图 4.2.5　框架结构耐火性能试验装置

② 量测内容

a. 温度

温度量测需量测炉膛温度及试件内部温度。炉膛温度记录升温过程中炉膛内平均温度（称为平均炉温）的变化。试件内部温度记录耐火性能试验中框架试件截面内部在升温过程中的温度变化以及升降温试验中框架试件内部的温度变化。在试件内部埋设热电偶测试试件的内部温度，热电偶采用镍铬-镍硅型铠装热电偶。

测量温度截面位置位于梁跨中截面及梁端部截面、柱高中间截面及柱端部截面，测温截面的具体位置如图 4.2.6 所示。柱温度测点分别布置在柱的左右柱两个截面，左柱的测温截面 $c1$ 位于柱高度中间位置，代表柱中部的温度。右柱的测温截面 $c2$ 位于距离梁底以下 120mm 处，代表柱端部的温度。每个测温截面布置 3 个热电偶，截面上的热电偶测点布置如图 4.2.7 所示。

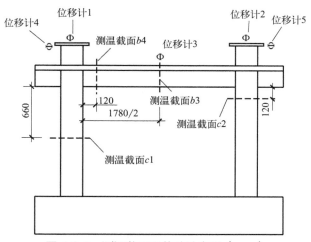

图 4.2.6　测温截面及位移计布置（mm）

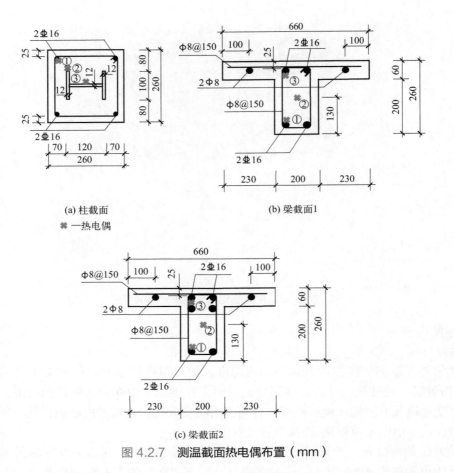

(a) 柱截面

✖—热电偶

(b) 梁截面1

(c) 梁截面2

图 4.2.7  测温截面热电偶布置（mm）

柱测温截面分别编号为 $c1$ 和 $c2$，截面 $c1$ 的测点 1 编号为 $c1$-1，测点 2 编号为 $c1$-2，测点 3 的编号为 $c1$-3，截面 $c2$ 各测点的编号以此类推。

梁测温截面分别编号为 $b3$ 和 $b4$，截面 $b3$ 的测点 1、2、3 分别编号为 $b3$-1、$b3$-2 和 $b3$-3。梁截面 $b4$ 的 1、2、3 测点编号分别为 $b4$-1、$b4$-2 和 $b4$-3。

b. 位移

试验过程中需测量柱顶和梁跨中竖向位移，两柱顶和梁跨中安装位移计，测量柱顶和梁跨中顶面的竖向位移。每个柱顶和梁跨中均设置两个位移计，柱顶位移取两个位移计的平均值，两柱顶的平均位移分别记为位移计 1 和位移计 2，跨中位移平均值记为位移计 3。为了了解框架的整体水平侧移及两个框架柱的相对水平位移，在框架柱顶布置两个水平位移计（位移计 4 和位移计 5），在受火过程中测量两框架柱顶的水平位移，两柱顶水平位移平均值定义为框架整体水平位移，两柱顶水平位移之差为两框架柱的相对水平位移。各位移测点的布置如图 4.2.6 所示。

（3）试验过程

① 耐火试验

耐火试验包括如下过程：

a. 试件的安装就位

试件安装就位保证位置正确和准确。

b. 封炉

将试件内部预留的热电偶引出线拔出后，封闭炉壁和楼盖。

c. 安装柱顶千斤顶

安装过程中保证柱顶千斤顶与柱子截面对中。

d. 安装数据采集装置

将热电偶、柱顶位移计、梁跨中位移计与数据采集装置相连接。

e. 试件预加载测试

按照试件设计荷载值的 60% 进行预加载，同时检查采集仪器、位移计、力传感器、热电偶等是否正常工作，数据是否合理。

f. 柱和梁加载

首先对梁进行加载，然后对柱进行加载。对梁柱逐级施加荷载至试验设计值，之后保持梁柱荷载稳定，记录此时柱顶和梁跨中测点位移大小。

g. 耐火试验

保持梁柱荷载大小不变，炉内温度按照 ISO834[3] 标准升温曲线进行升温，升温过程中测试测点温度及测点位移随时间的变化。当梁跨中变形或柱顶轴向变形达到其耐火极限的破坏标准时，即可停止升温，卸载柱顶荷载和梁荷载。

试验中，各试件试验平均炉温与 ISO834[3] 标准升温曲线的比较如图 4.2.8 所示。可见，实测平均炉温与 ISO834[3] 标准升温曲线基本吻合。

② 升降温力学性能试验

升降温力学性能试验的升温试验过程同耐火试验。当受火时间达到设计受火时间时即停止升温。升温停止后，炉内温度开始下降，试件进入自然降温阶段。降温阶段过程中，保持柱顶和梁跨中荷载不变，同时记录炉温、试件内部各测点温度的变化，以及柱顶、梁顶位移的变化。直到框架的温度降至常温，停止试验。升降温试验实测平均炉温与 ISO834 标准升温曲线的比较如图 4.2.9 所示。可见，在炉温上升阶段，平均炉温与 ISO834 标准升温曲线基本吻合。图中试件 8 在框架梁发生破坏之后打开炉盖降温，继续测试框架试件的温度及柱顶的竖向变形的变化规律，即对框架柱进行了升降温力学性能试验。升降温试验结果及火灾后的试验结果将在第 8 章详述。

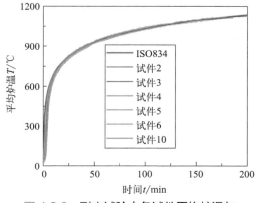

图 4.2.8 耐火试验中各试件平均炉温与 ISO834 标准升温曲线的比较

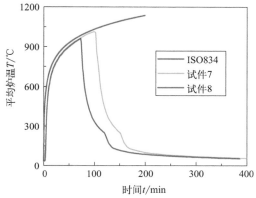

图 4.2.9 升降温力学性能试验中各试件平均炉温与 ISO834 标准升温曲线的比较

#### 4.2.2.2 框架的破坏形态

耐火试验中，框架出现了3种典型的破坏形态，即框架梁受剪破坏形态、框架柱破坏形态和框架梁柱破坏形态。在框架梁受剪破坏形态中，框架梁受剪破坏。在框架柱破坏形态中，框架柱发生平面外受压破坏。在框架梁柱破坏形态中，框架梁和框架柱均达到了破坏状态。典型的框架破坏形态如图4.2.10所示。图4.2.10（a）为试件2框架梁受剪破坏。图4.2.10（b）为试件5框架柱破坏，框架柱在框架平面外受压破坏。图4.2.10（c）表示试件6框架梁柱均发生破坏，既可以研究框架梁的破坏形态，也可以研究框架柱的破坏形态。

(a) 试件2框架梁受剪破坏

(b) 试件5框架柱受压破坏

(c) 试件6框架梁柱破坏形态

图 4.2.10 框架典型的破坏形态

试件2和试件9的梁荷载分别为127kN和85kN，两试件的柱荷载分别为1931kN和1556kN，试件出现了框架梁的受剪破坏。可见，不同的柱荷载和梁荷载组合下，导致框架出现了3种典型的破坏形态。柱轴压力相同的条件下，当梁的荷载比较大时，框架梁首先发生破坏。当梁的荷载较小时，框架柱首先发生破坏或框架梁柱均发生破坏。

#### 4.2.2.3 框架梁受剪破坏形态

（1）破坏特征

典型的框架梁受剪破坏形态如图4.2.10（a）所示。在这种破坏形态中，框架梁受弯变形较小，框架梁两端的受剪变形较大，框架梁主要在梁端出现受剪破坏，称为框架梁受剪破坏形态。试验中，试件2和试件9出现了框架梁的受剪破坏形态。

（2）温度发展规律及破坏形态

① 试件2

a. 温度

试验测得的试件2柱截面各测点温度与时间关系曲线分别如图4.2.11、图4.2.12所示。

从图 4.2.11、图 4.2.12 可见，柱截面外部测点 1 的温度远大于中部测点 2 和 3 的温度。而且，至耐火极限 73min 时，测点 2、3 的温度在 100℃左右，处于该位置的钢材和混凝土强度还没有降低。另外，比较图 4.2.11 和图 4.2.12 可以看出，柱中截面 $c1$ 各测点的温度高于柱端部截面 $c2$ 相应测点的温度。由于节点的吸热作用，柱端部温度较中部温度低。

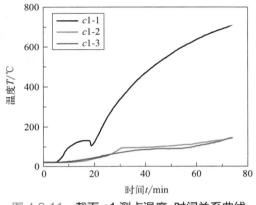

图 4.2.11　截面 $c1$ 测点温度-时间关系曲线

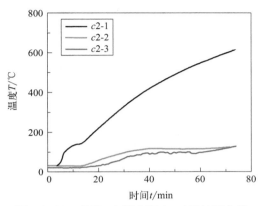

图 4.2.12　截面 $c2$ 测点温度-时间关系曲线

试验测得的试件 2 梁截面 $b3$ 和 $b4$ 各测点的温度与受火时间关系曲线分别如图 4.2.13、图 4.2.14 所示。从图中可见，同一截面测点 1 的温度远大于测点 2 和测点 3 的温度。测点 1 位于截面底部纵筋顶部，升温较快。测点 2 位于梁截面中心位置，测点 3 位于背火面，这两个测点距离受火面较远，由于混凝土是热惰性材料，测点 2 和 3 的温度较低。比较图 4.2.13 和图 4.2.14 可知，梁跨中截面的温度高于梁端部截面的温度。

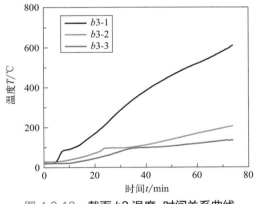

图 4.2.13　截面 $b3$ 温度-时间关系曲线

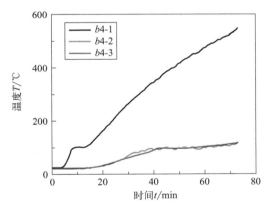

图 4.2.14　截面 $b4$ 温度-时间关系曲线

b. 试验现象及破坏特征

以首先达到耐火极限状态框架梁的耐火极限作为框架的耐火极限。经判断，试件 2 的耐火极限为 73min。

试件 2 火灾后破坏形态如图 4.2.15 所示。从图 4.2.15 可见，试件 2 发生了框架梁的受剪破坏。框架梁跨中部分的挠曲变形比较大，梁端剪切变形较大，梁的挠曲变形既包括梁的弯曲变形，也包括梁的剪切变形。梁最终发生剪切破坏，靠近跨中的剪切破坏截面距离节点柱边 60cm 左右。

框架柱的局部破坏情况如图 4.2.16 所示。从图 4.2.16 可以发现，左柱较完整，在柱角部出现少量混凝土脱落，混凝土表面出现一些细小的裂纹。右柱前面混凝土爆裂比较严重，柱上部约 60% 高度的混凝土爆裂严重，箍筋外露，混凝土剥落深度达到主筋保护层，最大深度 25mm，箍筋和部分纵筋暴露。爆裂区颜色为粉红色，非爆裂区颜色为青灰色。

高温下，框架梁发生受剪破坏时，往往出现两条典型的临界斜裂缝，有时两条裂缝也会合成为一条较宽的裂缝。框架梁端部为负弯矩，上部混凝土受拉。向跨中方向负弯矩逐渐转变为正弯矩，下部混凝土受拉。由于斜裂缝会开始于梁受拉边缘，负弯矩和正弯矩分别会引起出现开始于梁顶面和底面的弯剪斜裂缝，框架梁典型的临界斜裂缝就会是两条。

图 4.2.15　试件 2 整体破坏形态

(a) 左柱正面　　　　　(b) 左柱局部　　　　　(c) 右柱正面　　　　　(d) 右柱局部

图 4.2.16　试件 2 框架柱局部破坏形态

框架梁两端的破坏形态详细情况如图 4.2.17 所示。可见，梁端发生了明显的剪切破坏，梁端出现了两条典型的临界斜裂缝，临界斜裂缝的宽度达到 20 ～ 30mm。在梁的剪切破坏区段，梁箍筋出现了两种典型的破坏形态：锚固破坏及箍筋受拉断裂。受拉断裂的箍筋都出现了颈缩现象，箍筋受拉颈缩的部位一般位于下部纵筋处。箍筋混凝土保护层厚度较小，箍筋的温度较高。在梁端部剪切破坏处，梁下部纵筋处保护层混凝土局部脱落，箍筋的温度较高，强度退化程度较大。因此，箍筋往往在与下部纵筋相交处发生受拉屈服。高温下，混凝土强度下降，钢筋与混凝土的黏结强度下降，导致箍筋的锚固强度不足，从而导致箍筋的锚固破坏。

从图 4.2.17 可见，在两条典型的斜裂缝之间，梁上部纵向钢筋发生了黏结破坏，梁下部纵筋的保护层发生了混凝土脱落。混凝土脱落主要是由于钢筋的滑移力过大。梁端受负弯矩，梁跨中受正弯矩，在正负弯矩变化的区段，梁纵筋由受拉转变为受压，或者相反，导致钢筋所受的滑移力大，钢筋-混凝土界面易出现黏结破坏。

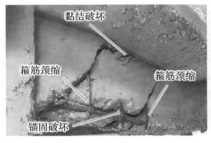
(a) 梁左端

(b) 梁右端

图 4.2.17　梁剪切破坏形态

　　框架顶部楼板的破坏形态如图 4.2.18 所示。从图 4.2.18 可以看出，楼板端部产生了较宽的裂缝，这是由梁端负弯矩引起的。从这条裂缝向下延伸，逐渐形成了梁端部的临界斜裂缝。在梁的跨中，悬出梁的楼板顶面发生了混凝土压碎，这是由于跨中板达到受弯承载力而破坏。另外，在梁顶靠近跨中的部位还有混凝土的压碎裂缝，这是由于梁靠近跨中的临界斜裂缝在顶部形成剪压区，导致混凝土受压破坏。

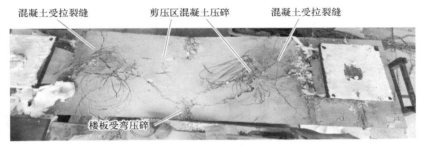
(a) 板整体破坏形态

(b) 板跨中破坏形态

(c) 板端部破坏形态

图 4.2.18　板破坏情况

c. 变形规律

试验测得的框架柱顶竖向位移与时间关系曲线分别如图 4.2.19 所示。图中正向位移表示向下，表示柱被压缩。负向位移表示向上的位移，表示柱受热膨胀。从图 4.2.19 可见，受火的 16min 以内，左右柱顶位移基本不变。之后，左右柱均出现负值位移增加的现象，表示左右柱均出现热膨胀变形。至 75min 时梁发生破坏，两柱热膨胀位移平均值达到 4.3mm。

实测梁跨中挠度与时间关系曲线如图 4.2.20 所示。从图中可见，受火前期，框架梁跨中挠度随受火时间增加缓慢增长。当受火时间到达 75min 时，梁跨中挠度达到 35mm，之后迅速增加，表明梁达到破坏状态，即到达耐火极限。可见，当梁开始受剪破坏时，梁的挠度还较小。

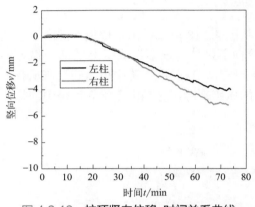

图 4.2.19　柱顶竖向位移-时间关系曲线

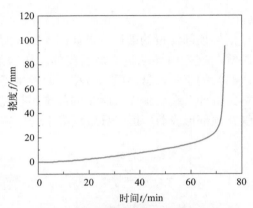

图 4.2.20　框架梁跨中挠度-时间关系曲线

框架整体水平位移-时间关系曲线如图 4.2.21 所示。图中负值表示整体位移向左偏移，正值表示整体位移向右偏移。可见，试件 2 发生了整体向右的侧移，最大水平侧移值达到 3.2mm，绝对值较小。

两框架柱顶的相对水平位移-时间关系曲线如图 4.2.22 所示。正值表示两框架柱互相远离，负值表示两框架柱互相靠近。可见，受火前期，两框架柱互相远离，受火 27min 达到峰值，这主要是由于框架梁受热膨胀导致的。受火后期，两框架柱顶的距离逐渐减小，两柱顶相对水平位移达到 9mm。这是由于随温度升高，框架梁的挠度增加，从而牵引两框架柱顶靠近。

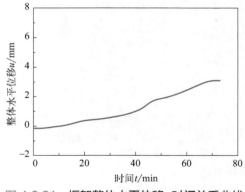

图 4.2.21　框架整体水平位移-时间关系曲线

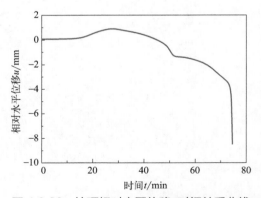

图 4.2.22　柱顶相对水平位移-时间关系曲线

② 试件 9

试件 9 的柱顶荷载和梁跨中荷载分别为 1963kN 和 63kN。试验过程中，当试件 9 框架梁发生破坏后，试验炉熄火降温。降温阶段仍然测试柱顶位移及梁柱截面的温度变化。

a. 温度

试验测得的试件 9 柱截面各测点温度-时间关系曲线分别如图 4.2.23（a）、（b）所示。从图 4.2.23 可见，柱截面外部测点 1 的温度远大于中部测点 2 和 3 的温度。可见，截面测点温度都经历了升降温过程，测点的升降温要滞后于升温曲线。

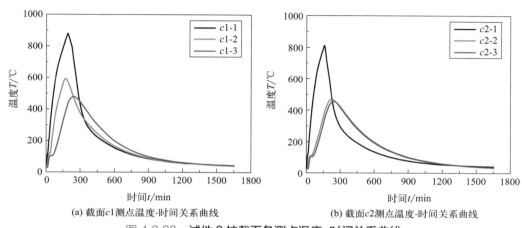

(a) 截面 c1 测点温度-时间关系曲线　　　　(b) 截面 c2 测点温度-时间关系曲线

图 4.2.23　试件 9 柱截面各测点温度-时间关系曲线

试验测得的试件 9 梁截面 b3 和 b4 各测点的温度-受火时间关系曲线分别如图 4.2.24、图 4.2.25 所示。截面各测点温度-时间曲线均包括升温阶段和降温阶段两段，升降温分界点滞后于炉温升降温分界点。从图中可见，在升温阶段，同一截面测点 1 的温度远大于测点 2 和测点 3 的温度。测点 1 位于截面最外侧，升温较快。测点 2 位于梁截面中心位置，测点 3 位于背火面，这两个测点距离受火面较远，温度较低。同前一样，升温过程中 b3 各测点温度大于 b4 各测点温度。当测点温度-时间曲线进入下降段后，梁截面测点 1 的温度下降幅度较大，下降段大部分时间低于测点 2、3 的温度。

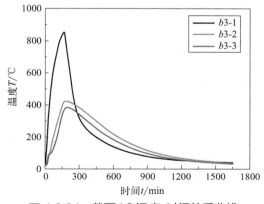

图 4.2.24　截面 b3 温度-时间关系曲线

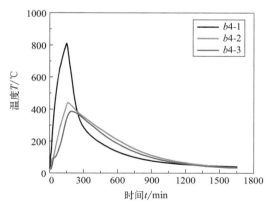

图 4.2.25　截面 b4 温度-时间关系曲线

b. 试验现象及破坏特征

以梁达到破坏为标准，试件 9 框架的耐火极限为 150min。到达耐火极限后，高温试验炉熄火，保持柱端荷载不变，继续测量柱的变形及温度变化，进行柱的升降温力学性能试验。

试件 9 火灾后破坏形态如图 4.2.26 所示。从图 4.2.26 可见，柱截面角部出现少量混凝土剥落及较多竖向裂缝，但柱没有破坏。试件 9 的柱轴压比较小，没有发生柱破坏，出现了梁破坏。梁两端出现了明显的受剪斜裂缝，梁右端为典型的两条斜裂缝。梁左端的两条受剪斜裂缝合为一条较宽的斜裂缝，导致该条斜裂缝的水平投影长度增加。

框架梁底面的裂缝开展如图 4.2.27 所示。可见，框架梁底面出现了受弯裂缝，但裂缝开展深度不大，框架梁的受弯变形不大，框架梁跨中截面没有出现钢筋屈服或截面破坏。

图 4.2.26　试件 9 框架整体破坏形态

图 4.2.27　试件 9 框架梁底面

楼板顶面的破坏形态如图 4.2.28 所示。从图中可见，楼板顶面出现了数条较宽的横向裂缝，最外面一条较宽裂缝是由负弯矩引起的，往下发展为梁端部最外一条斜裂缝。另外，靠近跨中的梁剪压区混凝土还出现了压缩现象。

图 4.2.28　楼板顶面破坏形态

c. 变形

试验测得的框架柱顶竖向位移-时间关系曲线如图 4.2.29 所示。图中正的位移表示柱被压缩，负的位移表示柱受热膨胀。从图中可见，在受火的 152min 内，左柱和右柱持续发生受热膨胀变形，左柱的最大热膨胀变形约为 7mm，右柱的最大热膨胀变形约 10mm。两柱的热膨胀变形到达峰值后，柱顶位移开始往下增加，至 1630min 试验结束时，左右柱的柱顶位移均为向下。与受火前相比，左柱的最终压缩变形为 17mm，右柱的最终压缩变形为 13mm。可见，经历火灾升降温作用后，相对于受火前，柱出现了压缩变形。这是因为经历火灾损伤作用后，柱的刚度降低。

梁跨中挠度-时间关系曲线如图 4.2.30 所示。从图 4.2.30 可见，受火过程中，梁跨中挠度缓慢增加。受火后期梁跨中挠度快速增加，梁的跨中挠度达到 106mm，梁发生了剪切破坏。

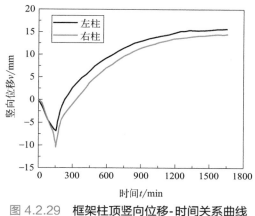

图 4.2.29　框架柱顶竖向位移-时间关系曲线

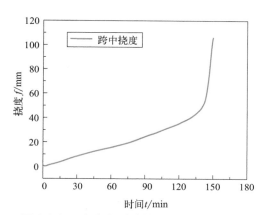

图 4.2.30　框架梁跨中挠度-时间关系曲线

框架整体水平位移-时间关系曲线如图 4.2.31 所示。可见，受火 150min 左右，试件整体呈现出向左侧偏移的情况，最大偏移距离约 2.8mm。降温后，框架开始右移。试件温度降至室温后，框架的残余侧移量为 1.5mm。

框架柱相对水平位移-时间关系曲线如图 4.2.32 所示。可见，受火过程中柱梁端互相靠近，相向位移最大值约为 9mm。当试件温度降至室温后，框架柱残余的相向位移约为 5mm。

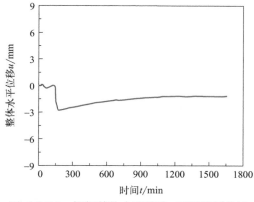

图 4.2.31　框架整体水平位移-时间关系曲线

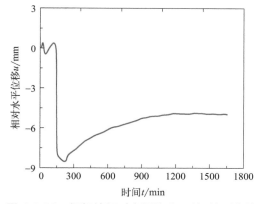

图 4.2.32　框架柱相对水平位移-时间关系曲线

#### 4.2.2.4　框架梁柱破坏形态

试件 6 是柱含钢率较大的试件。试件 6 梁破坏的同时也发生了柱破坏，称为框架梁柱破坏形态。

（1）温度

试验测得的试件 6 柱截面各测点温度-受火时间关系曲线分别如图 4.2.33、图 4.2.34 所示。从图 4.2.33、图 4.2.34 可见，同一柱截面外部测点 1 的温度远大于中部测点 2 和 3 的温度。对于 $c1$ 截面，至 185min 时，测点 1 的温度达到 933℃，测点 2、3 的温度分别为 466℃ 和 449℃。对于 $c2$ 截面，至 185min 时，测点 1 的温度达到 912℃，测点 2、3 的温度分别为 422℃ 和 392℃。$c1$ 的测点 1、2、3 的温度均高于 $c2$ 截面各测点的温度。可见，由于节点吸热的影响，柱中间截面各测点的温度高于柱端截面相应测点的温度。

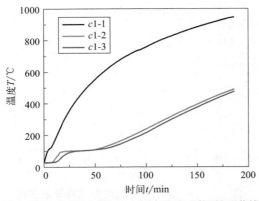

图 4.2.33 试件 6 截面 $c1$ 测点温度-时间关系曲线

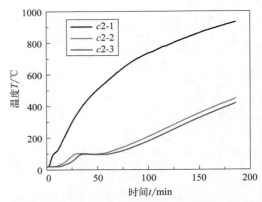

图 4.2.34 试件 6 截面 $c2$ 测点温度-时间关系曲线

试验测得的试件 6 梁截面 $b3$ 和 $b4$ 各测点的温度-受火时间关系曲线分别如图 4.2.35、图 4.2.36 所示。从图 4.2.35、图 4.2.36 可见，同一截面测点 1 的温度远大于测点 2 和测点 3 的温度。测点 1 位于截面最外层，升温较快。测点 2 位于梁截面中心位置，测点 3 位于背火面，这两个测点距离受火面较远，测点 2 和 3 的温度较低。同前一样，受火过程中 $b3$ 各测点温度大于 $b4$ 相应测点温度。

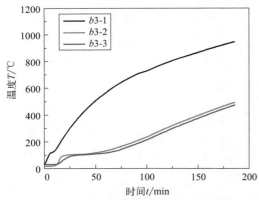

图 4.2.35 试件 6 截面 $b3$ 温度-时间关系曲线

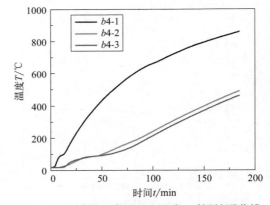

图 4.2.36 试件 6 截面 $b4$ 温度-时间关系曲线

（2）试验现象及破坏特征

以柱首先到达破坏为标准，框架的耐火极限为 185min。

试件 6 火灾后破坏形态如图 4.2.37 所示。从图 4.2.37 可见，左柱出现混凝土压碎，右柱也出现压坏现象，为平面外的轴心受压破坏，破坏位置位于柱中上部，破坏程度右柱较大。

左右两柱的破坏形态详图如图 4.2.38 所示。从图 4.2.38 可见，两柱的破坏位置均位于柱的中上部。左柱破坏位置处混凝土出现了明显的竖向受压裂缝，柱截面左右两侧混凝土脱落，柱截面减小，柱发生平面外受压破坏，但柱弯曲程度较右柱小。右柱也在中上部发生了平面外轴心受压破坏，破坏后在弱轴方向发生偏移。从图4.2.38（d）可见，破坏时柱截面型钢发生了绕弱轴平面的屈曲失稳，柱截面破坏处箍筋发生颈缩断裂。当柱截面混凝土温度较高而发生破坏时，混凝土体积膨胀，使得箍筋受拉，而箍筋温度较高，强度较低，上述因素综合作用下导致箍筋受拉断裂或锚固失效。

(a) 正面                    (b) 侧面

图 4.2.37    试件 6 框架整体破坏形态

(a) 左柱正面                    (b) 左柱侧面

(c) 右柱正面                    (d) 右柱侧面

图 4.2.38    试件 6 柱破坏形态详图

框架梁及楼板破坏形态分别如图 4.2.39、图 4.2.40 所示。从图 4.2.39 可见，框架梁跨中截面下部出现了较宽的受弯裂缝，宽度达到 10mm 左右，表示跨中梁截面达到受弯承载力。耐火极限时框架梁跨中竖向挠度达到 90mm，表明框架梁已经发生了破坏。框架梁两端负弯矩区段板顶出现了明显的受拉裂缝，而且裂缝宽度较大，表明梁端上部受拉钢筋已经受拉屈服。可见，框架梁受弯承载机制显著。框架梁左端也出现了一条较宽的临界斜裂缝，在板的顶面出现临界斜裂缝顶端的混凝土剪压区压碎，在梁底面也出现了剪压区混凝土压碎情况。这种框架梁的破坏形态称为弯剪破坏形态。

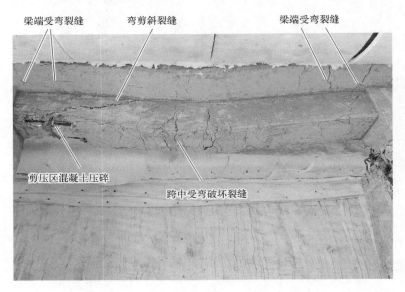

(a) 梁整体

(b) 梁跨中底面及端部

图 4.2.39　试件 6 梁破坏形态

图 4.2.40　板破坏形态

（3）变形

试验测得的框架柱顶竖向位移-时间关系曲线如图 4.2.41 所示。从图 4.2.41 可见，受火过程中，随温度升高，两柱首先出现热膨胀变形。受火后期，柱出现压缩变形，柱破坏时竖向位移迅速增加。

梁跨中挠度-时间关系曲线如图 4.2.42 所示。从图 4.2.42 可见，受火过程中，梁跨中竖向位移缓慢增加，受火后期梁跨中挠度快速增加。最后，梁的跨中挠度达到 90mm，梁发生了弯剪破坏。

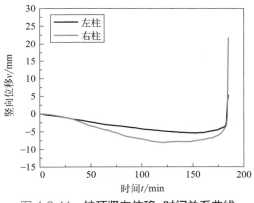

图 4.2.41　柱顶竖向位移-时间关系曲线

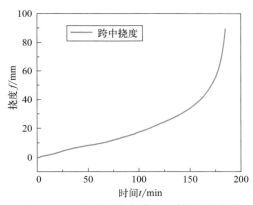

图 4.2.42　框架梁跨中挠度-时间关系曲线

框架整体水平位移-时间关系曲线如图 4.2.43 所示。可见，受火 75min 左右，试件整体呈现出向左侧偏移的情况，最大偏移距离约 2mm。总体上，框架整体水平位移不大。

框架柱顶的相对水平位移-时间关系曲线如图 4.2.44 所示。可见，受火前期，左右柱之间的距离稍微增加，表明框架梁出现少量热膨胀变形。受火后期，梁柱又互相靠近，最大相向位移约 8mm，这是因为梁挠曲变形导致左右两柱柱顶相互靠近。

#### 4.2.2.5　框架柱破坏形态

（1）典型破坏形态

试件典型的框架柱破坏形态如图 4.2.45 所示。对于柱破坏形态来说，梁柱破坏形态的柱破坏形态相同，均为柱的平面外破坏。框架柱的弱轴方向为框架的平面外方向，在框架平面内，两柱之间互为支撑，平面内框架的承载力较大。因此，框架和框架柱易在弱轴方向发生失稳破坏，应引起重视。另外，框架柱底固定端支座约束，约束作用较大。框架在柱顶仅约束垂直框架平面的水平位移，约束作用较弱。因此，框架柱在上端附近出现了受压破坏。

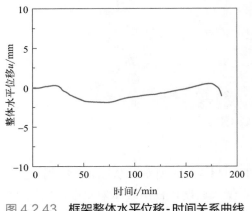

图 4.2.43　框架整体水平位移-时间关系曲线

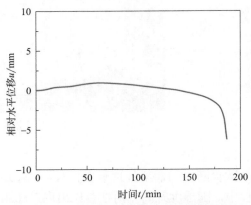

图 4.2.44　柱顶相对水平位移-时间关系曲线

(a) 试件4

(b) 试件5

图 4.2.45　框架柱典型破坏形态

　　试件 4、试件 5 和试件 10 发生了框架柱平面外受压破坏，而框架梁没有发生破坏。试件 3 柱破坏时梁挠度比较大，但没有破坏。因此，将试件 3 归纳为柱破坏范畴。

　　（2）温度发展规律及破坏形态

　　① 试件 3

　　a. 温度

　　试验测得的试件 3 柱截面各测点温度-受火时间关系曲线分别如图 4.2.46、图 4.2.47 所示。从图 4.2.46 和图 4.2.47 可见，相同柱截面外部测点 1 的温度远大于中部测点 2 和 3 的温度。对于 $c1$ 截面，至耐火极限 175min 时，测点 1 的温度达到 870℃，测点 2、3 的温度分别为 415℃ 和 395℃。对于 $c2$ 截面，至耐火极限 175min 时，测点 1 的温度达到 731℃，测点 2、3 的温度分别为 417℃ 和 392℃。$c1$ 的测点 1 的温度大于 $c2$ 截面测点 1 的温度，两截面测点 2、3 温度基本一致。$c1$ 截面位于柱中，$c2$ 截面位于柱端，受节点的影响，$c2$ 截面测点 1 的温度较柱中相应测点低。可见，由于节点吸热的影响，柱端截面温度稍低于柱中截面的温度。

　　试验测得的试件 3 梁截面 $b3$ 和 $b4$ 各测点的温度-受火时间关系曲线分别如图 4.2.48、

图 4.2.49 所示。从图中可见，在同一截面上，截面测点 1 的温度远大于测点 2 和测点 3 的温度。测点 1 位于截面梁底底部纵筋的上部，紧靠受火面，升温较快。测点 2 位于梁截面中心位置，测点 3 位于背火面，这两个测点距离受火面较远，温度较低。受火 175min 时，梁 $b3$ 截面测点 1、2 和 3 温度分别为 870℃、533℃ 和 455℃，梁 $b4$ 截面测点 1、2 和 3 温度分别为 865℃、478℃ 和 406℃。可见，由于节点的吸热作用，梁端部截面测点温度低于跨中截面相应测点温度。

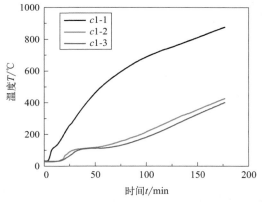

图 4.2.46　截面 $c1$ 测点温度 - 时间关系曲线

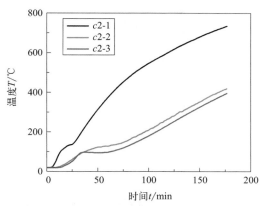

图 4.2.47　截面 $c2$ 测点温度 - 时间关系曲线

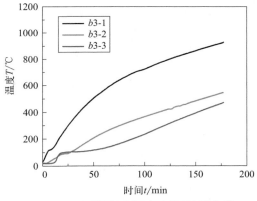

图 4.2.48　截面 $b3$ 温度 - 时间关系曲线

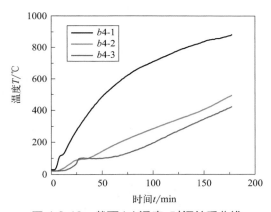

图 4.2.49　截面 $b4$ 温度 - 时间关系曲线

b. 破坏特征

受火 175min 时，试件 3 框架柱受压变形过大发生破坏，停止加载。以柱到达破坏为标准，框架的耐火极限为 175min。此时梁跨中最大位移达到 60mm。

试件 3 火灾后破坏形态如图 4.2.50 所示。图 4.2.50 可见，试件 3 发生了框架柱的框架平面外轴心受压破坏，框架梁也发生了较大的挠曲变形，框架总体上呈现框架平面外的框架整体破坏。框架柱角部出现了较大程度的混凝土剥落，柱上端发生了框架平面外的压弯破坏。尽管柱在平面内为偏心受压，框架柱平面外方向为弱轴，框架柱仍然发生了平面外的轴心受压破坏。

试件 3 柱破坏区域的详细情况如图 4.2.51 所示。可见，左右柱都发生了混凝土受压破坏，柱破坏的位置位于柱上部。柱由于混凝土压碎而破坏，混凝土压碎处纵筋受压屈曲。左柱发生破坏的位置距离梁底 30cm，右柱发生破坏的位置位于梁底以下 20cm。

(a) 框架正面                    (b) 框架侧面

图 4.2.50　试件 3 框架整体破坏形态

(a) 左柱正面                    (b) 左柱局部

(c) 右柱正面                    (d) 右柱局部

图 4.2.51　试件 3 柱破坏形态详图

除此之外，两柱的角部混凝土爆裂较为严重，爆裂区颜色为粉红色，爆裂后混凝土剥落的范围达到柱高的 80%，剥落深度达到主筋，纵筋和箍筋裸露。在两柱下部混凝土未剥落区域，可以发现有许多的细小的不规则裂纹。

框架梁破坏形态详图如图 4.2.52 所示。从图 4.2.52 可见，梁底两角部出现了较大程度的混凝土剥落现象，箍筋及纵筋外露。框架梁整体上发生了较大的挠曲变形。跨中正弯矩部分梁出现了明显的受弯裂缝。受弯裂缝出现在箍筋所在截面，受弯裂缝间距同箍筋间距。梁跨中受弯裂缝开展深度接近梁高一半，深度较大，裂缝宽度也较大，表明梁跨中部截面底部钢筋受拉应变较大。

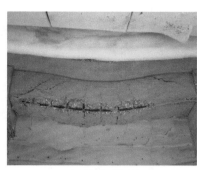 

(a) 梁整体破坏图        (b) 梁底部破坏图

图 4.2.52 　**试件 3 梁破坏形态详图**

在梁两端部出现了数条斜裂缝，裂缝最大宽度达 10mm。左端两条斜裂缝开展较充分，右端只有一条斜裂缝开展较充分。剥开梁端部混凝土保护层后，发现与斜裂缝相交的箍筋锚固部位产生了明显的滑移现象，最大滑移量为 10mm。可见，由于箍筋的滑移，导致斜裂缝宽度的充分发展。

板顶的破坏形态如图 4.2.53 所示。从图 4.2.53 可见，板发生了明显的挠曲变形，板靠近跨中的两侧混凝土剥落严重，其中一侧还露出钢筋。由于板厚度较小，受火时间较长导致破坏比较严重。另外，板顶右端产生了两条较宽的受弯裂缝，这两条受弯裂缝往下发展成为梁端部的弯剪斜裂缝。

图 4.2.53 　**板破坏形态**

从上面分析可知，框架梁中部发生了较大的弯曲变形，梁端部截面发生剪切破坏，框架梁已经接近破坏。

c. 变形规律

试验测得的框架柱顶竖向位移-时间关系曲线如图 4.2.54 所示。从图 4.2.54 可见，受火过程中左柱和右柱均出现热膨胀变形。热膨胀变形到达峰值后，柱顶竖向位移开始往下增加。接近破坏时，柱顶竖向位移快速增加而破坏。

梁跨中挠度-时间关系曲线如图 4.2.55 所示。从图 4.2.55 可见，受火前期，框架梁跨中挠度随受火时间增长缓慢增加。受火 150min 以后，梁跨中挠度增长加快，至耐火极限175min 时，梁挠度达到 64mm，梁的挠度较大。

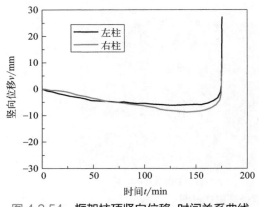

图 4.2.54　框架柱顶竖向位移-时间关系曲线　　　　图 4.2.55　框架梁跨中挠度-时间关系曲线

框架整体水平位移-时间关系曲线如图 4.2.56 所示。可见，试件 3 发生了整体向左的水平位移，最大整体水平位移达到 28mm。

两框架柱顶的相对水平位移-时间关系曲线如图 4.2.57 所示。可见，受火后，两框架柱顶发生相向位移。受火后期，两框架柱的相对位移增长速度加快。这是由于随温度升高，框架梁的挠度增加，从而牵引两框架柱顶靠近。受火后期，框架梁挠度加快，导致两框架柱相向运动加快。

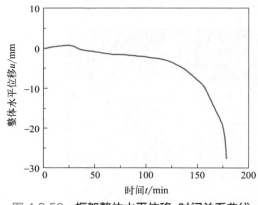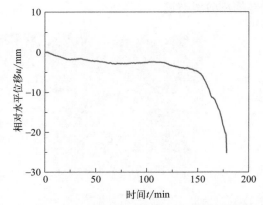

图 4.2.56　框架整体水平位移-时间关系曲线　　　　图 4.2.57　柱顶相对水平位移-时间关系曲线

② 试件 4

a. 温度-时间关系

试验时试件 4 的混凝土棱柱体强度实测值为 45.6MPa。试验测得的试件 4 柱截面各测点温度-受火时间关系曲线分别如图 4.2.58、图 4.2.59 所示。从图 4.2.58 和图 4.2.59 可见，同一柱截面外部测点 1 的温度远大于中部测点 2 和 3 的温度。对于 c1 截面，至耐火极限 165min 时，测点 1 的温度达到 917℃，测点 2、3 的温度分别为 458℃和 381℃。对于 c2 截面，至耐火极限 165min 时，测点 1 的温度达到 817℃，测点 2、3 的温度分别为 426℃和 391℃。c1 的测点 1 的温度大于 c2 截面测点 1 的温度，两截面测点 2、3 温度基本一致。c1 截面位于柱中，c2 截面位于柱端，由于受节点的影响，c2 截面测点 1 的温度较柱中相应测点低。可见，由于节点吸热的影响，柱端温度稍低于柱中的温度。

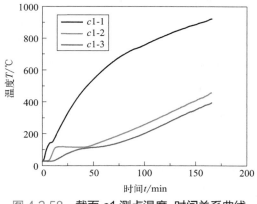

图 4.2.58　截面 c1 测点温度-时间关系曲线

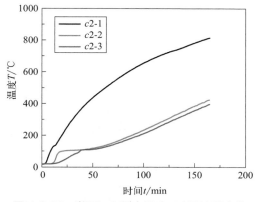

图 4.2.59　截面 c2 测点温度-时间关系曲线

　　试验测得的试件 4 梁截面 b3 和 b4 各测点的温度-受火时间关系曲线分别如图 4.2.60、图 4.2.61 所示。从图中可见，同一截面测点 1 的温度远大于测点 2 和测点 3 的温度。测点 1 紧靠梁底面和梁侧面两受火面，升温较快。测点 2 位于梁截面中心位置，测点 3 位于背火面，这两个测点距离受火面较远，由于混凝土为热惰性材料，测点 2 和 3 的温度较低。受火 165min 时，梁 b3 截面测点 1、2 和 3 温度分别为 902℃、425℃和 381℃，梁 b4 截面测点 1、2 和 3 温度分别为 866℃、439℃和 381℃。可见，由于梁柱节点的吸热作用，梁端部截面的温度低于跨中截面温度。

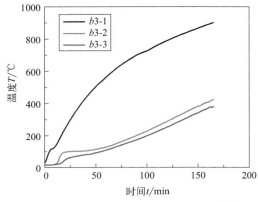

图 4.2.60　截面 b3 温度-时间关系曲线

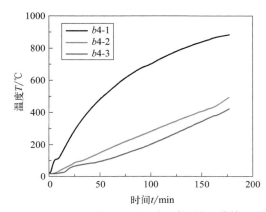

图 4.2.61　截面 b4 温度-时间关系曲线

b. 试验现象及破坏特征

以柱达到破坏为标准，试件 4 框架的耐火极限为 165min。试件 4 火灾后整体破坏形态

如图 4.2.62 所示，破坏详图如图 4.2.63 所示。从图 4.2.62、图 4.2.63 可见，试件 4 框架左柱发生了平面外受压破坏，右柱没有破坏，框架梁发生了明显的挠曲变形，框架总体上呈现平面外的框架整体破坏，左柱上端发生了框架平面外的压弯破坏。框架柱平面外方向为弱轴，发生了平面外的轴心受压破坏。

左柱发生了平面外破坏，柱角部混凝土几乎全部剥落，剥落最大深度 25mm，到达了纵筋表面。左柱破坏后变形形态呈 S 形。右柱角部混凝土出现多条纵向裂纹，贯穿整个柱高，柱角部发生少量混凝土的剥落现象。

图 4.2.62 试件 4 框架整体破坏形态

(a) 左柱正面  (b) 左柱侧面

(c) 右柱正面  (d) 右柱侧面

图 4.2.63 试件 4 柱破坏形态详图

框架梁破坏形态详图如图 4.2.64 所示。从图 4.2.64 可见，梁截面底部角部出现了少量混凝土剥落现象，框架梁整体上发生了较大的弯曲变形，并没有发生破坏。通过观察可以发

现，梁的跨中底部出现了许多横向的裂缝，这些裂缝沿梁高一直延伸到板底，这是框架梁受弯产生的裂缝。

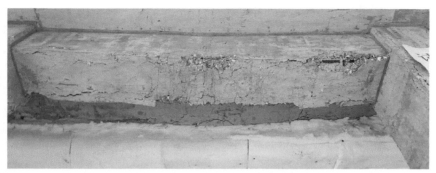

图 4.2.64　试件 4 梁破坏形态详图

试件板顶的破坏形态如图 4.2.65 所示。从图 4.2.65 可见，板发生了明显的挠曲变形，板一侧的混凝土剥落。另外，在梁顶受负弯矩的位置出现了比较明显的裂缝，为框架梁端部受负弯矩产生的裂缝。

图 4.2.65　板整体破坏形态

c. 变形

试验测得的框架柱顶竖向位移-时间关系曲线如图 4.2.66 所示。图中正向位移表示柱被压缩，负向位移表示柱受热膨胀。从图 4.2.66 可见，受火过程中左、右柱首先发生热膨胀变形，受火后期出现压缩变形。到达耐火极限状态时，左柱柱顶竖向位移快速增加而破坏。左柱破坏时，右柱尚没有发生破坏。从图 4.2.66 可以看出，左柱受火过程中混凝土剥落较为严重，柱截面削弱较严重，与右柱相比，左柱的热膨胀变形较小，而右柱混凝土剥落程度较轻，受火后期热膨胀变形较大。

梁跨中挠度-受火时间关系曲线如图 4.2.67 所示。从图 4.2.67 可见，受火前期，框架梁跨中挠度随受火时间增长缓慢增加，受火 150min 以后梁跨中挠度增加变快。当柱发生破坏时，梁的跨中挠度尚小，梁还没有发生破坏。

框架整体的水平位移-时间关系曲线如图 4.2.68 所示。可见，试件 4 发生了整体向左的位移，最大水平位移值达到 2mm。最后，位移有所恢复。

框架柱顶的相对水平位移-时间关系曲线如图 4.2.69 所示。可见，受火过程中，两柱顶的相对位移接近零，相对位移很小。

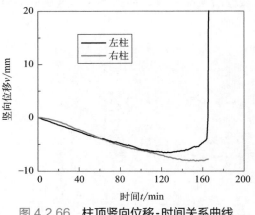

图 4.2.66　柱顶竖向位移-时间关系曲线

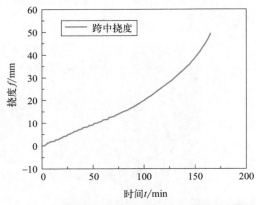

图 4.2.67　框架梁跨中挠度-受火时间关系曲线

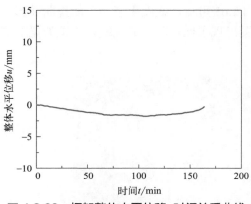

图 4.2.68　框架整体水平位移-时间关系曲线

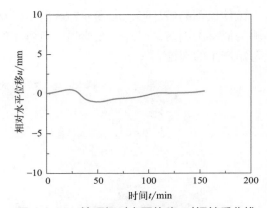

图 4.2.69　柱顶相对水平位移-时间关系曲线

③ 试件 5

试件 5 的柱截面尺寸为 240mm×240mm，柱截面尺寸较小。柱顶荷载 1963kN，梁跨中荷载 63kN。

a. 温度

试验测得的试件 5 柱截面各测点温度-受火时间关系曲线分别如图 4.2.70、图 4.2.71 所示。从图 4.2.70、图 4.2.71 可见，同一柱截面外部测点 1 的温度远大于中部测点 2 和 3 的温度。对于 c1 截面，至 75min 时，测点 1 的温度达到 746℃，测点 2、3 的温度分别为 152℃ 和 121℃。对于 c2 截面，至 75min 时，测点 1 的温度达到 650℃，测点 2、3 的温度分别为 132℃ 和 121℃。c1 的测点 1 的温度大于 c2 截面测点 1 的温度，两截面测点 2、3 温度基本一致。c1 截面位于柱中，c2 截面位于柱端，由于受节点的影响，c2 截面测点 1 的温度较柱中相应测点低。可见，由于节点吸热的影响，柱端温度稍低于柱中的温度。

试验测得的试件 5 梁截面 b3 和 b4 各测点的温度-受火时间关系曲线分别如图 4.2.72、图 4.2.73 所示。从图 4.2.72、图 4.2.73 可见，同一截面测点 1 的温度远大于测点 2 和测点 3 的温度。测点 1 紧邻两受火面，升温较快。测点 2 位于梁截面中心位置，测点 3 位于背火面，这两个测点距离受火面较远，由于混凝土是热惰性材料，测点 2 和 3 的温度较低。同样，受火过程中 b3 各测点温度大于 b4 各测点温度。

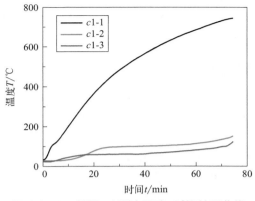

图 4.2.70　截面 $c1$ 测点温度-时间关系曲线

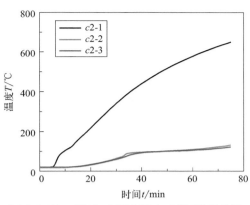

图 4.2.71　截面 $c2$ 测点温度-时间关系曲线

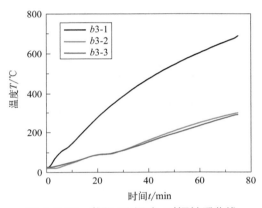

图 4.2.72　截面 $b3$ 温度-时间关系曲线

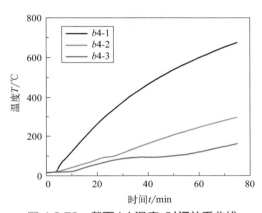

图 4.2.73　截面 $b4$ 温度-时间关系曲线

b. 试验现象及破坏特征

以柱首先到达破坏为框架耐火极限的标准，左柱的耐火极限为 85min，右柱的耐火极限为 75min，框架的耐火极限取为 75min。

试件 5 火灾后破坏形态如图 4.2.74 所示。从图 4.2.74 可见，试件 5 的两框架柱均发生了平面外受压破坏，受压破坏的柱截面均位于柱上部，右柱破坏的位置较左柱更高。

(a) 试件5正面

(b) 试件5侧面

图 4.2.74　试件 5 框架整体破坏形态

左右两柱的破坏形态详图如图 4.2.75 所示。从图 4.2.75 可见，两柱均发生了明显的平面外侧移和转动，柱变形曲线呈 S 形。受压破坏最严重的截面位于柱上部，距离地梁顶面约 1m 处。柱全截面混凝土压碎，纵筋屈曲，箍筋拉开，型钢发生平面外的失稳。

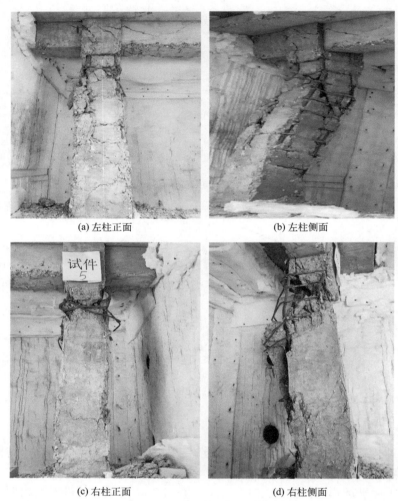

| (a) 左柱正面 | (b) 左柱侧面 |
| --- | --- |
| (c) 右柱正面 | (d) 右柱侧面 |

图 4.2.75　试件 5 柱破坏形态详图

　　从图 4.2.74 可见，除了梁截面底部角部出现了少量混凝土剥落外，框架梁整体上变形较小，没有发生破坏。由于柱破坏的时间较短，只有 75min 和 85min，梁的变形尚没有充分发展，故梁没有发生破坏。板顶的变形形态如图 4.2.76 所示。从图 4.2.76 可见，板顶没有发生明显的变形。

图 4.2.76　板整体变形形态

c. 变形

试验测得的框架柱顶竖向位移-时间关系曲线如图 4.2.77 所示。从图 4.2.77 可见，受火过程中左柱和右柱出现了少许热膨胀变形。当两柱发生破坏时，柱顶竖向位移向下快速增加而破坏。

梁跨中挠度-时间关系曲线如图 4.2.78 所示。从图 4.2.78 可见，受火过程中，梁跨中挠度较小，受火 75min 时只有 24mm，梁并没有发生破坏。

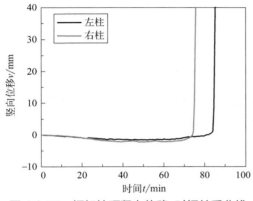

图 4.2.77　框架柱顶竖向位移-时间关系曲线　　　图 4.2.78　框架梁跨中挠度-时间关系曲线

框架整体水平位移-时间关系曲线如图 4.2.79 所示。可见，试件 5 发生了整体向右的侧移，最大水平侧移值达到 2.5mm，整体水平位移较小。

框架柱顶相对水平位移-时间关系曲线如图 4.2.80 所示。可见，受火过程中，两柱顶的相对水平位移较小。

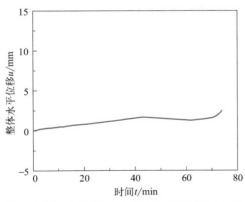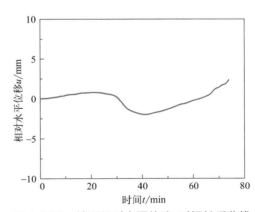

图 4.2.79　框架整体水平位移-时间关系曲线　　　图 4.2.80　柱顶相对水平位移-时间关系曲线

④ 试件 10

a. 温度

试验测得的试件 10 柱截面各测点温度-受火时间关系曲线分别如图 4.2.81、图 4.2.82 所示。从图中可见，同一柱截面外部测点 1 的温度远大于中部测点 2 和 3 的温度。

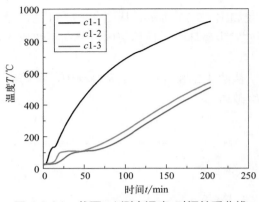

图 4.2.81 截面 $c1$ 测点温度-时间关系曲线

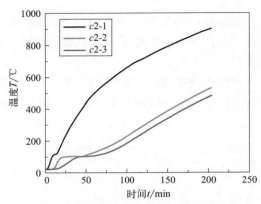

图 4.2.82 截面 $c2$ 测点温度-时间关系曲线

试验测得的试件 10 梁截面 $b3$ 和 $b4$ 各测点的温度-受火时间关系曲线分别如图 4.2.83、图 4.2.84 所示。从图中可见,同一截面测点 1 的温度远大于测点 2 和测点 3 的温度。测点 1 位于截面最外层,升温较快。测点 2 位于梁截面中心位置,测点 3 位于背火面,这两个测点距离受火面较远,测点 2 和 3 的温度较低。升温过程中 $b3$ 各测点温度大于 $b4$ 相应各测点温度。

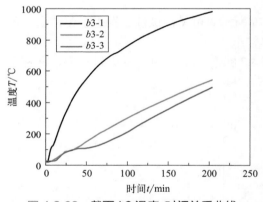

图 4.2.83 截面 $b3$ 温度-时间关系曲线

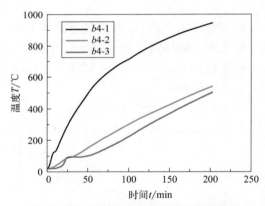

图 4.2.84 截面 $b4$ 温度-时间关系曲线

b. 试验现象及破坏特征

以柱达到破坏为标准,框架的耐火极限为 201min。

试件 10 的柱顶荷载和梁跨中荷载分别为 1556kN 和 63kN。试件 10 火灾后破坏形态如图 4.2.85 所示。可见,左柱和右柱都发生了比较明显的受压破坏。左柱在距离梁底 20～50cm 范围内发生了平面外轴心受压破坏,破坏处纵筋屈曲,箍筋被拉断,混凝土压碎严重。除此之外,还可见两柱的中上部角部混凝土剥落严重,剥落深度到达主筋。

试件 10 框架梁底面裂缝分布如图 4.2.86 所示。可见,框架梁跨中底部出现了受弯裂缝,其中一条裂缝的宽度较宽。框架梁两端的楼板顶面也出现了负弯矩导致的受弯裂缝,同时在梁的弯剪区段也出现了一条较宽的斜裂缝。尽管梁出现了受弯裂缝和受剪裂缝,但梁尚未破坏。

图 4.2.85　试件 10 框架整体破坏形态

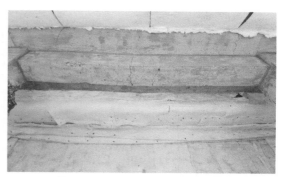

图 4.2.86　试件 10 框架梁底面

c. 变形

试验测得的框架柱顶竖向位移-时间关系曲线如图 4.2.87 所示。从图 4.2.87 可见，受火过程中，左柱和右柱发生热膨胀变形，热膨胀变形最大值约 10.6mm，热膨胀变形较大。从图 4.2.81 可以看出，柱中截面 $c1$ 测点 1 的温度达到了 920℃。与其他试件相比，整个柱截面的温度均达到了较高温度，柱的热膨胀变形较大。另外，试件 10 的柱顶荷载为 1556kN，较其他试件小。因此，受火过程中，柱的热膨胀变形较大。到达耐火极限时，两柱顶的竖向位移向下快速增加，表示柱受压破坏。

梁跨中挠度-受火时间关系曲线如图 4.2.88 所示。从图 4.2.88 可见，受火过程中，梁跨中竖向挠度缓慢增加，受火后期梁跨中挠度增加速度加快。柱接近破坏时，梁的跨中挠度达到 50mm。柱破坏过程中，由于柱子向下的位移增加较快，梁跨中千斤顶补载不及时，梁跨中荷载有所减小，导致框架梁跨中挠度有所恢复，梁最终没有到达破坏状态。

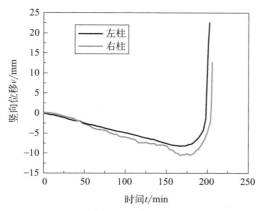

图 4.2.87　柱顶竖向位移-时间关系曲线

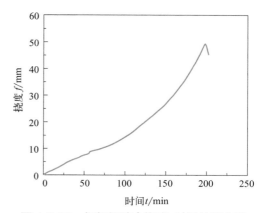

图 4.2.88　框架梁跨中挠度-时间关系曲线

框架整体水平位移-时间关系曲线如图 4.2.89 所示。可见，受火过程中，试件整体水平位移较小。

两框架柱顶的相对水平位移-时间关系曲线如图 4.2.90 所示。可见，受火过程中两柱互相远离 2mm。

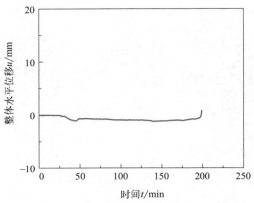

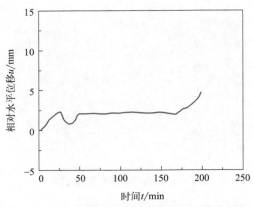

图 4.2.89 框架整体水平位移-时间关系曲线　　图 4.2.90 柱顶相对水平位移-时间关系曲线

### 4.2.2.6 框架梁耐火性能分析

（1）框架梁跨中挠度

这里主要选定框架梁出现破坏的试件及框架梁挠度较大的试件，对其耐火性能进行分析。

试件2、试件9、试件3、试件4和试件6框架梁跨中挠度-受火时间关系曲线如图 4.2.91 所示。列出试件4框架梁的挠度是为了比较混凝土强度的影响。试件2和试件9最终发生了梁的受剪破坏。试件3和试件6最终发生了框架柱的平面外受压破坏，但两试件框架柱破坏前梁的挠度已经较大，分别达到了 65mm 和 106mm。按 ISO834[3] 受弯构件的耐火极限标准，如果框架梁的跨度按净跨计算，试件6的框架梁已经到达耐火极限。从图 4.2.91 可见，梁接近破坏时，梁跨中挠度随时间增长速度加快，试件6框架梁已经明显到达火灾下的承载能力极限状态，可以认为，试件6发生柱破坏时框架梁已经发生了破坏。因此试件2、试件9和试件6均发生了框架梁的破坏。

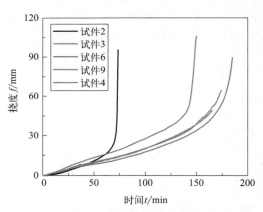

图 4.2.91　部分框架梁跨中挠度-受火时间关系曲线

从图 4.2.91 可见，受剪破坏试件2和试件9的跨中挠度-受火时间关系曲线在到达耐火极限时有一个明显的转折点，转折点之后框架梁跨中挠度快速增加。高温下，钢筋的塑性变形能力有所增加，框架梁受剪破坏过程中的变形来自梁的剪切变形（包含箍筋的伸长变形）及梁的弯曲变形，导致了框架梁受剪破坏较常温有较大的变形能力。试件3和试件6的挠曲变形主要来自梁受弯变形及梁端的受剪变形。另外，试件3和试件6的梁柱荷载情况相同，试件6的柱含钢率较大，柱刚度较大，梁柱节点的转角较小，导致试件6框架梁跨中挠度较试件3小。

试件4和试件9的框架柱顶荷载分别为 1952kN 和 1556kN，梁跨中荷载均为 85kN。从图中可以看出，试件9破坏之前，试件4跨中挠度均小于试件9。这是由于试件4的混凝土强度较高，高温下框架梁柱的刚度较大，使得试件4的跨中挠度较小。可见，混凝土强度提高能有效降低框架梁的挠度。

（2）耐火极限分析

试件 2 和试件 9 的耐火极限分别为 80min 和 150min，两试件均发生了梁受剪破坏。试件 2 和试件 9 的梁集中荷载分别为 126kN 和 85kN，柱顶集中荷载分别为 1931kN 和 1556kN。试件 2 的框架梁荷载比较大，试件 2 的耐火极限较小。尽管两试件柱顶荷载不一样，但柱顶荷载对框架梁的耐火性能影响较小。可见，在梁受剪破坏形态下，框架梁的荷载比越大，耐火极限越小。

#### 4.2.2.7　柱破坏时框架耐火性能分析

（1）柱顶竖向位移-时间关系曲线

框架柱破坏情况下，框架右柱柱顶竖向位移-时间关系曲线如图 4.2.92 所示。图中试件 4 由于右柱没有破坏，其位移没有延续到破坏阶段。图中位移零值表示常温下加荷载之后的柱顶位置，位移正值表示向下的位移，表示柱被压缩，负值表示向上的位移，表示柱发生热膨胀变形。从图 4.2.92 可见，所有框架柱在受火过程中首先出现受热膨胀变形，逐步到达峰值，受火后期出现压缩变形。至耐火极限时，柱顶竖向位移迅速向下增加，表明框架柱发生受压破坏，柱受压破坏时柱的总变形仍为热膨胀变形。

受火前期，随温度升高，柱受热膨胀。此时，柱温度总体较低，没有引起柱钢材和混凝土材料的明显劣化，柱总体上表现为受热膨胀变形。受火后期，随着柱截面温度升高，柱截面温度达到较高的值，引起截面材料的明显劣化，导致柱承载力和刚度的明显降低，

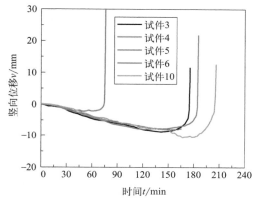

图 4.2.92　部分试件柱顶竖向位移-时间关系曲线

柱出现明显的压缩变形。柱的压缩变形是在热膨胀变形的基础上增加的，柱总的变形仍为热膨胀变形。到达耐火极限时，柱的承载力和荷载达到平衡。之后，柱很快失去平衡而发生破坏。

从图 4.2.92 可见，试件 3、4、6 柱顶竖向位移-时间关系曲线较为接近。这 3 个试件柱截面相同，试件柱顶荷载接近，柱轴压力基本相同。因此，受火过程中的变形较为接近。试件 5 的柱顶竖向位移-时间关系曲线很快经历热膨胀及压缩变形，进而达到破坏状态。试件 5 的柱截面尺寸为 240mm×240mm，尺寸较其他试件小。受火过程中，试件 5 经历的热膨胀变形最小，主要是因为其截面较小，柱轴压比较大，压应力引起的压缩变形较大。试件 10 的热膨胀变形较大，试件 10 柱顶竖向位移在受火 180min 之前一直受热膨胀；受火 180min 之后，柱开始出现压缩变形。试件 10 柱顶荷载较小，框架柱轴压比较小，耐火极限较大。在所有试件中，试件 10 柱热膨胀变形最大，主要原因是试件 10 的耐火极限最大，在到达耐火极限之前，试件 10 经历的受火时间最长，经历的温度最高，导致其热膨胀变形最大。可见，受火前期，柱发生热膨胀变形，受火后期，柱开始出现压缩变形增量，但柱破坏时总的变形仍为热膨胀变形。柱轴压比越小，柱的热膨胀变形越大。

（2）耐火极限

如前所述，在发生框架柱破坏的条件下，试件3、4、5、6、10的耐火极限分别为175min、165min、75min、185min和202min。

① 柱轴压比的影响

试件3和试件10的梁荷载均为63kN，柱荷载分别为1963kN和1556kN，试件10的轴压比较小。两试件均出现柱破坏，即框架的平面外破坏。试件3和试件10的耐火极限分别为175min和202min。可见，柱破坏条件下，柱轴压比越小，耐火极限越大。

② 柱截面含钢率的影响

试件3和试件6的梁荷载均为63kN，柱荷载均为1963kN。试件3的柱截面含钢率 $\alpha$ 为5.25%，试件6的柱截面含钢率为 $\alpha$ 为7.34%。试件3和试件6的耐火极限分别为175min和185min，试件6的耐火极限略大。可见，含钢率大的试件耐火极限较大。由于框架出现了平面外的柱受压破坏，柱截面平面外方向为弱轴方向。尽管两试件含钢率有明显的差别，但在平面外方向柱截面的惯性矩相差不大，使得两试件的耐火极限较为接近。

③ 柱截面尺寸的影响

试件3柱截面尺寸为260mm×260mm，试件5的柱截面尺寸为240mm×240mm，两试件均出现了框架平面外的柱受压破坏。两试件的梁柱荷载相同，柱荷载为1963kN，梁荷载为63kN。试件3和试件5的耐火极限分别为175min和75min，试件5的耐火极限明显小于试件3。可见，柱截面尺寸越小，耐火极限越小，柱截面尺寸对柱破坏情况下的耐火极限有较大影响。柱截面越小，ISO834[3]标准升温作用下截面的温度越高，截面材料强度劣化越严重。另外，柱截面越小，相同柱荷载作用下柱的轴压比越大。上述两个因素共同导致了柱截面较小的试件5的耐火极限明显小于柱截面较大的试件3。

### 4.2.3　型钢混凝土框架结构耐火性能有限元计算模型

耐火试验是研究型钢混凝土框架耐火性能最直接有效的方法，但是由于耐火试验造价比较昂贵，而且受试验设备规模的限制，无法进行大比例及实际尺寸的型钢混凝土框架结构耐火试验。因此可以通过建立型钢混凝土框架有限元计算模型来模拟火灾下框架结构的力学性能，进而通过有限元模拟数据进一步分析火灾下型钢混凝土框架的各参数对于其耐火极限的影响。本章采用有限元分析软件ABAQUS，首先建立火灾下型钢混凝土框架的温度场计算模型，然后在温度场计算模型的基础上，进一步建立型钢混凝土框架结构热力耦合计算模型，上述温度场和热力耦合计算模型统称为框架结构耐火性能计算模型。最后通过试验验证框架结构耐火性能计算模型的正确性。

#### 4.2.3.1　温度场计算模型

（1）材料热工参数

材料的热工参数是进行温度场计算的基础数据，只有确定合理的材料热工参数，才能得到准确的温度场计算结果。本节的热工参数拟采用Lie等[14]提出的计算模型，材料的相关热工参数计算公式如下：

① 热传导系数 $\lambda$

热传导系数又称为导热系数，表征材料在高温下随着温度的升高且在单位时间内单位面积上所传递热量的能力。钢材热传导系数较大，混凝土热传导系数相对较小。

钢材热传导系数 $\lambda_s$：

$$\lambda_s = \begin{cases} -0.022T + 48 & 0℃ \leqslant T \leqslant 900℃ \\ 28.2 & T > 900℃ \end{cases} \qquad (4.2.1)$$

混凝土热传导系数 $\lambda_c$：
硅质：

$$\lambda_c = \begin{cases} -0.00085T + 1.9 & 0℃ < T \leqslant 800℃ \\ 1.22 & T > 800℃ \end{cases} \qquad (4.2.2)$$

钙质：

$$\lambda_c = \begin{cases} 1.355 & 0℃ < T \leqslant 293℃ \\ -0.001241T + 1.7162 & T > 293℃ \end{cases} \qquad (4.2.3)$$

② 比热容 $c$ 和密度 $\rho$

比热容简称比热，是衡量材料在温度升高或降低的过程中吸热和放热能力的物理量。对于钢材，其比热较小，受到温度的影响较大。结构钢的比热在 725℃ 以前呈现出逐渐上升的趋势，当达到 725℃ 左右，结构钢的比热会短暂地达到一个最高的峰值，这是因为当温度达到 725℃ 左右时，钢材会发生相变，使得结构钢在短时间内比热迅速增大。随着温度的继续升高，其内部结构又逐渐稳定，使得结构钢的比热又回到正常值。对于混凝土，由于其内部材料组成较为复杂，各种材料在吸热和放热方面都不相同，导致混凝土的比热相对较大，受到温度的影响较小。随着温度的上升，混凝土的比热整体表现出上升的趋势，但是其上升速度比较缓慢，因此混凝土在高温下表现出热惰性。

钢材的比热 $c_s$ 和密度 $\rho_s$ 之积：

$$\rho_s c_s = \begin{cases} (0.004T + 3.3) \times 10^6 & 0℃ \leqslant T \leqslant 650℃ \\ (0.068T - 38.3) \times 10^6 & 650℃ < T \leqslant 725℃ \\ (-0.086T + 73.75) \times 10^6 & 725℃ < T \leqslant 800℃ \\ 4.55 \times 10^6 & T > 800℃ \end{cases} \qquad (4.2.4)$$

混凝土的比热 $c_c$ 和密度 $\rho_c$ 之积：
硅质：

$$\rho_c c_c = \begin{cases} (0.005T + 1.7) \times 10^6 & 0℃ \leqslant T \leqslant 200℃ \\ 2.7 \times 10^6 & 200℃ < T \leqslant 400℃ \\ (0.013T - 2.5) \times 10^6 & 400℃ < T \leqslant 500℃ \\ (-0.013T + 10.5) \times 10^6 & 500℃ < T \leqslant 600℃ \\ 2.7 \times 10^6 & T > 600℃ \end{cases} \qquad (4.2.5)$$

钙质：

$$\rho_c c_c = \begin{cases} 2.566 \times 10^6 & 0\text{℃} \leqslant T \leqslant 400\text{℃} \\ (0.1765T - 68.034) \times 10^6 & 400\text{℃} < T \leqslant 410\text{℃} \\ (-0.05043T + 25.00671) \times 10^6 & 410\text{℃} < T \leqslant 445\text{℃} \\ 2.566 \times 10^6 & 445\text{℃} < T \leqslant 500\text{℃} \\ (0.01603T - 5.44881) \times 10^6 & 500\text{℃} < T \leqslant 635\text{℃} \\ (0.16635T - 100.90225) \times 10^6 & 635\text{℃} < T \leqslant 715\text{℃} \\ (-0.22103T + 176.07343) \times 10^6 & 715\text{℃} < T \leqslant 785\text{℃} \\ 2.566 \times 10^6 & T > 785\text{℃} \end{cases} \tag{4.2.6}$$

式（4.2.1）～式（4.2.6）中，$T$ 为温度，℃；$\lambda_s$、$\lambda_c$ 为钢材和混凝土热传导系数，W/（m·℃）；$c_s$、$c_c$ 为钢材和混凝土的比热，J/（kg·℃）；结构钢的密度 $\rho_s$ 和混凝土的密度 $\rho_c$ 分别取 $\rho_s = 7850\text{kg}/\text{m}^3$，$\rho_c = 2400\text{kg}/\text{m}^3$。

（2）单元类型和网格划分

钢筋单元采用线性热传导杆单元 DT3D2，型钢和混凝土单元类型均采用线性热传导单元 DC3D8。图 4.2.93 给出了型钢混凝土框架温度场计算模型的网格划分情况。

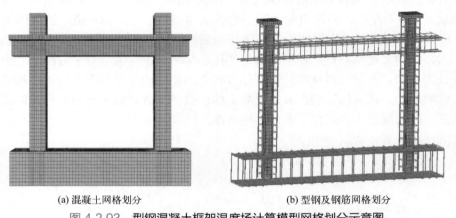

(a) 混凝土网格划分　　　　　　　　　　(b) 型钢及钢筋网格划分

图 4.2.93　型钢混凝土框架温度场计算模型网格划分示意图

（3）边界条件及界面处理

当结构发生火灾时，在结构中会产生三种传热方式：①热传导，主要发生在结构内部，是结构内部进行的热量传递和转移；②热对流，在结构外部通过介质在结构表面进行的热量交换；③热辐射，发生在结构的外部，是发生的火灾将热量通过辐射传递给结构表面的传热方式。在进行温度场分析时，将框架柱四面、板底以及梁底面和侧面选为受火面，对流换热系数取 25W/（m²·℃）。将板的顶面选为散热面，对流换热系数取 9W/（m²·℃），综合热辐射系数取 0.7。将框架的地梁以及框架梁侧面选为非受火面，如图 4.2.94。在温度场计算模型中，钢材与混凝土之间存在一定的接触热阻，但是接触热阻对于整体温度计算的影响不大，可忽略二者之间的接触热阻，假设完全传热，模型中钢材与混凝土界面之间采用"Tie"的连接方式。

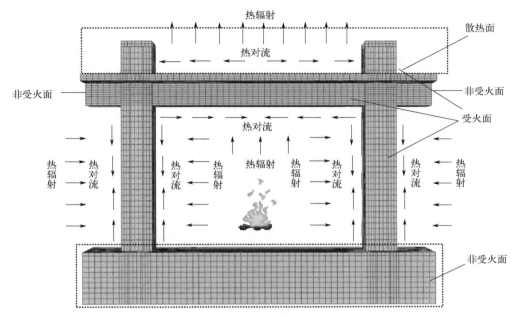

图 4.2.94　型钢混凝土框架界面处理

#### 4.2.3.2　高温下力学性能计算模型

（1）高温下材料的力学性能

当温度逐渐升高后，材料的力学性能会逐渐劣化，且温度越高材料的性能劣化也会越严重，因此选择合理的高温下材料力学性能计算模型对于计算结果有较大影响。

① 混凝土

a. 高温下的抗压强度（$f_{c,T}$）

高温下混凝土的抗压强度采用 Lie 等[5] 提出的计算方法，如式（4.2.7）所示。

$$\frac{f'_{c,T}}{f'_c} = \begin{cases} 1.0 & 20℃ < T < 450℃ \\ 2.011 - 2.353\left(\dfrac{T-20}{1000}\right) & 450℃ \leqslant T \leqslant 874℃ \\ 0 & T > 874℃ \end{cases} \tag{4.2.7}$$

式中，$T$ 为温度，℃；$f'_{c,T}$ 和 $f'_c$ 分别为混凝土在高温下和常温下的圆柱体抗压强度，$f'_c \approx 0.84 f_{cu}$。

b. 热膨胀系数（$\alpha_c$）

混凝土的割线热膨胀系数采用 Lie 等[14] 提出的计算模型，如式（4.2.8）所示。

$$\alpha_c = (0.008T + 6) \times 10^{-6} \tag{4.2.8}$$

式中，$T$ 为温度，℃；$\alpha_c$ 为混凝土的热膨胀系数，m/（m·℃）。

c. 应力-应变关系

高温下混凝土受压应力-应变关系曲线采用 Lie 等[14] 提出的计算模型，如式（4.2.9）所示。

$$\frac{\sigma_c}{f_{c,T}'} = \begin{cases} 1 - \left(\dfrac{\varepsilon_{pT} - \varepsilon_c}{\varepsilon_{pT}}\right)^2 & \varepsilon_c \leqslant \varepsilon_{pT} \\ 1 - \left(\dfrac{\varepsilon_{pT} - \varepsilon_c}{3\varepsilon_{pT}}\right)^2 & \varepsilon_c > \varepsilon_{pT} \end{cases} \tag{4.2.9}$$

式中，$\sigma_c$ 为应力；$\varepsilon_c$ 为应变；高温下混凝土受压峰值应变 $\varepsilon_{pT} = 0.0025 + (6T + 0.04T^2) \times 10^{-6}$，$T$ 为温度，℃；$f_{c,T}'$ 按式（4.2.7）取值。

② 钢材

a. 弹性模量（$E_{s,T}$）

对于高温下钢材的弹性模量，国内外大量学者进行了研究，通过大量的试验，发现使用 Lie[14] 提出的计算方法计算型钢混凝土结构取得了较好的计算结果。高温下结构钢和钢筋的弹性模量采用 Lie[14] 提出的计算方法，计算公式如下：

$$f_{yh}(T) = \frac{f(T, 0.001)}{0.001} \varepsilon_{yh} = 4 \times 10^{-3} f(T, 0.001) f_y \tag{4.2.10}$$

$$E_{s,T} = \frac{f(T, 0.001)}{0.001} = (50000 - 40T)\{1 - \exp[(-30 + 0.03T)\sqrt{0.001}]\} \times 6.9 \tag{4.2.11}$$

$$\varepsilon_{yh}(T) = \varepsilon_p = 4 \times 10^{-6} f_y \tag{4.2.12}$$

式中，$T$ 为温度，℃；$E_{s,T}$ 为钢材弹性模量，N/mm²；$f_{yh}$ 为屈服应力，N/mm²；$\varepsilon_{yh}$ 为屈服应变；$f_y$ 为钢材常温下的屈服强度。

b. 热膨胀系数（$\alpha_s$）

高温下钢材的热膨胀系数采用 Lie[14] 提出的计算方法，如式（4.2.13）所示。

$$\alpha_s = \begin{cases} (0.004T + 12) \times 10^{-6} & T < 1000℃ \\ 16 \times 10^{-6} & T \geqslant 1000℃ \end{cases} \tag{4.2.13}$$

式中，$T$ 为温度，℃；$\alpha_s$ 为钢材的热膨胀系数，m/（m·℃）。

c. 应力-应变关系

型钢混凝土框架的耐火计算中钢材的应力-应变关系计算模型采用 Lie[14] 提出的计算模型，如公式（4.2.14）所示。

$$\sigma_s = \begin{cases} \dfrac{f(T, 0.001)}{0.001} \varepsilon_s & \varepsilon_s \leqslant \varepsilon_p \\ \dfrac{f(T, 0.001)}{0.001} \varepsilon_p + f[T, (\varepsilon_s - \varepsilon_p + 0.001)] - f(T, 0.001) & \varepsilon_s > \varepsilon_p \end{cases} \tag{4.2.14}$$

$$\varepsilon_{\mathrm{p}} = 4 \times 10^{-6} f_{\mathrm{y}}$$

$$f(T, 0.001) = (345 - 0.276T) \times \{1 - \exp[(-30 + 0.03T)\sqrt{0.001}]\}$$

$$f[T, (\varepsilon_{\mathrm{s}} - \varepsilon_{\mathrm{p}} + 0.001)] = \left\{1 - \exp\left[(-30 + 0.03T)\sqrt{\varepsilon_{\mathrm{s}} - \varepsilon_{\mathrm{p}} + 0.001}\right]\right\}(345 - 0.276T)$$

式中，$T$ 为温度，℃；$\sigma_{\mathrm{s}}$ 和 $\varepsilon_{\mathrm{s}}$ 为钢材的应力和应变。

（2）单元类型和网格划分

在型钢混凝土框架高温下力学性能分析中，钢筋采用线性桁架单元 T3D2，型钢及混凝土采用线性缩减积分单元 C3D8R，网格划分情况具体如图 4.2.93 所示，只需将图中热传导单元类型替换为力学分析的单元类型即可。

（3）边界条件和界面处理

根据试验情况确定模型的边界条件，型钢混凝土框架地梁的下表面设置为固接边界条件，约束框架柱柱顶钢板侧边缘平面外的水平位移，边界条件如图 4.2.95 所示。由于受静力荷载时混凝土与钢筋之间的黏结滑移对于型钢混凝土框架结构的耐火性能影响较小，故忽略二者之间的相互作用。钢筋与混凝土界面的接触关系采用内置的接触关系。型钢与混凝土界面的连接在热力耦合计算中采用面对面接触的接触方式。

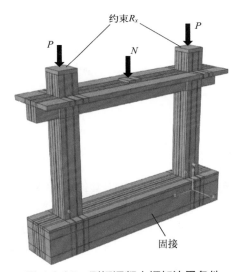

图 4.2.95　型钢混凝土框架边界条件

### 4.2.3.3　型钢混凝土框架结构耐火性能有限元计算模型的验证

（1）模型验证方式及框架选取

为了验证模型的正确性及准确性，本章采用前述型钢混凝土框架结构的耐火性能试验，对建立的型钢混凝土框架结构耐火有限元计算模型进行验证，分别对型钢混凝土框架结构耐火试验中的温度、位移及试件的破坏形态进行了计算。这里仅给出典型试件（试件 3、试件 4、试件 5、试件 6 和试件 10）的计算结果，其余试件计算结果与试验结果也基本吻合，为简化不再赘述。

（2）温度场计算结果与试验结果的比较

采用上述计算模型计算了各试件测温截面各测点的温度，各测点温度-时间关系曲线计算结果与试验结果的比较如图 4.2.96 ～图 4.2.100 所示。

① 试件 3

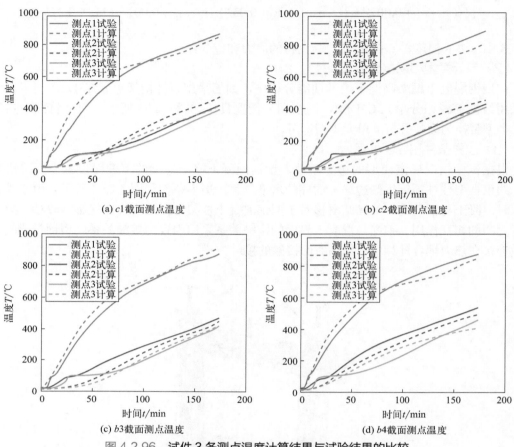

(a) c1截面测点温度        (b) c2截面测点温度

(c) b3截面测点温度        (d) b4截面测点温度

图 4.2.96 　试件 3 各测点温度计算结果与试验结果的比较

② 试件 4

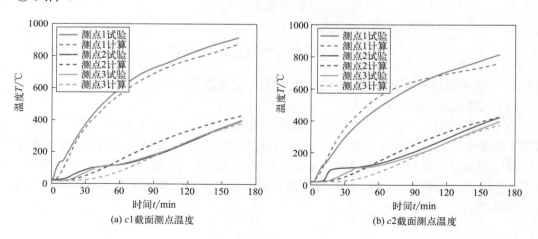

(a) c1截面测点温度        (b) c2截面测点温度

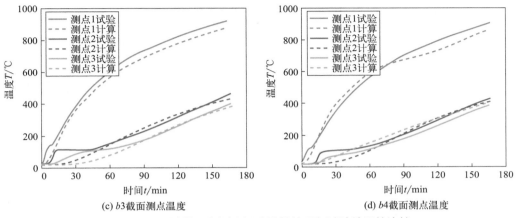

(c) $b3$ 截面测点温度         (d) $b4$ 截面测点温度

图 4.2.97 试件 4 各测点温度计算结果与试验结果的比较

③ 试件 5

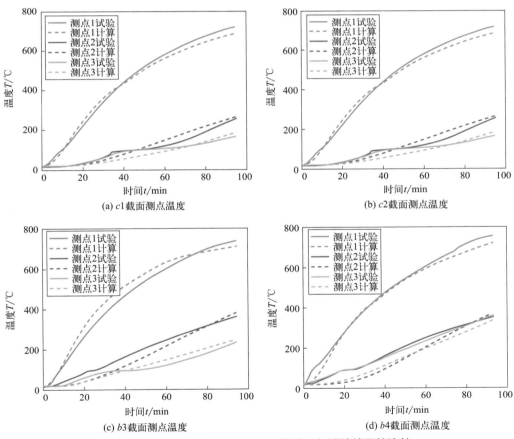

(a) $c1$ 截面测点温度         (b) $c2$ 截面测点温度

(c) $b3$ 截面测点温度         (d) $b4$ 截面测点温度

图 4.2.98 试件 5 各测点温度计算结果与试验结果的比较

④ 试件 6

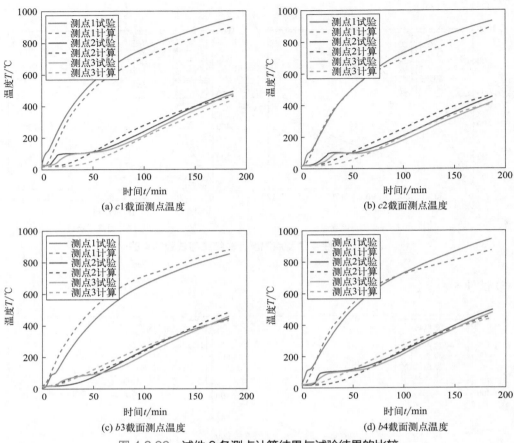

(a) c1截面测点温度

(b) c2截面测点温度

(c) b3截面测点温度

(d) b4截面测点温度

图 4.2.99　试件 6 各测点计算结果与试验结果的比较

⑤ 试件 10

通过对上述型钢混凝土框架温度计算结果与试验结果的比较可以发现，各个试件测温截面温度试验结果与计算结果差值在 70℃ 范围内，差别较小。可见，计算结果与试验结果吻合较好。

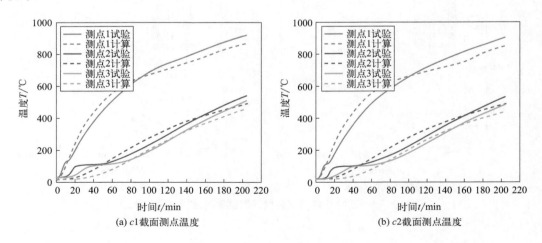

(a) c1截面测点温度

(b) c2截面测点温度

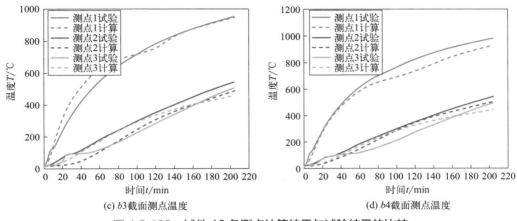

(c) b3截面测点温度

(d) b4截面测点温度

图 4.2.100　试件 10 各测点计算结果与试验结果的比较

（3）变形计算结果与试验结果的比较

框架变形计算结果比较主要对型钢混凝土框架梁跨中挠度以及型钢混凝土框架左右柱的竖向位移进行比较。

① 框架梁跨中挠度

各试件框架梁跨中挠度 - 时间关系曲线计算结果与试验结果的比较如图 4.2.101 ～图 4.2.105 所示。

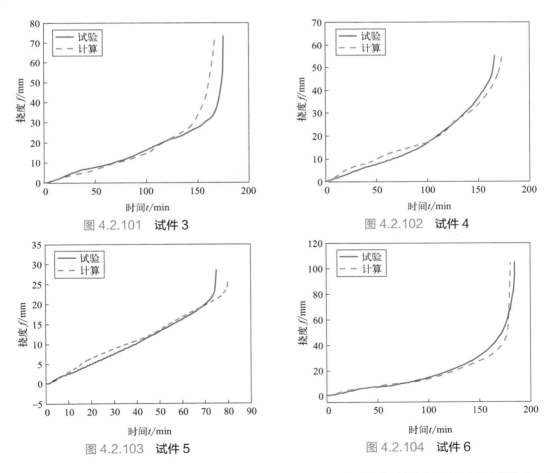

图 4.2.101　试件 3

图 4.2.102　试件 4

图 4.2.103　试件 5

图 4.2.104　试件 6

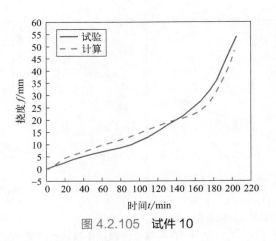

图 4.2.105　试件 10

② 柱顶位移

各试件框架柱顶竖向位移-时间关系曲线计算结果与试验结果的比较如图 4.2.106 ～图 4.2.110 所示。

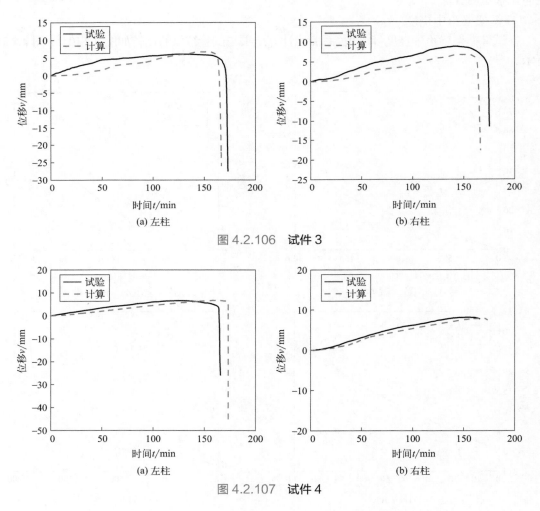

图 4.2.106　试件 3

图 4.2.107　试件 4

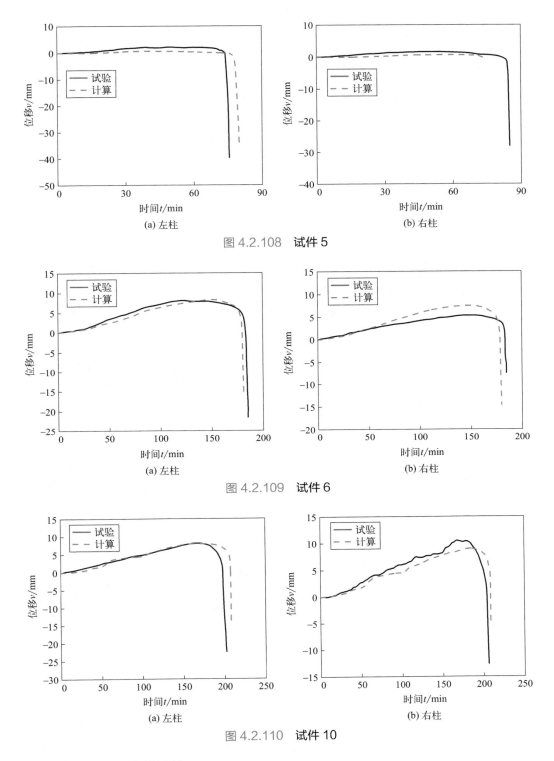

(a) 左柱　　　　　　　　　　(b) 右柱

图 4.2.108　试件 5

(a) 左柱　　　　　　　　　　(b) 右柱

图 4.2.109　试件 6

(a) 左柱　　　　　　　　　　(b) 右柱

图 4.2.110　试件 10

（4）框架破坏形态的比较

型钢混凝土柱-钢筋混凝土平面框架火灾下的破坏形态计算结果与试验结果的比较如图 4.2.111 ～图 4.2.115 所示。

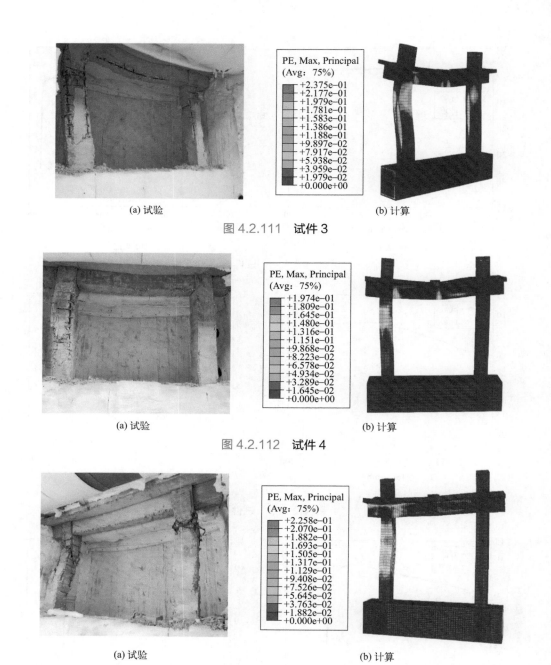

(a) 试验　　　　　　　　　　　　　(b) 计算

图 4.2.111　**试件 3**

(a) 试验　　　　　　　　　　　　　(b) 计算

图 4.2.112　**试件 4**

(a) 试验　　　　　　　　　　　　　(b) 计算

图 4.2.113　**试件 5**

　　从图中可见，柱顶位移、梁跨中挠度的计算结果与试验结果吻合较好。此外，火灾下型钢混凝土框架的破坏形态和耐火极限计算结果与试验结果较为接近。对于试件 3，其右柱模拟结果与实测结果存在较大的差异，这是因为在实际的耐火试验过程中，左柱先发生破坏，随即停止了对于左柱的加载，但是此时右柱还没有破坏，继续加载右柱，直至右柱也发生了破坏才最终停止了试验。而在有限元模拟过程中，当左柱先发生破坏后，框架发生了整体破坏，无法再进行计算，因此计算结果与试验中左柱发生破坏时的结果相对应。

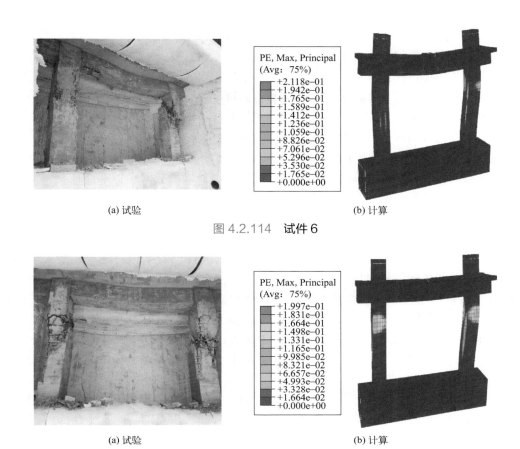

(a) 试验 　　　　　　　　　　　　　　　　　　(b) 计算

图 4.2.114　**试件 6**

(a) 试验 　　　　　　　　　　　　　　　　　　(b) 计算

图 4.2.115　**试件 10**

#### 4.2.3.4　小结

　　基于型钢混凝土框架结构的耐火试验，通过选择合理的混凝土和钢材的本构关系模型，采用合适的混凝土、钢筋以及型钢三者之间的接触关系，建立了型钢混凝土框架结构耐火性能有限元计算模型。为了进一步验证模型的正确性，将框架耐火试验中各试件各测点温度、跨中挠度以及柱顶位移的试验结果与计算结果进行了对比分析，分析结果显示计算结果与试验结果吻合较好，表明提出的型钢混凝土框架结构的耐火性能计算模型可靠、准确，可用于型钢混凝土框架结构的耐火性能计算分析及抗火设计。

### 4.2.4　结论

　　本章进行了型钢混凝土框架结构耐火性能试验及升降温作用下型钢混凝土框架的受力性能试验，考虑梁柱荷载、柱含钢率、柱截面尺寸等参数的影响，对型钢混凝土框架结构的耐火性能和火灾升降温下的受力性能进行了试验研究。在本文试件的参数条件下，可得到如下结论：

　　① 试验表明，相对于炉温，试件各测点温度升降温均滞后于炉温，测点位置越往里温度发展越滞后，温度-时间关系曲线上的最高温度也越低。

　　② 由于节点核心区域的吸热作用，梁跨中截面温度高于靠近节点的端部截面的温度，柱中部截面的温度大于柱端部截面的温度。

③ 框架结构存在三种典型的破坏形态，即梁破坏形态、柱破坏形态和梁柱破坏形态。在梁柱破坏形态中，框架梁和框架柱均出现了破坏。

④ 梁破坏分为两种类型：第一种为框架梁的受剪破坏；第二种为梁跨中截面发生受弯破坏、端部截面发生受剪破坏，称为框架梁的弯剪破坏。在柱破坏形态中，由于框架柱在框架平面外为弱轴，框架柱发生了框架平面外的轴压破坏。通常设计中框架平面内为强轴，框架柱容易出现平面外的轴心受压破坏。

⑤ 框架梁受剪破坏时，由于梁端由负弯矩向正弯矩转变，梁端通常会出现两条临界斜裂缝，两条斜裂缝之间的纵筋发生黏结破坏。梁发生斜截面破坏时，箍筋往往发生锚固破坏或受拉屈服。由于梁底部温度高，箍筋受拉屈服的部位往往位于梁底的箍筋角部。

⑥ 由于箍筋温度较高，致使火灾下框架梁的抗剪承载力下降程度较大，按强剪弱弯设计的框架梁更容易出现受剪破坏。因此，抗火设计时应加强框架梁的抗剪设计。

⑦ 当发生梁破坏时，受火前期，梁受热膨胀导致两柱顶发生相对偏离，受火后期，两柱顶相对靠近，两柱顶的相对位移较大。当发生柱破坏时，框架梁柱顶相对位移较小。

⑧ 升温后，框架柱首先发生热膨胀变形。受火后期，框架柱发生压缩变形。柱荷载比越小，框架柱的热膨胀变形越大。

⑨ 在梁受剪破坏形态下，框架梁的荷载比越大，耐火极限越小。柱破坏条件下，柱截面对框架柱的耐火极限有较大影响，柱截面越小，柱温度越高，耐火极限越小。柱荷载比越小，柱的耐火极限越大。

⑩ 升降温试验表明，在炉温经历升降温过程时，截面内测点也经历升降温过程。截面测点的升降温转折点时间晚于炉温，截面内部测点升降温转折点的时间晚于外部测点。

⑪ 经历火灾升降温作用后，与受火前相比，框架柱顶竖向位移及跨中挠度均增加。表明，经历火灾作用后，框架梁柱试件的刚度降低。

⑫ 试验表明，受火时间越长，升降温过程中框架梁跨中挠度越大，升降温作用后框架柱顶向下的竖向位移越大。这表明，受火时间越长，试件的刚度降低幅度越大。

⑬ 本章提出了型钢混凝土框架结构耐火性能计算模型，计算结果与试验结果吻合较好。

# 第5章 型钢混凝土框架结构耐火性能分析

## 5.1 竖向荷载作用下型钢混凝土框架结构的耐火性能

### 5.1.1 引言

型钢混凝土柱-钢筋混凝土梁框架是一种典型的框架结构。火灾工况下，重力荷载是一种必然存在的工况，是火灾工况下的一种必然荷载工况，研究重力荷载作用下整体框架结构的耐火性能是非常必要的。采用精细化方法进行型钢混凝土框架结构的耐火性能分析需要较大的工作量，不易实现。本节采用混合建模的方式，在受火楼层采用精细化建模方法，在非受火楼层采用梁柱单元建立了型钢混凝土柱-钢筋混凝土梁框架结构耐火性能精细化计算模型，对火灾下多层多跨型钢混凝土框架结构的变形、破坏形态及耐火极限进行了详细的参数分析，研究成果可为型钢混凝土框架结构的抗火设计提供参考。

### 5.1.2 有限元计算模型

#### 5.1.2.1 典型框架的确定

根据典型办公建筑的结构布置，设计了一幢横向 3 跨、纵向 6 跨、高度 7 层的型钢混凝土框架结构，柱采用型钢混凝土柱，梁采用钢筋混凝土梁，按 6 度抗震设防设计，建筑平面框架布置及梁柱截面配筋如图 5.1.1 所示，柱截面配筋形式根据图集 04SG523 确定。该框架结构纵横向跨度均为 8.4m，层高 4m，结构总高度为 28m。梁混凝土采用 C30 混凝土，柱混凝土采用 C40 混凝土，纵筋及箍筋均采用 HRB400 级钢筋，型钢采用 Q345C 级钢材焊接 H 型钢。考虑楼板自重后恒荷载采用 $5.12kN/m^2$，活荷载采用 $4.0kN/m^2$，以及加气混凝土砌块墙荷载 $8.25kN/m$。火灾工况下荷载组合按照恒荷载和活荷载的标准组合取值。框架梁截面为 400mm×700mm，框架柱截面为 600mm×600mm，柱截面型钢为 H350mm×350mm×14mm×20mm。柱截面主筋为 12 根直径为 20mm 的 HRB400 钢筋，梁截面采用直径为 25mm 的 HRB400 钢筋。梁柱截面箍筋均采用直径为 10mm HRB400 的 4 肢箍筋，梁柱加密区箍筋间距均为 100mm，非加密区箍筋间距 200mm。梁柱截面钢筋混凝土保护层厚度取 20mm。此时梁加密区配箍率为 0.008。

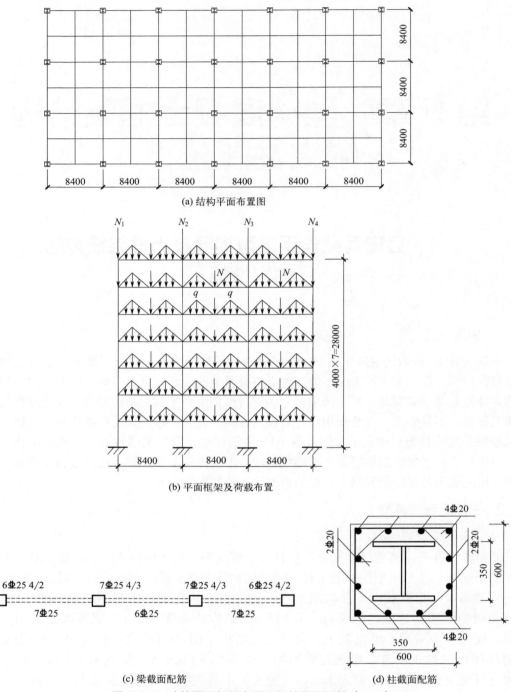

(a) 结构平面布置图

(b) 平面框架及荷载布置

6⚌25 4/2          7⚌25 4/3          7⚌25 4/3          6⚌25 4/2
         7⚌25              6⚌25              7⚌25

(c) 梁截面配筋

(d) 柱截面配筋

图 5.1.1    建筑平面框架布置及梁柱截面配筋（mm）

取其一榀横向平面框架进行分析。考虑火灾时周围框架对所分析框架的横向支撑作用，框架采用无侧移框架假定。该框架底层中柱轴压比 $n_1$=0.50，底层边柱轴压比 $n_2$=0.28，简称为轴压比 1。为了考察柱轴压比大小对框架结构耐火性能的影响，在框架模型顶层柱顶分别施加 $N_1$=2576kN、$N_2$=4584kN、$N_3$=4584kN、$N_4$=2576kN 的集中荷载，该荷载之间比例与柱轴力成比例，该种情况相应于框架层数增加的情况。此时，底层中柱轴压比 $n_1$=0.79，底层边柱轴压比 $n_2$=0.44，简称为轴压比 2。另外，考虑到有些框架结构中布置一些悬挑结构，这时边柱的轴压比会增加，将顶部边柱集中荷载进一步增加，即 $N_1$=10000kN、$N_2$=0、$N_3$=0、$N_4$=10000kN，此时底层中柱轴压比 $n_1$=0.51，底层边柱轴压比 $n_2$=0.89，简称为轴压比 3。轴压比 3 情况不多见，但作为一种附加的荷载情况，轴压比 3 情况下仅考虑了 1 层着火和 2 层着火两种火灾场景。

这里分析的建筑空间大小为一般建筑空间，不是大空间建筑，根据《建筑设计防火规范（2018 年版）》（GB 50016—2014）[4]，室内火灾温度与时间的关系可采用 ISO834[3] 标准升温曲线。该建筑每层建筑面积为 1270m²，根据《建筑设计防火规范（2018 年版）》（GB 50016—2014）[4] 每层划分一个防火分区。在竖向，按照防火分区位置进行参数分析，分析不同楼层着火时框架结构的耐火性能。当火灾发生在某一层的一个防火分区，对平面框架来说即为三跨同时受火。在火灾的轰燃阶段，建筑空间内的温度基本均匀，考虑框架三跨同时遭受火灾符合实际。当某层受火时，框架中柱为四面受火，框架边柱为三面受火，着火楼层上部框架梁为三面受火，底部框架梁为顶面受火。

### 5.1.2.2 有限元模型概述

采用顺序耦合方式建立型钢混凝土框架耐火性能计算模型，即首先建立温度场计算模型，之后建立高温下框架结构力学性能计算模型。计算时首先进行温度场计算，之后进行高温下框架结构的耐火性能分析。

火灾下，建立框架结构温度场计算模型时，只建立受火结构部分的有限元计算模型，受火部分考虑了楼板对框架温度场的影响，不受火保持常温的结构不需要建立传热计算模型。框架结构温度场计算模型包括着火楼层的框架柱、着火楼层顶部和底部的楼板及框架梁，采用三维热传导单元 DC3D8 划分网格，框架温度场计算模型如图 5.1.2（a）所示。

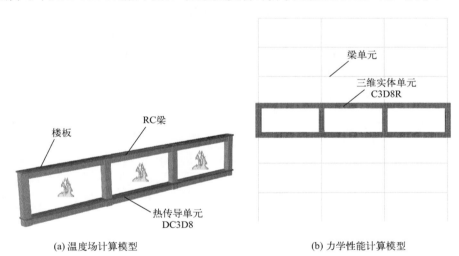

(a) 温度场计算模型　　　　　　　　　　　(b) 力学性能计算模型

图 5.1.2　框架耐火性能计算模型

火灾下，结构受火部分行为复杂，既存在型钢与混凝土之间的界面滑移，也存在温度内力与材料强度的劣化，需要对结构受火部分的应力、应变及破坏状态进行详细的考察。因此，结构受火部分需要建立精细有限元计算模型。同时，火灾下框架结构的受火部分与常温部分存在着较大的相互约束关系，框架常温部分的约束作用将会对受火部分结构的行为产生较大的影响，框架结构的耐火性能计算模型也需要考虑周围常温结构的作用。因此，需要建立结构整体的计算模型。在建立高温下型钢混凝土框架力学性能计算模型时，为了充分考虑结构受火部分力学行为的复杂性，同时考虑周围常温部分结构对受火部分结构的约束作用，在受火楼层采用精细化建模方法，受火楼层以外处于常温的结构构件采用梁柱单元建模，如图 5.1.2（b）所示。这样既考虑了模型的精细化要求，也照顾了减少计算量的要求。

着火楼层上部和下部钢筋混凝土梁以及型钢混凝土柱均采用精细有限元计算模型，着火楼层梁柱构件的混凝土采用三维实体单元 C3D8R 划分网格，型钢采用实体壳单元 SC8R 划分网格，钢筋采用桁架单元 T3D1 建模，常温区梁柱构件采用梁单元 B31 划分网格。钢筋通过"EMBEDDED"约束方式与混凝土建立约束。型钢与混凝土之间通过接触约束建立约束关系，在接触面法向采用硬接触，在接触面切向采用库伦摩擦模拟，摩擦系数采用 0.6。

高温下混凝土和钢材的热工参数包括热传导系数和比热容，采用 Lie 等[14] 提出的模型。高温下混凝土本构关系模型采用 ABAQUS 的塑性损伤模型，高温下混凝土单轴的应力-应变关系采用 Lie[14] 提出的模型。高温下钢材（包括型钢及钢筋）的本构关系模型采用 ABAQUS 的弹塑性本构关系模型，高温下钢材的应力-应变关系仍采用 Lie[14] 提出的模型。上述高温下钢材和混凝土的材料模型可见本书第 4 章。

### 5.1.2.3　有限元模型的验证

上述材料高温下的本构关系及建模方法通过第 4 章型钢混凝土框架结构的耐火性能试验进行了验证，证明了上述方法的可靠性。

本节还进行了型钢混凝土柱-型钢混凝土梁框架结构耐火性能试验，以进一步验证模型的正确性。框架采用单层单跨框架形式，框架试件跨度 2.25m，柱高度 1.84m，柱截面尺寸 230mm×230mm，梁截面尺寸 150mm×230mm。为了考虑楼板对框架温度场及力学性能的影响，框架设计时考虑了楼板的影响。框架试件设计如图 5.1.3 所示。混凝土采用 C40 混凝土，试验时混凝土立方体强度平均值为 46MPa。型钢采用 Q345C 钢，梁柱纵筋采用 HRB335 级钢筋，直径为 18mm。楼板内布置有单层单向分布钢筋，直径 6mm，采用 HRB235 级钢筋。除地梁外，梁柱内箍筋为 HPB235 级钢筋，直径 6mm，间距 100mm。试件 1 尺寸如图 5.1.3 所示，实测型钢及钢筋的强度见表 5.1.1。

表 5.1.1　钢材材料特性

| 材料类别 | 钢板厚度或钢筋直径 /mm | 屈服强度 /MPa | 抗拉强度 /MPa |
|---|---|---|---|
| Q345C | 6 | 342 | 465 |
| | 16 | 402 | 547 |
| | 14 | 300 | 437 |
| HRB335 | 18 | 390 | 570 |
| HPB235 | 6 | 402 | 512 |

试验中分别在柱顶及梁跨中施加集中荷载。试件 1 柱顶荷载为 1200kN，梁跨中荷载为 250kN。试件 2 柱顶荷载为 1200kN，梁跨中荷载为 90kN，两个试件的梁荷载不同。试验时试件 1 和试件 2 的炉温-时间曲线如图 5.1.4 所示。试验中，试件 1 出现了框架梁挠曲变形过

大的梁破坏，试件 2 出现了框架柱压碎破坏，试件的破坏形态如图 5.1.5 所示。

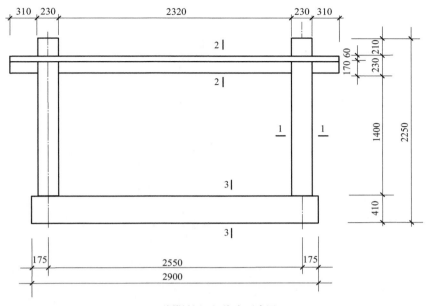

(a) 型钢混凝土平面框架示意图

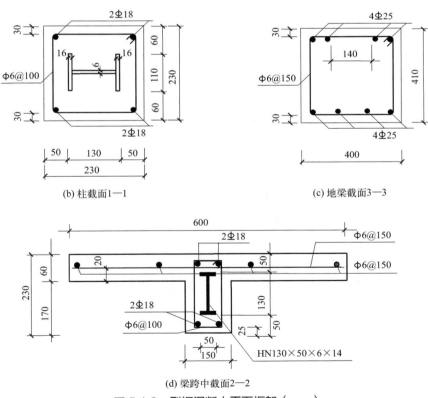

(b) 柱截面1—1

(c) 地梁截面3—3

(d) 梁跨中截面2—2

图 5.1.3　型钢混凝土平面框架（mm）

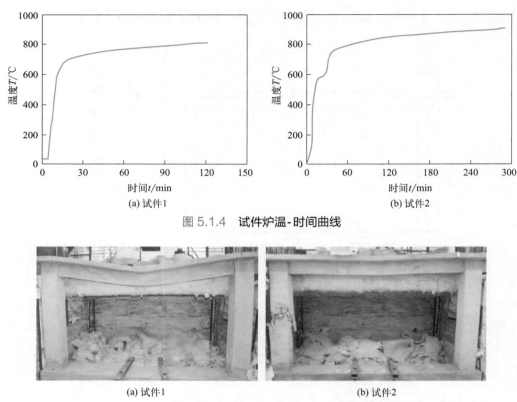

图 5.1.4　试件炉温-时间曲线

(a) 试件1　　　　(b) 试件2

图 5.1.5　试件破坏形态

利用上述计算模型建立了试验试件的耐火性能计算模型，计算了试件框架梁跨中挠度、柱顶竖向位移与时间的关系曲线，计算结果与实测结果的比较如图 5.1.6、图 5.1.7 所示。可见，计算结果与实测结果基本吻合，说明计算模型是正确的。

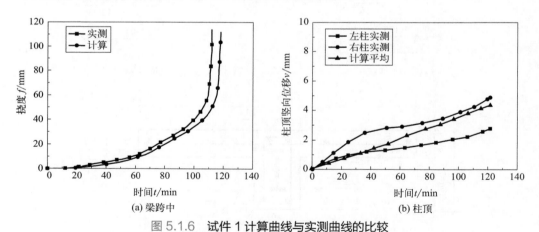

(a) 梁跨中　　　　(b) 柱顶

图 5.1.6　试件 1 计算曲线与实测曲线的比较

### 5.1.3　框架的破坏形态及耐火极限

计算结果表明，在框架各层分别发生火灾的情况下，型钢混凝土框架出现了两种典型的破坏形态，分别为梁破坏导致的框架破坏形态和柱破坏导致的框架破坏形态。在 $n_1$=0.50、

$n_2$=0.28 情况下，当火灾发生在任意一楼层时，框架着火楼层的顶部中跨框架梁发生了跨中挠度过大的框架梁破坏，这种破坏形态称为框架梁破坏导致的框架局部破坏形态。当发生局部破坏时，框架没有发生整体倒塌破坏，框架结构破坏范围较小。在 $n_1$=0.79、$n_2$=0.44 情况下，当火灾分别发生在第 3、4、5、6、7 层时也同样发生了框架梁破坏导致的框架局部破坏。当框架发生局部破坏时，随受火时间增加，框架梁温度升高，框架梁的挠曲变形不断增加。这种情况下，框架梁受两端结构的约束作用，框架梁内部产生较大的温度内力（压力），框架梁最终由于高温下材料强度的降低和温度内力共同作用而发生破坏。

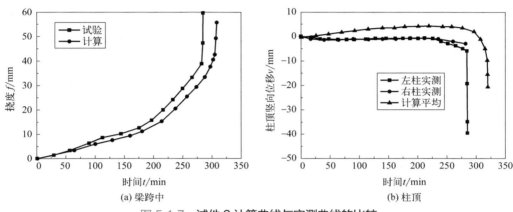

图 5.1.7　试件 2 计算曲线与实测曲线的比较

在 $n_1$=0.79、$n_2$=0.44 情况下，当火灾发生在框架 1 层和 2 层时，框架发生了着火楼层两根轴压比较大的框架中柱破坏导致的框架破坏，这种破坏形态称为框架柱破坏导致的框架破坏形态。在这种破坏形态中，由于框架柱发生破坏，框架破坏的范围较大。框架柱破坏后，如果框架没有能力抵抗连续性倒塌作用，框架结构往往发生整体倒塌，这种破坏形态称为框架的整体破坏形态。在 $n_1$=0.51、$n_2$=0.89 情况下，当火灾发生在 1 层和 2 层时，框架发生了着火楼层边柱破坏导致的框架整体破坏形态。可见，当柱轴压比较大时，框架容易发生框架柱破坏导致的框架整体破坏形态，框架的破坏范围大，比较容易发生整体坍塌，火灾造成的损失大。

目前关于框架结构的耐火极限状态还没有确切的定义。火灾下，一个结构或构件发生破坏时，说明了这个结构或构件到达了火灾下的承载能力极限状态，即到达了耐火极限状态。因此，可用常温下判断承载能力极限状态的方法判断框架结构的耐火极限状态。这里规定，当框架梁或者框架柱发生破坏时，就认为框架梁或者框架柱到达了耐火极限状态，也可用框架梁或框架柱的耐火极限定义相应的框架整体的耐火极限。

这里计算的所有火灾场景下、各种柱轴压比情况下框架的破坏形态和耐火极限见表 5.1.2。从表 5.1.2 可见，在所有的框架梁导致的框架破坏形态中，框架的耐火极限均较为接近，在 520 ～ 536min 之间。当 $n_1$=0.50、$n_2$=0.28 时，火灾发生在 1 层时框架的耐火极限最小，只有 520min，其余层发生火灾时的耐火极限相差较小。可见，框架梁破坏导致框架局部破坏时，框架的耐火极限总体上相差不大。从表 5.1.2 还可见，在 $n_1$=0.79、$n_2$=0.44 的情况下，当火灾发生在 1 层、2 层和 3 层时，框架的耐火极限分别 190min、306min 和 536min。可见，随发生火灾的楼层的位置升高，框架结构的耐火极限增加。在 $n_1$=0.51、$n_2$=0.89 情况下，当火灾发生在 1 层和 2 层时，框架结构的耐火极限分别 36min 和 60min。可见，在框架发生整体破坏的情况下，当底层轴压比情况相同时，随着着火楼层升高，框架结构的耐火极限增加。

表 5.1.2　框架的耐火极限及破坏形态　　　　　　　单位：min

| 柱轴压比情况 | 火灾发生层数 | | | | | | |
|---|---|---|---|---|---|---|---|
| | 1 | 2 | 3 | 4 | 5 | 6 | 7 |
| $n_1$=0.50<br>$n_2$=0.28 | 520<br>（局部破坏） | 535<br>（局部破坏） | 534<br>（局部破坏） | 530<br>（局部破坏） | 534<br>（局部破坏） | 529<br>（局部破坏） | 534<br>（局部破坏） |
| $n_1$=0.79<br>$n_2$=0.44 | 190<br>（整体破坏） | 306<br>（整体破坏） | 536<br>（局部破坏） | 536<br>（局部破坏） | 533<br>（局部破坏） | 533<br>（局部破坏） | 382<br>（整体破坏） |
| $n_1$=0.51<br>$n_2$=0.89 | 36<br>（整体破坏） | 60<br>（整体破坏） | — | — | — | — | — |

### 5.1.4　框架的局部破坏形态

#### 5.1.4.1　变形及内力重分布

（1）典型的破坏形态

分析表明，当火灾发生于框架某一楼层时，着火楼层上部框架梁变形较大，上部框架梁首先发生破坏，而下部框架梁变形较小。这是因为上部框架梁为三面受火，下部框架梁为顶面受火，上部框架梁温度比下部框架梁高。计算表明，当火灾发生在某一楼层时，当受火的柱轴压比较小时，框架均发生了受火的上部框架梁破坏导致的框架局部破坏。分析得到的当 $n_1$=0.50、$n_2$=0.28 时框架局部破坏方式如图 5.1.8 所示，其余轴压比情况下与图 5.1.8 类似。图 5.1.8 中 U 代表合位移，单位为 m。从图 5.1.8 可见，型钢混凝土框架到达耐火极限状态时，多数火灾场景下，着火楼层上部三跨框架梁均发生了明显的竖向变形，多数火灾场景下上部中跨框架梁的挠度变形较大，边跨框架梁的挠度变形较小。框架着火楼层上部框架梁的挠度由梁的受弯变形以及温度内力（压力）导致的梁的受压变形共同形成，中跨梁受约束作用较大，挠曲变形较大。火灾场景 7 中着火楼层位于顶层，上部各跨受火梁受周围约束差别较小，因此其上部三跨受火框架梁挠度变形较为接近。

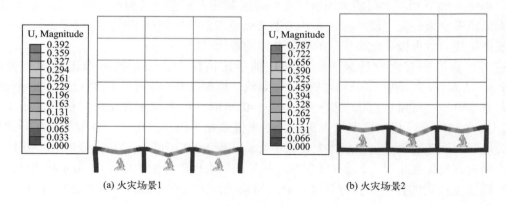

(a) 火灾场景1　　　　　　　　　　　　　　　　(b) 火灾场景2

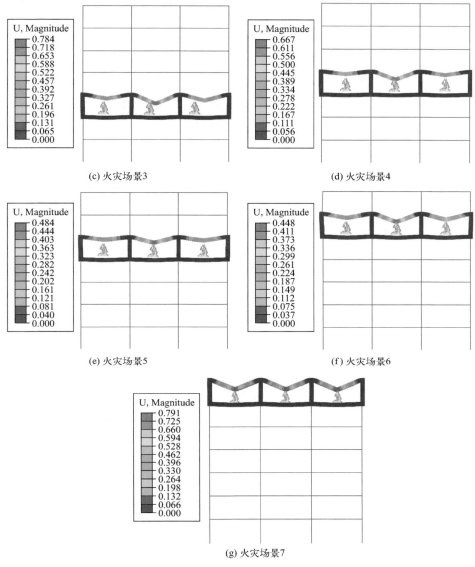

(c) 火灾场景3

(d) 火灾场景4

(e) 火灾场景5

(f) 火灾场景6

(g) 火灾场景7

图 5.1.8　框架局部破坏形态（$n_1$=0.50、$n_2$=0.28）

　　各火灾场景下着火楼层上部中框架梁跨中挠度-受火时间关系曲线分别如图 5.1.9 ～图 5.1.17 所示，图中还给出了部分着火楼层上部框架梁右侧端部节点的水平位移-受火时间关系曲线。从图中可见，受火过程中，随着受火时间增加，着火楼层上部框架梁跨中挠度逐步增加。至某一时刻，框架梁跨中挠度增长速度明显加快，表明框架梁到达了耐火极限状态。到达耐火极限状态时，中跨框架梁的挠度大于边跨框架梁。从图中还可见，受火过程中，受火的上部框架梁右端的位移向右发展，至框架梁到达耐火极限时，该位移数值减少。这表明，受火过程中，随着框架受火部位温度升高，框架受火部位发生热膨胀变形，当框架梁发生破坏时，受火框架梁右端变形恢复。可见，框架结构受火部分的受热膨胀对框架的变形及性能有较大的影响。

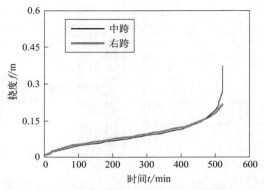

图 5.1.9　火灾场景 1 中跨梁跨中挠度-受火时间关系曲线（$n_1$=0.50、$n_2$=0.28）

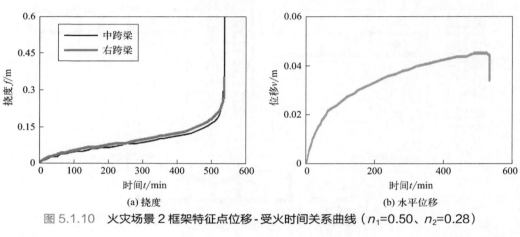

(a) 挠度　　　　　　　　　　　　　(b) 水平位移

图 5.1.10　火灾场景 2 框架特征点位移-受火时间关系曲线（$n_1$=0.50、$n_2$=0.28）

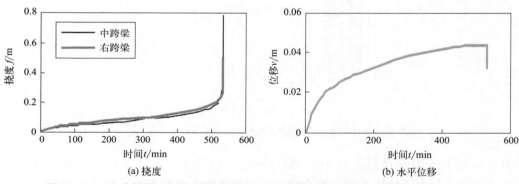

(a) 挠度　　　　　　　　　　　　　(b) 水平位移

图 5.1.11　火灾场景 3 框架特征点位移-受火时间关系曲线（$n_1$=0.50、$n_2$=0.28）

　　这里以火灾场景 6、$n_1$=0.50、$n_2$=0.28 时框架的变形及破坏形态为例进行说明。

　　火灾场景 6 框架破坏形态如图 5.1.18 所示，火灾场景 6、$n_1$=0.50、$n_2$=0.28 时框架着火楼层上部受火中框架梁的挠度-受火时间关系曲线如图 5.1.19（a）所示。从图中可见，受火过程中，着火楼层上部中框架梁首先发生了较大竖向变形，最后，右跨框架梁发生了靠近跨中部位的大变形拉断破坏。从图 5.1.19（a）可见，中跨梁跨中挠度-受火时间关系曲线出现了 2 个典型的转折点，即 $A$ 点和 $B$ 点，右跨梁跨中挠度-受火时间关系曲线出现了 3 个典型的转折点，即 $A$ 点、$B$ 点和 $C$ 点。从 $A$ 点开始，受火上部框架梁的跨中挠度快速增加，中跨梁和边跨梁跨中挠度均到达较大数值，超过了ISO834[3]关于梁的耐火极限标准，可以认为框架梁已经到达耐火极限。自 $B$ 点开始，框架梁跨中挠度从之前的快速增加转变为慢速增加，说明框架梁又达到了另外一个平衡状态，这种平衡状态一直维持到 $C$ 点。$C$ 点之后，右跨梁的挠度又开始快速增加，右跨梁发生拉断破坏。

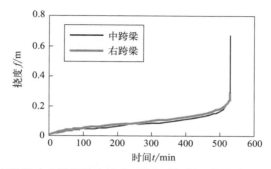

图 5.1.12　火灾场景 4 中跨梁跨中挠度-受火时间关系曲线（$n_1$=0.50、$n_2$=0.28）

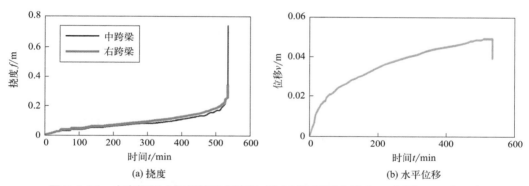

(a) 挠度　　　　　　　　　　　　　　(b) 水平位移

图 5.1.13　火灾场景 4 框架特征点位移-受火时间关系曲线（$n_1$=0.79、$n_2$=0.44）

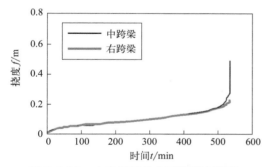 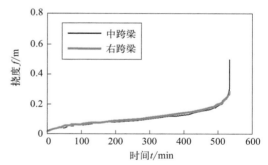

图 5.1.14　火灾场景 5 中跨梁跨中挠度-
受火时间关系曲线（$n_1$=0.50、$n_2$=0.28）

图 5.1.15　火灾场景 5 中跨梁跨中挠度-
受火时间关系曲线（$n_1$=0.79、$n_2$=0.44）

火灾场景 6 着火楼层上部中跨梁跨中截面及支座截面的轴力-受火时间关系曲线、弯矩-受火时间关系曲线分别如图 5.1.20、图 5.1.21 所示。火灾场景 6 着火楼层上部右跨梁跨中截面及支座截面的轴力-受火时间关系曲线、弯矩-受火时间关系曲线分别如图 5.1.22、图 5.1.23 所示。从图中可见，受火过程中，$A$ 点之前受火框架梁内部出现了明显的压力，中跨梁压力最大值达到了 850kN，轴压比达到了 0.15，右跨梁压力最大值达到 580kN，轴压比达到了 0.10。常温下，梁的受力状态主要为受弯，梁轴力很小。高温下，梁受热膨胀，但梁受到周围结构的约束作用不能自由膨胀，导致了梁内产生了可观的轴压力，梁的受力状态为压弯。而且，中跨梁所受的约束作用更大，梁内产生的轴压力也更大。从图中可以看出，受火后楼层上部中跨梁跨中截面正弯矩减少，支座截面负弯矩增加，大约受火 46min 时，跨中截面正弯矩和支座截面负弯矩变化至峰值。之后，中跨梁跨中截面正弯矩又开始增加，一直持续到 A 点。在 AB 段，中跨梁跨中截面正弯矩快速减小，表明跨中截面受压弯破坏。B 点之后，跨中截面正弯矩逐步减少至 0 附近，跨中截面受力状态接近轴心受拉状态，呈现出悬链线受力状态。中跨梁支座截面负弯矩在到达峰值之后，可大体认为逐渐减小，但最终数值与受火前比较接近。对于右跨梁，C 点之前截面弯矩的变化趋势与中跨梁接近，C 点之后梁发生了拉断破坏，不再讨论。受火前期框架梁弯矩峰值的出现是由框架梁受热膨胀时在梁内产生的压力导致的。

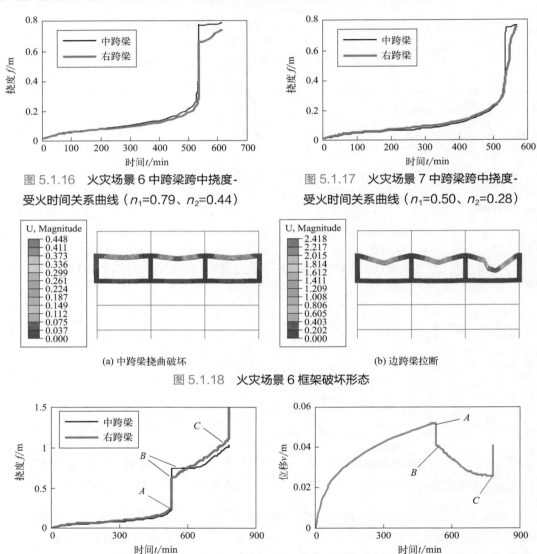

图 5.1.16　火灾场景 6 中跨梁跨中挠度-受火时间关系曲线（$n_1=0.79$、$n_2=0.44$）

图 5.1.17　火灾场景 7 中跨梁跨中挠度-受火时间关系曲线（$n_1=0.50$、$n_2=0.28$）

(a) 中跨梁挠曲破坏

(b) 边跨梁拉断

图 5.1.18　火灾场景 6 框架破坏形态

(a) 挠度

(b) 水平位移

图 5.1.19　火灾场景 6 框架特征点位移-受火时间关系曲线

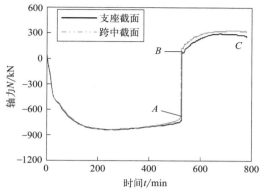

图5.1.20 火灾场景6中跨受火梁跨中轴力-
受火时间关系曲线（$n_1$=0.50、$n_2$=0.28）

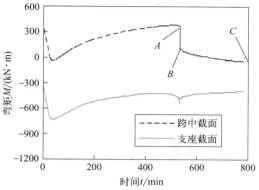

图5.1.21 中跨梁跨中及支座截面弯矩-
受火时间关系曲线（$n_1$=0.50、$n_2$=0.28）

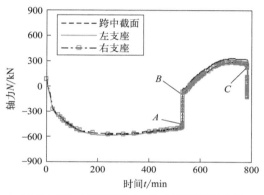

图5.1.22 右跨梁轴力-受火时间关系曲线
（$n_1$=0.50、$n_2$=0.28）

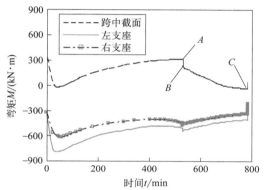

图5.1.23 右跨梁弯矩-受火时间关系曲线
（$n_1$=0.50、$n_2$=0.28）

从图中可以看出，从 $A$ 点至 $B$ 点，随着梁挠度的快速增加，梁中轴压力快速从较大值转变为轴拉力。$B$ 点之后，梁内保持一定的轴拉力，梁的挠度缓慢增加，此时中跨梁的受力状态为拉弯。由于收敛困难，中跨梁没有计算到 $C$ 点。右跨梁 $B$ 点之前与中跨梁相似，$B$ 点之后右跨梁受力状态为拉弯，这种状态一直维持到 $C$ 点。$C$ 点之后，右跨梁跨中挠度快速增加，右跨梁又失去平衡，梁整体上在跨中三分点处拉断，该处为梁第二层负弯矩钢筋截断处。右跨梁在 $OA$ 阶段，梁内产生明显的轴压力，梁为压弯受力状态，$O$ 点定义为坐标系的零点。$AB$ 阶段梁的挠曲变形过大，梁的挠度超过了受弯构件的耐火极限标准，耐火极限应该以 $A$ 点为准。在 $B$ 点梁产生了较大的挠曲变形，$BC$ 阶段梁又获得了一个平衡状态，这个状态梁的受力状态为拉弯，梁中出现了明显的拉力，$BC$ 阶段即为梁的悬链线受力状态。在悬链线受力状态之后，梁一般在钢筋截断处拉断。可见，在完全拉断的过程中，受火框架梁首先为压弯受力状态，之后为悬链线受力阶段，在压弯受力状态向悬链线状态转变时，框架梁发生了较大的挠曲变形。

由于从 $A$ 点到 $B$ 点框架梁的挠曲变形较大，导致了火灾下框架梁失去安全性，高温下框架梁的承载能力极限状态应以 $A$ 点为准，此时框架梁的受力状态为压弯。尽管悬链线受力阶段，框架梁又到达了一个新的平衡状态，但这时框架梁的挠曲变形较大，难以保证结构安全，所以框架梁不应该依靠悬链线效应承载。因此，火灾下框架梁耐火极限状态应该以梁的压弯承载力极限为极限状态，抗火验算应该验算其压弯承载力。由于火灾为偶然荷载，框架梁可以按照塑性设计进行抗火设计，这时框架梁可采用 3 个塑性铰的设计方法，但塑性铰需考虑轴压力对其抗弯能力的影响。

火灾场景 6 上部受火框架梁右端节点水平位移-受火时间关系曲线如图 5.1.19（b）所示。从图中可见，在 OA 阶段，该节点水平位移一直向右增加，表明框架着火楼层结构一直发生热膨胀变形。在 AB 阶段，着火楼层上部中跨受火梁和边跨受火梁的挠曲变形急剧增加，导致该节点水平位移增量向左，表明热膨胀变形有一定恢复。在框架梁悬链线效应出现的 BC 阶段，梁内轴力为拉力，导致该节点向右的水平位移逐步减少。C 点之后，右跨梁轴拉力又开始减少，该节点的水平位移又开始向右增加。

火灾场景 6 着火楼层上部中跨梁和边跨梁跨中截面轴力、弯矩与受火时间关系曲线如图 5.1.24、图 5.1.25 所示。从图中可见，受火过程中，在耐火极限之前中跨梁内产生的轴向压力比边跨梁大，中跨梁跨中截面正弯矩比边跨梁大。由于中跨梁两端所受约束比边跨梁大，导致中跨梁内产生的轴压力较大，轴压力增加了跨中截面的抗弯能力，从而导致中跨梁跨中截面正弯矩也较大。

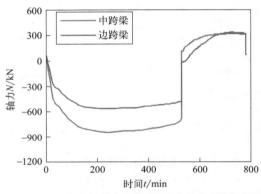

图 5.1.24 火灾场景 6 框架梁跨中轴力-受火时间关系曲线（$n_1$=0.50、$n_2$=0.28）

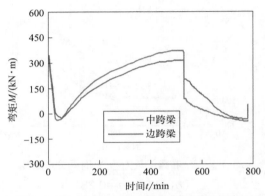

图 5.1.25 火灾场景 6 框架梁跨中截面弯矩-受火时间关系曲线（$n_1$=0.50、$n_2$=0.28）

受火过程中，火灾场景 6 各特征受火时间点框架及其构件的变形 U（m）、混凝土水平方向的对数应变 LE，LE11、钢筋应力 S11（N/m²）及混凝土水平方向的应力 S11（N/m²）分别如图 5.1.26～图 5.1.29 所示，图中黑色表示混凝土压应力区。可见，受火前期，上部中跨梁总体上压应力区域较拉应力区大许多，支座截面混凝土受压区面积较大，跨中截面混凝土受拉区为一位于截面下部的近圆形区域。可见，受火前期着火楼层上部框架梁总体上与常温下梁的受力状态相近，即框架梁支座截面上部受拉，跨中截面下部受拉。由于框架梁受热膨胀，导致框架梁压应力区分布较广，同时导致跨中截面拉应力区为圆形分布。接近耐火极限时，受火的上部框架梁的挠度发展更充分，上部框架梁两端的应变集中出现较大值，表明受火的上部框架梁两端的塑性铰开始形成。此时，上部中跨梁跨中截面混凝土拉应力区域变得更大，更接近常温下的矩形形状，支座截面拉应力区更接近矩形。这时，上部框架梁钢筋的应力分布与常温下大体接近，即支座截面上部钢筋受拉，下部钢筋受压，跨中截面上部钢筋受压，下部钢筋受拉。悬链线受力阶段，受火的上部框架梁跨中挠度发展更充分，上部三跨框架梁跨中挠度都达到了较大的数值，受火的上部框架梁跨中截面上部钢筋出现拉应力，负弯矩钢筋的拉应力范围扩大。在框架梁开始拉断时，梁在上部第二层钢筋截断处拉断，框架最终出现大变形的拉断破坏。

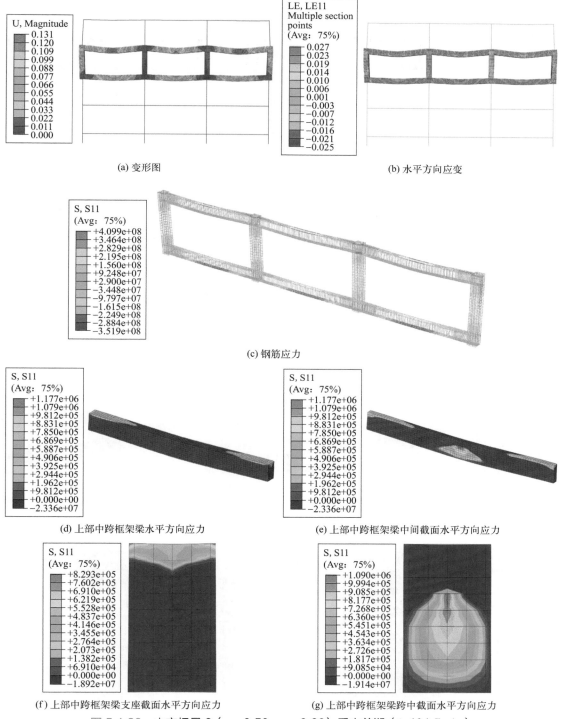

(a) 变形图        (b) 水平方向应变

(c) 钢筋应力

(d) 上部中跨框架梁水平方向应力      (e) 上部中跨框架梁中间截面水平方向应力

(f) 上部中跨框架梁支座截面水平方向应力      (g) 上部中跨框架梁跨中截面水平方向应力

图 5.1.26　火灾场景 6（$n_1$=0.50、$n_2$=0.28）受火前期（$t$=401.5min）
框架变形、应变及应力

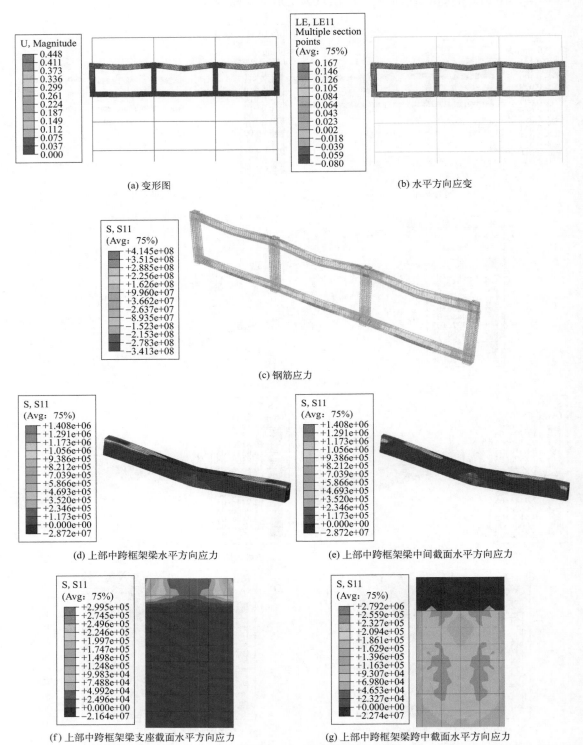

(a) 变形图

(b) 水平方向应变

(c) 钢筋应力

(d) 上部中跨框架梁水平方向应力

(e) 上部中跨框架梁中间截面水平方向应力

(f) 上部中跨框架梁支座截面水平方向应力

(g) 上部中跨框架梁跨中截面水平方向应力

图 5.1.27　火灾场景 6（$n_1$=0.50、$n_2$=0.28）接近耐火极限时（$t$=528.9min）框架变形、应变及应力

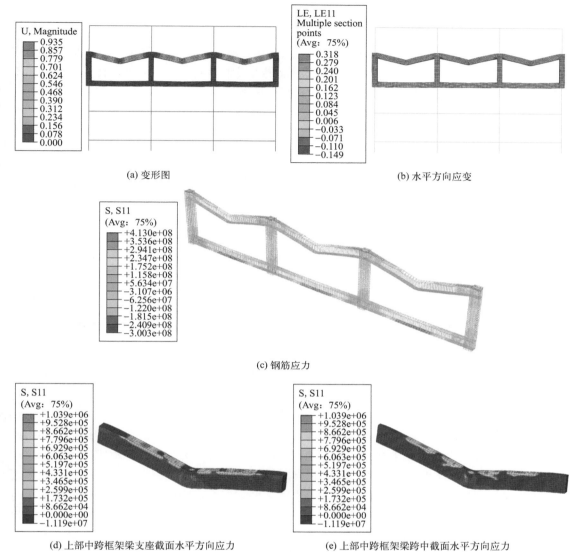

(a) 变形图

(b) 水平方向应变

(c) 钢筋应力

(d) 上部中跨框架梁支座截面水平方向应力　　　(e) 上部中跨框架梁跨中截面水平方向应力

图 5.1.28　火灾场景 6（$n_1$=0.50、$n_2$=0.28）悬链线效应时（$t$=707.6min）框架变形、应变及应力

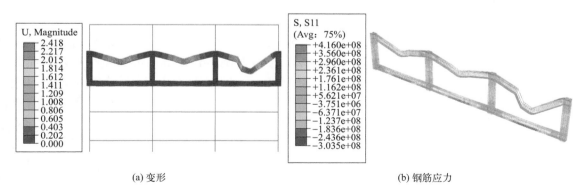

(a) 变形

(b) 钢筋应力

图 5.1.29　火灾场景 6（$n_1$=0.50、$n_2$=0.28）梁拉断时（$t$=781.5min）框架变形、应力

（2）轴压比的影响

火灾场景 3 和火灾场景 6 两种火灾场景下，着火楼层上部中跨框架梁跨中挠度-受火时间关系曲线分别如图 5.1.30、图 5.1.31 所示。从图中可见，两种轴压比情况下，框架梁跨中挠度比较接近，说明柱轴压比对受火梁的变形及耐火极限影响不大。可见，在发生框架梁破坏的条件下，柱轴压比对框架梁的变形及耐火极限影响较小。

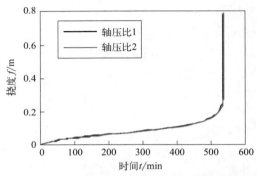

图 5.1.30　火灾场景 3 两种轴压比情况下中跨梁跨中挠度-受火时间关系曲线

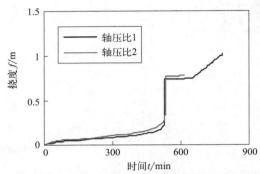

图 5.1.31　火灾场景 6 柱两种轴压比情况下中跨梁跨中挠度-受火时间关系曲线

（3）火灾位置的影响

当 $n_1$=0.50、$n_2$=0.28 时，典型火灾场景下框架到达耐火极限状态时，发生破坏的上部中跨梁跨中截面的轴力-受火时间关系曲线如图 5.1.32 所示。从图中可见，受火过程中，中跨梁内均产生了较大的轴压力，这是由于中跨框架梁周围存在约束，框架梁受火时不能自由热膨胀，从而导致内部产生轴压力。从图中还可看出，当火灾发生在 1 层时，中跨框架梁内产生的轴压力最大，当火灾发生在 7 层时，框架梁内产生的轴压力最小，当火灾发生在 5 层和 6 层时梁内产生的轴压力介于火灾场景 1 和火灾场景 7 之间。当火灾发生在 1 层时，与框架梁直接相连的框架柱底端为固结边界条件，框架梁两端的约束刚度最大，所以火灾场景 1 时框架梁内产生的轴压力最大。当火灾发生在 7 层时，7 层上部中跨框架梁所受的约束仅来自本层结构，而且结构受火后刚度下降，7 层上部中跨框架梁所受约束刚度最小，梁内产生的轴压力最小。其余火灾场景下，受火楼层上部中跨梁所受约束介于火灾场景 1 和 7 之间，梁内产生的轴压力也介于火灾场景 1 和 7 之间。

（4）梁配箍率的影响

为了考察梁配箍率对框架耐火性能的影响，将工况 6 梁箍筋变为 2 肢箍，直径不变，配箍率为原来的 50%，加密区配箍率为 0.004。受火时间 $t$=120min 时框架的变形及其局部放大分别如图 5.1.33、图 5.1.34 所示。从图中可见，三跨梁都发生了较大的变形，梁的弯剪区段剪切变形较大。变形最大的左跨梁钢筋的塑性应变 LE11 如图 5.1.35 所示。从图中可见，左跨受火梁弯剪区段截面单元剪切变形较大，而跨中及梁端附近剪切变形较小。从图中可见，左跨受火梁净跨四分之一截面附近单元箍筋高度中间处应变较大。这表明，当箍筋配箍率较小时，梁的端部弯剪区段变形较大，梁可能发生受剪破坏，与受弯破坏的梁变形形式不同。

左跨梁跨中挠度-时间关系曲线如图 5.1.36 所示，左跨梁跨中截面轴力-时间关系曲线如图 5.1.37 所示。从图 5.1.36 中可见，自 $A$ 点开始，左跨梁跨中挠度快速增加，$A$ 点为框架梁受剪破坏点。与受弯破坏的框架梁相比，受剪破坏时框架梁的跨中挠度小许多。从图5.1.37可见，受火后，框架梁轴力出现了压力，随时间增加，轴压力增加，这是由于框架梁受热膨胀时受到周围框架的约束导致的。自$A$点之后，框架梁轴压力开始迅速减小。至$B$点，轴力减少至接近0。$B$点之后，轴压力转变为拉力，并逐步增加。从图5.1.36可见，工况6框架的耐火极限为100min。当加密区箍筋配箍率为0.008时，框架的耐火极限为529min，当配箍率减少50%时，耐火极限降至100min。当箍筋配箍率减少时，框架梁出现剪切破坏，剪切破坏情况下，框架梁耐火极限较小。

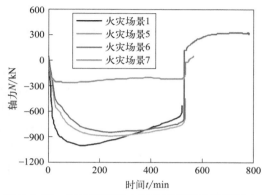

图5.1.32　发生破坏的上部中跨梁跨中截面轴力-受火时间关系曲线（$n_1$=0.50、$n_2$=0.28）

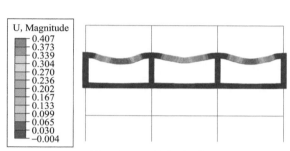

图5.1.33　框架变形

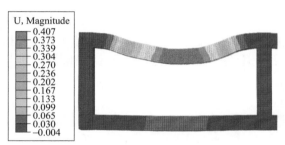

图5.1.34　框架变形局部放大

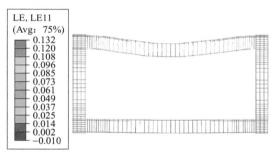

图5.1.35　钢筋塑性应变LE11

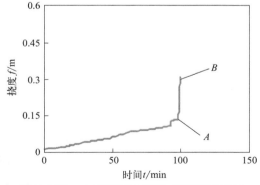

图5.1.36　左跨梁跨中挠度-时间关系曲线

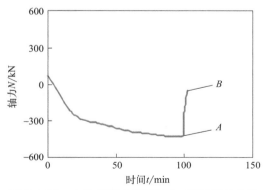

图5.1.37　左跨梁跨中截面轴力-时间关系曲线

#### 5.1.4.2 耐火极限

从表 5.1.2 可见，在型钢混凝土框架发生框架梁破坏的条件下，除火灾场景 1 框架的耐火极限较小外，其余各层火灾场景下框架的耐火极限大体上比较接近。火灾下，框架发生了着火楼层上部中跨梁挠曲变形过大导致的破坏，为温度内力（压力）条件下的弯曲破坏，本节计算参数条件下框架梁的耐火极限对梁中压力不敏感，梁中轴力总体上对耐火极限影响较小。

### 5.1.5 框架的整体破坏形态

#### 5.1.5.1 变形及内力重分布

分析表明，当框架柱轴压比较大时，火灾下框架柱出现了破坏，框架柱破坏导致的框架破坏范围较大，这种破坏形态称为框架的整体破坏形态。当 $n_1$=0.79，$n_2$=0.44 时，火灾场景 1 和 2 出现了框架柱破坏导致的框架整体破坏，这种破坏方式中虽然有些破坏形态中框架梁也发生了较大变形，但框架柱破坏是框架整体破坏的主要原因，这种破坏方式以框架柱的破坏为标志。当柱轴压比较大时，柱的耐火极限会进一步降低，当柱的耐火极限小于框架梁的耐火极限时，框架就出现了柱破坏导致的框架整体破坏。当 $n_1$=0.79，$n_2$=0.44，火灾发生在 1 层时框架的整体破坏形态及发生破坏的框架 1 层中柱型钢的破坏形态分别如图 5.1.38（a）、（b）所示。从图 5.1.38（a）可见，到达耐火极限时，1 层框架中柱发生受压破坏，破坏的位置在柱中上部，破坏形态基本上为全截面受压破坏。由于受火的框架中柱为四面受火，高温对其承载力伤害比三面受火的边柱大。而且，中柱轴压比较大，所以火灾下受火楼层的框架中柱首先发生了破坏。柱全截面受压破坏时，由于混凝土失去了对柱型钢的约束作用，柱型钢发生了翼缘及腹板的受压屈曲破坏。中柱破坏后，框架中部失去支撑，框架 2～7 层中部结构发生了整体的向下位移，框架中部发生连续性倒塌破坏。可见，火灾发生在 1 层时，框架发生破坏的范围较大，包括中部的 3 跨梁和中部 2 个轴线的柱的区域，之后还会导致框架边轴线柱倒塌破坏，框架整体发生连续性倒塌。

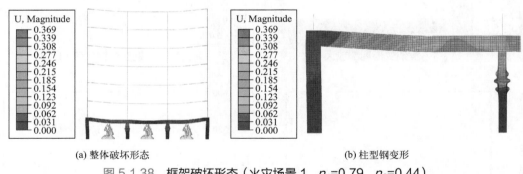

(a) 整体破坏形态　　　　　　　　　　　(b) 柱型钢变形

图 5.1.38 框架破坏形态（火灾场景 1、$n_1$=0.79、$n_2$=0.44）

框架 1 层受火中柱柱顶竖向位移-受火时间关系曲线及框架 1 层右边柱顶端水平位移-受火时间关系曲线分别如图 5.1.39、图 5.1.40 所示。从图中可见，到达耐火极限时，框架柱顶竖向位移向下急剧增加，表明框架结构发生了竖向倒塌破坏。在受火过程中，框架 1 层顶板右端节点水平位移一直增加，表明受火过程中框架受火层一直发生热膨胀变形，热膨胀对框架的耐火性能有一定影响。

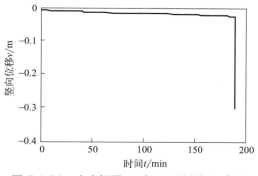

图 5.1.39　火灾场景 1 时 1 层受火框架中柱
柱顶竖向位移-受火时间关系曲线

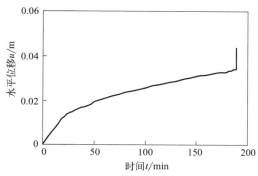

图 5.1.40　火灾场景 1 时 1 层右边柱顶端
水平位移-受火时间关系曲线

火灾场景 1 时 1 层中柱发生破坏的截面及边柱顶端截面的轴力、弯矩与受火时间关系曲线如图 5.1.41 所示。图中轴力以拉力为正，弯矩以构件朝向受火楼层几何中心一侧受拉为正。从图中可见，受火过程中，边柱及中柱截面轴力受火期间基本保持不变。由于框架整层着火，框架柱热膨胀变形之差较小，在竖向各受火框架柱产生的相互约束作用较小，框架柱截面轴力在受火过程中变化较小。受火过程中，中柱截面弯矩基本保持一较小的数值，中柱截面接近轴心受压。受火前期，边柱顶端截面弯矩绝对值快速增大，受火后期略微减小。边柱柱顶弯矩增加的原因是框架的 1 层顶部框架梁受热膨胀，从而导致 1 层边柱顶端弯矩增加。可见，框架梁的热膨胀变形对框架柱的受力状态和破坏形态有较大影响，框架热膨胀变形不应被忽略。

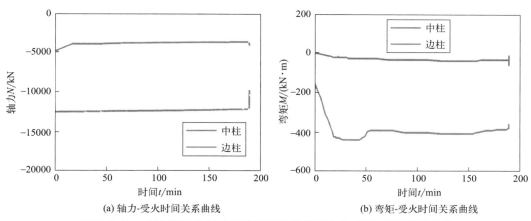

(a) 轴力-受火时间关系曲线　　　　　　　　　(b) 弯矩-受火时间关系曲线

图 5.1.41　火灾场景 1 时 1 层中柱及边柱截面内力-受火时间关系曲线

当 $n_1$=0.79、$n_2$=0.44 时，框架 2 层着火时框架的整体破坏形态及受火中柱型钢的破坏形态如图 5.1.42 所示。从图中可见，2 层着火时框架整体破坏形态与 1 层着火时相同，都是受火楼层中柱受压破坏导致的框架整体破坏。受火框架中柱破坏时，型钢发生受压屈曲破坏。该种情况下着火楼层框架中柱柱顶竖向位移、受火楼层顶板右端节点水平位移与受火时间的关系曲线如图 5.1.43、图 5.1.44 所示。从图中可见，到达耐火极限时，框架中柱向下的位移急剧增加，表明框架发生了整体倒塌破坏。在受火过程中，框架受火楼层发生向外的热膨胀变形。该种情况下，框架中柱破坏截面及框架边柱顶端截面轴力和弯矩与受火时间的关系曲线如图 5.1.45 所示。可见，受火过程中，受火边柱和中柱截面轴力变化较小，而受火过程中，由于楼层受热膨胀受火边柱顶端截面弯矩绝对值增加幅度较大。上述情况与火灾场景 1 类似。

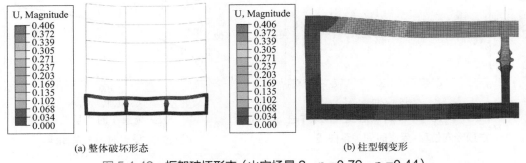

(a) 整体破坏形态    (b) 柱型钢变形

图 5.1.42　框架破坏形态（火灾场景 2、$n_1=0.79$、$n_2=0.44$）

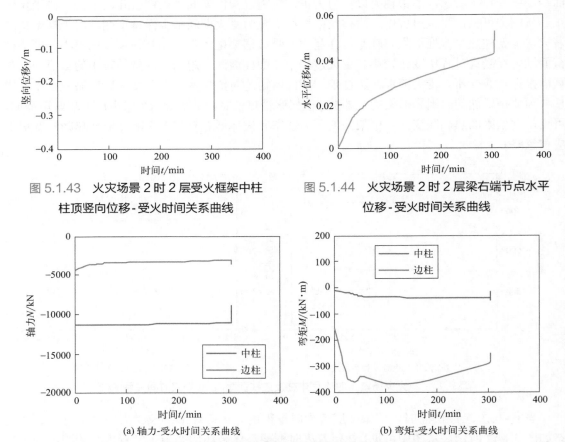

图 5.1.43　火灾场景 2 时 2 层受火框架中柱柱顶竖向位移-受火时间关系曲线

图 5.1.44　火灾场景 2 时 2 层梁右端节点水平位移-受火时间关系曲线

(a) 轴力-受火时间关系曲线    (b) 弯矩-受火时间关系曲线

图 5.1.45　火灾场景 2 时 2 层边柱及中柱截面内力-受火时间关系曲线

火灾场景 7、$n_1=0.79$、$n_2=0.44$ 时框架发生了着火楼层上部中跨框架梁挠曲变形过大的破坏，同时受火楼层框架中柱上端压弯破坏，该种情况下框架及发生破坏的柱型钢破坏情况如图 5.1.46 所示。从图中可见，中跨框架梁的挠曲变形过大，但中跨框架梁只在跨中形成一个塑性铰，梁两端并没有形成塑性铰。受火楼层框架中柱靠近顶端截面发生了较大转动变形，形成塑性铰，导致该框架中柱顶端发生了较大竖向位移，引起该柱发生破坏，柱型钢也呈现出整体的弯曲破坏。这种破坏形态是框架梁和框架柱共同破坏而导致的，由于破坏区域包含了框架柱，可认为属于框架整体破坏。

发生破坏的框架梁跨中挠度-受火时间关系曲线如图 5.1.47 所示，受火中部框架柱顶端竖向位移-受火时间关系曲线如图 5.1.48 所示。从图中可见，框架到达耐火极限发生破坏时，中部框架梁跨中挠度急剧增加，框架中柱顶端也发生很大的竖向变形。

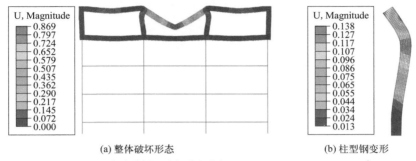

(a) 整体破坏形态　　　　　　　　　(b) 柱型钢变形

图 5.1.46　框架破坏形态（火灾场景 7、$n_1$=0.79、$n_2$=0.44）

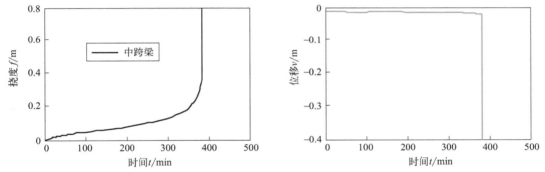

图 5.1.47　火灾场景 7 中跨梁跨中挠度-受火时间关　　图 5.1.48　火灾场景 7 时框架中柱顶端竖向位移-
　　　　　系曲线　　　　　　　　　　　　　　　　　　　　受火时间关系曲线

该种情况下，由于受火柱位于框架顶层，柱顶端受转动约束作用较少，但受火的框架中柱轴压比较大，柱顶集中荷载在柱顶产生较大的二阶弯矩，再加上中部框架梁端的转动作用，最终受火框架中柱顶端发生较大转动，柱顶产生了较大的竖向位移，柱子发生破坏。

从以上分析可见，当中柱轴压比较大时，火灾下框架易发生中柱破坏，中柱发生破坏后，框架需要中部的框架梁承担受火框架柱转移的荷载，如果这些框架梁不能承担中柱转移的荷载，框架结构就会发生整体破坏。可见，轴压比较大的柱受火破坏是框架发生整体破坏的必要条件。对于顶层发生火灾的情况，与火灾发生在 1 层和 2 层情况相比，受火中部框架柱的轴压比较低，但受火中部框架柱顶端的转动约束作用较弱，从而导致了顶层框架柱的破坏。因此，框架结构中构件的破坏情况与其边界条件密切相关。

上面分析的是中柱轴压比大于边柱轴压比的情况。当边柱轴压比进一步增加，即 $n_1$=0.51、$n_2$=0.89 时，框架出现了两边柱破坏导致的框架整体破坏。火灾场景 1 时框架的整体破坏形态、破坏的框架柱及型钢局部的变形分别如图 5.1.49（a）、（b）、（c）所示。图中 LE 表示应变，LE22 表示竖向应变。从图中可见，这时框架出现了框架边柱的破坏，边柱破坏导致了框架边跨的整体破坏，破坏的范围较大。从图中还可看出，火灾下框架着火楼层发生了较大的向外热膨胀变形，导致受火边柱上下两端产生了较大的水平位移差，受火边柱发生较大的受剪、受弯及受压变形。总体上看，边柱的破坏是由于着火楼层的热膨胀变形及由此产生的温度内力导致的。从图中可以看出，边柱破坏的位置在柱高的中下部，破坏部位外部出现了较为集中且较大的受压变形，型钢受压翼缘也有少量的受压屈曲现象。该破坏截面受压力较大，而且由于 1 层上部框架梁受热膨胀，导致该破坏截面还承担内部受拉的弯矩，该型钢混凝土柱截面是在压弯受力状态下破坏的，是压弯破坏。从型钢的应变分布和大小上看，该截面还是大偏心受压破坏。

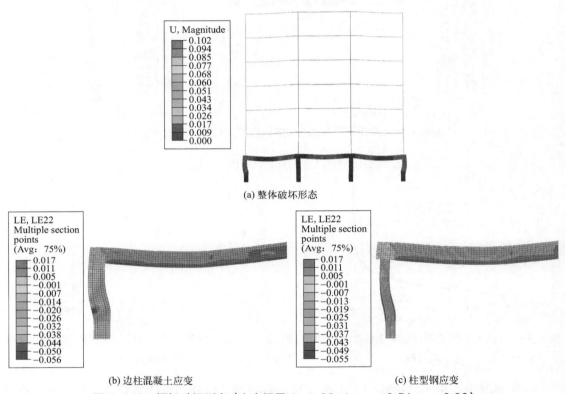

(a) 整体破坏形态

(b) 边柱混凝土应变　　　　　　　　　　　　(c) 柱型钢应变

图 5.1.49　框架破坏形态（火灾场景 1，$t$=36min，$n_1$=0.51，$n_2$=0.89）

　　受火的框架边柱底部的弯矩较大，但柱底固接边界条件使柱底部混凝土成为约束混凝土，提高了其强度。另外，由于柱底端的约束边界条件也使得型钢在边界上不会屈曲，而型钢翼缘的受压屈曲是柱丧失承载力的重要原因。综合以上原因，边柱破坏的位置自底端向上移动了一定的距离。

　　框架 1 层边柱柱顶竖向位移与受火时间的关系曲线如图 5.1.50 所示。从图中可见，该曲线在 36min 有一个明显的转折点 $A$，此时柱的竖向位移快速增加。至 $B$ 点之后，柱顶的位移增长又开始变缓，但位移增加的速度总体上比 $A$ 点之前大得多，表明框架已经在发生破坏。1 层上部框架柱右端节点水平位移-受火时间关系曲线如图 5.1.51 所示。可见，受火过程中，该水平位移一直向右增加，表明框架 1 层顶部发生了一直增加的热膨胀变形。

　　柱破坏截面的轴力、弯矩与受火时间的关系曲线分别如图 5.1.52（a）、（b）所示。从图中可以看出，受火 36min 时破坏截面轴力大小有一个突然降低的现象。受火过程中，破坏截面弯矩首先增加，截面弯矩在 36min 时也迅速降低，表明柱子正在发生破坏。36min 之后，截面的压力还保持一个较大的数值，而弯矩则降低很多，表明破坏截面的抗弯能力产生较大损失。36min 之后，截面承担的弯矩保持一个较小的数值，而承担的轴压力逐渐降低。从上面分析可以看出，破坏截面的部分截面首先丧失承载力，导致整个截面的抗弯能力降低较多，抗压能力也在逐渐降低。由于 $A$ 点时破坏截面的承载能力产生了明显的损失，可把 $A$ 点作为框架耐火承载能力的极限状态。$A$ 点之后，整个结构正在发生破坏，已经没有足够的安全性。

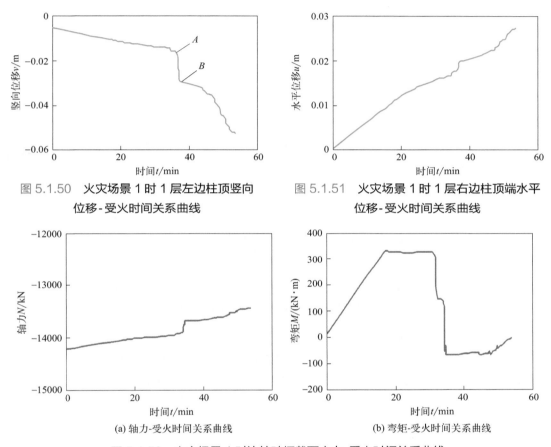

图 5.1.50　**火灾场景 1 时 1 层左边柱顶竖向位移 - 受火时间关系曲线**

图 5.1.51　**火灾场景 1 时 1 层右边柱顶端水平位移 - 受火时间关系曲线**

(a) 轴力 - 受火时间关系曲线

(b) 弯矩 - 受火时间关系曲线

图 5.1.52　**火灾场景 1 时边柱破坏截面内力 - 受火时间关系曲线**

另外，受火过程中，破坏截面的弯矩增加是由框架着火楼层受热膨胀导致的。框架边柱本身轴压力较大，热膨胀变形又导致其端部截面弯矩增加，使破坏截面在弯矩和轴力共同作用下而发生破坏。可见，结构的热膨胀变形及其引起的温度内力是导致框架边柱破坏的主要原因之一。

火灾场景 2 框架的整体破坏形态及其局部变形情况如图 5.1.53 所示。火灾场景 2 时框架也发生了抗弯能力明显受损的受火层边柱受压破坏，这种破坏形态与火灾场景 1 边柱破坏十分相似，都是边柱中下部截面发生了受压破坏。这种破坏方式同样是由于框架受火层发生了较大的向外热膨胀变形，导致边柱两端所受弯矩大大增加。同时，由于边柱的轴压比也较高，边柱在弯矩和轴压力共同作用下发生破坏。框架发生整体破坏时，框架两边跨发生倒塌破坏，破坏的范围也比较大。从图中可见，尽管边跨的框架梁也出现了一定的挠曲变形，但框架梁没有出现破坏现象，柱破坏是框架整体破坏的主要原因。在破坏区域附近，柱型钢出现局部屈曲现象，但屈曲程度较小。

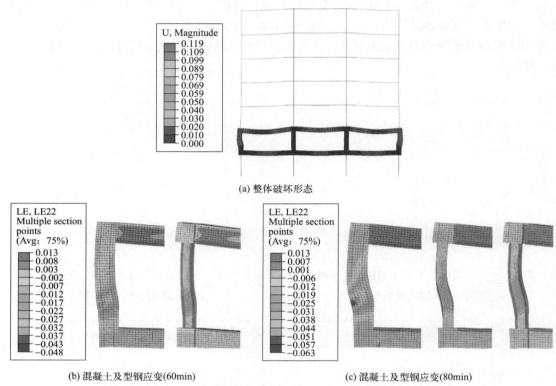

(a) 整体破坏形态

(b) 混凝土及型钢应变(60min)　　　　　　(c) 混凝土及型钢应变(80min)

图 5.1.53　框架破坏形态（火灾场景 2、$n_1$=0.51、$n_2$=0.89）

火灾场景 2 框架边柱柱顶竖向位移与受火时间的关系曲线、受火层上部框架柱右端水平位移与受火时间的关系曲线分别如图 5.1.54、图 5.1.55 所示。破坏截面的轴力与受火时间的关系曲线、弯矩与受火时间的关系曲线如图 5.1.56（a）、（b）所示。这些图的形状与火灾场景 1 对应曲线十分相似。可见，火灾场景 2 时框架的破坏机理与火灾场景 1 相同。

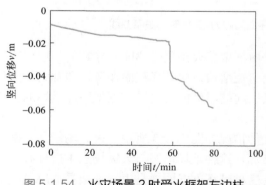

图 5.1.54　火灾场景 2 时受火框架左边柱
柱顶竖向位移-受火时间关系曲线

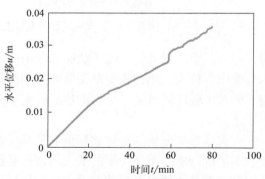

图 5.1.55　火灾场景 2 时受火框架右边柱
柱顶水平位移-受火时间关系曲线

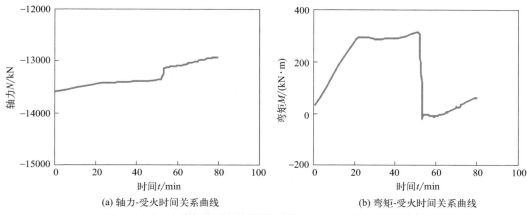

(a) 轴力-受火时间关系曲线　　　　　　　　(b) 弯矩-受火时间关系曲线

图 5.1.56　**火灾场景 2 时柱破坏截面内力-受火时间关系曲线**

### 5.1.5.2　耐火极限

从表 5.1.2 可以看出，当 $n_1$=0.79，$n_2$=0.44 时，火灾发生在 1 层、2 层及 7 层时型钢混凝土框架的耐火极限分别为 190min、306min 和 382min。当 $n_1$=0.51，$n_2$=0.89 时，火灾发生在 1 层及 2 层时型钢混凝土框架的耐火极限分别为 36min 和 60min。可见，在框架荷载分布及大小情况相同的条件下，当框架发生整体破坏时，随着着火位置升高，框架结构的耐火极限增加。柱轴压比是影响柱耐火极限的主要因素之一，框架发生整体破坏时，受火的框架柱破坏是框架整体破坏的主要原因。楼层越高，受火框架柱的轴压比越小，耐火极限越大。

## 5.1.6　结论

对受火楼层采用精细有限元模型、对周围楼层采用梁单元模型建立了型钢混凝土框架结构的耐火性能分析的有限元计算模型，对火灾下型钢混凝土框架结构的变形、破坏形态及破坏机理以及耐火极限等耐火性能进行了详细的参数分析，可得到如下结论：

① 火灾下型钢混凝土框架结构出现了两种典型的破坏形态：当柱轴压比水平较低时，框架结构出现了中跨受火梁首先破坏的破坏形态，称为框架结构的局部破坏形态；当柱轴压比水平较高时，框架结构出现了框架柱首先破坏，从而引起框架结构整体破坏的破坏形态，这种破坏称为框架整体破坏形态。

② 在框架局部破坏形态中，受火梁由于受到约束，梁中出现了明显的压力，受火的框架梁是在压弯受力状态下达到耐火极限状态的，框架梁耐火极限状态应考虑温度内力的影响；在受火框架梁的压弯受力状态之后，随着梁挠度增加框架梁出现了悬链线效应，但悬链线效应出现时，框架的挠曲变形过大，框架梁不应依靠悬链线效应承载。

③ 框架整体破坏形态中，柱轴压比越大，框架耐火极限越小。

④ 火灾作用不仅导致构件承载能力下降，而且将会导致型钢混凝土框架结构产生较大的热膨胀变形，进而产生较大的温度内力，梁中产生明显的压力，框架边柱柱端产生较大的弯矩。热膨胀变形产生的温度内力对框架的破坏形态有较大的影响，结构抗火设计时应该考虑温度内力对结构的效应。

## 5.2　水平荷载作用下型钢混凝土框架结构的耐火性能

### 5.2.1　引言

型钢混凝土结构具有较高的承载力、较好的延性和抵抗地震的能力等优点，广泛应用于高层建筑结构。在高层建筑结构中，型钢混凝土主要用于框架结构。由于人员疏散和消防灭火的困难，高层建筑结构面临着较大的火灾风险，这对高层建筑结构的耐火能力提出了更高的要求。

高层建筑高度较大，水平荷载为其主要设计荷载。风荷载是一种频遇荷载，高层建筑遭遇风荷载的频率较高，而风与火灾同时发生的概率较大。同时，风和火灾之间还存在较强的耦合作用[32]。《建筑结构可靠性设计统一标准》（GB 50068—2018）和《建筑钢结构防火技术规范》（GB 51249—2017）[2]均规定火灾工况下要考虑风荷载的参与组合。欧洲规范EC1[33]也规定风荷载应与火灾效应进行组合。风速随建筑高度按指数函数规律增加，高层建筑的风荷载更大。风荷载作用时，由于重力的 $P$-$\Delta$ 效应，高层建筑结构会产生较大水平位移。这时，如果发生火灾，高温导致楼层刚度降低较快，会进一步加剧高层建筑的水平位移，可使高层建筑结构由竖向破坏形态转变成水平倾覆破坏形态。因此，高层建筑结构抗火设计时需要考虑水平风荷载。

此外，水平荷载与火灾耦合的情况客观存在，但目前该方面的研究成果较少。研究水平荷载下型钢混凝土框架结构的耐火性能可揭示水平荷载作用下高层建筑结构的工作机理和破坏形态，为探索自然规律提供帮助。

目前，结构耐火性能的研究成果集中在构件的方面[33-35]。Lie 等[36]提出了高温下钢材和混凝土的应力-应变关系模型，并提出了钢筋混凝土柱耐火性能分析的纤维模型法。Yu 等[23]对型钢混凝土柱的温度场和耐火性能开展试验研究，同时提出理论计算方法，计算结果与试验结果吻合较好。郑蝉蝉等[27]基于耐火试验结果，提出了高温下受约束的型钢混凝土柱的破坏规律及耐火性能计算模型。

在框架结构方面也取得了部分进展。Cardington 试验[37,38]中较早地开展了框架结构的耐火性能试验，得到了与构件不同的耐火性能规律。美国 NIST[39]、Usmani 等[40]和 Flint 等[41]对美国世界贸易中心大楼在火灾下的破坏机理进行了分析，分析表明，楼面结构对柱的支撑作用是影响柱耐火能力的主要因素。Cvetkovska 等[42]研究了火灾场景对钢筋混凝土框架结构耐火能力的影响，发现受火房间位置越高，框架结构整体的耐火极限越小。王广勇等[43]对竖向荷载作用下 SRC 框架结构高温下的破坏机理开展研究，发现 SRC 框架中柱和边柱的破坏机理不同。Mazza[44]采用数值方法研究了风和火共同作用下钢框架的位移，分析结果表明，风荷载作用时，火灾作用的楼层层间位移发生了突变。Shintani 等[45]开展了水平荷载对钢管混凝土柱耐火性能影响的研究，研究表明，施加水平荷载和竖向荷载后钢管混凝土柱的耐火极限明显小于只施加竖向荷载的试件。可见，水平荷载作用下结构和构件的耐火性能与竖向荷载作用下有较大区别。

上述研究成果主要集中在重力荷载作用下框架结构的耐火性能，针对水平荷载作用下框架结构耐火性能的研究成果较少。本节对水平荷载作用下型钢混凝土框架的耐火性能开展研究，揭示水平荷载下框架结构的耐火机理。本章第 1 节分析了对称重力荷载作用下型钢混凝土框架结构的耐火性能，分析中不考虑结构的重力 $P$-$\Delta$ 效应。在第 1 节工作的基础上，对水平荷载作用下型钢混凝土框架的耐火性能开展研究，以进一步扩展研究的范围，并为该类结构的抗火设计提供参考。

### 5.2.2　有限元计算模型

#### 5.2.2.1　典型框架的确定

本章第 1 节根据典型办公建筑的特点设计了一幢横向 3 跨、纵向 6 跨、高度 7 层的型钢混凝土框架，并取其一榀平面框架，对其在竖向对称荷载作用下的耐火性能进行分析。为了进行比较，这里采用同一模型，对其水平荷载和竖向荷载共同作用下的耐火性能开展研究，模型的详细信息详见第 1 节。

框架的荷载布置如图 5.2.1 所示。梁柱箍筋直径 10@100mm/200mm，混凝土保护层厚度 20mm。柱混凝土 C40，其余采用 C30。钢筋采用 HRB400，型钢 Q345。

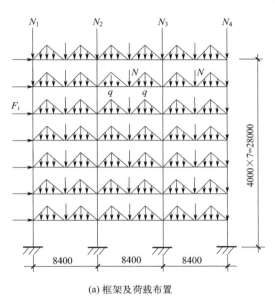

(a) 框架及荷载布置

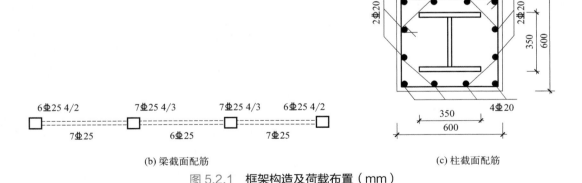

(b) 梁截面配筋　　　　　　　　　(c) 柱截面配筋

**图 5.2.1　框架构造及荷载布置（mm）**

根据《建筑设计防火规范（2018 年版）》（GB 50016—2014）[4]，建筑每层划分为一个防火分区。该建筑空间为一般建筑空间，不是大空间，火灾可燃物较多，在火灾轰燃阶段，建筑防火分区内的温度分布均匀。水平荷载作用下，当一个防火分区发生火灾时，各榀框架受火灾作用相同，各榀横向框架的变形和破坏形态基本一致。为简化，采用纵向中部一榀横向框架为对象进行分析，重点研究平面框架结构的耐火性能。火灾工况下楼面活荷载与恒荷载按照《建筑钢结构防火技术规范》（GB 51249—2017）[2] 组合。荷载通过由空间框架向平面框架按三角形、梯形导荷方式确定平面框架梁和框架柱所受的荷载。荷载布置如图 5.2.1 所示，图中 $N$ 表示次梁传力的集中荷载，$q$ 表示楼面均布活荷载导荷至框架梁的三角形荷载顶点值。

高度越高，柱轴压比越大，柱承受水平荷载的能力越小，水平荷载对其耐火性能的影响越大。为考虑更高建筑的耐火性能，在框架的顶部节点施加竖向集中荷载，分别为 $N_1$、$N_2$、$N_3$ 及 $N_4$。首先取 $N_1$、$N_2$、$N_3$ 及 $N_4$ 分别为 2576kN、4584kN、4584kN、和 2576kN，该类工况称为轴压比工况 N1。这种工况下，重力荷载产生的首层中柱轴压比 $n_1=0.79$，首层边柱轴压比 $n_2=0.44$。当 $N_1$、$N_2$、$N_3$ 及 $N_4$ 均为 0 时，代表了 7 层框架实际的受力情况，这时重力荷载作用下首层中柱轴压比 $n_1=0.50$，首层边柱轴压比 $n_2=0.28$，简称为轴压比工况 N2。

水平荷载参照水平风荷载取值，水平荷载的大小按照底层的水平荷载比控制。水平荷载比定义为风荷载产生的基底剪力与楼层 1 的水平极限承载力之比，水平荷载比反映了框架承担水平荷载的相对大小。粗糙度类别取 B 类，基本风压 $p_0=0.55$kPa。参照《建筑结构荷载规范》（GB 50009—2012），按照房屋纵向跨度和层高计算受风面积，并计算楼层处的风荷载标准值。经计算，1 ~ 7 层楼层顶板处的风荷载标准值 $F_1=9.35$kN、$F_2=20.66$kN、$F_3=23.06$kN、$F_4=24.71$kN、$F_5=26.08$kN、$F_6=27.11$kN、$F_7=14.07$kN，其分布如图 5.2.1 所示，上述风荷载分布满足 GB 50009 风速剖面的要求。该工况下风荷载的分布和大小记为水平荷载工况 H1。

同时，考虑高层及超高层建筑更大的风荷载，将风荷载作为一个参数进行参数分析。以风荷载作用下框架 1 层承受水平荷载的水平荷载比作为控制参数，分析风荷载增加时框架结构耐火性能的变化规律。分别分析了水平荷载工况 H2、H3、H4、H8 时框架的耐火性能，H2 风荷载大小在 H1 的基础上乘以 2，H3 在 H1 的基础上乘以 3，其余工况以此类推。各层集中风荷载之间的比例与 H1 相同，这相当于保持风速剖面不变，成比例增加基本风压（基本风压与风速的平方成正比），这样近似考虑高层建筑高度增加导致的风荷载增加。

水平荷载工况 H1 时，框架基底剪力为 145.04kN，而轴压比 N1 时 1 层的楼层水平荷载承载力为 3513kN，1 层的水平荷载比为 0.041。水平荷载工况 H8 时，框架基底剪力为 1160.32kN，1 层的水平荷载比为 0.33，该水平荷载比大体相当于结构由风荷载控制设计且不考虑地震的情况。这时水平风荷载取值相对于风荷载标准值较大，主要是考虑到我国建筑结构均需要抗震设计，为了反映我国建筑结构需要考虑抗震设计的实际，同时也考虑到随高层建筑高度增加风荷载开始成为控制荷载的情形。

### 5.2.2.2　火灾场景设计

根据建筑布局，每层为一个防火分区。在建筑的竖向，考虑到火灾可能发生在不同的楼层，以着火楼层为参数，考察火灾发生在不同楼层时建筑结构的耐火性能。当火灾发生在楼层 i 时，称为火灾场景 i，如图 5.2.2 所示。当火灾发生在某一楼层时，框架的受火方式为三跨受火，框架中柱为周边受火，框架边柱为三面受火，受火楼层上部框架梁为三面受火，底部框架梁为顶面受火。根据《建筑设计防火规范（2018 年版）》（GB 50016—2014）[4] 的要求，建筑火灾模型采用 ISO834[3] 标准升温曲线。

### 5.2.2.3  有限元模型

采用第 1 节的方法建立型钢混凝土框架耐火性能分析的有限元计算模型，即在受火楼层采用三维精细有限元模型、在非受火区域采用梁柱单元模型。这样既可保证分析的精度，也可有效地提高分析计算的效率。仍采用顺序耦合的方法进行温度和荷载的耦合分析，首先建立受火楼层的温度场计算模型，进行受火楼层的温度场分析。之后，读取温度场计算结果进行力学性能分析。局部精细有限元计算模型如图 5.2.3 所示。

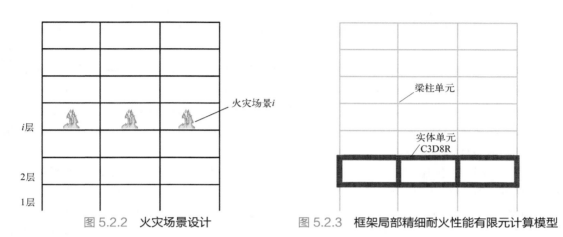

图 5.2.2  火灾场景设计          图 5.2.3  框架局部精细耐火性能有限元计算模型

受火楼层混凝土采用三维实体单元 C3D8R 划分网格，型钢采用实体壳单元 SC8R 划分网格，钢筋采用桁架单元 T3D1 建模。非受火楼层梁柱构件采用梁柱单元 B31 划分网格。型钢与混凝土之间设定接触关系，钢筋通过 "EMBEDDED" 约束方式与混凝土建立约束。

高温下混凝土和钢材的热工参数及应力-应变关系采用 Lie 等[5] 提出的模型。高温下钢材的本构关系模型采用 ABAQUS 的弹塑性本构关系模型，混凝土采用塑性损伤模型。

### 5.2.2.4  有限元模型的验证

上述模型建立方法分别在型钢混凝土柱、钢管混凝土框架的耐火性能以及第 4 章型钢混凝土框架结构的耐火性能等方面进行了试验验证。本章第 1 节利用 2 榀型钢混凝土框架的耐火性能试验对型钢混凝土框架耐火性能计算模型进行了试验验证，本节采用了文献 [43] 建立的模型，有限元模型的准确性可以得到保证。

## 5.2.3  框架的破坏形态及耐火极限

计算结果表明，水平荷载作用下，当框架竖向各层分别发生火灾时，随水平荷载和起火楼层的变化，型钢混凝土框架结构出现了 3 种典型的破坏形态。第一种破坏形态为受火楼层整体倾覆破坏。该种破坏形态中，受火楼层产生较大的楼层相对水平位移的同时，也产生了较大的竖向位移，受火楼层及以上楼层最终发生了整体倾覆破坏。第二种破坏形态为框架梁破坏形态。在这种破坏形态中，受火楼层的框架梁产生较大的挠曲变形，框架梁发生受弯破坏。在框架梁破坏形态中，尽管受火楼层在水平荷载的作用下产生了楼层水平侧移，但柱上下端相对水平侧移较小，柱没有发生破坏。第三种破坏形态为顶层框架破坏形态。

各种破坏形态及耐火极限（$T_r$）见表 5.2.1。从表 5.2.1 可见，当柱轴压比为 N1 时，水平荷载工况 H1、H2 条件下，3 层及以下火灾场景下，框架结构均发生了整体倾覆破坏。当柱轴压比为 N1 时，水平荷载 H3、H4 工况下，4 层及以下火灾场景下，框架结构均发生了整体倾覆破坏。当柱轴压比为 N1 时，水平荷载工况 H8 条件下，5 层及以下火灾场景下，框架结构均发生了整体倾覆破坏。当柱轴压比进一步减小至 N2 时，仅在水平荷载 H8 条件下的火灾场景 1 和 2 时发生了整体倾覆破坏。当柱轴压比为 N1，火灾发生在框架顶层时，各水平荷载工况下框架顶层梁柱同时发生破坏。其他工况下均发生了框架梁的破坏形态。

当柱轴压比较大时，柱的水平承载能力较低。相同水平荷载作用下，柱水平荷载的荷载比变大，致使框架柱的耐火极限降低。如果楼层柱的耐火极限低于梁的耐火极限，框架就会发生由框架柱破坏导致的框架整体倾覆破坏。可见，柱轴压比是影响框架结构破坏形态的主要因素之一。

当柱轴压比为 N1 时，同一水平荷载工况，随受火楼层增加，框架的破坏形态由整体破坏形态转变为梁破坏形态。当火灾发生在框架的较下层时，受火楼层的楼层剪力较上层大，受火楼层的水平荷载比较大，受火楼层承受水平荷载时的耐火极限也会降低。当承受水平荷载受火楼层耐火极限低于框架梁的耐火极限时，受火楼层就会发生水平承载能力不足导致的框架整体倾覆破坏。

从表 5.2.1 还可看出，N1 条件下，水平荷载 H1、H2 工况下，框架由整体倾覆破坏向梁破坏转变的楼层为第 3 层。N1 条件下，水平荷载 H3、H4 条件下，框架由整体倾覆破坏向梁破坏转变的楼层为第 4 层。N1 条件下，水平荷载 H8 工况下，该转变楼层为 5 层。N2 条件下，水平荷载 H8 工况下的转变楼层为 2 层。可见，当水平荷载越大时，由整体倾覆破坏转换为梁破坏的转变楼层越高。当水平荷载增加时，楼层水平荷载的火灾荷载比增加，使得发生倾覆破坏的柱轴压比减小，因此，转变楼层提高。

本节中，当框架梁或者受火楼层达到耐火极限状态时，认为框架就达到了耐火极限。框架结构的耐火极限定义为首先破坏的框架梁或受火楼层的耐火极限，梁耐火极限标准采用 ISO834 的耐火极限标准 [3] 确定。受火楼层的耐火极限参照框架柱顶的水平位移和竖向位移综合判断。

**表 5.2.1 型钢混凝土框架结构的耐火极限及破坏形态**

| 轴压比工况 | 水平荷载工况 | 火灾场景 $i$ | | | | | | |
|---|---|---|---|---|---|---|---|---|
| | | $i=1$ | $i=2$ | $i=3$ | $i=4$ | $i=5$ | $i=6$ | $i=7$ |
| N1 | H1 | 231（倾覆破坏） | 397（倾覆破坏） | 540（倾覆破坏） | 563（梁破坏） | 546（梁破坏） | 569（梁破坏） | 542（顶层框架破坏） |
| | H2 | 191（倾覆破坏） | 329（倾覆破坏） | 445（倾覆破坏） | 555（梁破坏） | 546（梁破坏） | 568（梁破坏） | 536（顶层框架破坏） |
| | H3 | 158（倾覆破坏） | 279（倾覆破坏） | 392（倾覆破坏） | 539（倾覆破坏） | 554（梁破坏） | 588（梁破坏） | 529（顶层框架破坏） |
| | H4 | 129（倾覆破坏） | 237（倾覆破坏） | 348（倾覆破坏） | 490（倾覆破坏） | 552（梁破坏） | 576（梁破坏） | 521（顶层框架破坏） |
| | H8 | 54（倾覆破坏） | 123（倾覆破坏） | 229（倾覆破坏） | 358（倾覆破坏） | 518（倾覆破坏） | 548（梁破坏） | 481（顶层框架破坏） |

| 轴压比工况 | 水平荷载工况 | 火灾场景 $i$ | | | | | | |
|---|---|---|---|---|---|---|---|---|
| | | $i=1$ | $i=2$ | $i=3$ | $i=4$ | $i=5$ | $i=6$ | $i=7$ |
| N2 | H2 | 541（梁破坏） | 555（梁破坏） | 537（梁破坏） | 556（梁破坏） | 529（梁破坏） | 532（梁破坏） | 558（梁破坏） |
| | H4 | 551（梁破坏） | 551（梁破坏） | 539（梁破坏） | 537（梁破坏） | 539（梁破坏） | 539（梁破坏） | 558（梁破坏） |
| | H8 | 357（倾覆破坏） | 357（倾覆破坏） | 537（梁破坏） | 539（梁破坏） | 550（梁破坏） | 548（梁破坏） | 548（梁破坏） |

注：表中耐火极限 $T_r$ 的单位为 min；括号中内容为框架的破坏形态。

## 5.2.4 框架整体倾覆破坏形态

### 5.2.4.1 变形及破坏形态

（1）破坏形态

典型水平荷载工况和火灾场景下框架结构的整体倾覆破坏形态如图 5.2.4 所示。可见，在整体倾覆破坏形态中，受火楼层产生较大的相对水平位移的同时，框架结构整体产生较大的竖向位移，框架整体结构发生倾覆破坏。

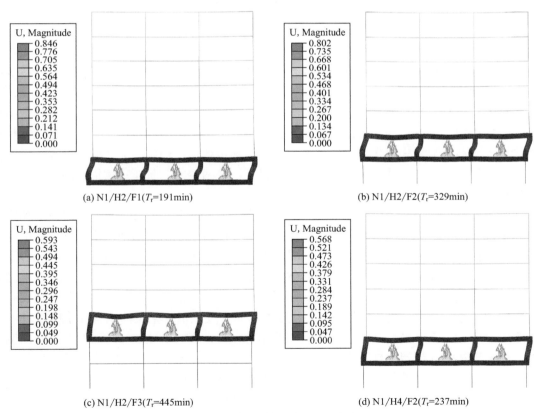

(a) N1/H2/F1($T_r$=191min)

(b) N1/H2/F2($T_r$=329min)

(c) N1/H2/F3($T_r$=445min)

(d) N1/H4/F2($T_r$=237min)

图 5.2.4 框架整体倾覆破坏形态

这里以轴压比工况 N1、水平荷载工况 H2、火灾场景 2（记为 N1/H2/F2）时框架的整体倾覆破坏形态为例进行分析，框架破坏时的变形如图 5.2.4（b）所示。从图中可见，框架在受火楼层 2 发生了由于楼层水平相对位移过大导致的框架整体倾覆破坏，整个框架自受火楼层 2 层以上整体倾覆破坏。破坏时，受火楼层底部和顶部产生较大的水平相对位移，整个受火楼层产生较大的楼层相对位移。同时，受火楼层 2 中 4 根型钢混凝土柱两端也产生较大的相对水平位移。

框架破坏时，轴压比工况 N1、水平荷载工况 H2、火灾场景 2 时框架模型各节点的位移矢量图如图 5.2.5 所示。从图中可见，框架破坏时，受火楼层及其以上框架结构产生了向右下方的位移，框架的倒塌方式为向右下倒塌。受火楼层产生较大水平相对位移的同时，受火楼层的柱同时产生较大的向下竖向变形，导致受火楼层整体产生较大的向下竖向位移，受火楼层总位移方向为右下方，表明框架整体首先发生了水平及竖向倒塌破坏。

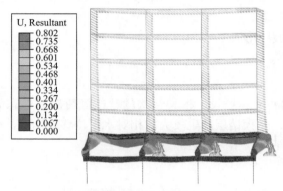

图 5.2.5　框架位移矢量图（N1/H2/F2）

从图 5.2.4 可见，框架整体发生破坏时，框架梁的挠曲变形较小，尚没有到达破坏标准，梁没有发生破坏。

当框架承受水平荷载时，受火楼层承担一定的楼层剪力，而且随楼层降低，楼层剪力增加。在楼层剪力作用下，受火楼层发生一定的水平相对位移。高温作用下，受火楼层梁柱构件的刚度和承载能力发生退化，楼层相对水平位移逐步增加，楼层的 $P\text{-}\Delta$ 效应增加，进一步使得受火楼层柱在竖向荷载基本保持恒定的情况下，柱两端的二阶弯矩增加。最终，当受火楼层柱达到高温下的承载能力时发生破坏。

从图 5.2.4 可见，由于常温区域框架对受火楼层框架的约束作用，受火楼层顶部和底部节点几乎没有产生转动位移，火灾下受火楼层的水平位移呈现出类似地震下强梁弱柱的变形形态，受火楼层产生整体的侧向位移。同时，由于高温作用导致的构件承载能力降低，受火楼层成为承受水平荷载的薄弱层，框架整体结构在受火楼层首先出现破坏。对于受火框架梁来说，由于节点转动变形较小，水平荷载作用下，受火楼层框架梁的受力状态与框架仅有竖向荷载作用下相近。由于受火楼层首先发生了柱破坏，受火的框架梁尚没有发生破坏。

第 1 节中，当无水平荷载作用时，框架整体发生受火楼层中柱破坏导致的框架竖向倒塌破坏，框架破坏时，框架中柱发生接近轴心受压破坏，中柱的侧移变形很小，柱破坏的部位位于框架中上部，与水平荷载作用下框架的整体倾覆破坏存在较大区别。

在框架整体倾覆破坏形态中，又存在两种典型的破坏形态。第一种破坏形态为在水平荷载及火灾高温作用下，受火楼层柱两端出现塑性铰，受火楼层成为机构，导致框架整体发生倾覆破坏。当受火楼层柱的轴压比相对较小或者受火楼层的剪力相对较大的情况下会发生这种破坏，典型的第一种破坏形态如图 5.2.6 所示。图中给出了破坏阶段前期及破坏阶段后期受火楼层型钢混凝土柱的竖向应变 LE22（LE22 表示三维实体单元的竖向应变，对于梁 LE22 没有意义）以及钢筋和型钢的等效塑性应变 PEEQ，PEEQ 大于 0 表示钢材发生屈服。

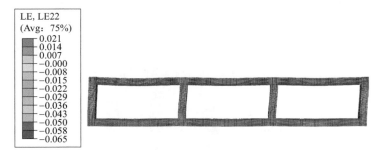

(a) 破坏阶段前期柱混凝土竖向应变LE22

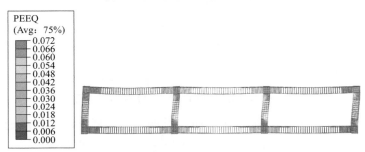

(b) 破坏阶段前期钢筋有效塑性应变PEEQ

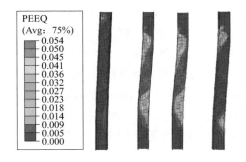

(c) 破坏阶段前期型钢有效塑性应变PEEQ

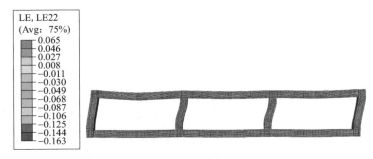

(d) 破坏阶段后期柱混凝土竖向应变LE22

图 5.2.6

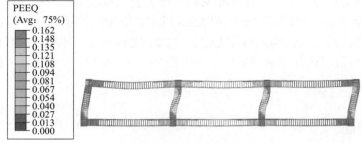

(e) 破坏阶段后期钢筋有效塑性应变PEEQ

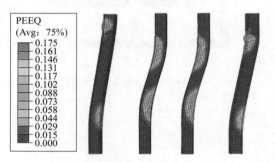

(f) 破坏阶段后期型钢有效塑性应变PEEQ

图 5.2.6　第一种框架倾覆破坏形态（N1/H4/F2，$T_r$=237min）

从图 5.2.6 可见，破坏阶段前期及破坏阶段后期，受火楼层的型钢混凝土柱上下两端产生了较大的弯曲变形。破坏阶段前期，柱上下端截面的钢筋出现塑性变形，其中两根中柱及右边柱的 PEEQ 较大，左边柱的 PEEQ 较小。柱型钢的上下两端截面发生截面屈服，型钢翼缘出现屈曲现象。而且，两根中柱上下两端截面的屈服程度较边柱大，而右边柱的屈服程度大于左边柱。破坏阶段后期，柱两端截面的混凝土、钢筋和型钢的应变进一步增加，屈服变形进一步增加，柱两端截面的塑性铰更加明显。破坏阶段后期，随着楼层水平位移的增加，左边柱上下两端的弯曲变形进一步增加，与其他 3 柱接近，但总体上左边柱的屈服程度不及另外3 柱。而且，左边柱上端塑性变形较大的部位深入进节点核心区，而左边柱下端塑性变形较大的截面自柱底端往上移动的距离超过其他 3 柱。水平荷载作用下，受火楼层框架柱不仅受剪力，而且受由倾覆弯矩产生的轴力。在倾覆弯矩作用下，左边柱受较大的拉力，左中柱受较小的拉力，右中柱受较小的压力，右边柱受较大的压力。因此，同一受火楼层，从左向右，柱的轴压力增加。另外，受火楼层升温的同时，产生向外的热膨胀变形，导致左右边柱发生向外的热膨胀变形。由于左边柱发生了向外的热膨胀变形，在水平荷载作用下，柱底端的弯曲变形最大截面上移。可见，在受火楼层倾覆弯矩和楼层受热膨胀的共同作用下，左边柱底端塑性铰上移，而上端的塑性铰深入节点核心区，这是左边柱的受力特性与其他柱不同之处。

柱上下端截面混凝土、钢筋和型钢出现了应变集中现象，表明火灾下柱的上下两端截面均出现塑性铰，塑性铰为压力作用下的弯曲塑性铰。与受火的中柱相比，两边柱上下端各分别缺少一根框架梁的约束作用，使得边柱的约束作用较小，边柱的计算长度较大，柱端塑性铰向节点移动。因此，边柱两端的塑性铰之间的距离更大一些，柱的屈曲长度更大一些。在水平荷载作用下，由于柱上下两端出现塑性铰，受火楼层成为机构，发生倒塌破坏。由于柱端部靠近节点核心区，温度较低，材料强度较柱中部相对较高，导致柱两端塑性铰向柱中部移动一定的距离。这种破坏形态中，每根框架柱上下两端截面均发生压弯破坏。

第二种框架倾覆破坏形态如图 5.2.7 所示，图中给出了破坏阶段前期及破坏阶段后期受火楼层柱的竖向应变 LE22、钢筋和型钢的有效塑性应变 PEEQ。从图 5.2.7 可见，在破坏阶段前期，受火楼层两根中柱中下部截面的混凝土竖向应变较大，混凝土被压碎。该位置的钢筋和型钢也产生了较大的塑性应变，型钢的有效塑性应变较大，型钢的翼缘和腹板发生受压屈曲。同时，两根中柱的混凝土、钢筋和型钢均产生了明显的水平剪切变形，右中柱比左中柱大。表明该型钢混凝土柱的中下部截面发生了压剪破坏。此时，左边柱的混凝土、钢筋和型钢塑性变形较小，而右边柱出现了反 S 形的变形，上下两端截面出现了塑性变形。

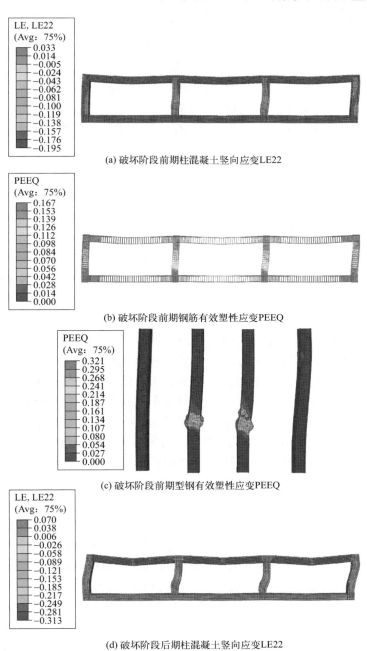

(a) 破坏阶段前期柱混凝土竖向应变LE22

(b) 破坏阶段前期钢筋有效塑性应变PEEQ

(c) 破坏阶段前期型钢有效塑性应变PEEQ

(d) 破坏阶段后期柱混凝土竖向应变LE22

图 5.2.7

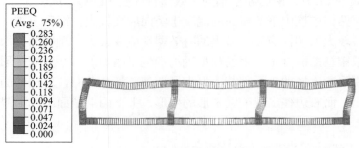

(e) 破坏阶段后期钢筋有效塑性应变PEEQ

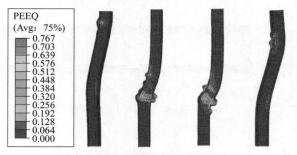

(f) 破坏阶段后期型钢有效塑性应变PEEQ

图 5.2.7　第二种框架倾覆破坏形态（N1/H1/F2，$T_r$=397min）

破坏阶段后期，两根型钢混凝土中柱上下两端产生了明显的相对水平位移，框架柱的反 S 形变形更加明显，中柱的破坏范围进一步扩大，但中柱破坏的区域仍位于首先发生破坏的柱中下部截面附近。中柱破坏区域不仅受压变形明显，而且受剪变形也愈发突出。左右两边柱的反 S 形变形进一步增加，柱两端出现明显的塑性变形，表明两边柱上下端出现了塑性铰。受火楼层的柱轴压比较大而受火楼层的剪力较小的情况下易发生这种破坏。当中柱的轴压比较大而受火楼层剪力较小时，楼层剪力起的作用较小。对中柱来说，轴力起的作用较大，高温下中柱中下部截面首先出现受压破坏，型钢腹板和翼缘受压屈曲，钢筋受压屈服。同时，中柱中下部截面在水平剪力的作用下发生受弯和受剪变形，柱为受压弯剪破坏，柱破坏的区域向上扩展。在这种破坏形态中，中柱中下部截面发生压弯剪破坏，破坏发生在一个截面，但破坏范围有所扩大。与第一种破坏形态相比，这种破坏形态中，中柱的破坏为一个截面的破坏，而两边柱的破坏形态与第一种破坏形态相近，为柱上下两端截面破坏。

（2）变形及内力分布

这里以典型的 N1/H2/F2 工况为例，分析火灾下框架结构的变形及内力随时间的变化规律。N1/H2/F2 工况下，框架破坏时，框架结构受火楼层型钢混凝土柱混凝土、钢筋和型钢的应变如图 5.2.8 所示。从图 5.2.8 可见，在破坏阶段前期，左中柱中下部截面的混凝土、钢筋和型钢的应变较大，出现一个截面破坏较严重的现象。其余 3 柱的混凝土应变、钢筋应变及型钢应变均在柱上下两端截面较大，出现上下两柱端截面的压弯破坏。破坏阶段后期，4 根柱均出现了上下两端截面的压弯破坏，与框架整体倾覆破坏的第一种破坏形态更为接近。从图中还可看出，在破坏阶段后期，中柱上下两端截面之间的型钢腹板也出现了较大的有效塑性应变，这说明柱中间出现了较大的剪切塑性变形，这是由于楼层产生了较大的楼层相对位移。

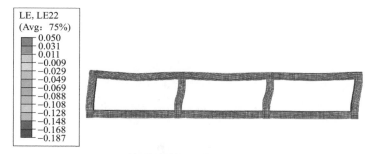

(a) 破坏阶段前期柱混凝土竖向应变LE22

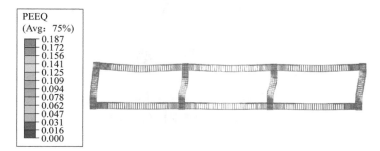

(b) 破坏阶段前期钢筋有效塑性应变PEEQ

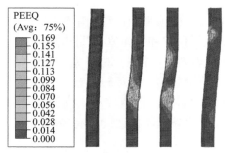

(c) 破坏阶段前期型钢有效塑性应变PEEQ

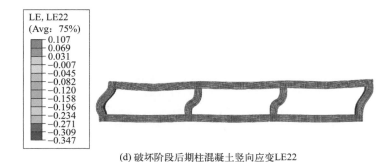

(d) 破坏阶段后期柱混凝土竖向应变LE22

图 5.2.8

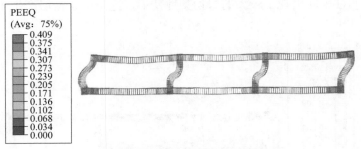

(e) 破坏阶段后期钢筋有效塑性应变PEEQ

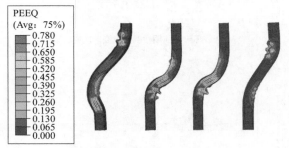

(f) 破坏阶段后期型钢有效塑性应变PEEQ

图 5.2.8　典型的破坏形态（N1/H2/F2）

　　该工况下，受火楼层左中柱柱顶的水平位移-时间关系曲线和竖向位移-时间关系曲线如图 5.2.9 所示。水平位移以向右为正，竖向位移以向上为正。从图 5.2.9 可见，受火后，受火楼层左中柱顶的水平位移向右缓慢增加，而其柱顶竖向位移往下缓慢增加。到达耐火极限时，柱顶水平位移向右迅速增加的同时，柱顶竖向位移向下迅速增加。表明受火楼层柱达到了耐火极限状态，柱破坏形式表现为水平位移和竖向位移共同增加，受火楼层发生倾覆破坏。

　　受火楼层顶部左跨和中跨框架梁跨中挠度-时间关系曲线如图 5.2.10 所示。从图 5.2.10 可见，受火过程中，左跨梁和中跨梁的跨中挠度较为接近。框架倾覆破坏时，左跨和中跨框架梁的跨中挠度分别达到 0.1m 和 0.08m，数值较小，尚没有达到破坏标准。可见，在框架的倾覆破坏形态中，只有框架柱出现破坏，框架梁没有破坏。

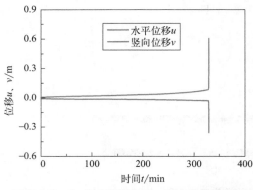

图 5.2.9　左中柱柱顶水平、竖向位移-时间
关系曲线

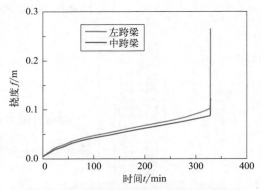

图 5.2.10　框架梁跨中挠度-时间关系曲线

N1/H2/F2 工况下，受火楼层顶部框架梁两端点的水平位移-时间关系曲线，以及两端点的水平位移差-时间关系曲线如图 5.2.11 所示。从图中可见，受火过程中，受火楼层顶部框架梁左端点的水平位移增长缓慢，仅当最后楼层发生剪切破坏时才开始快速增加，受火楼层顶部框架梁右端的水平位移在受火过程中增长较快。左右端水平位移之差为由热膨胀变形引起的变形。可见，由热膨胀引起的变形数量较大，热膨胀引起的变形对结构的变形影响较大，会改变框架变形的方式。

受火楼层柱上端截面轴向压力-时间关系曲线如图 5.2.12 所示。从图 5.2.12 可见，受火过程中，中柱压力缓慢减小，边柱轴压力缓慢增加。中柱为四面受火，承载力退化程度较大，而且柱轴压比较大，其竖向变形较大，致使中柱承担荷载向边柱转移。破坏时，中柱轴压力迅速减小，边柱轴压力迅速增加，表明中柱及边柱出现受压破坏。

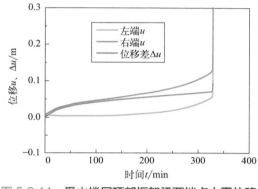

图 5.2.11 受火楼层顶部框架梁两端点水平位移、位移差-时间关系曲线（N1/H2/F2）

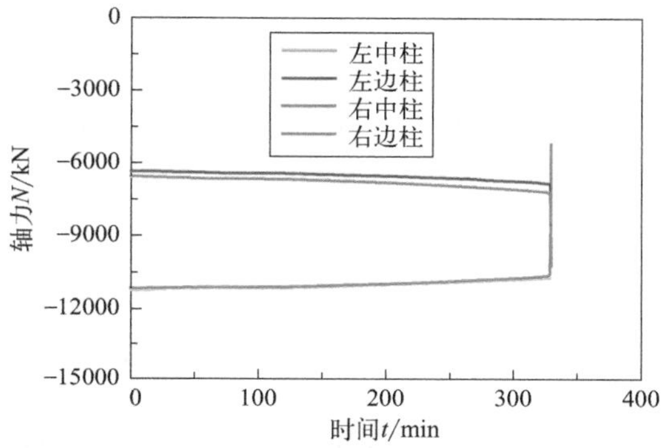

图 5.2.12 柱轴力-时间关系曲线（N1/H2/F2）

受火楼层柱顶端截面的弯矩-时间关系曲线如图 5.2.13 所示。图中弯矩以使柱顶端截面逆时针方向转动为正。从图 5.2.13 可以看出，受火过程中，中柱弯矩变化较小，楼层破坏时表现为正值增加。受火前期，左边柱顶端截面负弯矩绝对值增加，受火后期负弯矩绝对值减小，接近破坏时，负弯矩转变为正弯矩。受火过程中，右边柱顶端弯矩首先增加，之后基本不变。受火过程中两边柱端弯矩增加是由于框架受火楼层受热膨胀，导致边柱顶端截面出现弯矩绝对值增加的现象。受火后期，由于受火楼层层间水平位移增加，使得左边柱顶弯矩变号，右边柱顶弯矩保持稳定。破坏过程中，左边柱及两中柱顶端弯矩变成正弯矩，而且随着楼层相对位移增加，弯矩快速增加。框架破坏过程中，受火楼层发生较大的相对水平位移，致使柱端截面发生较大的弯曲变形，柱端截面的弯矩增加。

受火楼层上部左边跨梁和中跨梁跨中截面的轴力-时间关系曲线如图 5.2.14 所示。从图 5.2.14 可见，破坏过程中，框架梁中出现了明显的轴压力。随着时间增加，轴压力首先增加，至峰值以后，逐渐降低。当受火楼层发生柱破坏时，梁中轴压力逐渐趋于零。由于框架梁受周围结构的约束作用，火灾下不能自由膨胀，于是在梁中出现了明显的轴压力。而且中跨梁由于受约束较大，受火过程中梁内轴压力稍大。

受火过程中，左边跨梁和中跨梁跨中截面弯矩-时间关系曲线如图 5.2.15 所示。从图 5.2.15 可见，受火前期，梁跨中弯矩首先出现降低现象，甚至降至零。受火后期，弯矩逐步恢复正弯矩，但与受火前弯矩相比，略有降低。受火过程中，框架梁发生明显的热膨胀变形，导致梁截面出现较大轴压力，轴压力对截面产生的弯矩为负弯矩，进一步使梁跨中弯矩减小。可见，受火过程中梁截面弯矩减小是由梁的受热膨胀产生轴压力导致的。

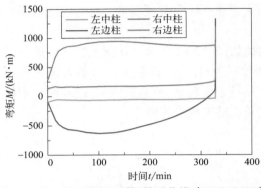

图 5.2.13　柱顶弯矩-时间关系曲线（N1/H2/F2）

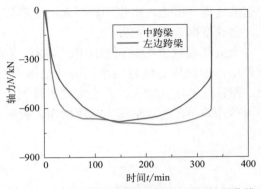

图 5.2.14　边跨梁及中跨梁轴力-时间关系曲线（N1/H2/F2）

如前所述，水平荷载作用时，框架出现了整体倾覆破坏形态。在整体倾覆破坏形态中，又分为两种典型的破坏形态。第一种破坏形态为中柱上下两端截面出现压弯破坏，第二种破坏形态为中柱在中下部的一个截面出现压弯剪破坏，在两种破坏形态中，边柱上下两端均出现压弯破坏。上述破坏机制明确，可作为抗火设计的依据。

根据前面分析结果，水平荷载和火灾耦合作用条件下，只有受火楼层出现破坏，结构抗火设计时可仅把受火楼层作为计算对象。根据框架整体倾覆破坏的两种典型破坏形态，抗火设计时可采用如图 5.2.16 所示计算模型。由于周围框架对受火楼层的约束作用，这种计算模型中的梁柱节点不发生转动变形，类似强柱弱梁的计算模型。

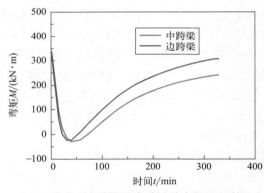

图 5.2.15　边跨梁及中跨梁跨中弯矩-时间关系曲线（N1/H2/F2）

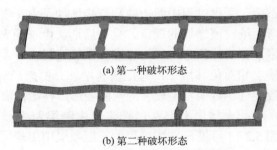

(a) 第一种破坏形态

(b) 第二种破坏形态

图 5.2.16　结构抗火设计计算模型

第一种计算模型相应于第一种整体倾覆破坏形态，这时受火楼层中柱和边柱梁端均出现塑性铰，塑性铰的受力状态为压弯。第二种计算模型相应于第二种整体倾覆破坏形态，这时受火楼层中柱出现压弯剪破坏，边柱仍然为梁端压弯破坏。采用上述两种简化计算模型，可使得抗火计算概念明确，方便实用。

#### 5.2.4.2 耐火极限

从表 5.2.1 中可见，当框架受火楼层发生倾覆破坏形态，轴压比为 N1，火灾发生在同一层（1～4 层）时，随水平荷载增加，工况 H1～H8，框架的耐火极限减小，如图 5.2.17 所示。图中给出了不同火灾场景下框架耐火极限与水平荷载工况 H$i$ 的关系曲线。

从图中可见，当火灾场景相同时，框架的耐火极限随水平荷载工况 H$i$ 增加而降低。随着 H$i$ 的增加，楼层剪力增加，框架的耐火极限降低。发生这种破坏形态时，受火楼层发生相对水平位移过大的破坏，为楼层的受剪切破坏（柱不一定受剪破坏），楼层剪力大小对其耐火极限有直接影响。

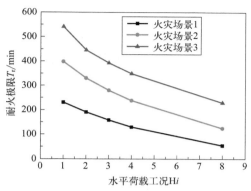

图 5.2.17　耐火极限与水平荷载工况的关系曲线

从图 5.2.17 还可看出，发生整体倾覆破坏时，水平荷载工况 H$i$（$i$=1～8）保持不变时，随受火楼层位置升高，框架的耐火极限增加。这是由于随受火楼层位置升高，受火楼层的楼层剪力降低，耐火极限增加。

### 5.2.5　框架梁破坏形态

#### 5.2.5.1　变形及破坏形态

分析表明，当水平荷载较小时，受火楼层剪力较小，与这种情况对应的是受火楼层位置较高或水平荷载较小的工况，这时框架出现了受火楼层上部框架梁的受弯破坏形态，而框架柱尚没有发生破坏。典型的破坏形态如图 5.2.18 所示，图 5.2.18（a）为轴压比工况 N1、水平荷载工况 H2、火灾场景 F4 时框架破坏时的变形，图 5.2.18（b）为轴压比工况 N1、水平荷载工况 H2、火灾场景 F5 时框架破坏时的变形。从上述两图可见，框架破坏时，受火楼层框架出现明显的水平相对变形，框架柱也产生了较大的水平相对位移，但受火的框架柱并没有发生破坏。受火楼层的三跨框架梁均出现明显的挠曲变形，其中中跨框架梁的挠度最大，三跨框架梁均出现受弯破坏，达到耐火极限标准。水平荷载作用下，受火楼层柱出现水平相

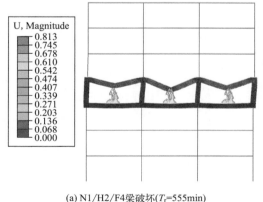

(a) N1/H2/F4梁破坏($T_r$=555min)　　　　(b) N1/H2/F5梁破坏($T_r$=546min)

图 5.2.18　框架梁破坏形态

对位移，但由于处于常温区的框架结构对受火楼层的约束作用，受火框架柱上下端节点的转动位移很小，火灾下框架梁的受力形态与无水平荷载作用时的框架梁接近。

由于楼层剪力较小，柱的耐火极限较大，框架梁首先发生破坏，框架梁的破坏形态与无水平荷载作用时框架梁相同。另外，从表 5.2.1 可见，在轴压比工况 N1、水平荷载工况 H2 条件下，火灾场景 F4 和火灾场景 F5 时框架梁的耐火极限分别为 555min 和 546min，较为接近。分析表明，其他火灾场景条件下，当发生框架梁破坏时，各火灾场景下框架梁的耐火极限较为接近，火灾场景对其耐火极限影响较小。

N1/H2/F4 工况下框架受火楼层混凝土竖向应变 LE22、钢筋和型钢的有效塑性应变 PEEQ 分布如图 5.2.19 所示。从图 5.2.19 可见，受火楼层框架梁产生了较大的挠曲变形，3 跨框架梁的跨中截面均发生受拉钢筋的屈服，梁端截面的受拉纵筋和受压纵筋均发生屈服。可见，受火楼层框架发生了框架梁的破坏。

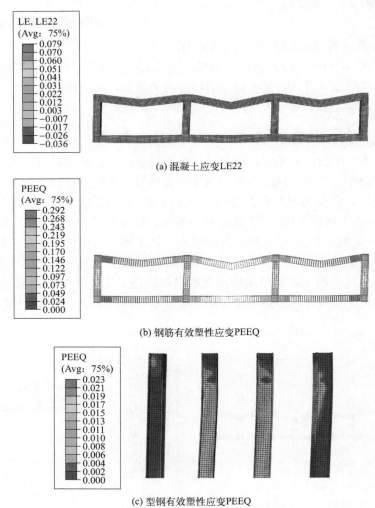

(a) 混凝土应变LE22

(b) 钢筋有效塑性应变PEEQ

(c) 型钢有效塑性应变PEEQ

图 5.2.19　N1/H2/F4 工况框架的应变云图（$T_r$=555min）

从图 5.2.19 可见，水平荷载作用下，柱仍表现出反 S 形的变形形式，中柱和右边柱上下两端截面混凝土应变分布反映出型钢混凝土柱两端出现了弯曲变形，这是水平荷载作用导致的。从图 5.2.19（c）可以看出，型钢上下两端均出现了明显的塑性变形，表明型钢上下两端发生了较大的弯曲变形。由此可见，型钢混凝土柱上下两端产生了明显的水平位移，型钢混凝土柱两端出现了明显的转角，柱的变形规律与发生整体倾覆破坏的框架一致，但型钢混凝土柱仍未到达极限状态，未发生破坏。

中柱柱顶位移基本可以反映框架的变形，这里以 N1/H2/F4 工况下受火楼层左中柱柱顶的位移为框架典型位移进行分析。受火楼层左中柱柱顶的水平位移-时间关系曲线、竖向位移-时间关系曲线如图 5.2.20 所示。从图 5.2.20 可见，受火后，中柱柱顶水平位移缓慢增加。受火后期，柱顶水平位移增长较快。受火过程中，中柱柱顶竖向位移缓慢增加，受火后期，竖向位移增加较快。可见，受火过程中，随着温度升高，结构材料性能发生劣化，导致结构变形增加。由于水平荷载作用，受火楼层产生整体向右的位移。

N1/H2/F4 工况下受力楼层框架中跨梁跨中挠度-时间关系曲线如图 5.2.21 所示。从图 5.2.21 可见，受火过程中，中跨框架梁跨中挠度缓慢增加。至耐火极限时，框架梁跨中挠度快速增加，并增至较大值，表示中跨框架梁发生受弯破坏。框架梁的这种破坏形态与对称竖向荷载作用下框架梁的破坏形态 [21] 相同。火灾下，由于高温作用，受火楼层的刚度及承载能力下降，而周围框架结构的刚度和承载能力保持不变，受火楼层上下梁柱节点由于受周围框架结构的约束，节点的转动位移较小。受火后，水平荷载作用下框架梁两端边界条件与无水平荷载的框架梁的边界条件接近。因此，框架梁的破坏形态与耐火极限受水平荷载的影响较小。

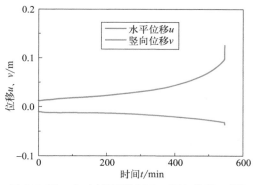

图 5.2.20  左中柱顶端水平、竖向位移-时间
关系曲线（N1/H2/F4）

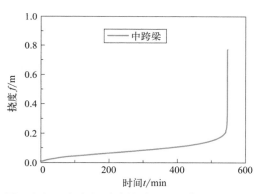

图 5.2.21  框架梁跨中挠度-受火时间关系曲线

受火楼层上部左边跨梁和中跨梁跨中截面的轴力-时间关系曲线如图 5.2.22 所示。从图 5.2.22 可见，破坏过程中，框架梁中出现了明显的轴压力。随着时间增加，轴压力首先增加，至峰值以后，逐渐降低。当受火楼层框架梁破坏时，梁中轴压力逐渐趋于零。如前所述，由于框架梁受周围结构的约束作用，火灾下不能自由膨胀，于是在梁中出现了明显的轴压力。

受火过程中，左边跨梁和中跨梁跨中截面弯矩 - 时间关系曲线如图 5.2.23 所示。从图 5.2.23 可见，受火前期，梁跨中弯矩首先出现降低现象，甚至降至零并反号。受火后期，弯矩逐步恢复正弯矩。受火过程中，框架梁发生明的热膨胀变形，导致梁截面出现较大轴压力，轴压力对截面产生的弯矩为负弯矩，进一步使梁跨中弯矩减小。可见，受火过程中梁截面弯矩减小是由梁受热膨胀产生轴压力导致的。

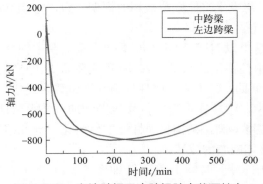

图 5.2.22　左边跨梁及中跨梁跨中截面轴力-
时间关系曲线（N1/H2/F4）

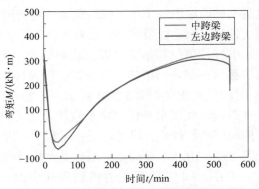

图 5.2.23　左边跨梁及中跨梁跨中截面弯矩-
时间关系曲线（N1/H2/F4）

右中柱及右边柱柱顶的轴力-时间关系曲线和弯矩-时间关系曲线分别如图 5.2.24、图 5.2.25 所示。从图中可见，右中柱和右边柱柱顶的轴力、弯矩与时间的关系曲线与整体倾覆破坏时的变化规律相似。受火过程中，右边柱的轴压力缓慢增加，而右中柱的轴压力缓慢减小，但总体变化较小。受火过程中，右中柱弯矩变化不大，而右边柱柱顶弯矩首先较大幅度增加，而后缓慢减小。左中柱和左边柱柱顶轴力和弯矩变化与整体倾覆破坏时相近，不再赘述。

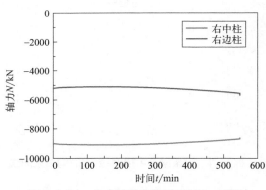

图 5.2.24　右中柱及右边柱顶轴力-时间
关系曲线（N1/H2/F4）

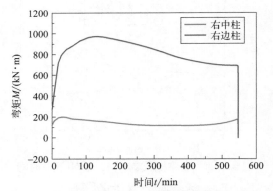

图 5.2.25　右中柱及右边柱顶弯矩-时间
关系曲线（N1/H2/F4）

对于梁破坏形态，仍可采用第 3 章提出的三个塑性铰计算模型。这里提出的在 N1 条件下的顶层框架破坏形态，是柱轴压比较大情况下出现的，当顶层柱轴压比较小时仍可采用三个塑性铰计算模型。

#### 5.2.5.2　耐火极限

当框架发生梁破坏形态时，框架结构的耐火极限在 529～550min 之间，各工况的耐火极限较为接近。如前所示，梁破坏形态条件下，由于常温区结构的约束，发生破坏的框架梁两端的梁柱节点的转动变形很小，框架梁的破坏形态与无水平荷载的框架梁破坏形态相同，水平荷载或楼层剪力对框架梁的耐火极限影响很小。

## 5.2.6 框架顶层破坏形态

### 5.2.6.1 变形及破坏形态

当柱轴压比为 N1 时，各水平荷载工况 H1 ～ H8 条件下，火灾场景 7 时，型钢混凝土框架顶层受火的框架梁和框架柱均出现了破坏，框架梁柱共同形成一定的破坏模式，这种破坏形态不同于框架柱破坏引起的整体倾覆破坏形态及框架梁破坏形态，称为框架顶层破坏形态，典型的破坏形态如图 5.2.26 所示。图 5.2.26 为水平荷载工况 H8、顶层火灾场景时框架的破坏形态图。

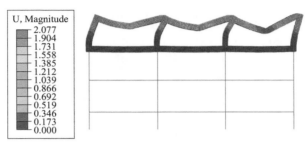

图 5.2.26　框架顶层破坏形态时的变形（N1/H8/F7，$T_r$=481min）

从图 5.2.26 可见，框架顶层破坏时，受火楼层整体发生向右的层间水平侧移，框架中柱也产生了较大的水平侧移及竖向位移。可见，由于水平荷载的作用，受火楼层发生较大的水平侧移。不同于整体倾覆破坏形态中柱的双曲率变形，框架柱的挠曲变形为单曲率变形。梁产生了较大的挠曲变形，其中右跨梁的挠曲变形最大。随着柱的侧移，柱顶端节点发生转动。由于框架顶层受火，顶层梁柱节点缺乏周围结构的约束，与下层节点相比，顶层节点更易转动。另外，顶层框架梁受火后，刚度和承载能力降低，其对节点的约束作用很快降低。因此，顶层节点易转动。

破坏过程中，框架混凝土、型钢及钢筋的有效塑性应变 PEEQ 如图 5.2.27 所示。从图 5.2.27 可见，破坏阶段前期，顶层受火框架梁右端混凝土和钢筋的 PEEQ 较大，表明框架梁跨中截面和右端截面出现了破坏。柱中部钢筋和型钢均出现了有效塑性应变，其中中柱型钢截面的 PEEQ 较边柱大。破坏阶段后期，混凝土、钢筋及型钢的有效塑性应变持续增加，节点的转动位移也持续增加。框架梁 PEEQ 仍在右端、跨中持续增加，框架中柱 PEEQ 集中出现在柱中下部，框架边柱集中出现在柱下部。这表明，由于框架梁跨中和梁端出现破坏，无法对框架柱顶部节点形成有力的约束，节点发生转动，框架柱在水平荷载及竖向荷载作用下出现压弯破坏。这种破坏形态中，梁破坏形态和柱破坏形态紧密相连，共同组成一个破坏模式。

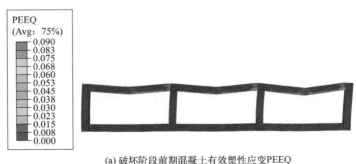

(a) 破坏阶段前期混凝土有效塑性应变PEEQ

图 5.2.27

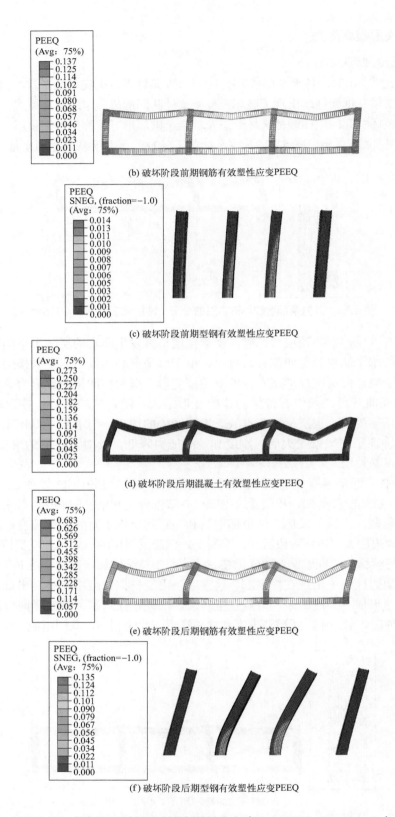

(b) 破坏阶段前期钢筋有效塑性应变PEEQ

(c) 破坏阶段前期型钢有效塑性应变PEEQ

(d) 破坏阶段后期混凝土有效塑性应变PEEQ

(e) 破坏阶段后期钢筋有效塑性应变PEEQ

(f) 破坏阶段后期型钢有效塑性应变PEEQ

图 5.2.27 框架顶层破坏形态下各材料应变（N1/H8/F7，$T_r$=481min）

可见，由于顶层节点缺乏约束作用，水平荷载作用下框架顶层的破坏形态出现了框架梁柱的共同破坏，与其他破坏形态存在明显的不同。

框架顶层发生破坏时，框架顶层右中柱和右边柱柱顶的竖向位移 - 时间关系曲线、水平位移 - 时间关系曲线分别如图 5.2.28、图 5.2.29 所示。从图中可见，到达耐火极限时，右中柱和右边柱的水平位移和竖向位移快速增加，并达到较大值，表明中柱和边柱向右下出现了破坏。顶层 3 跨框架梁的跨中挠度 - 时间关系曲线如图 5.2.30 所示。从图 5.2.30 可见，到达耐火极限时，框架梁的跨中挠度快速增加，并且达到了较大数值，表明框架梁也发生了破坏。可见，在这种破坏形态中，梁柱均达到了破坏。

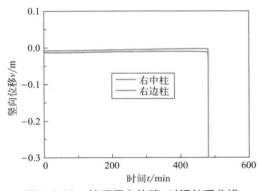

图 5.2.28　柱顶竖向位移 - 时间关系曲线

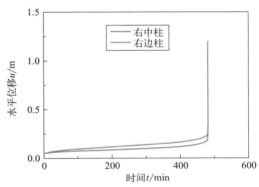

图 5.2.29　柱顶水平位移 - 时间关系曲线

根据上述分析，可提出如下的结构破坏模式，如图 5.2.31 所示，实用抗火计算时可采用这种计算简图。该计算简图明确地给出了顶层框架的破坏模式，可采用极限荷载的方法进行结构的抗火设计。如果对于柱进行抗火设计，可偏于安全地采用底端固定、顶端自由的悬臂柱计算模型。

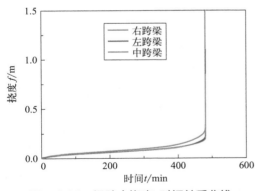

图 5.2.30　梁跨中挠度 - 时间关系曲线

图 5.2.31　结构的计算简图

### 5.2.6.2　耐火极限

从表 5.2.1 可见，在轴压比工况 N1 且发生顶层破坏的工况下，当水平荷载工况自 H1 变化至 H8 时，耐火极限自 542min 变化至 481min，耐火极限逐渐减小。可见，随水平荷载增加，框架的耐火极限减小。从前面的分析知，顶层受火工况下，框架顶层发生了包括梁柱的框架顶层破坏，这种破坏形态主要由于水平荷载作用引起。当水平荷载较大时，柱承受水平荷载的荷载比较大。同时，柱的侧移较大，柱在高温下的竖向承载能力降低，从而导致框架顶层的承载能力降低，耐火极限减小。

### 5.2.7 结论

本节建立了型钢混凝土框架结构局部精细化整体结构耐火性能计算模型，考虑柱轴压比、火灾场景、水平荷载大小等参数的变化，对水平荷载作用下型钢混凝土框架结构的破坏形态及破坏机理、变形规律、内力分布及发展规律、耐火极限及抗火设计方法等耐火性能进行了详细的参数分析，在本文参数范围内可得到如下结论。

① 火灾下型钢混凝土框架结构出现了三种典型的破坏形态。当水平荷载较小且柱轴压比较小时，尽管受火楼层出现了明显的楼层相对水平位移，型钢混凝土框架结构出现了框架梁破坏形态，但梁破坏时框架破坏的范围较小，是一种局部破坏形态。当水平荷载和柱轴压比均较大时，框架结构出现了整体倾覆破坏形态。在整体倾覆破坏形态中，当水平荷载较小时，框架中柱出现一个截面的受压弯剪破坏；当水平荷载较大时，受火楼层框架柱出现两端共两个截面的压弯破坏。当轴压比较大的顶层受火工况时，框架顶层出现包括梁和柱破坏的框架破坏形态。

② 在梁破坏形态中，各水平荷载工况下框架的耐火极限较为接近，水平荷载对梁破坏形态的耐火极限影响较小。当框架出现整体倾覆破坏形态，轴压比较大且火灾发生在同一层时，随水平荷载增加，耐火极限减小。水平荷载工况 Hi（$i=1 \sim 8$）保持不变时，随受火楼层位置升高，框架的耐火极限降低。

③ 根据典型框架结构的破坏形态及破坏机理，提出了型钢混凝土框架结构抗火设计的实用计算模型。

# 5.3 火灾降温阶段型钢混凝土结构力学性能研究

### 5.3.1 引言

由于具有良好的承载能力和抗震性能，型钢混凝土结构在高层及超高层建筑结构中应用十分广泛。建筑火灾危害较大，发生火灾后，随着可燃物的充分燃烧，建筑空间的温度逐渐升高，建筑结构内部的温度也逐步升高，称为火灾升温阶段。随着可燃物燃烧殆尽，建筑空间的温度逐渐降低，建筑结构的温度也由升温转变为降温，并逐渐降至常温，这一阶段称为火灾降温阶段。在火灾降温阶段，由于构件传热的滞后性，建筑结构内部的升降温变化滞后于建筑空间的升降温变化，建筑结构内部会出现部分区域升温和部分区域降温共存的现象。当建筑结构内部的温度从高温降至室温后，尽管建筑结构当前的温度为室温，但经历过高温的损伤，建筑结构的力学性能相比没有经历火灾的建筑结构会出现退化，这个阶段称为火灾后阶段。处于火灾升温阶段、火灾降温阶段及火灾后阶段的建筑结构的温度和力学性能均不同，不能混为一谈，应该分别进行研究。与处于火灾升温阶段的建筑结构相比，在火灾降温阶段，由于建筑结构已经经历了火灾升温，其强度和刚度发生了退化。同时，随着建筑结构构件的遇冷收缩，建筑结构内部产生了较大的温度内力，进一步恶化了结构的受力状态。上述两项因素导致火灾降温阶段建筑结构更加危险。已有研究成果表明 [46-48]，与火灾升温阶段相比，处于火灾降温阶段的建筑结构更加危险。火灾熄灭后建筑结构倒塌的实例有很多[49]。例如，在 1994 年发生的广东珠海 "6·16" 特大火灾中[49]，一栋 6 层钢筋混凝土结构厂房发生大火，大火持续 10h 熄灭，自起火 22h 后建筑结构倒塌。一般认为，大火熄灭后建筑结构就安全了，例如在消防救援中，消防人员往往在火灾熄灭后的降温阶段进入建筑结构。实际上，降温阶段建筑结构有时更加危险，对降温阶段型钢混凝土结构的力学性能进行研究可以为消防救援时建筑结构的安全评价提供指导意见，同时可揭示降温阶段温度 - 材料 - 荷载复杂的耦合关系。因此，对降温阶段建筑结构力学性能的研究具有重要的理论意义和工程应用价值。

本节对火灾升降温过程中型钢混凝土框架及型钢混凝土柱的力学性能试验进行了分析，同时采用数值方法对升降温过程中型钢混凝土框架及柱的温度变化、应力分布、刚度及破坏形态进行了数值模拟分析。通过本节分析可进一步加深对降温阶段型钢混凝土结构力学性能的了解，为火灾降温阶段型钢混凝土结构的性能评价提供参考依据。

### 5.3.2 型钢混凝土框架结构升降温力学性能试验

#### 5.3.2.1 试验概况

这里基于第 8 章的型钢混凝土框架火灾后力学性能试验进一步分析。第 8 章进行了升降温及火灾后型钢混凝土框架结构的力学性能试验。试验考虑柱轴压比 $n$ 和受火时间 $t_h$ 2 个参数，试验共 4 个试件，试件详细参数如表 5.3.1 所示。

表 5.3.1 型钢混凝土框架试件参数

| 试件编号 | 轴压比 $n$ | 受火时间 $t_h$/min |
|---|---|---|
| SRCF02 | 0.26 | 60 |
| SRCF03 | 0.26 | 30 |
| SRCF04 | 0.44 | 30 |
| SRCF05 | 0.44 | 60 |

试验中测试了炉温 - 时间关系，同时测试了柱高度中间截面（简称：柱中截面）测点的温度 - 时间关系。测温热电偶在柱截面上的布置如图 5.3.1 所示，图中数字为测点编号。

#### 5.3.2.2 试验结果及分析

（1）试件温度

升降温试验中，典型试件 SRCF04 和 SRCF05 柱中截面测点温度 - 时间关系曲线如图 5.3.2 所示，图中同时给出了炉温 - 时间关系曲线。从图 5.3.2 可以看出，相对于炉温开始降温的时刻，柱截面测点降温出现滞后现象，测点的位置越靠里，降温的时刻越滞后。试件 SRCF05 在炉温降温 55min、

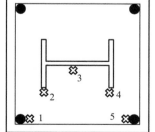

图 5.3.1 柱截面温度测点分布图

自点火 115min 时发生了破坏。从图中可见，SRCF05 柱截面外部测点 5 在点火 72min 时开始降低，在点火 115min 左右时，柱截面内部测点 2、3、4 温度开始降低，这几个测点温度降低也可能是因为柱被压坏导致的。可见，当框架柱破坏时，柱截面外部测点温度已经降

低，内部温度已经开始降低或仍在上升。

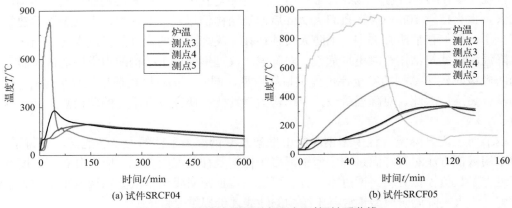

(a) 试件SRCF04                        (b) 试件SRCF05

图 5.3.2　试件柱截面测点温度-时间关系曲线

（2）破坏特征

高温炉熄火后，待试件的温度降至室温后，卸除荷载并打开炉盖，试件 SRCF02 ～ SRCF05 降温后的变形形态如图 5.3.3 所示。从图 5.3.3 可见，受火后各试件柱和梁表面均出现了不规则的细小裂缝。试件 SRCF05 在炉温的降温阶段出现了柱受压破坏，SRCF05 框架左柱发生平面外破坏，柱受压区混凝土压溃。柱子平面外的方向为弱轴方向，于是出现了平面外破坏。由于制作误差、材料强度、温度差别等因素，试件 SRCF05 左柱和右柱的承载力有些差别，导致左柱首先发生破坏。试件 SRCF02 与试件 SRCF05 受火时间均为 60min，但试件 SRCF05 的柱荷载比较大，试件 SRCF05 在炉温的降温阶段破坏，而试件 SRCF02 在升降温阶段均没有破坏。可见，柱荷载比和受火时间均较大时，试件可能在降温阶段破坏。

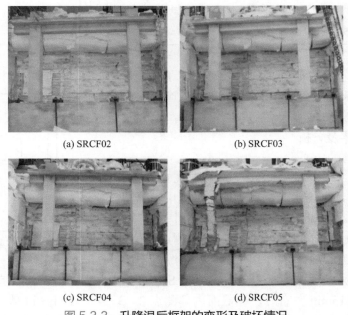

(a) SRCF02                             (b) SRCF03

(c) SRCF04                             (d) SRCF05

图 5.3.3　升降温后框架的变形及破坏情况

熄火后，试件 SRCF05 柱截面外部开始降温，但由于混凝土材料传热的滞后性，试件内部仍然在升温。同时，试件柱截面外部开始降温，材料遇冷收缩出现拉应力，使截面内部高温区的混凝土及钢材的压应力增加。另外，在降温阶段，截面外部降温区混凝土的强度会比升温阶段进一步降低。上述因素最终导致了炉温降温阶段框架柱的受压破坏。可见，在火灾的降温阶段，结构构件受力更加不利，进而导致了建筑结构在火灾的降温阶段发生破坏。因此，火灾降温阶段建筑结构的安全性急需得到重视。

（3）位移-时间关系曲线

型钢混凝土框架柱柱顶竖向位移-时间关系曲线如图 5.3.4 所示，位移以向上为正。从图 5.3.4 可见，在炉温的升温阶段或者降温阶段的前期，柱顶发生向上的热膨胀变形。随着温度进一步降低，柱顶发生向下的变形，当试件温度降至室温时，相对于受火前，柱顶发生向下的变形。这表明，经历升降温后，框架柱的刚度出现了降低。与受火前相比，经历高温作用后，柱混凝土材料弹性模量、抗压强度出现了不同程度的损伤，导致柱向下的竖向变形比受火前大。

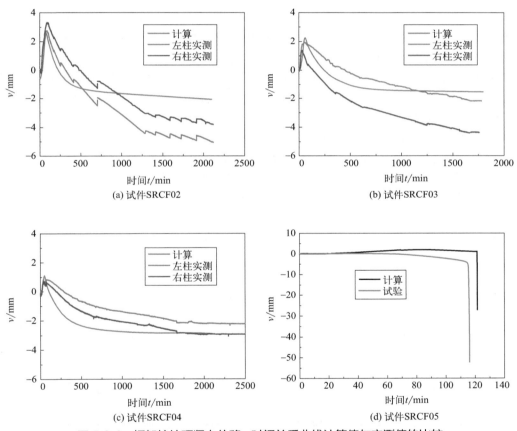

图 5.3.4　框架柱柱顶竖向位移-时间关系曲线计算值与实测值的比较

试件 SRCF02 和试件 SRCF03 柱轴压比相同，均为 0.26。两试件受火时间不同，试件 SRCF02 受火时间为 60min，试件 SRCF03 受火时间为 30min。试件 SRCF02 柱顶最大竖向位移为 3mm，1800min 时 SRCF02 的竖向位移为 -3.8mm。试件 SRCF03 柱顶最大竖向位移为 1.5mm，1800min 时 SRCF03 的竖向位移为 -3mm。可见，柱轴压比相同时，受火时间长的试件 SRCF02 的热膨胀变形和降温后的变形都大于受火时间较短的试件 SRCF03。受火时间越长，试件内温度越高，高温导致的材料损伤就会越严重，降温后试件的刚度下降程度越大。

试件 SRCF03 和试件 SRCF04 受火时间均为 30min，柱轴压比分别为 0.26 和 0.44。试件 SRCF03 柱顶最大竖向位移为 1.7mm，1800min 时 SRCF03 的竖向位移为 -3mm。试件 SRCF04 柱顶最大竖向位移为 0.7mm，1800min 时 SRCF04 的竖向位移为 -2.3mm。可见，受火时间相同时，柱轴压比较小的试件 SRCF03 的热膨胀变形较大，降温后两试件的向下变形接近。可见，柱轴压比对框架柱高温后的刚度影响较小。

试件 SRCF04 和试件 SRCF05 柱轴压均为 0.26。两试件受火时间不同，试件 SRCF04 受火时间为 30min，试件 SRCF05 受火时间为 60min。试件 SRCF05 在降温阶段发生了破坏，而试件 SRCF04 尽管降温后刚度下降，但并没有破坏。可见，柱轴压比相同情况下，受火时间较长的试件更易在降温阶段发生破坏。

### 5.3.3 型钢混凝土柱升降温力学性能试验

本书第 6 章进行了火灾后型钢混凝土框架柱力学性能试验研究。首先按照 ISO834[3] 标准升温曲线升温一定的受火时间，之后熄火打开炉盖降温。试件 SRC03 的轴压比为 0.3，受火时间为 70min。试验中在柱中截面布置热电偶测试柱截面温度变化，测得的温度-时间关系曲线如图 5.3.5 所示。从图 5.3.5 可以看出，当炉温开始下降时，截面测点 ② 和 ③ 的温度仍在上升，测点 ③ 点的温度在熄火大约 20min 之后开始下降，而截面中心测点 ② 的温度直至 175min 试件破坏时均处于上升阶段。

实测柱顶竖向位移-时间关系曲线如图 5.3.6 所示。从图 5.3.6 可见，降温开始后，柱顶竖向位移逐渐减小，至 175min 时柱顶竖向位移迅速增加，表明柱发生了破坏。可见，柱试件 SRC03 在炉温的下降段发生了破坏，柱试件 SRC03 的破坏形态如图 5.3.7 所示。从图 5.3.7 可见，破坏区域较大，临界截面受压区高度也比较大。

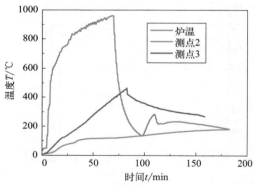

图 5.3.5　柱试件 SRC03 温度-时间关系曲线

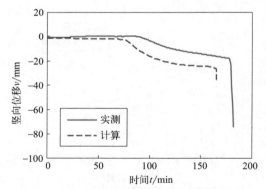

图 5.3.6　柱顶竖向位移-时间关系曲线

### 5.3.4　理论分析

#### 5.3.4.1　理论分析方法

第 6 章提出了考虑升温、降温以及火灾后 3 阶段影响的型钢混凝土结构力学性能分析方法。钢材在升温阶段和降温阶段分别采用不同的本构关系。对混凝土来说，由于高温对材料成分的损伤以及降温阶段材料收缩造成的损伤，降温阶段混凝土材料的力学性能较升温阶段更差，降温阶段混凝土的材料特性根据火灾后阶段取值，计算结果与试验结果基本吻合。

采用第 6 章提出的方法对升降温过程中型钢混凝土框架及型钢混凝土柱的力学性能进行了数值模拟。首先对型钢混凝土框架及柱升降温阶段的变形进行数值模拟，计算的型钢框架试件以及型钢混凝土柱的柱顶竖向位移 - 时间关系曲线与试验结果的比较分别如图 5.3.4 和图 5.3.6 所示。从图 5.3.4 和图 5.3.6 可见，计算值与试验结果大体吻合，但有部分误差。由于目前尚缺乏降温阶段钢材和混凝土材料特性的研究成果，导致计算误差稍大。

图 5.3.7　试件 SRC03 破坏形态

### 5.3.4.2　型钢混凝土柱

计算得到的时间 $t$ 分别为 75min 和 160min 时型钢混凝土柱试件 SRC03 的柱中截面最高温度 FV1（单位℃）、升降温判断因子 FV2 以及截面的法向应力 S，S33（单位 MPa）分别如图 5.3.8 和图 5.3.9 所示，其中 $t$=160min 为根据计算模型计算的型钢混凝土柱的破坏时刻。截面最高温度为升降温过程中材料点经历的最高温度。当材料点处于升温阶段时，最高温度为当前温度。当材料点处于降温阶段时，最高温度为降温开始时的温度。升降温判断因子 FV2 表示材料点目前所处的升温或降温阶段，1 代表升温阶段，2 代表降温阶段。

从图 5.3.8 可见，当 $t$=75min 时，此时开始降温不久，截面最高温度场 FV1 仍然是外面温度高，里面温度低。此时，截面最外侧一层单元 FV2 为 2，这层单元刚开始降温，而截面的大部分单元均处于升温阶段。可见，在炉温的降温阶段，柱截面外部开始降温，柱截面内部仍处于升温阶段。由于降温阶段混凝土材料的性能比处于升温阶段相同温度的更加劣化，处于炉温降温阶段时柱的承载能力比升温阶段更弱。当 $t$=75min 时，截面周围应力均为压应力，截面受压较大侧压应力混凝土面积较大，截面受压较小侧仍有部分面积混凝土应力为压应力。由于截面周围温度较高，材料热膨胀变形较大，而截面内部温度较低，热膨胀变形较少，除了柱弯曲导致的拉应力外，截面内外温度差也导致了截面内部出现拉应力。

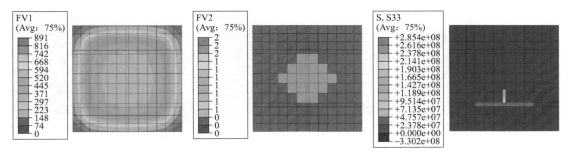

图 5.3.8　$t$=75min 时柱中截面最高温度、升温阶段以及应力分布

从图 5.3.9 可见，当 $t$=160min 时，这时为型钢混凝土柱计算模型计算的柱破坏时刻。从 FV2 云图可见，这时截面大部分面积处于降温阶段，仅有中间一小部分面积处于升温阶段。由于截面周围大部分面积处于降温阶段，而且这部分面积的最高温度也较高，导致截面混凝土部分的承载能力进一步降低。由于经历较长时间升温，处于升温阶段的截面中部的温度也较高，接近 300℃。截面周围的钢筋温度降低，材料强度有所恢复。另外，在炉温的降温阶

段，截面内部型钢温度一直在升高。在上述各种因素综合作用下，柱在炉温的下降阶段出现了破坏。

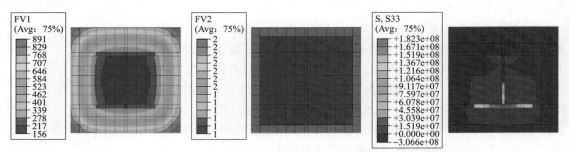

图 5.3.9　$t$=160min 时柱中截面最高温度、升温阶段以及应力分布

### 5.3.4.3　型钢混凝土框架

型钢混凝土框架试件 SRCF04 升降温过程中没有破坏，试件 SRCF05 在炉温降温阶段发生破坏，这两个试件具有典型性，这里对这两个试件的性能进行分析。由于框架柱影响整个框架的竖向变形和承载能力，是本文框架试件的关键构件，这里以框架左柱柱中截面为例进行分析。

（1）试件 SRCF04

首先对试件 SRCF04 进行分析。当 $t$=30min、90min 和 500min 时，试件 SRCF04 左柱柱中截面的最高温度 FV1、升降温判断因子 FV2 以及竖向应力 S，S22 分别如图 5.3.10、图 5.3.11 和图 5.3.12 所示。试件 SRCF04 的受火时间为 60min，$t$=30min 时处于炉温的上升阶段，$t$=90min 时为炉温降温阶段初期，$t$=500min 时为炉温充分降温的时刻。从图 5.3.10 可见，当 $t$=30min 时，截面最高温度较大，最大值为 669℃。截面升降温判断因子为 1，整个截面处于升温阶段。截面周围大部分面积为压应力区，截面中部两型钢翼缘之间的混凝土部分为拉应力区。如前所述，截面外部温度较高，内部温度较低，截面内外温差导致了截面内部出现拉应力。

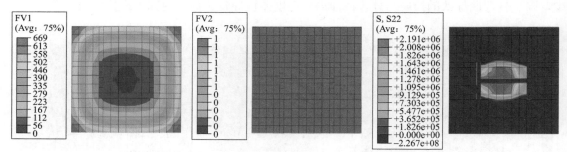

图 5.3.10　$t$=30min 时柱中截面最高温度、升温阶段以及应力分布

从图 5.3.11 可以看出，当 $t$=90min 时，柱截面外部大部分区域处于降温阶段，内部一小部分区域仍处于升温阶段，截面内部型钢温度较低。柱截面内部较大区域为压应力区域，周围一部分区域为拉应力区域。在炉温降温阶段，柱截面周围大部分区域处于降温阶段，这部分区域遇冷收缩产生拉应力。拉应力增加了柱截面内部的压应力，而柱主要依靠压应力承受竖向荷载。可见，柱截面周围的拉应力进一步恶化了柱的受力。此时，柱截面内部温度仍在

上升，弹性模量及强度不断降低。由于上述各因素的综合作用，导致在炉温降温阶段框架柱的刚度逐渐降低，柱的竖向位移向下持续增加。

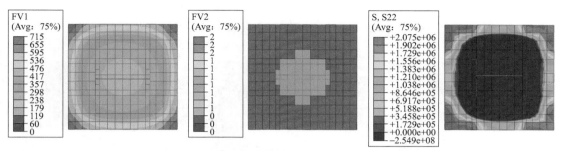

图 5.3.11　*t*=90min 时柱中截面最高温度、升温阶段以及应力分布

从图 5.3.12 可以看出，当 *t*=500min 时，此时框架已经经历过充分降温，柱截面均处于降温阶段，柱截面压应力区进一步增加，拉应力区减少，使得柱截面刚度降低程度越来越小，表现出降温阶段后期柱顶竖向位移 - 时间曲线逐渐接近水平。

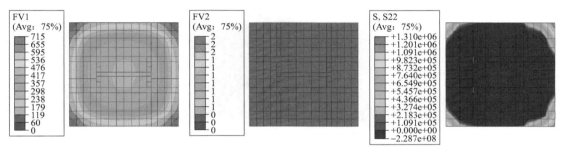

图 5.3.12　*t*=500min 时柱中截面最高温度、升温阶段以及应力分布

（2）试件 SRCF05

试件 SRCF05 在炉温降温阶段出现了破坏，SRCF05 的受火时间为 60min。计算得到的 *t*=60min 和 115min 时柱中截面最高温度 FV1、升降温判断因子 FV2 以及柱截面应力 S，S22 分别如图 5.3.13、图 5.3.14 所示。从图 5.3.13 可见，当 *t*=60min 时，柱截面仍处于升温阶段，柱截面内部有少许面积为拉应力区，这是由于截面内外温差导致的。当 *t*=115min 时，这时框架计算模型到达了破坏阶段。从图 5.3.14 可见，此时柱截面外部大部分区域温度处于下降段，截面内部型钢翼缘之间的部分仍处于升温阶段。左柱截面大部分区域应力为压应力，位于截面右部。截面小部分区域出现拉应力，位于截面左边。柱破坏过程中截面应力云图

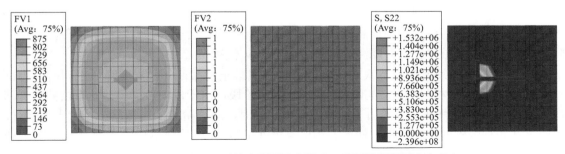

图 5.3.13　*t*=60min 时柱中截面最高温度、升温阶段以及应力分布

如图 5.3.15 所示，此时压应力区域向截面前方转移，是由柱子破坏过程中挠曲导致的。可见，当框架柱在炉温的下降段受压破坏时，柱截面外部处于降温阶段，截面内部小部分区域仍处于升温阶段。同时，由于温度降低导致的柱截面周边出现拉应力，拉应力进一步恶化了柱的受力，这些因素共同导致了框架柱在炉温下降阶段出现破坏。

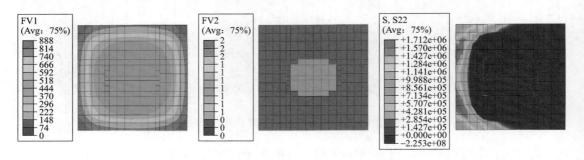

图 5.3.14　$t$=115min 时柱中截面最高温度、升温阶段以及应力分布

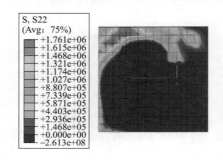

图 5.3.15　破坏过程中柱中截面应力

## 5.3.5　结论

对处于火灾降温阶段型钢混凝土框架及型钢混凝土柱的温度分布规律、变形以及破坏形态进行了试验研究及理论分析，基于试验及分析结果可得到如下结论：

① 相对于炉温降低，型钢混凝土构件截面各测点降温均滞后于炉温，测点位置越往里降温越滞后。

② 试验表明，当柱轴压比较大及受火时间较长时，型钢混凝土结构可能在火灾降温阶段发生破坏，消防救援时要注意评估火灾降温时以及熄灭后建筑结构的安全性。

③ 试验及分析均表明，经历升降温后，型钢混凝土框架及柱的刚度降低，柱的变形增加。受火时间越长，试件内温度越高，高温导致的材料损伤会更大，升降温后构件的刚度下降的程度更大，而轴压比对升降温后构件的刚度影响不大。

④ 试验及分析均表明，在火灾降温段，型钢混凝土柱截面外部温度降低的同时，内部温度仍然在上升，材料性能继续退化。在火灾降温阶段，由于柱内外部温差使得柱截面外部产生拉应力，拉应力进一步增加了柱的压应力。同时，降温阶段混凝土材料特性更加劣化。由于上述三种因素的综合作用，使得型钢混凝土框架结构及型钢混凝土柱在火灾降温阶段或者发生破坏，或者发生刚度降低。

# 第6章 火灾后型钢混凝土结构的静力力学性能

## 6.1 火灾后型钢混凝土柱力学性能试验研究

### 6.1.1 引言

　　火灾是发生十分频繁的灾害，而建筑火灾在所有火灾中的比重最大，约占百分之八十。对于遭受火灾的建筑结构进行评估可为火灾后建筑结构的修复加固提供技术支持和实用方法，火灾后建筑结构的力学性能评估十分必要。型钢混凝土框架结构具有承载能力高、抗震性能好等优点，在高层建筑结构中应用十分广泛，对火灾后型钢混凝土框架结构的力学性能进行研究可为火灾后型钢混凝土框架结构性能评估和修复加固提供理论和方法，因此，对火灾后型钢混凝土框架结构力学性能的研究具有重要的理论意义和工程应用价值。

　　型钢混凝土柱是型钢混凝土框架结构中最重要的承重构件，对型钢混凝土框架结构火灾后力学性能的研究可从对型钢混凝土柱火灾后的力学性能研究开始。吴波[50]系统地对钢筋混凝土结构火灾后的性能开展了研究。目前，有关火灾后型钢混凝土柱力学性能的研究成果还较少。

　　本节进行了考虑火灾作用全过程的火灾后型钢混凝土柱力学性能试验，考虑受火时间、含钢率、受火过程中柱的荷载比等参数，对火灾后型钢混凝土柱的承载能力、破坏形态和变形性能进行了系统的试验研究，本节研究成果对于火灾后型钢混凝土柱的力学性能评估具有较大的指导意义。

### 6.1.2 试验方案

#### 6.1.2.1 考虑火灾作用全过程的火灾后型钢混凝土柱力学性能试验方法

　　实际建筑结构在火灾下一般都承受荷载作用，如结构承受竖向荷载等。随着温度的升高，由于热膨胀和材料的力学性能劣化，结构变形会逐渐增大。随着可燃物逐渐燃烧殆尽，环境进入降温阶段，这时随着时间的增长，室内温度不断降低。经历过火灾后的结构，钢材的强度可得到不同程度的恢复，而混凝土的强度可能更加劣化，结构变形可以得到一定程度的恢复，受火后的结构还具有一定承载能力。可见，火灾和荷载耦合作用下需要考虑荷载、温度和时间的耦合路径，才能更准确地反映实际结构在火灾后的工作特点。例如，在全过程火灾升降温曲线作用下型钢混凝土柱的荷载、温度和时间的路径如图 6.1.1 所示，图中 $T_0$ 为初始环境温度，$N_0$ 为升降温过程中结构承受的荷载，$t_h$ 和 $t_h'$ 为升降温分界时间。建筑发生火灾时（后）结构实际经历的是图中 $A' \rightarrow B' \rightarrow C' \rightarrow D' \rightarrow E'$ 这样一种时间-荷载-温度路径，其中 $D' \rightarrow E'$ 为火灾后结构承载至破坏的阶段。由于火灾后材料当前温度为常温，但材料性能主要与材料曾经经历的温度历史特别是最高温度有关，因此，火灾后构件的力学性能与它曾经的温度历史有关。

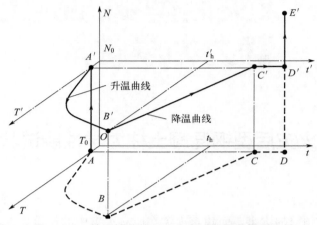

图 6.1.1　结构的荷载、温度和时间耦合作用路径

为了更好地模拟火灾后实际建筑结构中型钢混凝土柱实际的受力情况，在本节型钢混凝土柱火灾后力学性能试验中考虑了上述火灾与荷载耦合的火灾作用全过程。首先，在型钢混凝土柱顶端施加一竖向集中荷载。然后，试验炉点火进行升温，当升温至一定受火时间后试验炉熄火降温，升降温过程中保持柱端压力恒定。当柱内温度降至室温后开始增加柱端荷载，直至柱受压破坏，停止试验。

### 6.1.2.2　试件设计

考虑到实际结构中型钢混凝土柱多为偏心受压柱，而轴心受压柱较少见，本章试验选择偏心受压柱进行试验。实际工程设计中，各种偏心受压柱一般都等效为两端等偏心距的标准偏心受压柱进行设计，为了使结论具有较大普遍性，本节选择两端等偏心距的偏心受压柱进行试验。型钢混凝土柱试件选择两端铰接边界，两边等偏心距 75mm，柱长为 4.03m，柱两端支座铰之间的距离为 4.6m。试件参数考虑含钢率、受火时间（升降温临界时间）、升降温过程中的荷载比三个参数。含钢率采用两个参数，选取两种型钢截面，第一种为 H150mm×150mm×7mm×10mm，第二种型钢截面为 H125mm×125mm×6.5mm×9mm。考虑实际火灾持续时间的变化，受火时间分别取 30min、45min 和 70min，大体代表了实际火灾可能的持续时间情况。考虑到实际中构件承载水平的变化，升降温过程中采用的荷载比分别取 0.3 和 0.2 两个参数。上述荷载比为柱顶荷载与柱极限荷载的比值，柱极限荷载是根据材料实测值，通过非线性分析方法计算得到的，如果采用材料设计值，该荷载比大体与实际工程中的柱的受力水平相当。共进行了 5 个型钢混凝土柱试件的火灾后力学性能试验，试件详细情况见表 6.1.1，型钢混凝土柱截面详图如图 6.1.2 所示。

本试验主要测试柱截面温度场分布、火灾后柱的破坏形态、升降温过程中柱顶竖向变形等。温度通过预埋的热电偶测量，柱顶竖向位移通过安装于柱顶端的位移计实时量测。

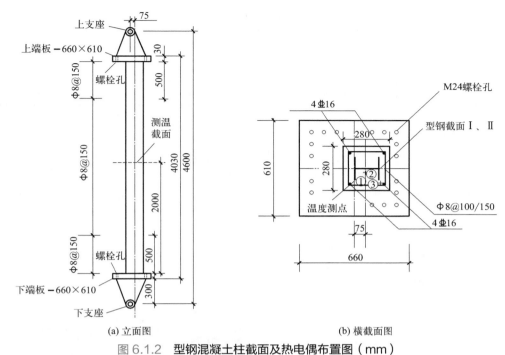

(a) 立面图  (b) 横截面图

图 6.1.2  型钢混凝土柱截面及热电偶布置图（mm）

**表 6.1.1  火灾后型钢混凝土柱力学性能实验试件参数取值**

| 试件编号 | 受火时间 /min | 升降温过程中柱端荷载比<br>（荷载 /kN） | 型钢截面类型 |
|---|---|---|---|
| 1 | 30 | 0.3（560） | 截面 1 |
| 2 | 45 | 0.3（560） | 截面 1 |
| 3 | 70 | 0.3（560） | 截面 1 |
| 4 | 45 | 0.3（411） | 截面 2 |
| 5 | 45 | 0.2（274） | 截面 2 |

试验中型钢采用 Q345 钢材；钢筋直径 16mm，采用 HRB400 钢材；箍筋直径 8mm，采用 HPB235 级钢材。钢材及钢筋的屈服及抗拉强度实测值分别见表 6.1.2、表 6.1.3。混凝土采用 C30 混凝土，实测棱柱体抗压强度平均值为 38.8MPa。

**表 6.1.2  型钢钢板材料特性**

| 钢板厚度 /mm | 弹性模量 /MPa | 屈服强度 /MPa | 抗拉强度 /MPa |
|---|---|---|---|
| 6.5 | $2.0 \times 10^5$ | 415 | 550 |
| 7 | $1.95 \times 10^5$ | 415 | 535 |
| 9 | $2.0 \times 10^5$ | 417 | 573 |
| 10 | $2.0 \times 10^5$ | 430 | 577 |

表 6.1.3　钢筋材料特性

| 钢筋直径 /mm | 弹性模量 /MPa | 屈服强度 /MPa | 抗拉强度 /MPa |
| --- | --- | --- | --- |
| 16 | $2.0 \times 10^5$ | 474 | 618 |
| 8 | $2.0 \times 10^5$ | 439 | 493 |

### 6.1.2.3　试验装置

本节试验装置为火灾高温试验炉、炉外的加载架以及温度和位移测试装置。柱两端的支撑条件为铰支边界，柱底部支座位于试验炉底部，用防火岩棉包裹，柱上部支座位于炉体外。柱上端支座与作动器连接，作动器通过油压控制系统控制输出压力。试验装置如图 6.1.3 所示。

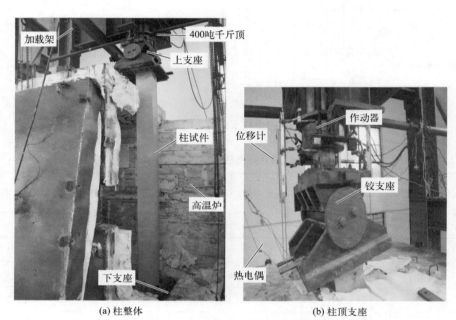

(a) 柱整体　　　　　　　　　　(b) 柱顶支座

图 6.1.3　火灾后型钢混凝土柱试验装置

## 6.1.3　试验结果

### 6.1.3.1　温度场试验结果

试验中，温度场测试通过预埋的热电偶进行测量，每根柱在柱高度中间截面预埋热电偶，截面中温度测点的布置如图 6.1.2（b）所示。

实测得到的各试件炉温及截面各测点的温度-时间关系曲线如图 6.1.4 所示。试件 SRC01 由于测点热电偶损坏，图中只给出了炉温。从图中可见，相对于炉温，试件截面温度低得多，而且截面各测点温度升高呈现出滞后现象，测点越往里，温度升高滞后越明显。大约在 100℃附近，试件截面各测点的温度-时间关系曲线呈现出一平台，这是由于试件中水分在 100℃开始蒸发变成水蒸气，当试件中水分完整蒸发消失之后，测点的温度才开始上升。另外，从数值上看，试件各测点的温度越往里越低，各试件测点③的温度要明显高于测点①和②。升温过程中测点①和②的温度均不高于 200℃，根据现有的研究成果，该温度下混凝土和钢材的强度损失程度可忽略，可见，本章试件型钢和型钢范围内的混凝土强度基本上没有损失。另外，除受火时间为 70min 的试件 SRC03 测点③的温度超过 400℃外，其余各试件测点③的温度均在 350 ～ 400℃之间，可见，本章钢筋的屈服强度损失均较小。测点③的位置大于距离截面边缘 46mm，③点之外的柱截面温度均超过 350℃，根据吴波[50]的研究结论，此时混凝土的剩余强度均小于常温下的 70%，可见，本章试件外围混凝土强度遭受了不同程度的损失。

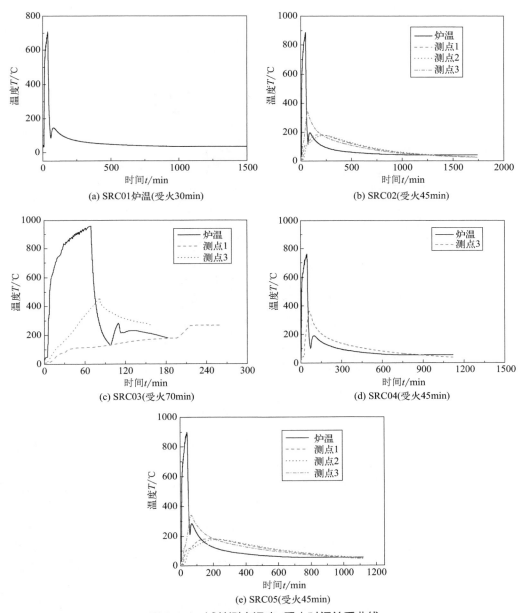

(a) SRC01炉温(受火30min)

(b) SRC02(受火45min)

(c) SRC03(受火70min)

(d) SRC04(受火45min)

(e) SRC05(受火45min)

图 6.1.4　试件测点温度-受火时间关系曲线

### 6.1.3.2　破坏形态

在高温炉中，典型试件 SRC03 和 SRC04 的破坏形态如图 6.1.5 所示，SRC03 是在降温阶段发生破坏的试件，SRC04 是在火灾后阶段加载破坏的试件，其余试件均为火灾后加载破坏的试件，破坏形态与 SRC04 相似。从图中可见，SRC03 和 SRC04 两试件均为典型压弯破坏形态，破坏区段受压区混凝土被压碎，受拉区混凝土开裂，裂缝间距基本相等，裂缝宽度较大，钢筋受拉屈服。本节试件的初始偏心距为 75mm，初始偏心率为 0.54，破坏区段接近柱中，附加偏心距较大，破坏区段临界截面的偏心距较大，柱为大偏压破坏，因此出现了典型的混凝土压碎和钢材屈服的破坏形态。与 SRC04 相比，SRC03 试件破坏时柱的挠度较大，柱破坏区段较长。一方面，SRC03 试件在降温阶段破坏，此时混凝土内部的温度还较高，钢材的弹性模量和材料强度在高温下均较低，应力-应变曲线扁平，导致构件刚度较大，破坏时变形较大。另一方面，混凝土受火时间较长，材料强度和弹性模量均较低，导致试件变形增加。

(a) SRC03                    (b) SRC04

图 6.1.5　典型试件破坏情况

　　试件 SRC03 的受火时间为 70min，比其他试件受火时间长。试验中发现，SRC03 受火 70min 熄火后，试件发出细小且连续的"咔嚓"声，柱顶向下的竖向位移继续增加。熄火后炉温开始进入下降段，试件截面外部测点的温度在熄火大约 10min 后开始降低，而试件截面内部测点温度仍继续增加，试件发出的"咔嚓"声是在试件外部混凝土降温收缩产生裂缝的过程中出现的。SRC03 在试验炉熄火 105min 之后，柱顶竖向位移快速增加，柱试件受压破坏，即 SRC03 在炉温的下降段内发生了破坏。从图可以看出，当受火 70min 炉温开始下降之后，截面测点①和③的温度仍在上升，③点的温度大约在熄火 10min 之后开始下降。可见，在炉温的下降阶段，即使试件截面外部的混凝土温度开始降低，而内部的混凝土温度仍在升高。这时，外部混凝土和钢筋遇冷收缩产生增量拉应力，增量拉应力的合力使柱的二阶弯矩增加。同时，试件内部混凝土温度仍在升高，弹性模量继续降低，试件刚度降低导致试件的变形增加。由于上述两方面原因，在炉温降温阶段，而不是火灾后阶段，试件 SRC03 发生了破坏。可见，即使在火灾升温阶段，结构及构件没有发生破坏，在火灾的降温阶段，结构及构件仍然有可能发生破坏，所以，结构抗火设计中需要注意结构在降温阶段破坏的可能性。

5 个试件的破坏形态及其局部放大如图 6.1.6 所示。从图中可见，各试件均发生了柱高中间附近区段的压弯破坏，混凝土受拉开裂及压碎现象明显，除在降温阶段破坏的试件 SRC03 破坏时的变形较大外，其余试件破坏时的变形较小，破坏区段较小，与常温下试件的破坏现象相似。

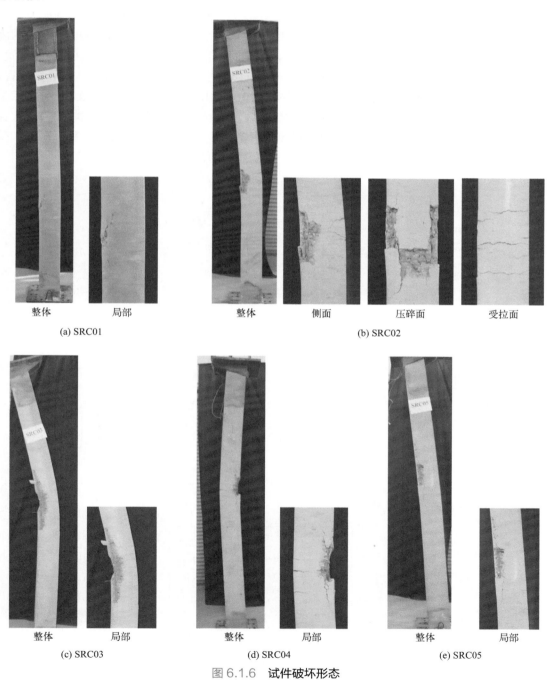

图 6.1.6　试件破坏形态

### 6.1.3.3 柱顶竖向位移

5个试件的柱顶竖向位移与受火时间关系曲线如图 6.1.7 所示，图中位移以向上为正。图中还一并给出了（炉温）升温、（炉温）降温及火灾后三个阶段的分界线，可以明显看出三个阶段柱顶位移的变化情况。从图中可见，除 SRC03 外，其余试件受火后位移向上增加，到达峰值后柱顶位移开始向下增加。在升温阶段，柱受热膨胀导致柱顶位移向上增加，在降温阶段，柱遇冷收缩，柱顶位移开始往下增加。降温过程中，柱顶位移持续向下增加，降温初期，柱顶位移向下增加较快，降温后期，柱顶向下位移增加变缓。试验开始点火大约一天后，开始在柱顶增加竖向荷载，进行柱火灾后性能试验，此时柱截面内部的温度大约为40℃。虽然此时的温度仍大于室温（约 10℃），但此时柱顶竖向位置已经低于点火前的位置，说明柱顶的总位移方向向下，柱顶发生了向下的位移。相对于点火前加载后柱顶竖向位置，至火灾后加载前，火灾升降温过程中，试件 SRC01、SRC02、SRC04、SRC05 分别发生了7.8mm、11.3mm、9.5mm、4.7mm 的向下竖向位移。除由于温度降低造成的柱收缩外，火灾降温阶段材料强度的降低以及柱的挠曲变形等因素都造成了柱顶向下的竖向位移。可见，受火灾的影响，火灾后型钢混凝土柱的刚度降低、变形增加，位移增加。

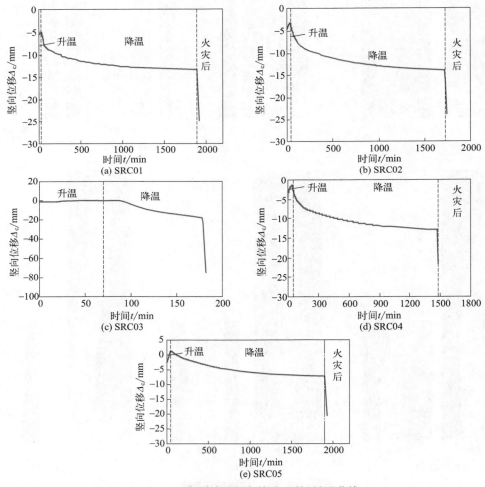

图 6.1.7　实测柱顶竖向位移-时间关系曲线

SCR01、SRC02、SRC03 三个试件的受火时间分别为 30min、45min 和 70min，三个试件升降温过程中的柱顶竖向位移-时间关系曲线如图6.1.8所示。从图中可见，受火时间越长，受火前期的向下竖向变形越小，受火后期的向下竖向变形越大。受火时间越长，试件热膨胀导致的向上变形越大，因此受火前期试件柱向下位移较小。受火时间越长，试件材料的过火温度越高，材料性能损失越大，降温段试件的向下变形越大。

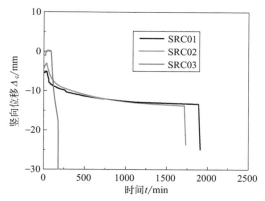

图 6.1.8　SRC01、SRC02 和 SRC03 升降温过程中的柱顶竖向位移-时间关系曲线

试件 SRC04 和 SRC05 在升降温过程中的荷载比 $n$ 分别为 0.3 和 0.2，受火时间均为 45min，两个试件柱顶竖向位移-时间关系曲线如图6.1.9所示。从图中可以看出，荷载比越小，试件柱顶向下的变形越小。荷载越大，将导致较大的竖向变形，从而导致升降温过程中较大的竖向变形。

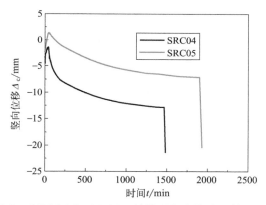

图 6.1.9　SRC04 和 SRC05 的柱顶竖向位移-时间关系曲线

#### 6.1.3.4　柱荷载-位移曲线

5个试件的柱顶竖向荷载与柱顶竖向位移关系曲线如图6.1.10所示，图中位移以向下为正。图中还一并给出了火灾前的静力加载及升降温阶段以及火灾后两个阶段的分界线，可以明显看出两个阶段荷载与位移的关系，试件 SRC03 在火灾升降温阶段即发生了破坏，故没有火灾后的荷载-位移曲线。火灾前试件柱顶荷载与位移大体呈线性关系，说明受火前施加总竖向荷载时试件基本上还处于弹性阶段。升降温过程中，竖向荷载保持不变，而位移因为热膨胀出现了向上的位移。在火灾后阶段，柱顶荷载与位移的关系为非线性关系，特别是接近极限荷

载时非线性更为明显。实际经历火灾的建筑结构构件的荷载-位移曲线与本章试件类似。

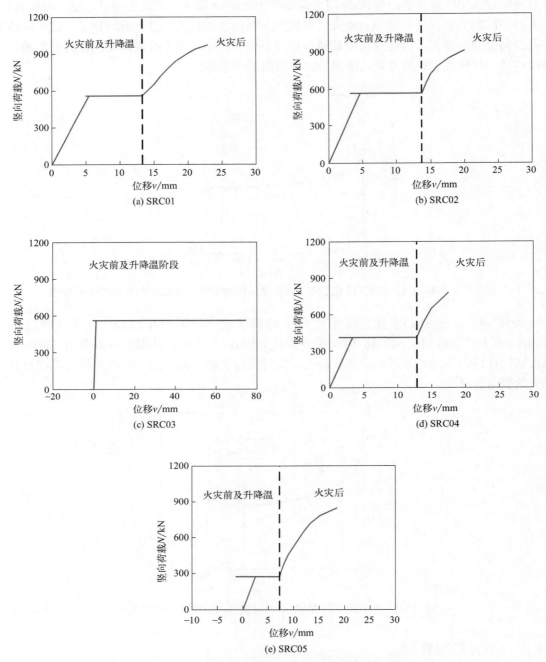

图 6.1.10　实测柱顶竖向荷载-竖向位移关系曲线

## 6.1.4　火灾后承载能力的参数分析

　　火灾后，型钢混凝土柱承载能力是火灾后确定建筑结构是否需要修复加固的主要参数，是火灾后建筑结构性能评估的关键参数，这里对型钢混凝土柱试件火灾后的承载能力进行详细分析。表 6.1.4 给出了本节实测的 5 个试件火灾后承载能力数值。

表 6.1.4　火灾后型钢混凝土力学性能实验试件参数取值

| 试件编号 | 受火时间 /min | 受火时荷载比（荷载 /kN） | 型钢截面类型 | 火灾后承载能力 /kN |
|---|---|---|---|---|
| 1 | 30 | 0.3（560） | 截面 1 | 972 |
| 2 | 45 | 0.3（560） | 截面 1 | 908 |
| 3 | 70 | 0.3（560） | 截面 1 | 降温阶段破坏，火灾后承载力为 0 |
| 4 | 45 | 0.3（411） | 截面 2 | 780 |
| 5 | 45 | 0.2（274） | 截面 2 | 844 |

### 6.1.4.1　受火时间的影响

试件 SRC01、SRC02 和 SRC03 的受火时间分别为 30min、45min 和 70min，其余条件相同，三个试件火灾后的极限荷载如图 6.1.11 所示，图中 SRC03 因为在火灾降温阶段发生了破坏，故其火灾后的承载能力为 0。从图中可见，受火时间越长，试件火灾后的承载能力越低。受火时间越长，材料的过火温度越高，导致火灾后材料的强度损失越大，火灾后的承载能力越低。

### 6.1.4.2　含钢率的影响

试件 SRC02 和 SRC04 的受火时间为 45min，其含钢率（$\rho$）分别为 5.2% 和 3.9%，两个试件火灾后的极限荷载与含钢率的关系曲线如图 6.1.12 所示。从图中可见，含钢率越大，试件火灾后的承载能力越大。本节试验中，型钢的温度不超过 200℃，火灾高温对火灾后型钢的力学性能造成的影响很小，故火灾后含钢率大的试件承载能力较大。

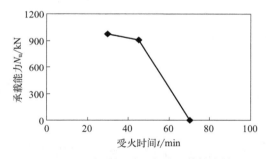

图 6.1.11　受火时间对火灾后承载能力的影响

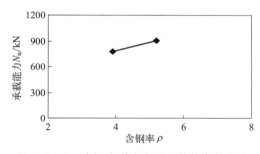

图 6.1.12　含钢率对火灾后承载能力的影响

### 6.1.4.3　荷载比的影响

试件 SRC04 和 SRC05 的受火时间为 45min，其升降温过程中的荷载比（$n$）分别为 0.3 和 0.2，两个试件火灾后的极限荷载与荷载比的关系如图 6.1.13 所示。从图中可见，荷载比越大，试件火灾后的承载能力越小。两个试件柱顶竖向位移与受火时间的关系曲线如图 6.1.9 所示。从图 6.1.9 中可看出，由于荷载比较小，SRC05 在升降温过程中的竖向位移较小，其挠曲变形也应该较小，火灾后柱顶荷载产生的二阶弯矩较小，所以其火灾后的承载能力较大。因此，对于长柱来说，荷载比越小，升降温过程中产生的挠曲变形越小，火灾后的承载能力越大。

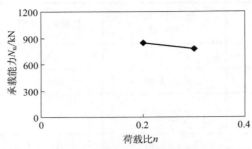

图 6.1.13　荷载比对火灾后承载能力的影响

### 6.1.5　结论

考虑火灾作用全过程的影响，进行了 5 个型钢混凝土柱火灾后力学性能的试验研究，考虑受火时间、含钢率、荷载比等参数的变化，对受火过程中及火灾后型钢混凝土柱的变形性能、破坏形态、承载能力等特性进行了详细的参数研究。在本节试件的参数范围内可到如下结论：

① 相对于炉温，试件截面温度低得多，而且截面各测点温度升高呈现出滞后现象，测点越往里，温度升高滞后越明显。

② 试验发现，即使在火灾升温阶段，结构及构件没有发生破坏，在火灾的降温阶段，结构及构件仍然有可能发生破坏，所以，结构抗火设计中需要注意结构在降温阶段破坏的可能性。

③ 试件为两端等偏心距偏心受压试件，火灾后均发生了典型的压弯破坏，混凝土被压碎，钢筋屈服。相对于降温阶段破坏的试件，火灾后破坏的试件破坏时的变形较小。

④ 一般情况下，升温阶段，柱受火后发生热膨胀变形，降温阶段，柱顶竖向位移向下增加，至升降温结束时，与受火前加载后位置相比，柱顶竖向位移向下。

⑤ 火灾后柱温度降至室温时，柱存在残余变形。

⑥ 受火时间越长，柱试件火灾后的承载能力越低；含钢率越大，柱火灾后的承载能力越大；升降温过程中的荷载比越小，柱火灾后的承载能力越高。

## 6.2　考虑火灾全过程的型钢混凝土柱力学性能计算模型

### 6.2.1　引言

本章第 1 节进行了考虑火灾作用全过程的型钢混凝土柱力学性能试验，其中一个受火时间较长的柱试件在炉温的降温阶段发生了破坏，其余试件为火灾后破坏的试件。为了对火灾升温阶段、降温阶段及火灾后阶段破坏的型钢混凝土柱的力学性能进行理论分析，需要建立考虑火灾作用全过程的型钢混凝土柱力学性能计算模型。本节提出了考虑火灾作用全过程的型钢混凝土柱力学性能分析的有限元计算模型，该计算模型能够计算升温阶段、降温阶段及火灾后阶段的型钢混凝土柱的力学性能。本节还利用本章第 1 节型钢混凝土柱火灾后力学性能的试验对提出的计算模型进行了试验验证，证明本节计算模型可用于升温阶段、降温阶段及火灾后阶段型钢混凝土柱力学性能的分析。由于火灾下及火灾后梁柱构件受力性能分析方法没有本质区别，柱构件的分析方法同样可用于梁构件的分析，本节计算模型也可用于升温阶段、降温阶段及火灾后阶段型钢混凝土框架结构的力学性能分析。

## 6.2.2 有限元模型的建立

型钢混凝土柱火灾后力学性能的计算是温度场和力学性能的耦合计算，温度场分析时需要材料的热工参数，力学性能分析时需要材料高温下及高温后的力学性能参数。

### 6.2.2.1 温度场计算模型

（1）材料热工参数

材料热工参数是温度场分析所需要的基本数据。材料的热工参数包括：密度（$\rho_c$）、比热容（$c_c$）和热传导系数（$\lambda_c$）。

国内外学者已经对钢材和混凝土的热工性能进行了较多的研究，本节在型钢混凝土柱温度场分析时采用 Lie[5] 提出的钢材和混凝土的热工参数模型进行计算，上述热工参数在计算钢筋混凝土柱和钢管混凝土柱温度场时取得了较好的效果，详述如下。

① 钢材热工参数模型

导热系数（$k_s$）：

$$k_s = \begin{cases} -0.022T + 48 & 0℃ \leqslant T \leqslant 900℃ \\ 28.2 & T > 900℃ \end{cases} \tag{6.2.1}$$

比热（$c_s$）和密度（$\rho_s$）：

$$\rho_s c_s = \begin{cases} (0.004T + 3.3) \times 10^6 & 0℃ \leqslant T \leqslant 650℃ \\ (0.068T - 38.3) \times 10^6 & 650℃ < T \leqslant 725℃ \\ (-0.086T + 73.35) \times 10^6 & 725℃ < T \leqslant 800℃ \\ 4.55 \times 10^6 & T > 800℃ \end{cases} \tag{6.2.2}$$

式中，$T$ 为温度，单位为℃；$k_s$ 的单位为 W/（m·℃）；$\rho_s$=7850kg/m³；$c_s$ 的单位为 J/（kg·℃）。

② 混凝土热工参数模型

硅质混凝土：

导热系数（$k_c$）：

$$k_c = \begin{cases} -0.00085T + 1.9 & 0℃ < T \leqslant 800℃ \\ 1.22 & T > 800℃ \end{cases} \tag{6.2.3}$$

比热（$c_c$）和密度（$\rho_c$）：

$$\rho_c c_c = \begin{cases} (0.005T + 1.7) \times 10^6 & 0℃ \leqslant T \leqslant 200℃ \\ 2.7 \times 10^6 & 200℃ < T \leqslant 400℃ \\ (0.013T - 2.5) \times 10^6 & 400℃ < T \leqslant 500℃ \\ (-0.013T + 10.5) \times 10^6 & 500℃ < T \leqslant 600℃ \\ 2.7 \times 10^6 & T > 600℃ \end{cases} \tag{6.2.4}$$

钙质混凝土：

导热系数（$k_c$）：
$$k_c = \begin{cases} 1.355 & 0℃ < T \leqslant 293℃ \\ -0.001241T + 1.7162 & T > 293℃ \end{cases} \tag{6.2.5}$$

比热（$c_c$）和密度（$\rho_c$）：
$$\rho_c c_c = \begin{cases} 2.566 \times 10^6 & 0℃ \leqslant T \leqslant 400℃ \\ (0.1765T - 68.034) \times 10^6 & 400℃ < T \leqslant 410℃ \\ (-0.05043T + 25.00671) \times 10^6 & 410℃ < T \leqslant 445℃ \\ 2.566 \times 10^6 & 445℃ < T \leqslant 500℃ \\ (0.01603T - 5.44881) \times 10^6 & 500℃ < T \leqslant 635℃ \\ (0.016635T - 100.90225) \times 10^6 & 635℃ < T \leqslant 715℃ \\ (-0.22103T + 176.07343) \times 10^6 & 715℃ < T \leqslant 785℃ \\ 2.566 \times 10^6 & T > 785℃ \end{cases} \tag{6.2.6}$$

式中，$k_c$ 的单位为 W/(m·℃)；$\rho_c$=2400kg/m³；$c_c$ 的单位为 J/(kg·℃)。

本章第 1 节柱试件混凝土材料为钙质混凝土。

（2）温度场计算模型

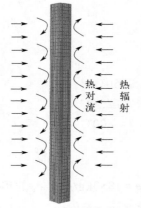

图 6.2.1　温度场计算模型

本节采用 ABAQUS 有限元软件建立温度场计算模型，型钢和混凝土采用三维实体单元模拟。已有研究成果表明，钢筋对传热计算影响较小，建模时可忽略钢筋。在型钢混凝土构件的温度场分析模型中，型钢和混凝土之间的热阻较小，对温度场产生的影响可以忽略，本章不考虑型钢和混凝土之间的热阻对温度场的影响。边界条件考虑对流和辐射传热，在位于高温炉内的柱表面施加对流和辐射边界条件，对流换热系数取 25W/(m²·℃)，综合辐射系数取 0.7，温度场分析模型采用线性热传导单元 DC3D8 划分网格。温度场计算模型及其网格划分如图 6.2.1 所示。

### 6.2.2.2　材料力学性能计算模型

（1）钢材

① 升温阶段

本章采用 Lie[5] 提出的不同温度下钢材的应力-应变关系模型：

$$\sigma = \begin{cases} \dfrac{f(T, 0.001)}{0.001}\varepsilon & \varepsilon \leqslant \varepsilon_p \\ \dfrac{f(T, 0.001)}{0.001}\varepsilon_p + f[T, (\varepsilon - \varepsilon_p + 0.001)] - f(T, 0.001) & \varepsilon > \varepsilon_p \end{cases} \tag{6.2.7}$$

其中，$f(T, 0.001) = (50 - 0.04T) \times \{1 - \exp[(-30 + 0.03T) \times \sqrt{0.001}]\} \times 6.9$，$f(T, \varepsilon - \varepsilon_p + 0.001) = (50 - 0.04T) \times \left\{1 - \exp\left[(-30 + 0.03T)\sqrt{\varepsilon - \varepsilon_p + 0.001}\right]\right\} \times 6.9$，$\varepsilon_p$ 为与比例极限对应的应变，$T$ 为温度，单位为℃。

当温度为常温时，即为常温时钢材的表达式。常温下钢材弹性模量 $E_s=2.06\times10^5\text{N/mm}^2$，泊松比 $\mu_s=0.283$。

② 降温阶段

目前，还没有见到钢材处于降温阶段时的材料特性方面的研究，现有钢材高温下的模型都是通过初次升温实验得到的，没有考虑降温阶段的影响。文献 [51] 指出，当钢材过火温度不超过 600℃ 时，火灾后钢材的微观结构和强度变化很小，可以推测当过火温度不超过 600℃ 时，由于降温对钢材材性造成的影响很小。降温阶段钢材一般仍处于高温下，鉴于目前还没有降温阶段钢材的材料模型，降温阶段钢材和钢筋的模型采用高温下的模型，即式（6.2.7）。

③ 高温后阶段

高温后钢材的力学性能与钢材的种类、高温持续时间、冷却方式等因素有关，对于高温后不同类型钢材的应力-应变关系已有一定研究，一般认为：高温下钢材内部的金相结构发生变化，强度和弹性模量随着温度的升高逐渐降低，而高温冷却后，其强度会有较大程度的恢复。宋天诣 [51] 对火灾后钢管混凝土构件的力学性能进行研究时，高温后钢材的应力-应变关系采用了双折线模型，取得了较好的计算效果。本节高温后钢材也采用该模型，表达式如下：

$$\sigma_s = \begin{cases} E_{sp}(T_m)\varepsilon_s & \varepsilon_s \leqslant \varepsilon_{yp}(T_m) \\ f_{yp}(T_m) + E'_{sp}(T_m)\left[\varepsilon_s - \varepsilon_{yp}(T_m)\right] & \varepsilon_s > \varepsilon_{yp}(T_m) \end{cases} \qquad (6.2.8)$$

式中，$E_{sp}$ 和 $E'_{sp}$ 分别为火灾后钢材的弹性模量和强化模量，可按常温下取值，$E'_{sp} = 0.01E_{sp}$。

$E_{sp}$ 可按下式取值：

$$E_{sp}(T_m)/E_s = \begin{cases} 1.0 & T_m \leqslant 500℃ \\ 1-1.30\times10^{-4}(T_m-500) & T_m > 500℃ \end{cases} \qquad (6.2.9)$$

式中，$E_s$ 为钢材常温下的弹性模量；$T_m$ 为过火最高温度，℃。

Tao Z 等 [52] 提出了高温后型钢和钢筋的屈服强度可分别根据式（6.2.10）和式（6.2.11）取值。

$$f_{yp}(T_m)/f_y = \begin{cases} 1.0 & T_m \leqslant 500℃ \\ 1-2.23\times10^{-4}(T_m-500)-3.88\times10^{-7}(T_m-500)^2 & T_m > 500℃ \end{cases} \qquad (6.2.10)$$

$$f_{yp}(T_m)/f_y = \begin{cases} 1.0 & T_m \leqslant 500℃ \\ 1-5.82\times10^{-4}(T_m-500) & T_m > 500℃ \end{cases} \qquad (6.2.11)$$

高温后钢材的屈服应变为 $\varepsilon_{yp}(T_m) = f_{yp}(T_m)/E_{yp}(T_m)$。

本节采用上述 Tao Z[52] 提出的模型。

（2）混凝土

① 材料应力应变关系

a. 升温阶段

混凝土模型采用 ABAQUS 软件提供的 "Concrete damaged plasticity" 模型，受压应力应变关系模型采用 Lie[5] 提出的模型，该模型包含了高温徐变。

$$\sigma = \begin{cases} f_c'(T) \left[ 1 - \left( \dfrac{\varepsilon_{max} - \varepsilon}{\varepsilon_{max}} \right)^2 \right] & \varepsilon \leqslant \varepsilon_{max} \\ f_c'(T) \left[ 1 - \left( \dfrac{\varepsilon_{max} - \varepsilon}{3\varepsilon_{max}} \right)^2 \right] & \varepsilon > \varepsilon_{max} \end{cases} \tag{6.2.12}$$

$$f_c'(T) = \begin{cases} f_c' & 0℃ \leqslant T \leqslant 450℃ \\ f_c' \left[ 2.011 - 2.353 \left( \dfrac{T - 20}{1000} \right) \right] & 450℃ < T \leqslant 874℃ \\ 0 & T > 874℃ \end{cases} \tag{6.2.13}$$

式中，$\sigma$、$\varepsilon$ 分别为混凝土的应力和应变；$\varepsilon_{max}$ 为混凝土的受压峰值应变，$\varepsilon_{max} = 0.0025 + \left( 6T + 0.04T^2 \right) \times 10^{-6}$；$f_c'(T)$ 是温度为 $T$ 时混凝土圆柱体强度，$f_c'$ 是常温混凝土圆柱体强度；$T$ 为温度。

当温度为常温时，上述模型就给出了常温时的计算模型。

高温下混凝土的抗拉强度按文献 [53] 取值：

$$f_t(T) = (1 - 0.001T) f_t' \tag{6.2.14}$$

式中，$f_t'$ 为混凝土常温下的抗拉强度，混凝土单轴受拉应力-应变关系采用双线型模型 [21]。

高温下受拉极限应变 [54,55] $\varepsilon_{tu}(T) = (15 \sim 25) \varepsilon_{cr}(T)$，取

$$\varepsilon_{tu}(T) = 15 \varepsilon_{cr}(T) \tag{6.2.15}$$

式中，$\varepsilon_{cr}(T) = f_t(T) / E(T)$，其中 $E(T)$ 为高温下混凝土弹性模量。

升温阶段混凝土在压应力作用下温度升高时会产生瞬态热应变，瞬态热应变采用修改材料热膨胀系数的方法进行模拟，并通过编制用户自定义热膨胀系数子程序 UEXPAN 实现。本章混凝土热膨胀变形采用 Lie[5] 提出的模型。

b. 降温阶段

进行火灾升降温及火灾后型钢混凝土柱力学性能试验时，发现在降温阶段型钢混凝土柱发出连续的"咔嚓"声，这是混凝土材料降温收缩产生裂缝导致的。由于收缩裂缝出现，可以推测，与高温下相比，降温阶段混凝土材料特性更加劣化。目前，关于降温阶段混凝土材料特性的研究成果还很少。谭清华 [59] 在进行火灾后型钢混凝土框架结构耐火性能分析时降

温阶段混凝土材料模型采用火灾后阶段的模型，取得了较好的效果，降温阶段采用火灾后阶段的模型。

c. 火灾后阶段

混凝土火灾后的应力-应变关系与所经历的历史最高温度、骨料类型、配合比、冷却方式等因素有关，学者们对其已有较多的研究，采用陆洲导等[56]提出的火灾后混凝土应力-应变关系模型，具体表达式如下

$$\sigma = \begin{cases} f_{cp}(T_m)\left[1-\left(\dfrac{\varepsilon_{op}-\varepsilon}{\varepsilon_{op}}\right)^2\right] & \varepsilon \leqslant \varepsilon_{op} \\ f_{cp}(T_m)\left[1-\dfrac{115(\varepsilon-\varepsilon_{op})}{1+5.04\times10^{-3}T_m}\right] & \varepsilon_{op} < \varepsilon \leqslant \varepsilon_{up} \end{cases} \tag{6.2.16}$$

式中，$f_{cp}(T_m)$为火灾后阶段过火最高温度为$T_m$时混凝土的峰值应力，按照吴波等[50]提出的公式确定：

$$f_{cp}(T_m) = \left[1.0-0.58149\left(\frac{T_m-20}{1000}\right)\right]f_c' \quad T_m \leqslant 200^\circ C \tag{6.2.17}$$

$$f_{cp}(T_m) = \left[1.1459-1.39255\left(\frac{T_m-20}{1000}\right)\right]f_c' \quad T_m > 200^\circ C \tag{6.2.18}$$

$f_c'$为混凝土常温下的轴心抗压强度；$\varepsilon_{op}$和$\varepsilon_{up}$分别为火灾后混凝土应力-应变曲线的峰值应变和极限应变，可分别按下式计算：

$$\varepsilon_{op} = \varepsilon_o(1.0+2.5\times10^{-3}T_m) \tag{6.2.19}$$

$$\varepsilon_{up} = \varepsilon_o(1.0+3.5\times10^{-3}T_m) \tag{6.2.20}$$

$\varepsilon_o$为常温阶段混凝土的受压峰值应变。

火灾后混凝土抗拉强度与过火最高温度的关系采用胡翠平等[57]提出的模型：

$$f_{tp}(T_m) = 0.976+\left[1.56\left(\frac{T_m}{100}\right)-4.35\left(\frac{T_m}{100}\right)^2+0.345\left(\frac{T_m}{100}\right)^3\right]\times100^{-2} \quad 20^\circ C \leqslant T_m \leqslant 800^\circ C \tag{6.2.21}$$

火灾后混凝土的受拉应力应变曲线采用双线性模型[58]。由于目前还没有混凝土火灾后受拉极限应变的研究成果，暂按高温下的方法取值，高温后受拉极限应变取

$$\varepsilon_{tup}(T_m) = 15\varepsilon_{crp}(T_m) \tag{6.2.22}$$

式中，$\varepsilon_{crp}(T_m) = f_{tp}(T_m)/E_p(T_m)$；$E_p(T_m)$为高温后混凝土弹性模量。

② 混凝土的瞬态热应变

瞬态热应变是恒载升温时混凝土在压力作用下产生的热膨胀应变与自由热膨胀应变的差值，瞬态热应变的主要成分为瞬时徐变，瞬态热应变数量较大，模拟中应考虑。瞬态热应变降温时或者是应力降低时不可恢复，类似于塑性变形。Thelandersson[59] 提出了多轴应力状态时瞬态热应变 $\varepsilon^{\text{tm}}$ 的计算方法：

$$\dot{\varepsilon}^{\text{tm}} = \dot{\theta} \boldsymbol{Q} : \boldsymbol{\sigma} \tag{6.2.23}$$

式中　$\boldsymbol{Q}$——四阶张量，其分量 $Q_{ijkl} = \alpha\beta_0 \{-\gamma\delta_{ij}\delta_{kl} + (1+\gamma)(\delta_{ik}\delta_{jl} + \delta_{il}\delta_{jk})/2\}/f_c$；

　　$\boldsymbol{\sigma}$——应力张量；

　　$\dot{\theta}$——温度；

　　$\beta_0$——从试验得到的常数，一般在 1.8～2.35 变化；

　　$\alpha$——割线热膨胀系数；

　　$\gamma$——为实验常数，一般为 0.2。

根据式（6.2.23），有

$$\begin{aligned}
\dot{\varepsilon}_{ij}^{\text{tm}} &= \dot{\theta}\alpha\beta_0 \left\{ -\gamma\delta_{ij}\delta_{kl} + (1+\gamma)(\delta_{ik}\delta_{jl} + \delta_{il}\delta_{jk})/2 \right\} \sigma_{kl}/f_c \\
&= \dot{\theta}\alpha\beta_0 \left\{ -\gamma\delta_{ij}\delta_{kl}\sigma_{kl} + (1+\gamma)(\delta_{ik}\delta_{jl}\sigma_{kl} + \delta_{il}\delta_{jk}\sigma_{kl})/2 \right\}/f_c \\
&= \dot{\theta}\alpha\beta_0 \left\{ -\gamma\delta_{ij}\sigma_{kk} + (1+\gamma)(\sigma_{ij} + \sigma_{ji})/2 \right\}/f_c
\end{aligned} \tag{6.2.24}$$

因 $\sigma_{ij} = \sigma_{ji}$，则

$$\dot{\varepsilon}_{ij}^{\text{tm}} = \dot{\theta}\alpha\beta_0 \left\{ -\gamma\delta_{ij}\sigma_{kk} + (1+\gamma)\sigma_{ij} \right\}/f_c \tag{6.2.25}$$

以往的有关混凝土瞬态热应变的本构关系中都把应力简化为一种参量，应力在温度升高的增量步内不变，而在不同的增量步间变化，现有的试验中瞬态热应变也是在定应力的条件下测定的。为了简化计算，假设在式（6.2.25）对温度积分的过程中应力不变，得

$$\varepsilon_{ij}^{\text{tm}} = \theta\alpha\beta_0 \left\{ -\gamma\delta_{ij}\sigma_{kk} + (1+\gamma)\sigma_{ij} \right\}/f_c \tag{6.2.26}$$

瞬态热应变与热膨胀应变之和为

$$\varepsilon_{ij}^{\text{tm}} + \varepsilon_{ij}^{\text{th}} = \alpha\theta\beta_0 \left\{ -\gamma\delta_{ij}\sigma_{kk} + (1+\gamma)\sigma_{ij} \right\}/f_c + \alpha\theta\delta_{ij} \tag{6.2.27}$$

式中　$\varepsilon_{ij}^{\text{th}}$——热膨胀应变分量。

瞬态热应变与热膨胀应变之和对温度取平均

$$(\varepsilon_{ij}^{\text{tm}} + \varepsilon_{ij}^{\text{th}})/\theta = \alpha\beta_0 \left\{ -\gamma\delta_{ij}\sigma_{kk} + (1+\gamma)\sigma_{ij} \right\}/f_c + \alpha\delta_{ij} \tag{6.2.28}$$

设上式左边为考虑瞬态热应变的组合平均各向异性热膨胀系数，并用 $\bar{\alpha}_{ij}$ 表示，则

$$\bar{\alpha}_{ij} = \left\{ \beta_0 \left[ -\gamma \delta_{ij} \sigma_{kk} + (1+\gamma) \sigma_{ij} \right] / f_c + \delta_{ij} \right\} \alpha \tag{6.2.29}$$

$$\begin{Bmatrix} \bar{\alpha}_{11} \\ \bar{\alpha}_{22} \\ \bar{\alpha}_{33} \\ \bar{\alpha}_{12} \\ \bar{\alpha}_{13} \\ \bar{\alpha}_{23} \end{Bmatrix} = \begin{Bmatrix} 1.0 - \dfrac{\gamma \beta_0}{f_c} \sigma_{kk} + \dfrac{\beta_0(1+\gamma)}{f_c} \sigma_{11} \\ 1.0 - \dfrac{\gamma \beta_0}{f_c} \sigma_{kk} + \dfrac{\beta_0(1+\gamma)}{f_c} \sigma_{22} \\ 1.0 - \dfrac{\gamma \beta_0}{f_c} \sigma_{kk} + \dfrac{\beta_0(1+\gamma)}{f_c} \sigma_{33} \\ \dfrac{\beta_0(1+\gamma)}{f_c} \sigma_{12} \\ \dfrac{\beta_0(1+\gamma)}{f_c} \sigma_{13} \\ \dfrac{\beta_0(1+\gamma)}{f_c} \sigma_{23} \end{Bmatrix} \alpha \tag{6.2.30}$$

根据式（6.2.28），瞬态热应变与自由热应变之和可通过改变材料的割线热膨胀系数求得。采用组合割线热膨胀系数作为材料的平均热膨胀系数，则计算得到的热膨胀变形自然地包含了瞬态热应变。当使用梁单元时，式（6.2.30）可简化为

$$\bar{\alpha} = \left( 1 + \frac{\beta_0}{f_c} \sigma \right) \alpha \tag{6.2.31}$$

式中　$\sigma$ ——梁的正应力（压应力）。

计算时，利用修改热膨胀系数的方法[60]，通过编制自定义热膨胀系数子程序在 ABAQUS 平台上实现了瞬态热应变的数值模拟。并与下一节区分材料所处的升温、降温及火灾后阶段子程序 USDFLD 一起确定升温阶段的瞬态热应变，而降温阶段和火灾后阶段则不考虑瞬态热应变的影响。

（3）升温、降温及火灾后三阶段区分及过火最高温度场的计算

前述表明，在升温阶段、降温阶段和火灾后阶段材料本构关系不同，在火灾后型钢混凝土柱力学性能分析中需要将上述三个阶段区分开来。由于所处位置不同，不同位置的材料点到达最高温度的时间不同，试件外部的材料升温快些，内部的材料升温慢些，因此，只根据受火时间难以区分上述三个受火阶段。通过在材料积分点定义材料场变量的方法成功对上述三个阶段进行了区分。

对混凝土来说，降温阶段和火灾后阶段，材料的力学性能主要与其经历的过火最高温度有关。一个构件各个材料点的过火最高温度可以确定一个温度场，称为构件的过火最高温度场，火灾后构件的力学性能主要与构件的过火最高温度场有关。在火灾后型钢混凝土柱力学性能的计算时需要首先确定柱的过火最高温度场，然后进行火灾后的力学性能计算。本章计算时采用顺序耦合计算，首先确定温度场，然后读取温度场同时确定过火最高温度场进行力

学性能计算。

由于混凝土为热惰性材料，型钢混凝土柱内各点到达最高温度的时刻不相同，本章温度场试验各测点的温度-时间实测值如本章后面图 6.2.4 所示，可见截面内部到达最高温度的时间较晚，截面外部到达最高温度的时间较早。因此，确定过火最高温度场不能通过确定某一受火时间的温度场的方法确定。本章通过在 ABAQUS 软件平台上编制用户自定义场变量子程序，设置一个附加变量记录材料点的最高温度，可获得构件的过火最高温度场。将过火最高温度设置为一个场变量，同时定义材料特性随该场变量而变化，可实现降温阶段和火灾后阶段型钢混凝土柱力学性能计算，而升温阶段可按照一般的热力耦合进行计算。本章通过上述方法实现了火灾升温阶段、降温阶段及火灾后阶段型钢混凝土柱力学性能的计算。

例如，当时间 $t$ 为 45min 时，试件 SRC02 柱截面的温度场如图 6.2.2（a）所示，过火最高温度场如图 6.2.2（b）所示，图中 $T$ 表示温度，$T_m$ 为过火最高温度。该试件受火时间 $t_h$ 为 45min。从图中可见，当时间 $t$ 为 45min 时截面内部温度场温度明显低于过火最高温度场的温度，说明此时截面内部还没有到达最高温度，还将继续上升。需要说明的是，图 6.2.2（a）的温度为节点温度，图 6.2.2（b）为积分点的温度，积分点位于单元形心，图 6.2.2（b）即为单元形心的温度，图 6.2.2（a）角部温度比图 6.2.2（b）稍高。

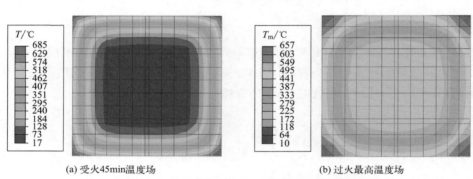

(a) 受火45min温度场      (b) 过火最高温度场

图 6.2.2　受火 45min 温度场与过火最高温度场

（4）有限元模型的网格划分

本节建立有限元模型时，混凝土和型钢采用三维实体线性缩减积分单元 C3D8R 划分网格，钢筋采用三维线性桁架单元 T3D1 划分网格。宋天诣[51]、谭清华[61] 等多位学者的研究表明，钢筋与混凝土之间及型钢与混凝土柱之间的界面滑移对柱火灾下及火灾后的力学性能影响很小。本章试验也表明，试验过程中，上述界面均没有发生明显的裂缝，本章暂不考虑钢筋与混凝土、型钢与混凝土之间的滑移的影响。有限元模型如图 6.2.3 所示。

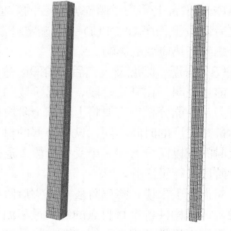

(a) 柱混凝土网格划分    (b) 钢筋与型钢网格划分

图 6.2.3　有限元模型

### 6.2.3　温度场计算结果与实测结果的对比

利用上述温度场计算模型计算得到的 4 个

受火型钢混凝土柱试件各测点温度场计算结果如图 6.2.4 所示，图中也一并给出了这些测点的实测结果，试件 SRC01 的热电偶在安装过程中损坏，故没有实测温度。从图中可见，各构件测点 1、2 和 3 的滞后现象和升降温过程的模拟结果均与试验吻合较好，但也存在较小误差。导致误差的原因一方面可能是选取模型的热工参数和实际热工参数存在一定差异，另一方面可能是热电偶的实际布置和理想位置存在一定偏差。总体来说，计算结果与试验结果基本吻合。

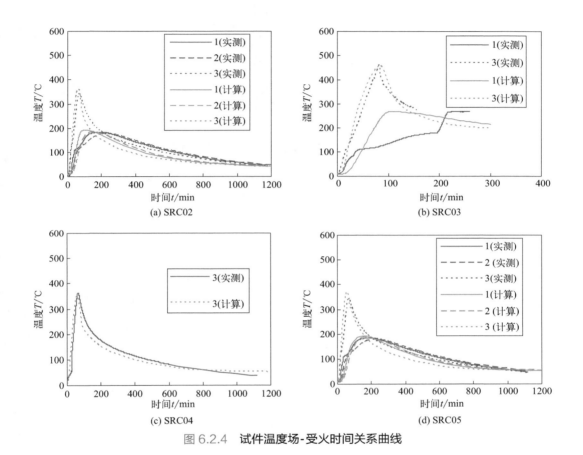

图 6.2.4　试件温度场-受火时间关系曲线

## 6.2.4　柱顶位移计算结果与实测结果的对比

利用上述方法建立了火灾后型钢混凝土柱力学性能分析的有限元计算模型，利用该计算模型对本章前述的火灾后型钢混凝土柱力学性能试验的 5 个试件的力学性能进行了分析。火灾后破坏时典型试件的变形情况计算结果与试验的对比情况如图 6.2.5 所示。图中 PE 为塑性应变，PE33 为竖向塑性应变，塑性应变较大处显示破坏较严重，塑性应变的正负标志着受拉和受压。从图 6.2.5 可见，试件变形计算结果与试验结果基本吻合。柱顶竖向位移计算结果与实测结果的对比如图 6.2.6 所示。从图中可见，计算结果与实测结果基本吻合。计算结果与实测结果之间存在少许误差，这些误差是由混凝土材料压碎和开裂的偶然性造成的。

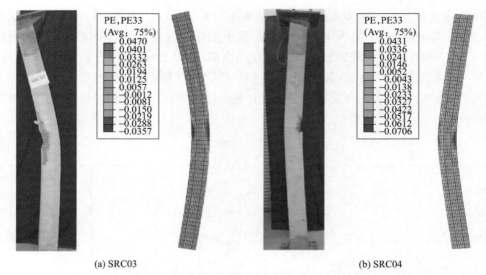

(a) SRC03                                        (b) SRC04

图 6.2.5    试件变形计算结果与试验结果的对比

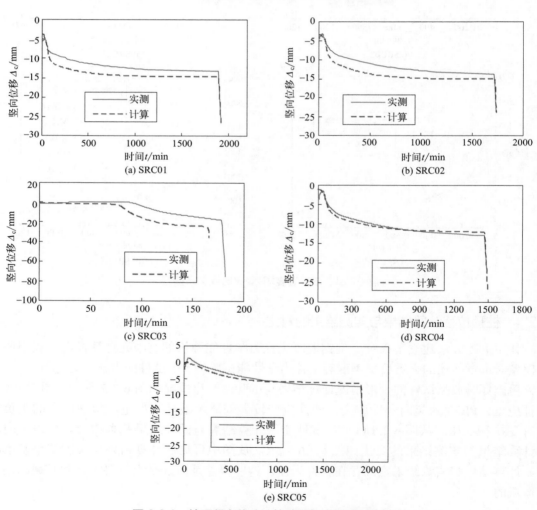

图 6.2.6    柱顶竖向位移计算结果与实测结果的对比

这里以试件 SRC05 为例显示试件关键截面的应力状态。试件 SRC05 升降温临界时刻（受火 45min）柱高度中间截面竖向应力 $\sigma$ 如图 6.2.7 所示，图 6.2.7（a）为混凝土应力，图 6.2.7（b）为型钢应力，应力以受拉为正。可见，此时，柱高中间截面周围的应力为压应力，而且柱弯曲的内侧压应力较大，外侧压应力较小，柱截面中部为拉应力。由于混凝土受热膨胀，截面周围温度较内部高，导致周围混凝土受压，中部混凝土受拉。同时，由于柱的挠曲变形，柱内侧混凝土压应力增加，外侧压应力减小。

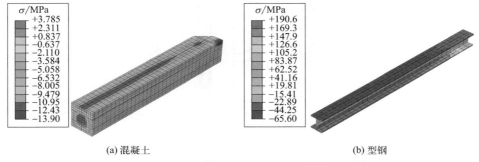

(a) 混凝土　　　　　　　　　　　　　　　　　(b) 型钢

图 6.2.7　升降温临界时刻 SRC05 柱中截面应力

升降温阶段结束时刻试件 SRC05 柱高度中间截面竖向应力 $\sigma$ 如图 6.2.8 所示，图 6.2.8（a）为混凝土应力，图 6.2.8（b）为型钢应力。可见，此时，柱高中间混凝土截面应力为压应力，而且截面内部压应力较大，外部压应力较小，这是由于外部经历的过火最高温度较高，导致混凝土强度降低所致。

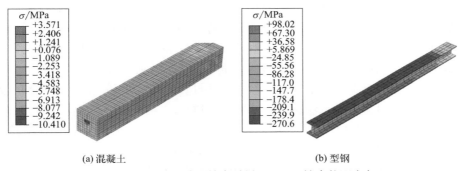

(a) 混凝土　　　　　　　　　　　　　　　　　(b) 型钢

图 6.2.8　升降温阶段结束时刻 SRC05 柱中截面应力

### 6.2.5　火灾后承载能力

计算得到的各试件火灾后承载能力 $N_u$ 与实测值的对比如图 6.2.9 所示，由于试件 SRC03 在降温阶段发生破坏，没有火灾后承载能力实测值。从图中可见，二者吻合较好。

### 6.2.6　结论

建立了火灾升降温作用下型钢混凝土柱温度场计算模型，计算结果与实测结果吻合较好。同时，本节还提出了考虑火灾升温、降温以及火灾后不同阶段材料本构关系、火灾下及火灾后型钢混凝土柱力学性能分析的计算模型，利用该计算模型对火灾下及火灾后型钢混凝土柱力学性能试验进行了数值模拟，计算结果与试验基本吻合。可见，本节提出的方法是合理的，本节模型可用于型钢混凝土柱火灾下及火灾后力学性能的计算与分析。

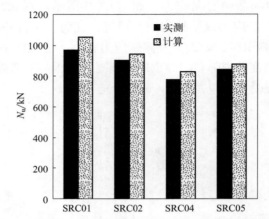

图 6.2.9　各试件火灾后承载能力计算值与实测值对比

# 6.3　火灾后型钢混凝土偏心受压柱偏心距增大系数计算方法

## 6.3.1　引言

火灾后型钢混凝土柱评估的主要内容是核算柱的承载能力是否满足原设计要求，而火灾后柱承载能力的实用计算方法可为柱的快速评估提供便利，因此需要对火灾后型钢混凝土柱承载能力实用计算方法进行研究。常温下钢筋混凝土柱和型钢混凝土柱的破坏均为临界截面的压弯破坏。柱破坏时临界截面弯矩既包括一阶弯矩，也包括二阶弯矩，柱设计时二阶弯矩不可忽略，一般的规范都采用偏心距增大系数方法计算一阶弯矩和二阶弯矩之和。火灾后柱承载力设计仍可采用常温下的方法进行，这样便于执行。

柱的二阶弯矩计算即柱的二阶效应 $P\text{-}\delta$ 效应计算。目前，国内外学者对常温下的偏心受压钢（型钢）混凝土柱二阶效应进行了大量的试验研究和理论分析。李国强等[62]系统总结了火灾后各种材料模型，可为型钢混凝土柱火灾后承载力计算提供参考。叶列平等[63]对 16 根型钢混凝土柱的偏心受压性能进行了试验研究，并结合理论分析，提出了偏心距增大系数 $\eta$ 的计算公式，计算结果与试验结果吻合较好。杨莉等[64]对多根型钢混凝土偏心受压柱进行理论分析和计算，研究了长细比、偏心率和型钢率对型钢混凝土柱二阶效应偏心距增大系数的影响，通过对计算结果的回归分析，提出了适用于工程设计的、考虑柱截面刚度变化的偏心距增大系数简化计算公式。王秋维等[65]对标准偏压型钢混凝土柱的二阶效应进行了理论分析，根据柱的受力特性，提出了以极限曲率为参数的偏心距增大系数计算方法，该方法具有较高的精度。上述研究只针对常温下型钢混凝土柱的二阶效应进行了研究。

对于火灾后型钢混凝土柱的力学性能，Du 等[26]通过建立考虑升降温全过程的型钢混凝土柱非线性有限元分析模型对其受力性能进行分析，通过试验结果与模型结果的对比，验证了模型的正确性。本章第 1 节、第 2 节完成了火灾作用后型钢混凝土柱力学性能试验研究，提出了考虑升降温全过程的火灾后型钢混凝土柱力学性能计算方法，且计算结果与试验结果吻合较好。

型钢混凝土柱 $P$-$\delta$ 效应的计算方法主要包括偏心距增大系数法、弯矩增大法及考虑结构非线性的有限元分析方法。其中考虑结构非线性的有限元分析方法计算最准确，但是需要迭代计算，非常费时，计算量较大。对于钢筋混凝土柱，《混凝土结构设计规范》采用基于曲率表达的弯矩增大系数 $\eta_{ns}$。同时文献 [65] 指出：偏心距增大系数法和弯矩增大系数法表达方式上具有一致性，且偏心距增大系数法具有更好的实用性。因此本节采用偏心距增大系数法对火灾后 SRC 柱 $P$-$\delta$ 效应进行分析计算，提出基于极限曲率的偏心距增大系数的计算方法。然而关于火灾后偏心受压型钢混凝土中长柱 $P$-$\delta$ 效应研究较少。

本节在第 1 节试验研究的基础上对火灾后型钢混凝土标准偏心受压中长柱（两端铰支，偏心距相等）$P$-$\delta$ 效应进行了分析，提出了弯矩增大系数的计算方法，并与第一章试验结果进行了对比。

### 6.3.2　试验概况

本节基于第 1 节试验结果进行理论研究，试验对考虑火灾全过程的火灾后型钢混凝土柱力学性能进行了研究。在常温时，首先在型钢混凝土柱端施加预定荷载；然后试验炉内点火，炉温开始上升，当达到预定受火时间时，试验炉内熄火，同时打开炉口进行自然降温，直至试件温度降至常温，在整个升降温过程中保持柱端轴压力不变。之后开始增大柱顶竖向荷载，直至试件破坏，停止试验。

试件截面大小为 280mm×280mm，对应于不同的含钢率，型钢选取两种截面。试件两端为等偏心距，大小为 75mm，柱长 4.03m，考虑两端铰支座高度为 4.6m。型钢采用 Q345 钢材；钢筋采用 HRB400 级钢筋，直径 16mm；箍筋直径 8mm，采用 HPB235 级钢筋。混凝土采用 C30。考虑荷载比、受火时间及含钢率三个参数的影响，完成了 5 个型钢混凝土柱试件火灾后力学性能试验。试件两端采用铰接约束，试件详细情况见第一章。

### 6.3.3　火灾后型钢混凝土偏心受压柱偏心距增大系数

型钢混凝土偏心受压柱 $P$-$\delta$ 效应称为挠曲二阶效应，是指轴压力在产生挠曲变形的柱段中引起的附加弯矩，亦称为二阶弯矩。型钢混凝土中长柱的二阶弯矩较大，不能忽略，构件控制截面是在初始弯矩和二阶弯矩的作用下达到极限承载力的。图 6.3.1 所示即为标准偏心受压柱，两端铰支且两端偏心距相等。而对于火灾后偏心受压型钢混凝土中长柱，常温阶段，在初始偏心距为 $e_0$，轴向压力为 $N$ 作用下产生变形，一阶弯矩大小为 $M_1 = Ne_0$，柱高度中点处的挠度大小为 $f_1$，挠曲变形在各个柱截面还将产生附加弯矩，从而柱的挠度也会继续增大，当柱子遭遇升降温作用时，混凝土材料会发生恶化，表面出现龟裂、混凝土脱落等现象。同时，由于混凝土和钢材的强度和弹性模量会出现不同程度的损伤，构件的强度和刚度也会出现显著的下降，柱侧向二阶效应明显，柱子高度中点处弯矩相应增大，此时柱子高度中点侧向挠度增

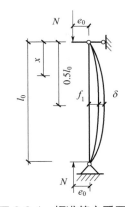

图 6.3.1　标准偏心受压柱
一阶和二阶挠度

大至 $f$，柱中间截面弯矩大小为 $M=N(e_0+f)$，其中 $f=f_1+\delta$，$\delta$ 为二阶效应产生的附加位移。根据我国规范及国外规范对偏心距增大系数的定义：

$$\eta = \frac{M}{M_1} = \frac{N(e_0+f)}{Ne_0} = \frac{e_0+f}{e_0} = 1+\frac{f}{e_0} \tag{6.3.1}$$

### 6.3.4 偏心距增大系数 $\eta$ 的计算

#### 6.3.4.1 基本假定

本章采用的基本假定包括：

① 偏心受压柱受力符合平截面假定。

② 剪力对截面弯曲的影响忽略不计。

③ 高温后混凝土的极限应变采用陆洲导[56] 提出的公式 $\varepsilon_{cu,T}=\varepsilon_{cu}(1.0+3.5\times10^{-3}T)$，式中，$\varepsilon_{cu}$ 为常温下混凝土的极限压应变，大小取为 0.0033；$T$ 最高过火温度；$\varepsilon_{cu,T}$ 为高温后混凝土极限压应变。

④ 高温后钢材的屈服强度和弹性模量采用吴波[50] 提出的公式

$$f_{yT} = \begin{cases} f_y & T\leqslant500℃ \\ f_y\left[1-2.33\times10^{-4}(T-500)-3.88\times10^{-7}(T-500)^2\right] & T>500℃ \end{cases} \tag{6.3.2}$$

$$E_{yT} = \begin{cases} E_s & T\leqslant500℃ \\ \left[1-1.30\times10^{-4}(T-500)\right]E_s & T>500℃ \end{cases} \tag{6.3.3}$$

式中，$T$ 为混凝土所经历的最高温度；$f_y$，$f_{yT}$ 分别为常温和火灾后钢材（钢筋）的屈服强度；$E_s$，$E_{yT}$ 分别为常温和火灾后钢材（钢筋）的弹性模量。

⑤ 火灾后偏心受压柱的挠曲线方程近似为正弦波的半波，其挠度可表示为：

$$\omega = f\sin\left(\frac{\pi x}{l_0}\right) \tag{6.3.4}$$

式中，$f$ 为柱高中点截面处的侧向挠度；$l_0$ 为标准偏心受压柱的计算长度；$x$ 为距离柱端部的距离，如图 6.3.1 所示。

⑥ 对于型钢混凝土柱过火最高温度，采用本章第 2 节中考虑火灾全过程的有限元模型进行分析，并适当按区域进行简化。图 6.3.2 为第 1 节中受火时间 45min 和 70min 试件中部截面过火最高温度场，图中 $T$ 表示过火最高温度场，单位为℃。

根据式（6.3.4）可得出相应中间截面的曲率为：

$$\phi = f\left(\frac{\pi}{l_0}\right)^2 \tag{6.3.5}$$

将式（6.3.5）代入公式（6.3.1）可得：

$$\eta = \frac{e_0 + f}{e_0} = 1 + \frac{\phi l_0^2}{e_0 \pi^2} \tag{6.3.6}$$

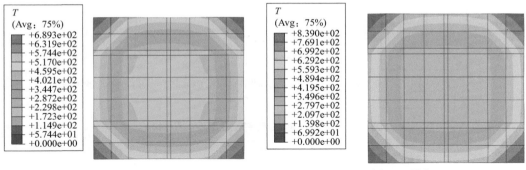

(a) 受火45min试件          (b) 受火70min试件

图 6.3.2   过火最高温度场

### 6.3.4.2   火灾后 SRC 柱极限曲率的计算

由式（6.3.6）可知，确定型钢混凝土柱截面曲率的大小尤为关键。对于大偏心受压 SRC 柱，极限状态定义为受压区混凝土达到极限压应变同时受拉区钢筋和型钢混凝土屈服，根据图 6.3.3（a）所示的截面应变分布图，其极限曲率可表示为：

$$\phi_u = \frac{\varepsilon_{cu,T} + \varepsilon_{y,T}}{h_0} \tag{6.3.7}$$

$$\varepsilon_{y,T} = \frac{f_{yT}}{E_{yT}} \tag{6.3.8}$$

$$h_0 = \frac{f_y A_s (h - a_s) + f_a A_{af} (h - a_a)}{f_y A_s + f_a A_{af}} \tag{6.3.9}$$

式中，$\varepsilon_{y,T}$ 为高温后钢材的屈服应变；$h_0$ 为型钢混凝土柱等效截面高度；$h$ 为混凝土截面高度；$A_{af}$ 为型钢受拉翼缘截面面积；$A_s$ 为受拉钢筋截面面积；$a_s$ 为纵向受拉钢筋合力点至混凝土截面近边的距离；$a_a$ 为型钢受拉翼缘截面重心至混凝土截面近边的距离；$f_a$ 为型钢的抗拉屈服强度；$f_y$ 为钢筋的抗拉屈服强度；$f_{yT}$ 为型钢翼缘边缘钢材高温后的屈服强度，$E_{yT}$ 为型钢高温后的弹性模量。

小偏心受压 SRC 柱极限状态定义为受压混凝土达到极限压应变，远端一侧型钢翼缘可能受拉或者受压，但是一般情况下不能达到屈服强度。其截面的应变分布如图 6.3.3（b）所示，中间截面的极限曲率可表示为：

$$\phi_u = \frac{\varepsilon_{cu,T} + \varepsilon_{s,T}}{h_0} \tag{6.3.10}$$

式中，$\varepsilon_{s,T}$ 为极限状态下火灾后型钢翼缘受拉（压）应变。

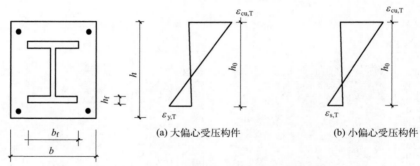

(a) 大偏心受压构件　　　　(b) 小偏心受压构件

图 6.3.3　大、小偏心构件截面应变分布情况

### 6.3.4.3　曲率修正系数 $k_1$、$k_2$

文献 [62] 研究表明，构件的长细比和初始偏心距对 SRC 柱 $P\text{-}\delta$ 效应影响较大，故本章采用修正系数的方法来考虑其影响，即：

$$\phi = \phi_u k_1 k_2 \tag{6.3.11}$$

式中，$k_1$ 为初始偏心距修正系数；$k_2$ 长细比修正系数。

对于小偏心受压构件，截面曲率随着荷载偏心率的减小而减小。这是由于偏心受压构件由大小偏心界限状态向轴心受压状态变化时，混凝土极限压应变逐渐减小。由公式 (6.3.10) 可知远端型钢翼缘不能达到屈服强度，且此时型钢翼缘的应变计算比较复杂，为简化计算，对于小偏心受压构件极限曲率采用偏心距修正大偏心受压构件截面曲率的方法进行计算，同时初始偏心距对大偏心受压构件跨中变形也有一定影响，故采用文献 [66] 中推荐的偏心距修正系数：

$$k_1 = 2(e_0/h) \leqslant 1.0 \tag{6.3.12}$$

同时试件长细比越大，对柱侧向挠度和承载力的影响越大，故偏心受压型钢混凝土中长柱应当考虑长细比的影响。采用文献 [63] 中提出的常温劲性钢筋混凝土偏压柱公式进行计算。

$$k_2 = 1.3 - 0.026 l_0/h \qquad 0.7 \leqslant \zeta \leqslant 1.0 \tag{6.3.13}$$

式中，$l_0$ 为试件的计算长度；$h$ 为偏心方向截面高度；$\zeta$ 为长细比修正系数。

将上述公式代入式 (6.3.6) 中可得：

$$\eta = \frac{e_0 + f}{e_0} = 1 + \frac{\phi l_0^2}{e_0 \pi^2} = 1 + \frac{1}{\pi^2 \left(\dfrac{e_0}{h_0}\right)} \left(\frac{l_0}{h_0}\right)^2 k_1 k_2 (\varepsilon_{cu,T} + \varepsilon_{y,T}) \tag{6.3.14}$$

### 6.3.5　试验验证

根据上述推导的偏心距增大系数计算公式的计算结果与试验结果进行对比，比较结果如

表 6.3.1 及图 6.3.4 所示。试件长细比 $\lambda$ 定义为：$\lambda=l_0/h$，其中 $l_0$ 为构件计算长度，$h$ 为偏心方向截面高度；荷载偏心率定义为 $e/r$，其中 $e$ 为荷载偏心距，$r=h/2$；荷载比 $n=N_0/N_t$，其中 $N_0$ 为火灾下 SRC 柱所承受的荷载，$N_t$ 为常温时 SRC 柱的极限承载力。

**表 6.3.1　火灾后型钢混凝土柱偏心距增大系数计算结果与试验结果对比**

| 试件编号 | 荷载比 $n$ | 受火时间 /min | 偏心率 | 长细比 | $\eta$（试验值） | $\eta$（计算值） | 误差（计算/试验 −1）/% |
|---|---|---|---|---|---|---|---|
| QH5W6[67] | 0.5 | 38.4 | 0.6 | 12.3 | 1.71 | 1.54 | −9.9 |
| QH5W4[67] | 0.5 | 25.6 | 0.6 | 12.3 | 1.50 | 1.51 | 0.6 |
| py3-0.5-0.4[68] | 0.5 | 25.6 | 0.3 | 12.3 | 1.57 | 1.47 | −6.4 |
| py3-0.5-0.6[68] | 0.5 | 38.4 | 0.3 | 12.3 | 1.63 | 1.45 | −11.0 |
| SRC01 | 0.3 | 30 | 0.54 | 16.4 | 1.56 | 1.62 | 3.8 |
| SRC02 | 0.3 | 45 | 0.54 | 16.4 | 1.67 | 1.73 | 3.6 |
| SRC03 | 0.3 | 70 | 0.54 | 16.4 | 2.1 | 1.82 | −12.8 |
| SRC04 | 0.3 | 45 | 0.54 | 16.4 | 1.91 | 1.73 | −9.4 |
| SRC05 | 0.2 | 45 | 0.54 | 16.4 | 1.78 | 1.73 | −2.8 |

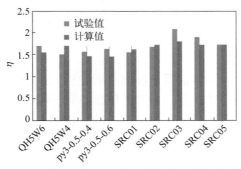

图 6.3.4　偏心距增大系数 $\eta$ 计算值与试验值对比

通过表 6.3.1 及图 6.3.4 的比较可知：计算结果与试验结果吻合较好，试验过程中部分型钢混凝土柱发生了不同程度的爆裂，截面发生损伤，导致试件截面刚度降低以及测量仪器等引起了一定的误差。

### 6.3.6　结论

本节基于火灾后偏心受压型钢混凝土中长柱的试验结果，对火灾全过程的火灾后型钢混凝土柱 $P$-$\delta$ 效应进行了分析，考虑高温对混凝土极限压应变的影响，推导了以极限曲率为参数的火灾后型钢混凝土柱偏心距增大系数的计算公式，同时公式对初始偏心距和长细比的影响进行了修正，通过与现有的试验数据进行比较表明，该方法具有较好的精度，且应用十分简便。

# 第 7 章　火灾后型钢混凝土柱的抗震性能

## 7.1　火灾后型钢混凝土柱抗震性能试验研究

### 7.1.1　引言

　　火灾后，需要评估建筑结构灾后的力学性能，以便确定火灾后结构或构件的承载能力和刚度是否满足原来的设计要求。对于高层建筑和超高层建筑，往往结构的地震作用控制设计，结构或构架火灾后的抗震性能是否满足要求尤为重要[69]。型钢混凝土柱在高层和超高层建筑结构中应用较多，例如 2009 年 2 月 9 日中央电视台新台址电视文化中心（TVCC）超高层建筑（屋面高度 159m）发生特大火灾。该建筑的结构形式为型钢混凝土框架-剪力墙结构，框架柱为型钢混凝土柱[70]。因此，对于火灾后型钢混凝土柱抗震性能的研究具有重要的理论意义和工程应用价值。

　　本节进行了 8 个大比例尺型钢混凝土柱火灾后的抗震性能试验，对火灾下及火灾后型钢混凝土柱温度场的发展变化规律进行了详细的试验研究。同时，考虑受火时间、轴压比、栓钉、含钢率等参数变化，对火灾后型钢混凝土柱的承载能力、刚度、典型滞回环和耗能能力等性能进行了详细的试验研究及参数分析，研究成果可为提出火灾后型钢混凝土框架结构抗震性能评估方法提供参考依据。

### 7.1.2　火灾后型钢混凝土柱抗震性能试验

#### 7.1.2.1　试件设计

　　试件参数主要考虑受火时间、柱轴压比、有无栓钉以及含钢率对火灾后型钢混凝土柱抗震性能的影响。《建筑构件耐火试验方法》（GB/T 9978）[71] 规定了构件耐火试验中可采用 ISO834[3] 标准升温曲线，为了与已有构件耐火性能试验和火灾后的力学性能试验进行对比，本章试验时火灾温度场升温阶段采用 ISO834[3] 标准升温曲线，降温阶段采用熄火后打开高温炉盖自然降温。考虑火灾持续时间的变化，试验中采用的受火时间（即炉温升降温临界时间）$t_h$ 分别为 60min、90min 和 120min，并考虑常温对比试件 1 个。轴压比 $n$ 是影响 SRC 柱抗震性能的关键因素之一，试验中还考虑了参数轴压比的变化。实际工程中，有时为了增加型钢与混凝土之间的黏结强度，型钢表面焊接栓钉，为了研究栓钉对火灾后力学性能的影响规律，试验中还制作了一个型钢上焊接栓钉的型钢混凝土柱试件进行对比研究。另外，为了减小尺寸效应对试验结果的影响，本章试验尽量采用大比例尺试件。综合考虑上述因素，试验共设计了 8 个大比例尺型钢混凝土柱试件，试件的详细变化参数见表 7.1.1。表 7.1.1 中的轴压比是依据《组合结构设计规范》（JGJ 138—2016）的规定，按照钢材和混凝土材料设计值进行计算的。

表 7.1.1 型钢混凝土柱试件参数表

| 试件编号 | 受火时间 $t_h$/min | 轴压比 $n$ | 轴压力 /kN | 型钢截面 | 栓钉 | 备注 |
|---|---|---|---|---|---|---|
| 1 | 常温 | $n_1$=0.38 | 2000 | 1 类 | 无 | 常温对比试件 |
| 2 | 60 | $n_1$=0.38 | 2000 | 1 类 | 无 | 变化受火时间 |
| 3 | 90 | $n_1$=0.38 | 2000 | 1 类 | 无 | 基准试件 |
| 4 | 90 | $n_2$=0.58 | 3000 | 1 类 | 无 | 变化轴压比 |
| 5 | 120 | $n_1$=0.38 | 2000 | 1 类 | 无 | 基准试件 |
| 6 | 120 | $n_2$=0.58 | 3000 | 1 类 | 无 | 变化轴压比 |
| 7 | 120 | $n_1$=0.38 | 2000 | 1 类 | 有 | 加栓钉 |
| 8 | 120 | $n_2$=0.58 | 3000 | 2 类 | 无 | 变化含钢率 |

为了便于柱的固定，柱试件做成倒 T 形试件，柱底端制作固定地梁，并通过钢梁和螺栓固定于地面锚固梁。柱试件截面宽度 350mm，截面高度 400mm，柱高度 1400mm。型钢钢材采用 Q345C，主筋为直径 22mm 的 HRB335 级钢筋，箍筋为直径 10mm 的 HPB235 级钢筋。柱内型钢采用焊接宽翼缘工字钢，设计两种型钢截面，第 1 类型钢截面高度 $H$、宽度 $B$、腹板厚度 $d$、翼缘厚度 $t$ 分别为 200mm、150mm、14mm、16mm（即 H200mm×150mm×14mm×16mm），第 2 类型钢截面高度 $H$、宽度 $B$、腹板厚度 $d$、翼缘厚度 $t$ 分别为 200mm、150mm、16mm、20mm（即 H200mm×150mm×16mm×20mm）。本节试件 7 为带栓钉试件，在型钢两翼缘的外表面自下而上焊接一列栓钉，螺栓竖向间距 240mm，螺栓长度 50mm，直径 20mm，并带有螺母，上述参数根据《钢结构设计标准》（GB 50017—2017）经计算确定。型钢混凝土柱试件的详细情况如图 7.1.1 所示，试件浇筑情况如图 7.1.2 所示。

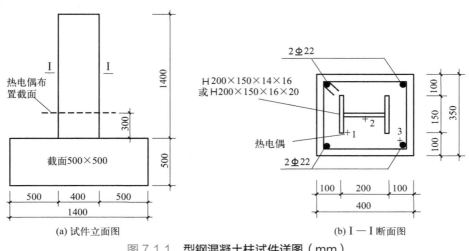

(a) 试件立面图　　　　(b) Ⅰ—Ⅰ 断面图

图 7.1.1 型钢混凝土柱试件详图（mm）

图 7.1.2　型钢混凝土柱试件现场浇筑情况

混凝土采用 C40 商品混凝土，骨料为钙质。C40 混凝土常温下立方体抗压强度实测平均值为 43MPa，常温下棱柱体抗压强度实测平均值为 32.4MPa。常温下 Q345C 钢材弹性模量、屈服强度、抗拉强度实测平均值分别见表 7.1.2，常温下钢筋弹性模量、屈服强度、抗拉强度实测平均值见表 7.1.3。

表 7.1.2　型钢钢板材料特性

| 钢板厚度 /mm | 弹性模量 /MPa | 屈服强度 /MPa | 抗拉强度 /MPa |
| --- | --- | --- | --- |
| 14 | $2.0 \times 10^5$ | 382 | 528 |
| 16 | $1.9 \times 10^5$ | 422 | 562 |
| 20 | $2.0 \times 10^5$ | 298 | 460 |

表 7.1.3　钢筋材料特性

| 钢筋直径 /mm | 弹性模量 /MPa | 屈服强度 /MPa | 抗拉强度 /MPa |
| --- | --- | --- | --- |
| 22 | $2.0 \times 10^5$ | 358 | 540 |
| 10 | $2.0 \times 10^5$ | 300 | 455 |

### 7.1.2.2　温度场试验

为了确保火灾后力学性能试验时地梁有足够的强度将柱进行锚固，柱顶部加载端有足够的承载能力承受荷载，受火时这两个部位的温度要比较低，因此，柱试件受火时，用防火岩棉包住地梁和柱顶部加载部位，以防止这两个部位的温度过高。型钢柱在火灾高温炉中采用四面受火方式，柱受火高度 1m。地梁类似于框架梁，它的存在使柱底端的温度较柱中部偏低，使柱底部的温度场与实际火灾时框架柱的温度场类似。1m 长的柱受火高度基本保障了该段柱的充分受热，与火灾时柱中部的受火条件类似。上述两种措施使柱试件的温度场与火灾时建筑结构中的框架柱温度场类似。火灾高温炉中的柱试件如图 7.1.3 所示。为了测量柱截面内的温度，每个柱试件在距离地梁顶面 300mm 的柱截面内预先埋设了 3 个柱试件热电偶，柱试件热电偶的埋设位置如图 7.1.1 所示。其中 1 号热电偶位于靠近型钢翼缘内侧外边缘的混凝土内，2 号热电偶位于型钢高度中间的腹板一侧的混凝土内，3 号热电偶位于紧靠主筋内侧的混凝土内。

图 7.1.3　火灾高温炉中的柱试件

实际火灾分为升温和降温两个阶段，经历火灾的结构构件内部温度场可分为升温阶段、降温阶段、火灾后温度降至常温阶段，由于混凝土的热惰性，相对于火灾温度场，结构构件的升降温存在较大的滞后性。为了模拟实际火灾温度场对火灾高温后型钢混凝土柱力学性能的影响，试验中的炉温也采用升温和降温两个阶段：首先按照 ISO834[3] 标准升温曲线升温一定的时间，然后停止升温，打开炉盖自然降温。由于试件的温度变化滞后于炉温，试验中炉温及试件温度的测量时间要比高温炉的升降温时间长，直至试件内部温度接近常温时停止温度测量。

### 7.1.2.3　试验加载装置及加载制度

（1）试验加载装置

地震作用时，建筑结构上作用有重力荷载，框架柱中作用有轴向压力。地震反复荷载作用下，框架柱在受轴向压力的同时两端发生往复移动变形，为了模拟地震作用下实际框架结构中框架柱的受力形态，本节设计了在轴向压力作用下型钢混凝土柱试件在水平往复荷载作用下的滞回性能试验。试验时，首先利用竖向千斤顶施加竖向压力，然后利用液压伺服水平作动器施加水平往复荷载，水平荷载加载中心距柱底截面 1.67m。为了保证试验过程中竖向荷载保持竖直方向，竖向千斤顶与柱顶端之间安装球铰以保持柱顶端转动时竖向荷载作用方向竖直。竖向千斤顶底部与加载架之间采用滑板连接，并涂聚四氟乙烯以减小摩擦力。经测试，试验装置的滑动摩擦系数为 0.03。水平作动器与柱上部加载端用铰连接，以保证水平作动器施加水平方向的荷载。试验过程中通过传感器测量柱加载端水平荷载作用中心处的水平位移及水平作动器的水平荷载。火灾后型钢混凝土柱试件滞回性能试验装置如图 7.1.4 所示。

（2）火灾后抗震性能试验加载制度

试验时，通过在柱加载端施加水平往复位移的方式施加水平往复荷载，即水平荷载通过水平位移控制和调节。试验时首先按照水平位移 2mm 的倍数逐步增加施加在柱端的水平位移，每一级位移循环一周，直至构件屈服。构件屈服后按照屈服位移的倍数逐步增加位移，每级位移循环 3 周。当承载能力降低至最大承载能力的 85% 时停止试验。

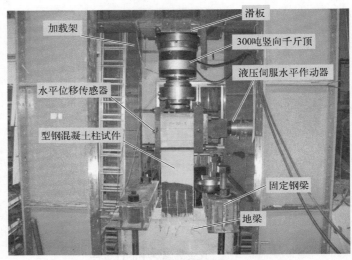

图 7.1.4　加载装置

## 7.1.3　试验结果

### 7.1.3.1　温度场分布

柱试件受火时混凝土的龄期为 6 个月，高温后部分型钢混凝土试件的形态如图 7.1.5 所示。从图中可见，随受火时间的延长，试件混凝土剥落程度逐渐加深，混凝土表面的颜色也逐渐由灰色变成灰白色。从表面上看，受火 60min 的试件除角部出现白色的混凝土骨料外，混凝土柱表面较为完整，混凝土发生轻微剥落。受火 90min 的试件角部混凝土剥落进一步加深，露出烧成白色的混凝土骨料，柱表面也出现部分烧成白色的混凝土骨料。受火 120min 的试件角部混凝土剥落较受火 90min 试件进一步严重。

图 7.1.5　火灾后部分柱试件

试验得到的典型试件各热电偶测点温度-受火时间关系曲线如图 7.1.6 所示，图中同时给出了各试件的平均炉温-受火时间关系曲线。从图中可见，各个试件的升降温规律基本相似。相对于炉温的升降温变化，各测点温度升降温均滞后于炉温，测点位置越往里温度发展越滞后，温度-时间关系曲线上的最高温度也越低。

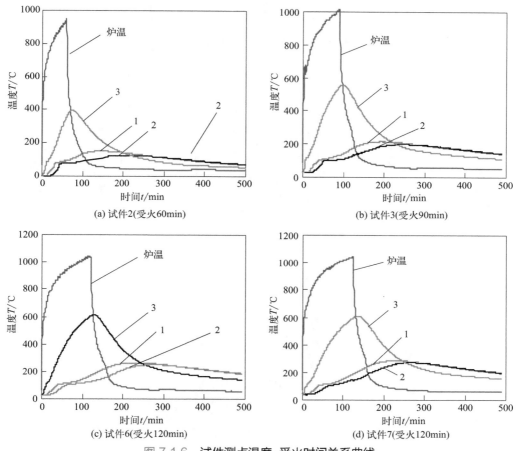

图 7.1.6　**试件测点温度-受火时间关系曲线**

### 7.1.3.2　破坏形态

试验中发现，试件经历高温过火并冷却至常温后，试件表面出现一些"龟裂"裂缝，裂缝没有固定的方向性，这些裂缝是由温度应力引起的，基本上分布均匀。火灾后加载时，受力裂缝首先在这些温度裂缝上开始扩展，之后在垂直于主拉应力方向上扩展，才形成比较明显的受力裂缝。典型试件火灾后抗震性能试验过程中各试件的裂缝发展过程及最终的破坏形态如图 7.1.7 所示。

从图 7.1.7 中可见，在柱顶端受水平反复荷载作用下，各试件柱底端出现了水平方向的裂缝。在柱底端水平向裂缝之上，出现了弯剪斜裂缝，受火试件还在截面高度中间还出现了腹剪斜裂缝，腹剪斜裂缝的出现是由于柱受剪。在破坏阶段，水平反复荷载作用下，柱底端混凝土由于主拉应力的作用产生了双向斜裂缝，而且在混凝土受压区出现了混凝土压碎现象，受力主钢筋发生屈曲。柱底端出现了弯剪斜裂缝，并出现了弯曲塑性铰，柱的破坏方式为受弯破坏。

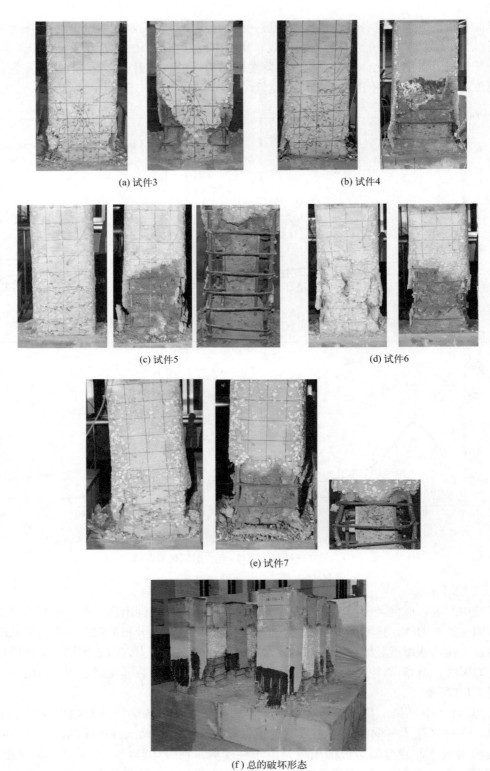

(a) 试件3　　　　　　　　　　　　　　　(b) 试件4

(c) 试件5　　　　　　　　　　　　　　　(d) 试件6

(e) 试件7

(f) 总的破坏形态

图 7.1.7　各试件的破坏形态

另外，试验中发现，型钢与混凝土之间没有出现裂缝，表明二者之间的滑移较小。破坏阶段，主筋位置处混凝土出现部分竖向裂缝（除试件 8 外，其余试件没有标出主筋处的竖向裂缝），表明主筋与混凝土之间出现黏结破坏，二者之间发生相对滑移。图 7.1.7（c）和图 7.1.7（e）还给出了试验后将部分混凝土凿除后型钢的情况。从图中可见，由于外部混凝土压碎失去约束作用，型钢翼缘发生少量的向外鼓曲变形，但整体上变形较小，型钢翼缘没有发生局部失稳现象。

### 7.1.3.3 滞回曲线及骨架曲线

实测典型的型钢混凝土柱试件加载端水平力 $F$ 与水平位移 $d$ 的滞回曲线如图 7.1.8 所示，一个循环的典型滞回环如图 7.1.9 所示。为了说明方便，文中规定，加载刚度和卸载刚度均指滞回曲线上的切线刚度，等效刚度指滞回曲线转折点 $B$ 和 $E$ 的割线刚度，等效刚度用 $K1$ 表示。

从图 7.1.8 中可见，总体上各试件滞回曲线形状呈梭形，曲线形状饱满，延性较好，耗能能力较强。每级位移作用下，三个滞回环在接近滞回曲线荷载峰值时相差较大，滞回环的其余区段基本重合。另外，随循环次数增加，滞回环的荷载峰值降低，这说明前一循环对后一循环的加载刚度和承载能力造成了损伤，而对滞回曲线的卸载刚度影响不大。试验中发现，每级位移作用下，相对于上一次循环，每次循环都会使混凝土在受压区产生新的受压竖向裂缝，在受拉区使受拉裂缝扩展，因此导致了后一循环的承载能力小于前一循环的承载能力。而在卸载阶段，原来的受拉裂缝和竖向受压裂缝都开始闭合，因此，前后循环的卸载刚度较为接近。

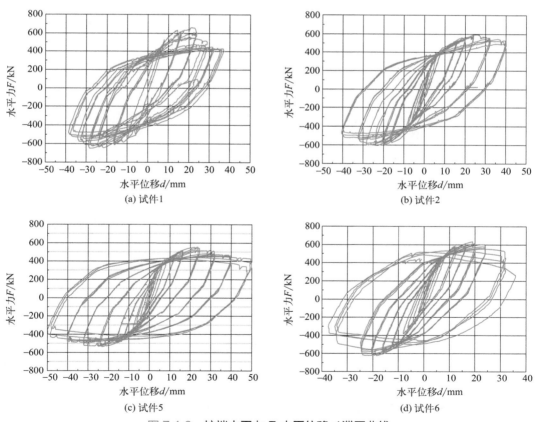

图 7.1.8 柱端水平力 $F$-水平位移 $d$ 滞回曲线

分析图 7.1.8 各试件的滞回曲线，型钢混凝土柱试件典型的滞回环如图 7.1.9 所示。可见，总体上滞回环呈梭形，在梭形的中部有明显的 $A$、$C$、$D$、$F$ 四个转折点。滞回环上 $FA$ 和 $CD$ 段是滞回环轻微捏拢段。由于柱受拉区出现受拉裂缝，受拉区反向受压时，随着裂缝的逐步闭合，截面的刚度逐渐得以恢复，因此滞回环出现了捏拢效应。同时，主筋与混凝土之间的滑移也加剧了这种捏拢效应。由于型钢的存在，火灾后型钢混凝土柱试件的滞回曲线比较饱满，耗能能力较强，捏拢效应较小。

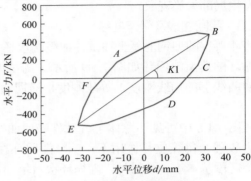

图 7.1.9　典型滞回环

连接各级循环位移第一个滞回环的顶点就形成骨架曲线，骨架曲线反映构件在反复荷载作用下的承载能力，典型试件的骨架曲线如图 7.1.10 所示。从图中可见，各个试件的骨架曲线形状饱满，极限位移均较大，构件的延性较好。

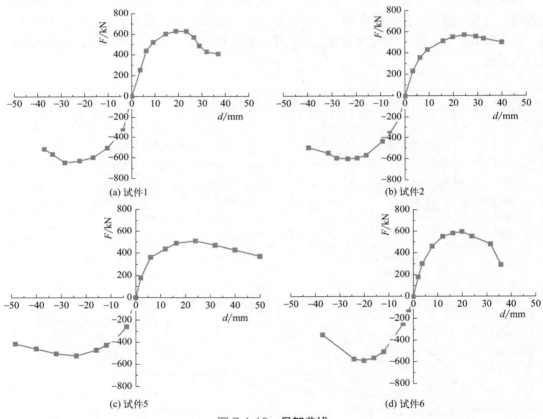

图 7.1.10　骨架曲线

### 7.1.4　结论

本节进行了 8 个大比例尺型钢混凝土柱试件火灾后抗震性能试验，对火灾后型钢混凝土柱的承载能力、典型滞回环的形状、耗能能力、刚度、延性和阻尼系数等特性进行了系统的试验研究和参数分析。在本章试件的参数条件下，可得到如下结论：

（1）温度场试验表明，相对于炉温升降温变化，试件截面各测点温度升降温均滞后于炉温，测点位置越往里温度发展越滞后，温度-时间关系曲线上的最高温度也越低。

（2）火灾后试件滞回性能试验破坏阶段，型钢与混凝土之间的滑移不明显，钢筋与混凝土之间的滑移较为明显。

（3）总体上滞回环呈梭形，在梭形的中部有明显的 A、C、D、F 四个转折点。滞回环上 FA 和 CD 段是滞回环轻微捏拢段。主筋与混凝土之间的滑移也加剧了这种捏拢效应。由于型钢的存在，火灾后型钢混凝土柱试件的滞回曲线比较饱满，耗能能力较强，捏拢效应较小。

## 7.2　火灾后型钢混凝土柱抗震性能有限元计算模型

### 7.2.1　引言

地震作用是地震区的高层建筑结构需要抵抗的主要荷载及作用之一，火灾后建筑结构抗震性能的评估十分重要。本节在试验研究的基础上提出了型钢混凝土结构火灾后力学性能评估的有限元计算模型，为型钢混凝土结构的抗震性能验算提供了有效方法。

### 7.2.2　有限元计算模型

型钢混凝土柱火灾后力学性能的计算是温度场和力学性能的耦合计算，温度场分析时需要材料的热工参数，力学性能分析时需要材料高温下及高温后的力学性能参数。

#### 7.2.2.1　材料热工参数及温度场计算模型

（1）材料热工参数

钢材和混凝土的热工参数随温度的变化而变化。混凝土的热工参数包括：密度（$\rho_c$）、比热容（$c_c$）和热传导系数（$\lambda_c$）。钢材的热工参数包括：密度（$\rho_s$）、比热容（$c_s$）和热传导系数（$\lambda_s$）。采用 Lie 和 Denham[72] 提出的钢材和混凝土的热工参数模型进行计算。

（2）温度场计算模型

采用 ABAQUS 有限元软件建立温度场模型，型钢和混凝土采用三维实体单元，在型钢混凝土构件的温度场分析模型中，文献 [73] 研究表明型钢和混凝土之间的相对滑移较小，产生的影响可以忽略，因此本节不考虑型钢和混凝土相对滑移对温度场的影响。为了准确模拟全过程升降温作用下防火岩棉包裹处的柱表面温度，在 ABAQUS 模型中对此处混凝土表面的温度单独进行边界处理，温度采取试验时得到的岩棉内混凝土外的热电偶数据进行模拟分析。

#### 7.2.2.2　火灾后力学性能计算模型

（1）升温阶段、降温阶段及火灾后阶段材料的力学性能参数

对于考虑升降温影响的火灾后型钢混凝土结构抗震性能分析需要考虑升温阶段、降温阶段及火灾后阶段三个阶段的钢材和混凝土材料本构关系，本节上述三个阶段钢材和混凝土材料的本构关系采用与第 6 章型钢混凝土柱静力性能分析时相同的材料本构关系。

混凝土采用 ABAQUS 的塑性损伤模型，并采用各向同性强化准则。钢材采用 ABAQUS

的弹塑性模型，并采用混合强化准则。

（2）材料滞回模型

① 钢材

受反复荷载时，钢材的性能与单向加载时不同。钢筋和型钢的滞回模型采用 ABAQUS 软件提供的非线性混合强化模型，这个模型既可考虑钢材的包辛格效应，也可考虑钢材的循环硬化。本章进行了钢材的滞回性能试验，确定了模型的相关参数。

② 混凝土

混凝土的滞回模型采用 ABAQUS 的塑性损伤模型，损伤系数定义为：

$$d(T_{\mathrm{m}}) = 1 - E_{\mathrm{u}}(T_{\mathrm{m}}) / E_{\mathrm{cp}}(T_{\mathrm{m}}) \tag{7.2.1}$$

式中，$E_{\mathrm{u}}$ 和 $E_{\mathrm{cp}}$ 分别为混凝土卸载时和初始弹性模量。

本节损伤系数计算采用了韩林海等 [73] 提出的方法。

（3）混凝土与型钢、钢筋、栓钉之间界面的黏结-滑移特性

火灾后结构的抗震性能研究主要研究结构遭受"大震"时的延性、承载能力和耗能能力。这时，由于建筑结构遭受的地震作用较强，建筑结构的变形较大，建筑结构构件也出现了不同程度的损伤，例如型钢混凝土柱中型钢与混凝土之间及钢筋与混凝土之间界面的黏结破坏，这两个界面的力学特性对型钢混凝土柱的滞回特性和耗能能力有较大的影响。因此，在火灾后型钢混凝土柱抗震性能的计算分析需要考虑型钢与混凝土之间及钢筋与混凝土之间的界面滑移特性。

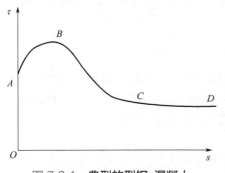

图 7.2.1　典型的型钢-混凝土界面黏结应力-滑移曲线

① 型钢与混凝土之间的黏结滑移特性

杨勇等 [74,75] 进行了常温下型钢与混凝土界面黏结应力-滑移本构关系的试验研究，提出了典型的黏结滑移 $\tau$-$s$ 本构关系。该 $\tau$-$s$ 曲线可分为直线上升段、曲线上升段、曲线下降段和平稳段 3 个阶段，如图 7.2.1 所示。它比较直观地反映了型钢与混凝土黏结滑移的非线性关系，能大体揭示型钢混凝土黏结滑移的发展过程。

曲线上升段 $AB$：当黏结应力增大到一定程度时，界面层开始产生微裂缝，并不断发展，界面黏结滑移刚度也随之不断退化，界面开始发生滑移。当荷载达到极限值时，C-H-S 凝胶破碎，化学胶结力丧失，界面层发生剪切破坏，同时产生机械咬合力和摩擦阻力，界面黏结应力达到局部黏结强度。此阶段，界面滑移主要包括钢材与混凝土之间的微动。

曲线下降段 $BC$：当化学胶结力丧失后，黏结应力主要由机械咬合力和摩擦阻力来承担，钢材与混凝土之间发生微动磨损行为，此时钢材与混凝土表面微凸体相互接触，产生机械咬合力。随着滑移的发生，硬微凸峰挤压软微凸峰，使其发生断裂，较软面受到磨损而形成磨屑，附着在界面上，使摩擦因数下降。当软微凸峰不断断裂，磨屑增多，机械咬合力逐渐丧失。最后磨屑填平了钢材表面，界面摩擦因数趋于常数。此时黏结力仅剩摩擦力。

平稳段 $CD$：此阶段钢材与混凝土界面摩擦磨损已基本稳定，界面上的法向正应力以及

由其引起的摩擦阻力接近于常数，残余黏结应力趋于稳定。$\tau$-$s$ 曲线接近于水平直线。

考虑火灾高温作用，宋天诣[51] 提出了火灾下和火灾后型钢与混凝土之间的黏结应力-黏结滑移量关系曲线的计算模型。例如，钢板厚度 $t$ 为 16mm、保护层厚度 $c$ 为 30mm、$f_{cu}$=60MPa、配箍率 $\rho$=0.13% 时，火灾后钢板与混凝土界面的黏结应力-滑移关系曲线如图 7.2.2 所示。本节采用上述宋天诣[51] 提出的模型。

② 钢筋与混凝土之间的黏结滑移特性

考虑火灾高温对钢筋与混凝土之间界面的影响，宋天诣[51] 提出了火灾下和火灾后钢筋与混凝土之间的黏结应力-滑移关系曲线的计算模型。例如，螺纹钢筋 $d$ 为 20mm、保护层厚度 $c$ 为 30mm、$f_{cu}$=60MPa、配箍率 $\rho$=0.13% 时，火灾后钢筋与混凝土界面的黏结应力-滑移关系曲线如图 7.2.3 所示。本节采用上述模型。

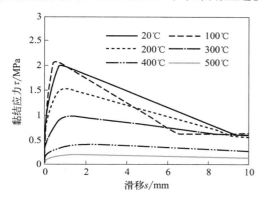

图 7.2.2　高温后型钢与混凝土之间
黏结应力-滑移关系曲线

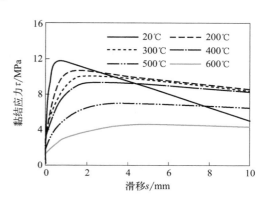

图 7.2.3　高温后钢筋与混凝土之间
黏结应力-滑移关系曲线

③ 栓钉与混凝土之间的黏结滑移特性

宋天诣[51] 提出了常温及高温下栓钉的剪力与相对滑移量关系模型：

$$Q = Q_{ut}[1 - \exp(-0.71\delta)]^{0.4} \tag{7.2.2}$$

$$Q_{ut} = \min\{Q_{1T}, Q_{2T}\} \tag{7.2.3}$$

$$Q_{1T} = 0.64 k_{uT} f_u \pi d^2 / 4$$

$$Q_{2T} = 0.29 k_{ct} \alpha d^2 \sqrt{f_{ck} E_c}$$

$$\alpha = \begin{cases} 0.2(h_{sc}/d + 1) & 3 \leqslant h_{sc}/d \leqslant 4 \\ 1 & h_{sc}/d > 4 \end{cases}$$

式中　$d$——栓钉直径，mm，16mm $\leqslant d \leqslant$ 25mm；

　　　$h_{sc}$——栓钉长度，mm；

　　　$Q$——栓钉的剪力，N；

　　　$\delta$——栓钉的相对滑移量，m；

$\alpha$——计算系数；

$f_u$——栓钉的极限抗拉强度，MPa，$f_u \leqslant 500$MPa；

$f_{ck}$——混凝土轴心抗压强度，MPa；

$E_c$——混凝土弹性模型，MPa；

$k_{uT}$，$k_{ct}$——与温度 $T$ 有关的折减系数，按表 7.2.1 取值；

$Q_{uT}$——高温下栓钉的极限抗剪承载力，N；

$Q_{1T}$——高温下按栓钉本身破坏计算的栓钉抗剪承载力，N；

$Q_{2T}$——高温下按混凝土受压破坏计算的栓钉抗剪承载力，N。

表 7.2.1 折减系数 $k_{uT}$ 和 $k_{ct}$ 的值

| $T$/℃ | 20 | 100 | 200 | 300 | 400 | 500 | 600 | 700 | 800 | 900 | 1000 | 1100 | 1200 |
|---|---|---|---|---|---|---|---|---|---|---|---|---|---|
| $k_{uT}$ | 1.25 | 1.25 | 1.25 | 1.25 | 1.00 | 0.78 | 0.47 | 0.23 | 0.11 | 0.06 | 0.04 | 0.02 | 0 |
| $k_{ct}$ | 1 | 1 | 0.95 | 0.85 | 0.75 | 0.6 | 0.45 | 0.30 | 0.15 | 0.08 | 0.04 | 0.01 | 0 |

栓钉高温后的剪力与相对滑移量关系采用 $T$ 为 20℃时的 $k_{uT}$ 和 $k_{ct}$，栓钉和混凝土的强度均取火灾后的值。

（4）火灾与荷载的耦合计算

火灾作用后，材料的力学性能主要与其经历的过火最高温度有关。对于构件来说，其火灾后的力学性能主要与构件内各点的最高温度组成的温度场（称为过火最高温度场）有关。在火灾后型钢混凝土柱力学性能的计算时需要首先确定柱的过火最高温度场，然后进行火灾后的抗震性能计算。因此，型钢混凝土柱火灾后的抗震性能计算是一种过火最高温度场和力学性能的耦合计算。本章计算时采用顺序耦合计算，即首先确定过火最高温度场，然后读取温度场进行力学性能计算。

由于混凝土为热惰性材料，型钢混凝土柱内各点到达最高温度的时刻不相同，本章温度场试验各测点的温度-时间实测关系曲线如后面图 7.2.9 所示，可见截面内部到达最高温度的时间较晚，截面外部到达最高温度的时间较早。因此，确定过火最高温度场不能通过确定某一受火时间的温度场的方法确定。通过在 ABAQUS 平台上编制用户自定义场变量子程序，设置一个附加变量记录材料点的最高温度，获得了升降温过程之后构件的过火最高温度场分布。

（5）钢筋-混凝土、型钢-混凝土、栓钉-混凝土界面处理

型钢混凝土柱中存在钢筋与混凝土之间的界面滑移和型钢表面与混凝土之间的界面滑移。钢筋-混凝土的界面在钢筋的外表面，钢筋一般按照线单元进行模拟，钢筋与混凝土之间的界面的方向可按照纵向和横向进行确定，如图 7.2.4 所示。型钢-混凝土界面位于型钢表面，界面特性可按照界面切向和法向确定，如图 7.2.5 所示。

① 钢筋-混凝土之间界面

钢筋与混凝土之间的界面实际为钢筋的外表面，为一圆柱面，当用一维线单元模拟钢筋时，钢筋的纵向为发生黏结滑移的方向，垂直于钢筋纵向的两个正交横向方向只发生钢筋和混凝土的挤压。因此，钢筋纵向和横向两个方向的力学行为是不同的。本节采用弹簧单元模拟界面这三个方向的力学行为，可以称作三弹簧界面模型，如图 7.2.6 所示。沿钢

筋纵向弹簧的力-位移关系由界面的黏结应力-相对滑移转换而来，弹簧力为黏结应力与钢筋单元的节点面积之积，节点面积为钢筋周长与钢筋单元的长度之积。有限元模型中，钢筋轴向弹簧采用 ABAQUS 中的非线性弹簧模拟，并采用增量弹塑性本构关系。采用弹塑性本构关系后，上述根据 $\tau$-$s$ 关系确定的弹簧力和位移的关系实际上是弹簧本构关系中的屈服面。钢筋横向两个正交方向采用两个弹簧模拟，弹簧的力-位移本构关系近似采用弹性本构关系，弹性刚度近似采用混凝土弹性模量、钢筋直径和钢筋单元长度三者之积。需要说明的是，上述界面的 $\tau$-$s$ 关系和混凝土弹性模量均考虑了过火最高温度的影响。试验中发现，靠近柱端的塑性铰区及其附近区段的钢筋和混凝土之间界面发生了明显的滑移现象，其余柱段则没有发生界面滑移。为了减少非线性弹簧导致的较大计算量，本节选择在塑性铰区及其附近适当扩大的柱段的钢筋与混凝土之间设立三弹簧界面模型，在没有发生滑移的其余区段不再考虑二者之间的滑移。这样处理，既考虑了钢筋与混凝土之间的滑移对柱力学性能的影响，也减少了计算量，满足精度要求。本章中设置弹簧的柱段长度为0.6m，弹簧的设置如图 7.2.7 所示。

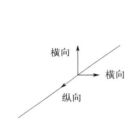

图 7.2.4　钢筋的方向

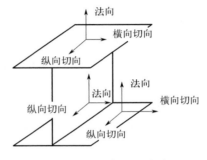

图 7.2.5　型钢界面方向

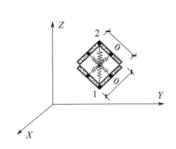

图 7.2.6　钢筋-混凝土三弹簧界面模型

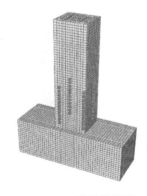

图 7.2.7　弹簧的设置

② 型钢-混凝土之间界面

型钢与混凝土界面位于型钢表面，为一平面。界面的黏结滑移行为发生在接触面内。对于型钢混凝土之间的界面，由于型钢与混凝土之间的黏结，垂直于接触面的方向上，两接触面受压时不会分离，受拉时一般也不会分离。型钢与混凝土之间界面的处理有两种方法：第一种为采用弹簧近似模拟；第二种为采用接触模拟。用弹簧模拟这种界面特性需要在型钢表面上的每个型钢节点与混凝土节点建立三个弹簧，而且弹簧建模工作需要手工完成，建模工作量较大，效率较低。第二种方法为采用接触模拟方法。建立型钢-混凝土界面模型时采用接触的处理方式，可使建模的工作量大为减少，本节采用第二种方法。ABAQUS 程序接触的原理是当两个接触面发生接触时，两个接触面之间摩擦为库仑摩擦，与两接触面之间的黏结滑移的本构关系不同，本节通过编制接触面的自定义摩擦系数子程序 FRIC 实现了本节前述界面内的黏结应力-相对滑移本构关系。摩擦系数实际上是黏结应力相对于相对滑移之间的增量变化值。实际计算中，黏结应力和摩擦系数仍然采用增量理论计算，即根据当前的滑移状态，按照类似塑性增量理论的方法确定当前的摩擦系数及摩擦力，即黏结力。界面法向的接触可通过设置接触对在各个荷载步中界面不分离即可实现。

③ 栓钉-混凝土之间界面

本节利用弹簧模拟栓钉与混凝土界面的相互作用，界面内采用一个弹簧模拟栓钉的剪力-相对位移，栓钉的剪力-相对位移本构关系采用前述的栓钉剪力-相对位移本构关系。

（6）有限元模型的网格划分

本节建立有限元模型时，混凝土和型钢采用三维实体线性缩减积分单元 C3D8R 划分网格，钢筋采用三维线性桁架单元 T3D1 划分网格，钢筋和混凝土之间采用弹簧单元模拟界面之间的相互作用，型钢和混凝土之间采用接触并通过编制自定义摩擦系数子程序 FRIC 模拟型钢与混凝土之间的界面特性。有限元模型如图 7.2.8 所示。

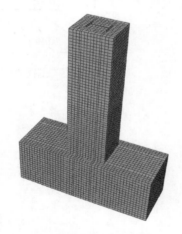 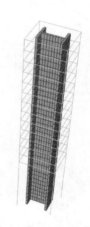

(a) 柱混凝土网格划分　　　　(b) 钢筋与型钢网格划分

图 7.2.8　有限元模型

### 7.2.3　温度场计算结果与实测结果的对比

利用上述温度场计算模型得到的 7 个受火型钢混凝土柱试件各测点温度场计算结果如图 7.2.9 所示，图中也一并给出了这些测点的实测结果。由图可见，各构件测点 1、2 和 3 的滞后现象和升降温过程的模拟结果均与试验吻合较好，但也存在微小差异。导致差异的原因一方面可能是选取模型的热工参数和实际热工参数存在一定差异，另一方面可能是热电偶的实际布置和理想位置存在一定偏差。总体来说，计算结果与试验结果基本吻合。

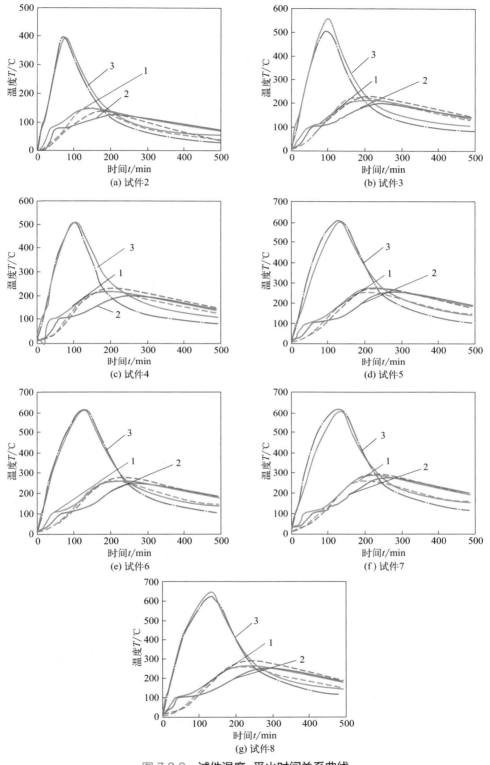

图 7.2.9　**试件温度-受火时间关系曲线**

（注：图中实线表示试验所得温度场数据，虚线表示 ABAQUS 模拟的温度场数据）

### 7.2.4 破坏形态计算结果与试验结果的对比

利用上述方法建立了火灾后型钢混凝土柱抗震性能计算的有限元计算模型，利用该计算模型对本章前述的火灾后型钢混凝土柱抗震性能试验 8 个试件的破坏形态及滞回曲线进行了计算。计算的试件 6 破坏形态与试验结果的对比如图 7.2.10 所示，图中 PE22 为竖向塑性应变，表示试件变形的大小。从图可见，计算的试件破坏形态与试验结果基本吻合。其余试件的计算结果与试验结果也基本吻合，限于篇幅不再赘述。

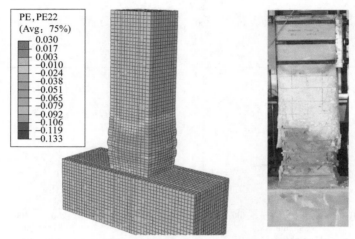

图 7.2.10　试件 6 破坏形态计算结果与试验结果的对比

### 7.2.5 滞回曲线计算结果与实测结果的对比

利用上述方法建立了本章第 1 节进行的火灾后型钢混凝土柱抗震性能计算的有限元计算模型，材料模型采用火灾后阶段的模型，型钢-混凝土界面采用本节提出的接触方法处理界面特性，利用本章方法对本章前述的火灾后型钢混凝土柱抗震性能试验的 8 个试件的滞回曲线进行了计算。计算中也考虑了滑板摩擦力对柱滞回曲线的影响。计算得到的柱顶端水平力-柱顶端水平位移关系曲线与实测结果的对比如图 7.2.11 所示，可见，实测结果与计算结果基本吻合。由于位于柱顶的千斤顶顶端的球铰不是理想的铰，存在摩擦力，导致了计算结果与实测结果有轻微的差别。

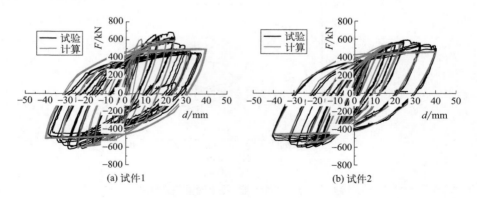

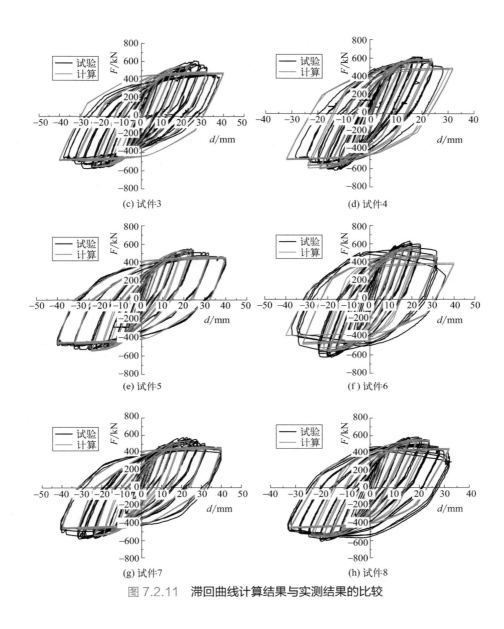

(c) 试件3  (d) 试件4

(e) 试件5  (f) 试件6

(g) 试件7  (h) 试件8

图 7.2.11　滞回曲线计算结果与实测结果的比较

# 7.3　火灾后型钢混凝土柱恢复力计算模型

## 7.3.1　引言

恢复力模型是在构件层次上进行建筑结构抗震性能分析的构件级本构关系，利用恢复力模型可快速地完成建筑结构整体的抗震性能分析。恢复力是指结构或者构件在外力作用下发生变形时，恢复原有受力状态的抗力，而变形和恢复力之间关系的数学模型称为结构或者构件的恢复力模型[76]。在结构抗震性能评估中，结构构件的恢复力特征是反映其抗震能力的重要依据。恢复力模型是结构弹塑性分析中重要的基础，是反应构件或者结构动力特性的关键参数。对于恢复力模型的研究，主要基于大量的试验回归和理论推导进行。火灾后型钢混凝土柱的恢复力模型的研究具有重要的理论价值和实践意义。

现有研究成果对于常温下的型钢混凝土柱的恢复力模型研究较多。刘义等进行了型钢混凝土异形柱的拟静力试验，基于对试验结果的分析，给出了适用于型钢混凝土异形柱的双线型和退化三线型恢复力模型。殷小溦等[77]研究了配置十字型钢的型钢混凝土柱恢复力模型，分析和回归了型钢混凝土柱骨架曲线特征点计算公式，提出了适用于不同含钢率的三折线恢复力模型，并与试验结果吻合较好。现有的成果对于火灾后型钢混凝土柱的恢复力模型鲜有涉及，本节在本章第1节试验研究的基础上提出了火灾后型钢混凝土柱的恢复力模型，并与试验结果进行了对比。

### 7.3.2 试件概况

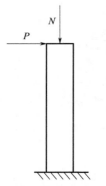

图 7.3.1　悬臂梁模型

首先选取本章第1节8个试件的试验结果进行分析。试件为悬臂柱，加载示意如图7.3.1所示，且均发生大偏心受压破坏，图中P为水平荷载，N为竖向荷载。柱截面宽度350mm，截面高度400mm，柱高度1400mm。型钢采用Q345C钢材，主筋采用直径为22mm的HRB335级钢筋，箍筋采用直径10mm的HPB235级钢筋。型钢采用焊接宽翼缘工字钢，试件详细的参数见表7.1.1。

### 7.3.3 火灾后型钢混凝土柱的恢复力模型

恢复力模型包括骨架曲线和滞回规则两大部分。骨架曲线能够界定恢复力模型中所有的特征点。滞回规则表达了恢复力模型的强度衰减、刚度退化等非线性特征。

#### 7.3.3.1 骨架曲线

火灾后型钢混凝土柱受力过程可分为弹性、开裂至屈服阶段、强化阶段以及破坏阶段共四个阶段。因而骨架曲线采用四折线如图7.3.2表示，骨架曲线的关键特征点 $C$、$Y$、$M$、$U$ 分别对应于试件的开裂点、屈服点、峰值点以及极限点。相应的骨架曲线的模型参数分别为：试件弹性刚度 $K_e$、开裂荷载 $P_{cr}$ 和位移 $\Delta_{cr}$，试件开裂后至屈服前刚度 $K_1$、屈服荷载 $P_y$ 和位移 $\Delta_y$，强化阶段刚度 $K_2$、试件峰值荷载 $P_{max}$ 和位移 $\Delta_{pmax}$，试件承载力下降刚度 $K_3$、极限位移 $\Delta_u$ 和极限荷载 $P_u$。

（1）弹性刚度 $K_e$

常温型钢混凝土柱可近似为等截面悬臂柱构件，根据结构力学中悬臂柱抗侧刚度的表达式，弹性抗弯刚度（轴压比为0时）可以表示为：

$$K_e^1 = \frac{3EI}{l^3} \tag{7.3.1}$$

式中，$l$ 为试件的计算长度；$EI$ 为截面的抗弯刚度，采用《组合结构设计规范》（JGJ 138—2016）中规定的方法进行计算。

这里主要考虑受火时间和轴压比对火灾后型钢混凝土柱的影响。文献[77]研究了轴压比对型钢混凝土试件恢复力模型的影响，研究表明：型钢混凝土柱的弹性刚度随着轴压比的增大基本呈线性增大。对于受火时间 $t_h$ 的影响，图7.3.3为轴压比相同时，上述8个试件的试验弹性刚度与常温试件弹性刚度的比值与受火时间的关系。

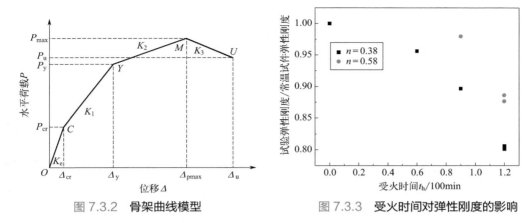

图 7.3.2　骨架曲线模型　　　　　图 7.3.3　受火时间对弹性刚度的影响

图 7.3.3 中可见，随着受火时间的增大，试件的弹性刚度逐渐减小，主要是高温作用后，混凝土发生不同程度劣化所致。通过拟合可以得到考虑受火时间和轴压比影响的弹性刚度计算公式：

$$K_e = (0.87 - 0.176t + 0.42n)K_e^1 \tag{7.3.2}$$

式中，$t$ 为试件的受火时间，即炉温的升降温临界时间；$n$ 为试件的轴压比。将式（7.3.1）代入式（7.3.2）即可得到考虑受火时间和轴压比的火灾后型钢混凝土柱弹性刚度 $K_e$ 的计算式。

（2）开裂荷载 $P_{cr}$ 和开裂位移 $\Delta_{cr}$

对于开裂荷载 $P_{cr}$，理论上即为临界截面弯矩处的拉应力达到混凝土极限抗拉强度时所对应的荷载值。此时，由于柱轴压力产生的二阶弯矩较小，可忽略二阶弯矩。柱底截面的弯矩根据受力平衡条件可知：

$$M = VH \tag{7.3.3}$$

柱底截面上的拉应力为：

$$\sigma_t = \frac{M}{W} - \frac{N}{A} \tag{7.3.4}$$

当火灾后混凝土的拉应力达到极限抗拉强度 $f_{tu}$ 时，临界截面处出现水平裂缝。此时试件承受的水平力 $V$ 即为开裂荷载：

$$P_{cr} = V = \frac{W}{H}\left( f_{tu} + \frac{N}{A} \right) \tag{7.3.5}$$

式中，$M$ 为临界截面的最大弯矩；$W$ 为柱底截面的弯矩抵抗矩；$N$ 为试件的竖向荷载；$A$ 为柱底截面的截面面积；$H$ 为柱高度。

开裂位移可由开裂荷载和弹性刚度计算得出：

$$\Delta_{cr} = \frac{P_{cr}}{K_e} \tag{7.3.6}$$

（3）试件开裂后至屈服前刚度 $K_1$

试件开裂后至屈服前刚度：

$$K_1 = \frac{P_y - P_{cr}}{\Delta_y - \Delta_{cr}} \tag{7.3.7}$$

对于大偏心型钢混凝土偏心受压构件，定义柱截面受拉区型钢屈服时为构件的屈服点。小偏心受压框架柱屈服时认为受压钢筋屈服和受压区边缘混凝土的应力达到混凝土的抗压强度。

计算模型采用如下假定：

a. 平截面假定。

b. 不考虑型钢、钢筋和混凝土之间的黏结滑移。

c. 忽略混凝土的受拉作用。

d. 对于型钢混凝土试件过火后的最高温度，采用第 7 章温度场计算模型。

e. 混凝土在火灾后的抗压强度根据文献 [78] 提出的方法，可简化为如图 7.3.4 所示模型，即：

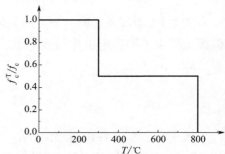

图 7.3.4　高温后混凝土的简化抗压强度

$$f_c^T / f_c = \begin{cases} 1 & T_{max} \leqslant 300℃ \\ 0.5 & 300℃ < T_{max} \leqslant 800℃ \\ 0 & T_{max} \geqslant 800℃ \end{cases} \tag{7.3.8}$$

式中，$T_{max}$ 为最高过火温度；$f_c^T$ 为混凝土高温后抗压强度，$f_c$ 为混凝土常温抗压强度。

f. 火灾后钢筋屈服强度采用吴波 [50] 提出的公式：

$$f_y^T = \begin{cases} f_y & T_{max} \leqslant 400℃ \\ f_y\left[1 + 2.33 \times 10^{-4}(T_{max} - 20) - 5.88 \times 10^{-7}(T_{max} - 20)^2\right] & T_{max} > 400℃ \end{cases} \tag{7.3.9}$$

式中，$f_y^T$ 为高温后钢筋的屈服应力；$f_y$ 为常温下钢筋的屈服应力。

g. 火灾后钢材屈服强度的计算公式采用文献 [51] 提出的公式：

$$f_a^T = \begin{cases} f_a & T_{max} \leqslant 500℃ \\ f_a[1 - 2.33 \times 10^{-4}(T_{max} - 500) - 3.88 \times 10^{-7}(T_{max} - 500)^2] & T_{max} > 500℃ \end{cases} \tag{7.3.10}$$

式中，$f_a^T$ 为高温后钢材的屈服应力；$f_a$ 为常温下钢材的屈服应力。

h. 混凝土正截面受压区的应力图简化为等效的矩形应力图。

i. 钢材的弹性模量随着火灾持续时间的增加会不断降低，但其弹性模量和泊松比在高温冷却后，与常温下的数值相比基本不变。

j. 高温后混凝土的应力-应变关系假定为图 7.3.5 所示的双线型模型。这里应力应变曲线主要用于屈服荷载的计算，屈服荷载时混凝土应变较小，混凝土应力接近线性分布，为了推导方便，假设为线性，由此带来的误差较小。

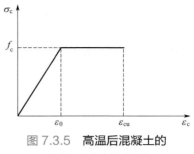

图 7.3.5　高温后混凝土的
应力-应变本构关系

当 $\varepsilon_c \leqslant \varepsilon_0$ 时

$$\sigma_c = \frac{f_c}{\varepsilon_0}\varepsilon_c \tag{7.3.11}$$

当 $\varepsilon_0 < \varepsilon_c \leqslant \varepsilon_{cu}$ 时

$$\sigma_c = f_c \tag{7.3.12}$$

$$\varepsilon_0 = 0.002 + 0.5(f_{cu,k} - 50) \times 10^{-5} \tag{7.3.13}$$

$$\varepsilon_{cu} = 0.0033 - (f_{cu,k} - 50) \times 10^{-5} \tag{7.3.14}$$

式中，$\varepsilon_0$ 为混凝土达到最大应力时的应变，$\sigma_c$、$\varepsilon_c$ 为高温后混凝土的应力、应变；$\varepsilon_{cu}$ 为混凝土受压极限应变；$f_{cu,k}$ 为混凝土立方体强度标准值。

根据上述假定可以得到火灾后型钢混凝土构件折算的均质截面，方法是首先确定截面上 300℃ 和 800℃ 的等温线，300℃ 等温线以内的截面保留全部的面积，300℃ 等温线以外 800℃ 等温线以内的截面取其一半的截面面积，钢筋和型钢的强度按照所在温度范围根据式（7.3.8）、式（7.3.9）、式（7.3.10）计算，由上述的简化方法，可以得到四面受火后型钢混凝土柱的折算截面如图 7.3.6 所示。折算截面为对称的十字形截面。

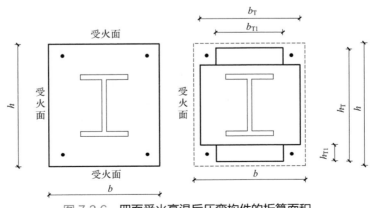

图 7.3.6　四面受火高温后压弯构件的折算面积

① 大偏心受压型钢混凝土柱屈服荷载

根据上述平截面假定，当受拉区型钢达到屈服应变时，截面的应力-应变分布图仍保持为直线如图 7.3.7 所示。屈服时，截面的曲率可按下式计算：

$$\varphi_{y} = \frac{\varepsilon_{y}}{(1-\xi)h_{0}} \tag{7.3.15}$$

$$\varepsilon_{y} = \frac{f_{a}^{T}}{E_{a}^{T}} \tag{7.3.16}$$

$$h_{0} = \frac{f_{a}^{T} A_{af}(\delta_{2} h_{T} + 0.5 t_{af}) + f_{y}^{T} A_{s}(h_{T} - a_{s})}{f_{a}^{T} A_{af} + f_{y}^{T} A_{s}} \tag{7.3.17}$$

式中，$\varepsilon_{y}$ 为受拉型钢屈服应变；$E_{a}^{T}$ 为高温后钢材的弹性模量；$\xi = x / h_{0}$ 为型钢混凝土柱屈服时的截面相对受压区高度；$x$ 为混凝土受压区高度；$h_{0}$ 为型钢受拉翼缘和纵向受拉钢筋合力点至混凝土截面受压边缘的距离。

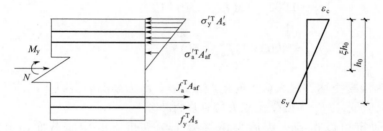

图 7.3.7 大偏心受压构件截面的应力和应变分布情况

根据图 7.3.7 的截面平衡条件得出：

$$N \leqslant \sigma_{y}'^{T} A_{s}' + \sigma_{a}'^{T} A_{af}' + 0.5(\sigma_{c}^{T} + \sigma_{c1}^{T}) b_{T1} h_{T1} + 0.5 \sigma_{c1}^{T}(\xi h_{0} - h_{T1}) b_{T} + N_{aw} - f_{y}^{T} A_{s} - f_{a}^{T} A_{af} \tag{7.3.18}$$

其中：

$$\sigma_{c}^{T} = \frac{\xi}{1-\xi} \times \frac{\xi}{\varepsilon_{0}} f_{c} \tag{7.3.19}$$

$$\sigma_{c1}^{T} = \frac{\sigma_{c}^{T}(\xi h_{0} - h_{T1})}{\xi h_{0}} \tag{7.3.20}$$

$$\sigma_{y}'^{T} = \frac{f_{a}^{T}(\xi h_{0} - a_{s}')}{h_{0}(1-\xi)} \tag{7.3.21}$$

$$\sigma_a'^T = \frac{f_a^T(\xi h_0 - a_a')}{h_0(1 - \xi)} \tag{7.3.22}$$

$$N_{aw} = 0.5 t_w h_0 [\sigma_a'^T(\xi - \delta_1) - f_a^T(\delta_2 - \xi)] \tag{7.3.23}$$

$$M_y \leqslant \sigma_y'^T A_s'(h_0 - a_s') + \sigma_a'^T A_{af}'(h_0 - a_a') + \sigma_{c1}^T h_{T1} b_{T1}(h_0 - 0.5 h_{T1}) + 0.5(\sigma_c^T - \sigma_{c1}^T)$$

$$h_{T1} b_{T1}\left(h_0 - \frac{h_{T1}}{3}\right) + \frac{1}{2}\sigma_{c1}^T b_T(x - h_{T1})\left(h_0 - \frac{x}{3} - \frac{2}{3} h_{T1}\right) + M_{aw} \tag{7.3.24}$$

其中:

$$M_{aw} = 0.5 \sigma_a'^T h_0^2 t_w (\xi - \delta_1)\left(1 - \frac{\xi}{3} - \frac{2}{3}\delta_1\right) - 0.5 f_a^T h_0^2 t_w\left(1 - \frac{2}{3}\delta_2 - \frac{\xi}{3}\right) \tag{7.3.25}$$

通过式（7.3.18）可计算出相对受压高度 $\xi$，代入式（7.3.15）可得出构件的曲率 $\varphi_y$，从而根据公式（7.3.34）得出试件的屈服位移。将 $\xi$ 代入式（7.3.24）得出试件截面的屈服弯矩。

② 小偏心受压型钢混凝土柱屈服荷载

试件发生小偏心受压破坏时，认为受压型钢和钢筋屈服的同时，受压边缘混凝土的应力达到了混凝土的抗压强度，其应力-应变分布如图 7.3.8 所示。

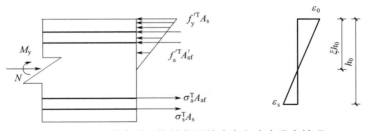

图 7.3.8　小偏心受压构件截面的应力和应变分布情况

根据图 7.3.8 的截面平衡条件得出:

$$\varphi_y = \frac{\varepsilon_0}{\xi h_0} \tag{7.3.26}$$

$$N \leqslant f_y'^T A_s' + f_a' A_{af}' + 0.5\left(f_c^T + \sigma_{c1}'^T\right)b_{T1} h_{T1} + 0.5\sigma_{c1}'^T(\xi h_0 - h_{T1})b_T + N_{aw} - \sigma_s^T A_s - \sigma_a^T A_{af} \tag{7.3.27}$$

其中:

$$\sigma_{c1}'^T = \frac{f_c^T(\xi h_0 - h_{T1})}{\xi h_0} \tag{7.3.28}$$

$$\sigma_s^T = \frac{f_y'^T (\xi h_0 - a_s')}{h_0(1-\xi)} \tag{7.3.29}$$

$$\sigma_a^T = \frac{f_a'^T (\xi h_0 - a_a')}{h_0(1-\xi)} \tag{7.3.30}$$

$$N_{aw} = 0.5 h_0 t_w \left[ f_a'^T (\xi - \delta_1) - \sigma_a^T (\delta_2 - \xi) \right] \tag{7.3.31}$$

$$M_y \leqslant f_y'^T A_s' (h_0 - a_s') + f_a' A_{af}' (h_0 - a_a') + \sigma_{c1}'^T h_{T1} b_{T1} (h_0 - 0.5 h_{T1}) + 0.5 b_{T1} (f_c^T - \sigma_{c1}'^T)$$
$$h_{T1} \left( h_0 - \frac{h_{T1}}{3} \right) + 0.5 \sigma_{c1}'^T b_T (x - h_{T1}) \left( h_0 - \frac{x}{3} - \frac{2}{3} h_{T1} \right) + M_{aw} \tag{7.3.32}$$

其中：

$$M_{aw} = 0.5 f_a'^T h_0^2 t_w (\xi - \delta_1) \left( 1 - \frac{\xi}{3} - \frac{2}{3} \delta_1 \right) - 0.5 \sigma_a^T h_0^2 t_w \left( 1 - \frac{2}{3} \delta_2 - \frac{\xi}{3} \right) \tag{7.3.33}$$

式中，$\delta_1$ 为型钢腹板上端至截面上边距离与 $h_0$ 的比值；$\delta_2$ 为型钢腹板下端至截面上边距离与 $h_0$ 的比值；$A_s$，$A_s'$ 分别为受拉、受压钢筋的截面面积；$N_{aw}$ 为型钢腹板承受的轴向合力；$M_{aw}$ 为型钢腹板承受的轴向合力对型钢受拉翼缘和纵向受拉钢筋合力点的力矩；$t_w$ 为型钢腹板厚度；$t_{af}$ 为型钢翼缘厚度；$a_s$，$a_s'$ 为纵向受拉钢筋合力点、纵向受压钢筋合力点至混凝土截面近边的距离；$a_a$，$a_a'$ 为型钢受拉翼缘截面重心、型钢受压翼缘截面重心至混凝土截面近边的距离；$A_{af}$，$A_{af}'$ 为型钢受拉翼缘截面面积、型钢受压翼缘截面面积；$f_y^T$，$f_y'^T$ 分别为高温后受拉、受压钢筋的屈服强度；$f_a^T$，$f_a'^T$ 分别为高温后受拉、受压型钢的屈服强度；$\sigma_c^T$，$\sigma_{c1}^T$ 分别为受拉钢筋屈服时混凝土受压边缘和受压区变截面处混凝土受压的应力；$\sigma_y'^T$，$\sigma_a'^T$ 为受拉区型钢屈服时，受压区钢筋、型钢抗压强度值；$\sigma_s^T$，$\sigma_a^T$ 为受压区型钢屈服时，受拉区钢筋、型钢抗拉强度值；$\sigma_{c1}'^T$ 为受压区型钢屈服时，受压区变截面处混凝土的抗压强度。

根据平截面假定可知型钢混凝土柱屈服时曲率分布取为直线，则柱底截面屈服时柱顶水平位移为：

$$\Delta_y = \frac{1}{3} \varphi_y H^2 \tag{7.3.34}$$

根据力的平衡条件：

$$P_y = \frac{M_y - N\Delta_y}{H} \tag{7.3.35}$$

（4）试件屈服后刚度 $K_2$

$$K_2 = \frac{P_{\max} - P_y}{\Delta_{\max} - \Delta_y}$$ (7.3.36)

计算试件屈服刚度 $K_2$ 需计算峰值荷载点的 $P_{\max}$ 和 $\Delta_{\max}$。

将火灾后型钢混凝土柱发生大偏心受压状态定义为：受拉区和受压区型钢与钢筋均屈服，混凝土应变达到其极限压应变；小偏心受压状态定义为：受压区钢筋屈服，同时受压区混凝土压溃，而此时受拉区钢筋和钢材不屈服。在上述定义和基本假定的基础上，采用极限平衡的方法，将型钢腹板和翼缘应力图简化为拉压矩形，对于大偏心和小偏心受压构件采用不同的公式进行计算。

对于火灾后型钢混凝土柱偏心受压构件的正截面承载力的计算，根据力学平衡可得到如下公式：

$$N \leqslant f_y'^{\mathrm{T}} A_s' + f_a'^{\mathrm{T}} A_{af}' + f_c^{\mathrm{T}} b_{\mathrm{T1}} h_{\mathrm{T1}} + f_c^{\mathrm{T}} b_{\mathrm{T}} (x - h_{\mathrm{T1}}) - \sigma_y^{\mathrm{T}} A_s - \sigma_a^{\mathrm{T}} A_{af} + N_{aw}$$ (7.3.37)

$$M_u \leqslant f_c^{\mathrm{T}} b_{\mathrm{T1}} h_{\mathrm{T1}} \left( h_0 - \frac{h_{\mathrm{T1}}}{2} \right) + f_c^{\mathrm{T}} b_{\mathrm{T}} (x - h_{\mathrm{T1}}) \left( h_0 - h_{\mathrm{T1}} - \frac{x - h_{\mathrm{T1}}}{2} \right) + f_y'^{\mathrm{T}} A_s' (h_0 - a_s') + $$
$$f_a'^{\mathrm{T}} A_{af}' (h_0 - a_a') + M_{aw}$$ (7.3.38)

当 $\dfrac{\delta_1 h_0}{\beta_1} < x < \dfrac{\delta_2 h_0}{\beta_1}$ 时

$$N_{aw} = [2.5\xi - (\delta_1 + \delta_2)] t_w h_0 f_a^{\mathrm{T}}$$ (7.3.39)

$$M_{aw} = \left[ 0.5(\delta_1^2 + \delta_2^2) - (\delta_1 + \delta_2) + 2.5\xi - (1.25\xi)^2 \right] t_w h_0^2 f_a^{\mathrm{T}}$$ (7.3.40)

当 $\dfrac{\delta_2 h_0}{\beta_1} < x$ 时

$$N_{aw} = (\delta_2 - \delta_1) t_w h_0 f_a^{\mathrm{T}}$$ (7.3.41)

$$M_{aw} = \left[ 0.5(\delta_1^2 + \delta_2^2) - (\delta_1 + \delta_2) + 2.5\xi - (1.25\xi)^2 \right] t_w h_0^2 f_a^{\mathrm{T}}$$ (7.3.42)

受拉边或受压较小边的钢筋应力 $\sigma_s^{\mathrm{T}}$ 和型钢翼缘应力 $\sigma_a^{\mathrm{T}}$ 可按下列条件计算：

对于大偏心受压构件即 $x \leqslant \xi_b h_0$ 时，取 $\sigma_s^{\mathrm{T}} = f_y^{\mathrm{T}}$，$\sigma_a^{\mathrm{T}} = f_a^{\mathrm{T}}$；

对于小偏心受压构件即 $x > \xi_b h_0$ 时，取：

$$\sigma_s^{\mathrm{T}} = \frac{f_y^{\mathrm{T}}}{\xi_b - 0.8} \left( \frac{x}{h_0} - 0.8 \right)$$

$$\sigma_a^{\mathrm{T}} = \frac{f_a^{\mathrm{T}}}{\xi_b - 0.8} \left( \frac{x}{h_0} - 0.8 \right)$$

$$\xi_b = \frac{0.8}{1 + \dfrac{f_y + f_a}{2 \times 0.003 E_s}}$$

式中，$\beta_1$ 为计算受压区高度系数，$\xi_b$ 为相对界限受压区高度。

根据力的平衡条件：

$$P_{max} = \frac{M_u - N\Delta_{max}}{H} \tag{7.3.43}$$

$\Delta_{max}$ 的计算主要考虑轴压比和受火时间的影响。通过对试验结果的多元线性拟合，得出骨架曲线强化段在水平轴上的投影长度和屈服位移的比值与轴压比 $n$ 和受火时间 $t$ 的关系。

$$\frac{\Delta_{max} - \Delta_y}{\Delta_y} = 1.908 + 0.085t - 2.013n \tag{7.3.44}$$

（5）试件下降段刚度 $K_3$

$$K_3 = \frac{P_{max} - P_u}{\Delta_u - \Delta_{max}} \tag{7.3.45}$$

极限荷载 $P_u$ 取为 0.85 倍的峰值荷载：

$$P_u = 0.85 P_{max} \tag{7.3.46}$$

代入式（7.3.45）可得出

$$K_3 = \frac{P_{max} - P_u}{\Delta_u - \Delta_{max}} = \frac{P_{max} - 0.85 P_{max}}{\Delta_u - \Delta_{max}} = \frac{0.15 P_{max}}{\Delta_u - \Delta_{max}} \tag{7.3.47}$$

极限位移 $\Delta_u$ 取为试验柱达到极限荷载时对应的水平位移。极限位移的计算可以根据屈服位移和延性系数的乘积计算，即：

$$\Delta_u = \mu \Delta_y \tag{7.3.48}$$

由于受火时间和轴压比对试验柱的延性均有较大的影响，因此对于延性系数的多元线性回归主要考虑受火时间 $t$ 和轴压比 $n$ 的影响。

$$\mu = 4.77 + 0.6748t - 5n \tag{7.3.49}$$

#### 7.3.3.2  恢复力模型

根据对实验结果的分析，提出如下恢复力模型：

① 开裂前构件处于弹性阶段，加载刚度和卸载刚度取弹性刚度 $K_e$。

② 构件开裂后到屈服前阶段，加载刚度取屈服前刚度 $K_1$，卸载时指向反向开裂点。

③ 加载至屈服点后峰值荷载点前，加载刚度取为屈服点之前刚度 $K_2$，按卸载刚度 $K_u$ 进行卸载至与 $X$ 轴交点，再加载至反向屈服点。

④ 峰值点之后加载刚度取为下降段刚度 $K_3$，卸载时按卸载刚度 $K_u$ 进行卸载至与 $X$ 轴交点，再加载至反向屈服点。

试验的卸载刚度 $K_u$ 随着位移幅值的增加而退化，且在不同位移幅值下卸载刚度的退化与轴压比、受火时间等有关。通过对每一个试件的卸载刚度 $K_u$ 进行计算回归，得到了与轴压比 $n$ 和受火时间 $t$ 的拟合公式。

$$K_u = K_e \left( \frac{\Delta_y}{\Delta} \right)^a \tag{7.3.50}$$

$$a = 0.318 - 0.189t + 0.161n \tag{7.3.51}$$

式中，$K_e$ 为火灾后试件的弹性刚度；$\Delta_y$ 为试件的屈服位移；$\Delta$ 表示已经经历过的最大位移。建议的恢复力模型如图 7.3.9 所示，图中 $C'$、$Y'$、$M'$、$U'$ 表示骨架曲线反向特征点。

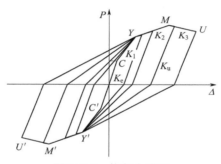

图 7.3.9　恢复力模型

### 7.3.3.3　试验曲线与计算曲线的比较

根据上述各骨架曲线特征点计算公式计算得到的骨架曲线与试验曲线的对比如图 7.3.10 所示。由图 7.3.9 所示的滞回曲线模型计算可得到试件的计算滞回曲线，与试验滞回曲线的结果比较如图 7.3.11 所示。

通过对比可知：计算得到的骨架曲线、滞回曲线与试验结果趋势大致相同，吻合度较高，说明在低周往复荷载作用下，建议的恢复力模型能够较好地反映恢复力与变形关系。

### 7.3.4　结论

本节基于火灾后型钢混凝土柱往复试验的试验结果，提出了考虑受火时间和轴压比影响的火灾后型钢混凝土柱的四线型恢复力模型，通过理论分析和数据的统计回归，给出了骨架曲线各特征点及各阶段刚度的计算公式和滞回规律。通过对比可以发现，本节提出的恢复力模型与试验结果吻合较好。本节模型可为火灾后型钢混凝土柱的抗震性能评估以及弹塑性反应分析提供参考依据。

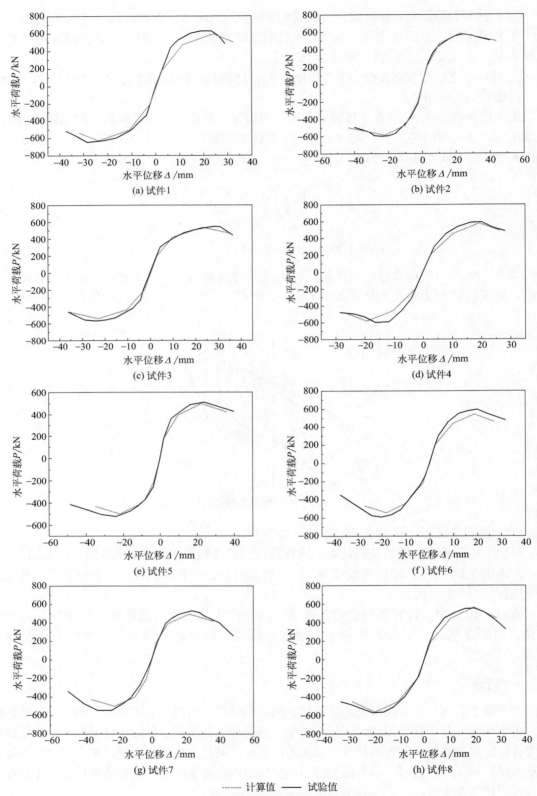

图 7.3.10　骨架曲线计算结果与试验曲线对比

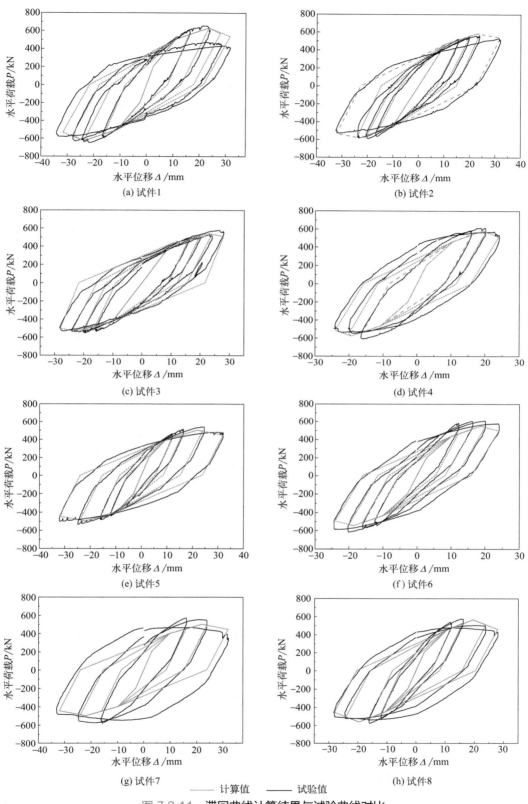

(a) 试件1        (b) 试件2

(c) 试件3        (d) 试件4

(e) 试件5        (f) 试件6

(g) 试件7     计算值     试验值     (h) 试件8

图 7.3.11　滞回曲线计算结果与试验曲线对比

# 第8章 火灾后型钢混凝土框架结构抗震性能

## 8.1 火灾后SRC柱-SRC梁框架抗震性能试验研究

### 8.1.1 引言

本节进行了考虑火灾作用全过程的火灾后型钢混凝土框架结构抗震性能的试验研究，考虑受火时间和轴压比等参数的影响对火灾后型钢混凝土框架的温度场分布、破坏形态、滞回性能、刚度、延性及耗能能力进行了详细研究，本节成果可为火灾后型钢混凝土框架结构的抗震性能评估及修复加固提供参考依据。

### 8.1.2 试验概况

#### 8.1.2.1 试件制作及模型的选取

对于图8.1.1（a）所示平面框架的受火工况，即底层中跨为受火空间，取图8.1.1（a）中所示单层单跨型钢混凝土框架为研究对象。根据《建筑抗震设计规范（2016年版）》（GB 50011—2010）规定，高度不超过40m、以剪切变形为主且质量和刚度沿高度分布比较均匀的结构，以及近似于单质点体系的结构，可采用底部剪力法简化计算，其水平地震作用如图8.1.1（a）所示。框架计算模型如图8.1.1（b）所示，柱上端承受荷载 $N_F$，梁上承受均布荷载 $q$，框架的约束边界条件为柱底端固结，在节点处承受一定的水平及转动约束。根据实际试验条件，框架实际边界条件为柱上端承受轴向荷载 $N_F$，柱下端固结，如图8.1.1（c）所示。

试件设计需考虑火灾炉尺寸、千斤顶加载能力等方面。同时试件设计时需考虑楼板吸热作用对温度场的影响及对框架刚度和承载力的影响。最终设计的框架尺寸如图8.1.2所示。

试验采用单榀单跨平面框架，共设计了5榀框架，SRCF01为常温对比试件，SRCF02~SRCF05为全过程火灾后抗震试件，试验参数包括受火时间和荷载比，考虑实际的受火情况，试件受火时间定义为30min和60min，柱荷载比定义为0.25和0.42。试件参数见表8.1.1。

型钢混凝土柱截面尺寸为200mm×200mm，框架柱中型钢截面为H100mm×70mm×8mm×8mm，型钢混凝土梁截面尺寸为200mm×140mm，框架梁中型钢截面为H100mm×50mm×8mm×8mm，型钢钢材采用Q235钢，型钢混凝土柱纵向受力钢筋直径为14mm，型钢混凝土梁纵向受力钢筋直径为10mm，同时在型钢混凝土楼板中布置了单层双向分布钢筋，直径为6mm，纵向受力钢筋及分布钢筋均采用 HRB335 级螺纹钢筋，框架梁、柱箍筋直径为 6mm，间距为 100mm。实测材料强度见表 8.1.2。梁底面和顶面主筋的混凝土保护层厚度为 31.5mm，梁侧面主筋保护层厚度为 26.5mm，柱主筋混凝土保护层厚度为 31.5mm。试件如图 8.1.2 所示。

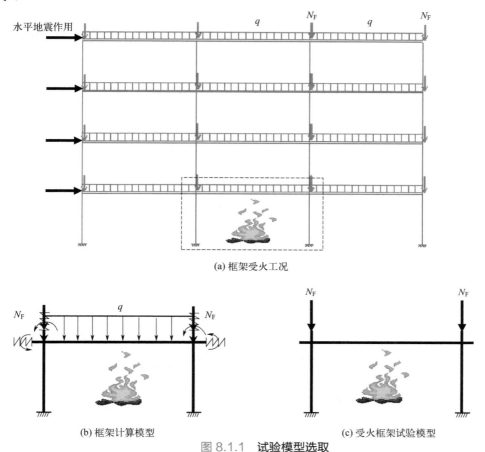

(a) 框架受火工况

(b) 框架计算模型　　　　　　　　　　(c) 受火框架试验模型

图 8.1.1　试验模型选取

表 8.1.1　型钢混凝土柱-型钢混凝土梁平面框架试件参数

| 试件编号 | 型钢混凝土柱截面尺寸 | | 型钢混凝土梁截面尺寸 | | 柱轴压比 $n$ | 轴压力 $N$/kN | 受火时间 $t_h$/min | 试验类型 |
|---|---|---|---|---|---|---|---|---|
| | 柱 /mm×mm×mm | 型钢 /mm×mm× mm×mm | 梁 /mm×mm×mm | 型钢 /mm×mm× mm×mm | | | | |
| SRCF01 | | | | | 0.26 | 360 | 0 | 常温 |
| SRCF02 | | | | | 0.26 | 360 | 60 | |
| SRCF03 | 200×200×1750 | H100×70×8×8 | 200×140×1700 | H100×50×8×8 | 0.26 | 360 | 30 | 火灾后抗震 |
| SRCF04 | | | | | 0.44 | 600 | 30 | |
| SRCF05 | | | | | 0.44 | 600 | 60 | 降温阶段破坏 |

表 8.1.2　实测材料强度

| 材料类别 | 钢板厚度或钢筋直径 /mm | 弹性模量 /MPa | 屈服强度 /MPa | 抗拉强度 /MPa |
|---|---|---|---|---|
| Q235 | 8 | $1.96 \times 10^5$ | 312 | 463 |
| HRB335 | 6 | $1.90 \times 10^5$ | 342 | 512 |
| | 10 | $2.00 \times 10^5$ | 518 | 1054 |
| | 14 | $2.05 \times 10^5$ | 428 | 670 |

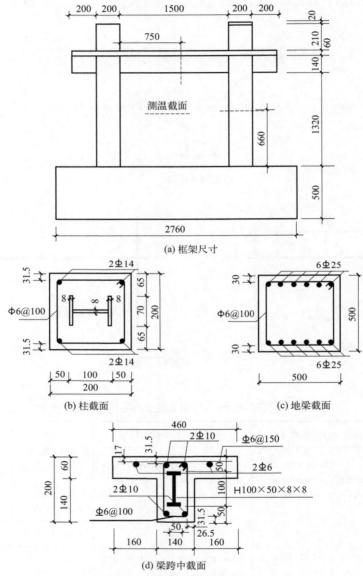

图 8.1.2　试件尺寸及配筋图（mm）

　　关于框架梁和框架柱的抗弯承载力，实际的框架结构中有两种形式，分别为强柱弱梁和强梁弱柱。这里首先研究强柱弱梁情况下框架火灾后的性能，强梁弱柱的情况另文研究。依据上述尺寸及材料性能，计算得梁截面正弯矩承载能力为 42.9kN・m，负弯矩承载能力 32.3 kN・m。当柱截面轴压力 $N$=0 时，柱截面抗弯承载力为 44.4kN；当 $N$=360kN，柱截面抗弯承载力为 50.8kN・m；当 $N$=600kN 时，柱截面抗弯承载力为 43.9kN・m。

#### 8.1.2.2　试验装置和测试内容

（1）试验装置

① 火灾升降温试验

火灾升降温试验装置主要包括三部分：火灾试验炉、加载设备及数据采集设备。

火灾试验炉炉膛的净尺寸为 3m×2m×3.3m，耐火试验炉的设计温度为 1200℃，最长耐火时间长达 240min。试验炉内设有 8 个喷嘴，试验炉以液化气为燃料。反力架主要包括两根主梁及型钢短柱，梁跨中布置有分配梁及圆钢支座以保证梁变形后加载的准确性。柱顶采用 2000kN 液压千斤顶，如图 8.1.3（c）所示。加载时液压设备可自行调节维持荷载的稳定。为精确控制加载，在柱顶和梁跨中均设置力传感器，采用稳压装置以保证试验过程中荷载值稳定不变。试验采用江苏东华测试技术股份有限公司生产的 DH3185N 号采集箱采集位移数据，温度测量应用集成的温度采集仪，如图 8.1.3（c）和（d）所示。

(a) 炉中安放钢筋混凝土墩子

(b) 试件安装就位

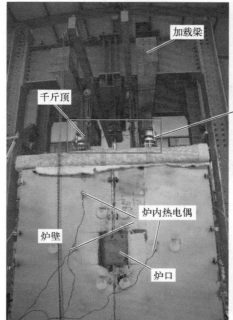

(c) 火灾升降温试验装置整体图

(d) 柱顶加载及位移计布置图

(e) 油压控制系统

图 8.1.3　**火灾升降温框架结构试验装置图**

② 火灾后抗震性能试验

高温炉熄火后打开炉盖降温，炉内空气温度逐渐降低，随着炉内温度降低，试件内部温度逐步降低。待试件内部各测点温度降至室温后拆卸试验设备，试件卸载。试件卸载后进行型钢混凝土框架结构抗震性能试验，抗震性能试验装置如图 8.1.4 所示。火灾后进行框架试件抗震性能试验时，水平力由水平 MST 液压伺服作动器提供，水平 MST 液压伺服作动器固定在反力墙上。框架竖向加载装置由竖向加载架及竖向千斤顶组成。柱顶竖向力由竖向千斤顶提供，并通过水平分配梁分配至柱顶，试件抗震性能试验柱顶荷载与火灾下的荷载相同，保证了升降温及火灾后阶段框架所受竖向荷载的一致性。

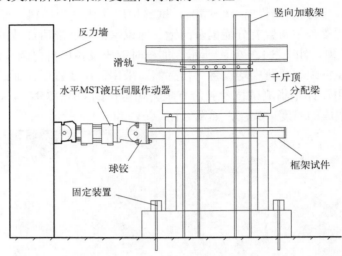

(a) 试验加载装置示意图

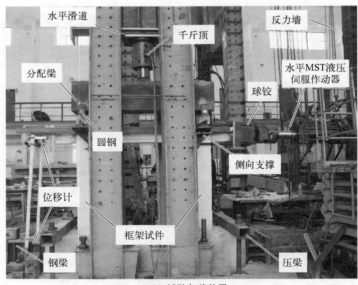

(b) 试验加载装置

图 8.1.4　火灾后框架抗震性能试验加载装置图

（2）量测内容

① 温度

温度量测需量测炉腔温度及试件内部温度。炉腔温度记录升降温阶段炉腔内温度的变化。试件内部温度记录平面框架从升温到温度降至常温的火灾全过程的温度变化，通过在试件内部预埋热电偶的方式获得，采用镍铬-镍硅型铠装热电偶。温度测量截面位置为梁跨度中间及柱高度中间部位。测温截面的具体位置如图 8.1.2（a）所示，柱截面编号为 1，梁截面编号为 2。热电偶在截面上的布置详见图 8.1.5 所示。

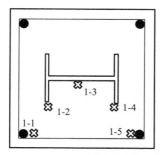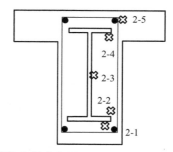

图 8.1.5 梁柱截面热电偶分布图

② 位移

升降温过程中需测量柱顶和梁顶轴向位移。记录升降温及火灾后整个试验过程中柱顶位移和梁跨中梁顶的挠度，位移的测量通过安装位移计实现。

③ 火灾后框架抗震性能试验的位移

利用位移计测量框架梁端部加载点水平位移、框架锚固的地梁位移，水平荷载由 MTS 液压伺服作动器的数据采集系统进行采集。

### 8.1.3 试验过程

为了模拟建筑结构首先遭受火灾、火灾后遭受地震的实际受力过程，试验包括火灾升降温试验及火灾后框架结构的抗震性能试验两个连续的试验，试验过程如下：

① 试件的安装就位

试件安装时要保证型钢混凝土框架位置对中，保证位置正确。

② 安装柱顶千斤顶

安装过程中保证柱顶千斤顶与柱子截面对中。

③ 安装采集装置和加载装置

将采集装置与热电偶、柱顶位移计、梁跨中位移计连接，同时连接力传感器线，并进行相应设置；测试火灾炉喷嘴是否正常工作。

④ 试件预加载测试

按照试件设计荷载值的 60% 进行预加载，同时检查采集仪器、位移计、力传感器、热电偶等是否正常工作，数据是否合理。

⑤ 柱顶加载

首先对柱顶逐级施加荷载至设计值，之后保持柱顶荷载稳定，记录此时柱顶和梁跨中测点位移大小。

⑥ 升温阶段

对于耐火试验，保持柱顶荷载大小不变，炉内温度按照 ISO834[3] 标准升温曲线进行升温，当梁跨中变形或柱顶轴向变形达到上述耐火极限的破坏标准时，即可停止升温，卸载柱顶和梁荷载。对于火灾全过程试验，受火时间达到设计受火时间时即停止升温。升温阶段需要采集炉温的数据、试件内部各测点的温度变化以及位移的变化。

⑦ 降温阶段

停止升温后，炉内温度开始下降，试件进入自然降温阶段。降温阶段过程中，需保持柱顶和梁加载点处荷载不变，同时记录炉温、试件内部各测点温度的变化，以及柱顶、梁顶位移的变化，直到框架的温度降至常温。

⑧ 火灾后框架抗震性能试验

当平面框架温度降至常温后，将框架试件移动至反力墙附近的竖向加载架上进行火灾后型钢混凝土框架抗震性能试验。

首先分级施加柱顶竖向荷载，柱顶竖向荷载大小见表 8.1.1。竖向荷载稳定 20min 后开始施加水平荷载。水平荷载在框架屈服之前首先按力施加，每级荷载 10kN，循环 1 次。屈服之后按位移加载，由于屈服位移事先不好确定，每级位移 4mm，循环 2 次。试验后期，为了加快试验进度，按照 4mm 倍数增加每级位移的大小。

## 8.1.4 框架升降温试验的结果及分析

### 8.1.4.1 试验现象和破坏特征

试件 SRCF02 ～ SRCF05 受火后炉内破坏情况如图 8.1.6 所示，试件取出后详细的破坏情况如图 8.1.7 所示，火灾后型钢混凝土框架局部破坏形态如图 8.1.8 所示。根据图 8.1.6 ～图 8.1.8 可知，对于 SRCF02 ～ SRCF04 受火后试件颜色变浅，同时柱和梁表面均出现了微小不规则的龟裂裂缝。试件 SRCF05 在炉温的降温阶段（点火后 117min）出现了破坏。SRCF05 框架左柱发生平面外破坏，破坏部位长度大约为 93mm，柱受压区混凝土压溃，受拉区钢筋屈服，型钢和钢筋外露，受拉区混凝土出现较大的垂直于柱高度方向的贯通裂缝，间距大约为

(a) SRCF02

(b) SRCF03

(c) SRCF04

(d) SRCF05

图 8.1.6　火灾后型钢混凝土框架炉内破坏情况

100mm，柱两侧及底部混凝土保护层均出现剥落。右柱混凝土表面也出现部分剥落，柱中部在弯矩和轴力的共同作用下在平面内产生微小的挠曲变形。对于型钢混凝土梁，受到左柱平面外变形而产生的扭矩作用，在梁底面及侧面产生了与梁长度方向大约呈45°的斜裂缝，裂缝的间距大约为100mm。柱子平面外的方向为弱轴方向，且支撑较弱，于是出现了平面外破坏。由于制作误差、材料强度有差别、温度场有微小差别等因素，试件SRCF05左柱和右柱在理论上承载能力有些差别。因此，尽管左右柱荷载比相同，但仍没有在同一时刻破坏。试件SRCF02与试件SRCF05基本相同，由于试件SRCF05的荷载比较大，导致试件SRCF05破坏的时刻早于SRCF02。可见，无论是升温阶段破坏，还是在降温阶段破坏，柱荷载比的大小仍是影响结构破坏时间的主要因素之一。

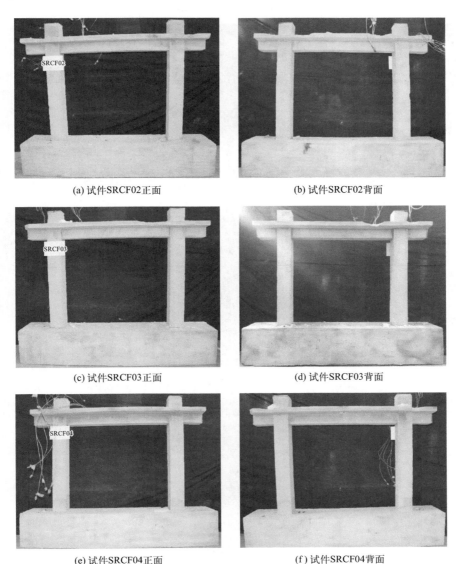

(a) 试件SRCF02正面

(b) 试件SRCF02背面

(c) 试件SRCF03正面

(d) 试件SRCF03背面

(e) 试件SRCF04正面

(f) 试件SRCF04背面

图 8.1.7

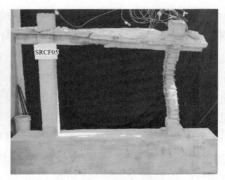

(g) 试件SRCF05正面　　　　　　　　　　(h) 试件SRCF05背面

图 8.1.7　型钢混凝土框架取出后形态及破坏情况

(a) 试件SRCF03右柱　　　　　(b) 试件SRCF03框架梁　　　　　(c) 试件SRCF04左柱

(d) 试件SRCF04右柱　(e) 试件SRCF05　(f) 试件SRCF05　(g) 试件SRCF05　(h) 试件SRCF05
　　　　　　　　　　左柱正面　　　左柱侧面　　　左柱局部破坏　　右柱正面

(i) 试件SRCF05梁跨中

图 8.1.8　型钢混凝土框架受火后局部破坏形态

　　熄火后，由于试件升温的滞后性，SRCF05 试件内部仍然处于升温阶段，试件柱截面的平均温度仍在升高。同时，试件柱截面外部开始降温，材料遇冷收缩出现拉应力，进一步使截面内部处于升温区的混凝土及钢材的压应力增加，最终导致了柱受压破坏。可见，在火灾的降温阶段，由于建筑结构构件内部温度仍在升高，而外部降温收缩，应力重分布导致结构受力更加不利，进而导致了建筑结构在火灾的降温阶段发生破坏。由于一般情况下大家只关注火灾升温阶段建筑结构的安全，不知道火灾熄灭后建筑结构仍处于危险中，所以，火灾降温阶段建筑结构的安全性必须引起重视。

### 8.1.4.2 温度-时间关系曲线

图 8.1.9 给出了升降温试验过程中炉温的变化情况。图 8.1.10 中给出了型钢混凝土框架梁跨中截面以及框架柱高度中间截面在整个升降温过程中温度随时间的变化情况。试件 SRCF03、SRCF04 的受火时间为 30min，试件 SRCF02 受火时间为 60min，试件 SRCF05 受火时间为 60min。从图 8.1.10 中可以看出，随着测点位置越靠近内部，温度越低。对于受火时间为 30min 的试件，框架柱测点 1 和 5 以及框架梁测点 1 达到的最高温度大约为 300℃。对于试件 SRCF02，框架柱测点 1 和 5 经历的最高温度大约为 400℃，框架梁测点 1 经历的最高温度大约为 388℃；对于试件 SRCF05，框架柱测点 5 最高温度为 500℃，框架梁测点 1 最高温度为 502℃。

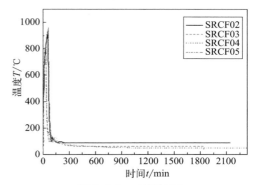

图 8.1.9　实测炉温

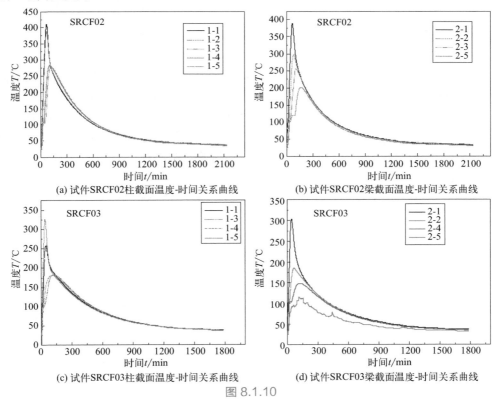

(a) 试件SRCF02柱截面温度-时间关系曲线

(b) 试件SRCF02梁截面温度-时间关系曲线

(c) 试件SRCF03柱截面温度-时间关系曲线

(d) 试件SRCF03梁截面温度-时间关系曲线

图 8.1.10

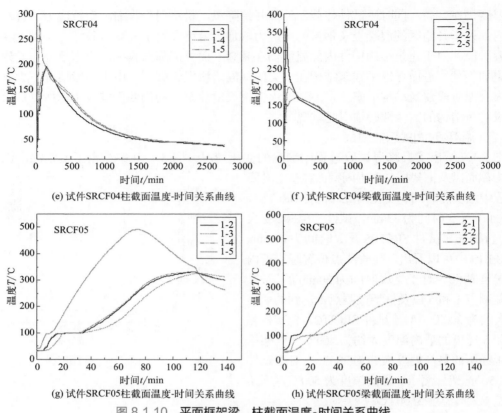

(e) 试件SRCF04柱截面温度-时间关系曲线　　　(f) 试件SRCF04梁截面温度-时间关系曲线

(g) 试件SRCF05柱截面温度-时间关系曲线　　　(h) 试件SRCF05梁截面温度-时间关系曲线

图 8.1.10　平面框架梁、柱截面温度-时间关系曲线

### 8.1.4.3　位移-时间关系曲线

型钢混凝土平面框架梁跨中、柱顶位移-时间关系曲线如图 8.1.11 所示，位移以向上为正，向下为负。从图中可见，试件 SRCF02~SRCF04 在炉温的升温阶段及降温阶段的前期，柱顶会发生热膨胀变形，所有试件的左右柱顶平均膨胀变形大小分别为 2.8mm、1.6mm、0.9mm。之后，柱顶发生向下的变形，至试件温度降至室温时，柱顶向下的变形大于热膨胀变形，柱顶的总体变形为向下，而且向下的位移比受火前还大。与受火前相比，经历火灾后，柱混凝土材料弹性模量、抗压强度等出现了不同程度的降低，因此，柱的向下的竖向变形比受火前大。

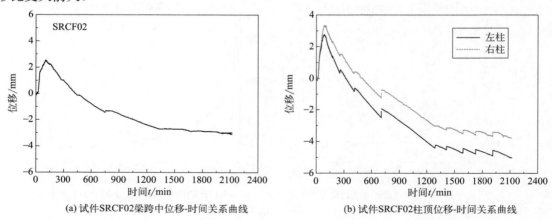

(a) 试件SRCF02梁跨中位移-时间关系曲线　　　(b) 试件SRCF02柱顶位移-时间关系曲线

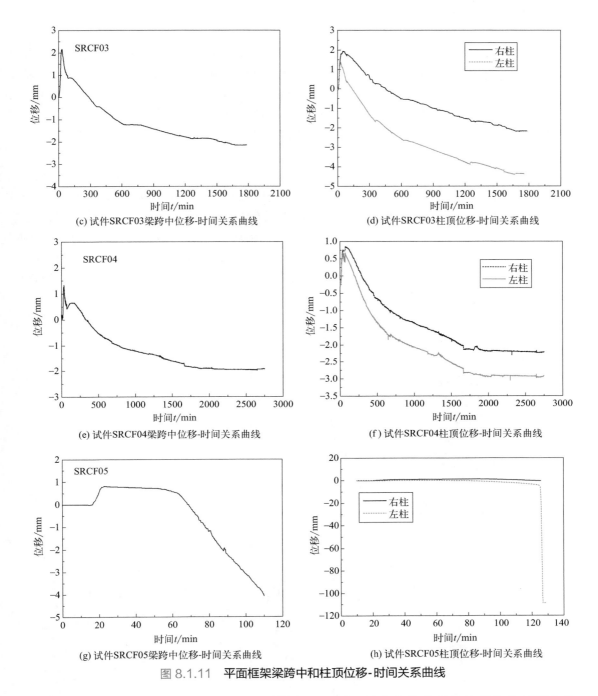

(c) 试件SRCF03梁跨中位移-时间关系曲线

(d) 试件SRCF03柱顶位移-时间关系曲线

(e) 试件SRCF04梁跨中位移-时间关系曲线

(f) 试件SRCF04柱顶位移-时间关系曲线

(g) 试件SRCF05梁跨中位移-时间关系曲线

(h) 试件SRCF05柱顶位移-时间关系曲线

图 8.1.11　平面框架梁跨中和柱顶位移-时间关系曲线

　　受火过程中，梁跨中位移的转折点时刻与柱相同，梁跨中位移随着柱顶位移不断变化。试件 SRCF05 为火灾后降温段破坏的试件，从图 8.1.11（h）可以看出，左柱柱顶在升温阶段及降温的初始阶段变形很小，在降温 20min 时，柱顶位移-时间曲线曲率逐渐变大，即此时柱顶轴向变形增大较快，当降温 55min 时，左柱柱顶位移增大至 13mm，左柱破坏，此时右柱柱顶的位移为 0.36mm，方向向下。

### 8.1.5 火灾后抗震性能试验结果及分析

#### 8.1.5.1 试验现象和破坏特征

进行型钢混凝土框架火灾后抗震性能试验时，首先按预定分级在试件柱顶施加竖向压力，压力值与火灾升降温的柱顶荷载施加值相同。竖向荷载稳压 30min 后开始增加水平荷载。水平荷载首先按照荷载控制施加，当水平荷载到达屈服荷载时按照水平位移（$\Delta$）加载。当水平位移值到达较大值时，为了节约时间，进一步提高水平位移的级差。

下面以试件 SRCF02 为例进一步说明框架试件的裂缝开展过程及破坏过程，其余试件无论受火与否，其裂缝开展过程及破坏过程均与试件 2 相似，不再赘述。

试件 SRCF02 裂缝开展及破坏过程如图 8.1.12 所示。从图 8.1.12（a）可见，施加水平荷载后，框架柱上下两端部首先出现水平裂缝，从柱截面顶面或底面开始出现裂缝，裂缝进一步向柱前面和后面两个面开展。框架柱最初的裂缝大体为水平方向，为典型的弯曲裂缝。由于柱上下端承受弯矩较大，所以柱的弯曲裂缝首先出现在柱上下端部。框架梁出现裂缝的时间比柱晚。随着框架顶端水平位移增加，柱上下端部的裂缝逐渐向柱截面另外一边开展，由于剪力的作用，靠近柱顶端和底端水平裂缝逐渐转变为斜裂缝。同时，上述受弯裂缝的数量不断增多，裂缝开展深度增加。

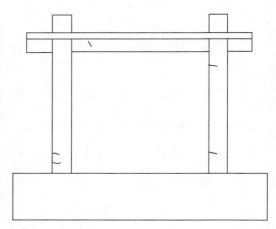

(a) $\Delta = 10$mm时框架试件整体裂缝分布

整体　　　　　　　　　　　　　　左柱　　　　　　　　　　　右柱

框架梁

(b) $\Delta = 30$mm时框架试件整体及局部的变形

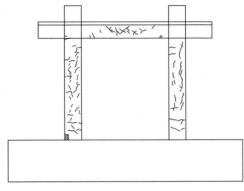

(c) $\Delta = 40$mm时框架试件整体裂缝分布

(d) $\Delta = 52$mm时框架试件整体裂缝分布

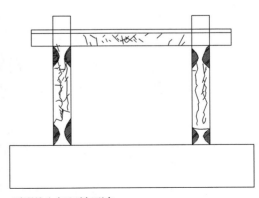

(e) $\Delta = 80$mm时裂缝分布及破坏形态

图 8.1.12  框架试件 SRCF02 加载时的裂缝开展及破坏过程

随着框架顶端水平位移增加，柱前后两面跨越型钢与混凝土交界面出现混凝土受拉斜裂缝，这些斜裂缝有些跨越型钢-混凝土交界面，有些直接沿着型钢-混凝土交界面延伸。随着这类斜裂缝的增加，逐渐在柱的型钢-混凝土交界面附近形成较为明显的裂缝。由于型钢刚度较大，混凝土刚度较小，当柱子发生剪切变形时，型钢-混凝土交界面要发生相对滑移，当型钢-混凝土交界面的应力超过黏结强度时，型钢-混凝土交界面要产生滑移裂缝。这类裂缝是由型钢-混凝土交界面的黏结破坏导致的，这也与常温下型钢混凝土柱的黏结裂缝类似。随着框架水平位移增加、滞回次数增加，这些裂缝长度逐渐增加，黏结裂缝有贯通的趋势。

从图8.1.12（d）可见，当水平位移 $\Delta$=52mm 时，尽管柱型钢-混凝土黏结裂缝开展程度很大，但还没有贯通，型钢和混凝土基本还能在一起受力，但效果受到削弱。这时，左右柱底端形成双向斜裂缝，底端受压区混凝土被压碎，混凝土开始脱落，柱底端开始形成塑性铰。从图8.1.12（e）可见，当水平位移 $\Delta$=80mm，框架柱底端钢筋混凝土保护层脱落殆尽。这时右柱上端混凝土也被压碎，右柱上下两端都出现了塑性铰。从后面图8.1.13（c）可见，当框架破坏时，左柱上端也出现了塑性铰。可见，框架破坏时框架柱上下两端均出现塑性铰，混凝土逐渐压碎，框架逐步失去水平承载力，本节框架为柱破坏模式。

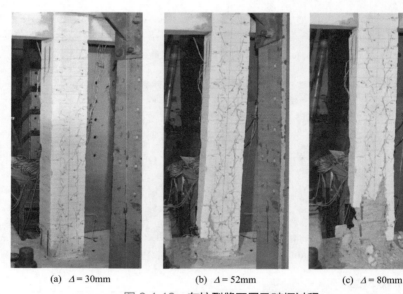

(a) $\Delta$ = 30mm       (b) $\Delta$ = 52mm       (c) $\Delta$ = 80mm

图 8.1.13　左柱裂缝开展及破坏过程

图8.1.13、图8.1.14显示了框架试件SRCF02左、右柱裂缝开展及破坏的过程，从图中可以更详细地看出框架型钢-混凝土交界面黏结裂缝的发展过程以及柱端部混凝土的压碎及破坏过程。

从图8.1.12可见，随着框架柱顶水平位移增加，框架梁出现两类典型的受力裂缝。其中一类裂缝，在梁端部的底面首先出现受弯裂缝，由于梁剪力的影响，在梁侧面向梁截面形心轴的发展过程中逐渐转变为斜裂缝。另外一类裂缝首先出现在梁腹部，与水平方向大体呈45°。这些裂缝与钢筋混凝土构件的腹剪裂缝非常相似，是由梁的剪应力导致的，这类裂缝没有扩展到梁的顶面和底面，可称为腹剪裂缝。从图上可见，框架梁的腹剪裂缝出现得较多。

(a) Δ = 30mm　　　　(b) Δ = 52mm　　　　(c) Δ = 80mm

(d) 右柱破坏区域(Δ = 80mm)

图 8.1.14　右柱裂缝开展及破坏过程

### 8.1.5.2　火灾后抗震性能试验破坏形态

试件 SRCF02 火灾后抗震性能试验后试件最终的破坏形态如图 8.1.15 所示。从图中可见，框架柱型钢-混凝土交界面处出现了明显的黏结滑移裂缝，框架柱两端出现了明显的双向斜裂缝，试件最终的破坏形态为框架柱破坏，框架破坏时柱上下两端出现塑性铰，框架形成机构而发生破坏。框架的梁柱节点出现少量裂缝，但没有破坏，框架梁侧面出现了较多的腹剪裂缝，框架梁顶面没有出现受弯裂缝，框架梁底面端部出现少量弯曲斜裂缝，框架梁没有发生破坏。

试件 SRCF03 火灾后抗震性能试验后试件最终的破坏形态如图 8.1.16 所示。从图中可见，试件最终的破坏形态与试件 SRCF02 相似，都是框架柱顶端和底端出现塑性铰，框架形成机构而破坏。试件 SRCF03 的裂缝开展状态也与试件 SRCF02 相似。试件 SRCF03 右柱底端塑性铰处混凝土去除后的形态如图 8.1.16（e）。从图中可见，去除混凝土后，没有发现型钢出现屈曲现象，这是因为混凝土的包裹作用延缓了型钢的破坏。试件 SRCF04 火灾后抗震性能试验后试件最终的破坏形态如图 8.1.17 所示，可见，试件 SRCF04 的破坏形态也与其余试件相似。

(a) 试件SRCF02正面          (b) 试件SRCF02背面

(c) 试件SRCF02框架梁

(d) 试件SRCF02框架梁顶面

图 8.1.15 试件 SRCF02 火灾后抗震性能试验破坏形态

(a) 试件SRCF03正面          (b) 试件SRCF03背面

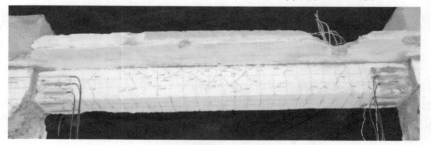

(c) 试件SRCF03框架梁

(d) 试件SRCF03框架梁顶面

(e) 试件SRCF03右柱底端

图 8.1.16　试件 SRCF03 火灾后抗震性能试验破坏形态

(a) 试件SRCF04正面　　　　　　　　　　(b) 试件SRCF04背面

(c) 试件SRCF04框架梁

图 8.1.17　试件 SRCF04 火灾后抗震性能试验破坏形态

### 8.1.5.3 滞回曲线及骨架曲线

试件 SRCF05 在火灾的降温阶段破坏，没有测试其荷载-位移滞回曲线。试件 SRCF01 ~ SRCF04 试验测得的梁端水平荷载-水平位移滞回曲线如图 8.1.18 所示。总体上看，各试件滞回曲线形状饱满，整体呈饱满的梭形，没有捏拢效应。由于框架为型钢混凝土框架结构，型钢的使用大大地改善了框架的滞回性能。从图中可见，与其他轴压比 $n$=0.25 的试件相比，试件 SRCF04 的轴压比为 0.42，轴压比最大，极限水平位移最小，相比较而言，延性最差。这是由于试件 SRCF04 的轴压比最大，轴压比的增加使得试件承载能力增加，延性变差。试件 SRCF01 ~ SRCF04 滞回曲线的骨架曲线如图 8.1.19 所示。从图中可见，各个试件的骨架曲线形状饱满，极限位移均较大，构件的延性较好。

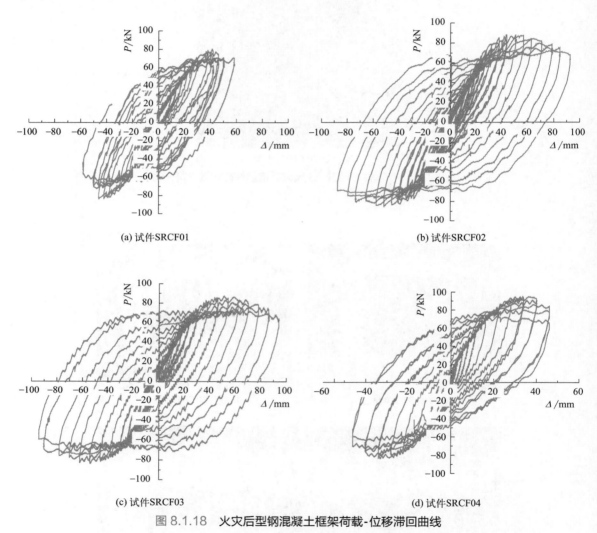

(a) 试件SRCF01  (b) 试件SRCF02

(c) 试件SRCF03  (d) 试件SRCF04

图 8.1.18　火灾后型钢混凝土框架荷载-位移滞回曲线

框架试件的典型滞回环如图 8.1.20 所示。从图中可见，滞回环形状为梭形，形状饱满，耗能能力较强。本框架为型钢混凝土结构，无论高温前后，试件内的型钢都保持了较好的滞回性能，导致整个框架试件的滞回曲线饱满，耗能能力较强。

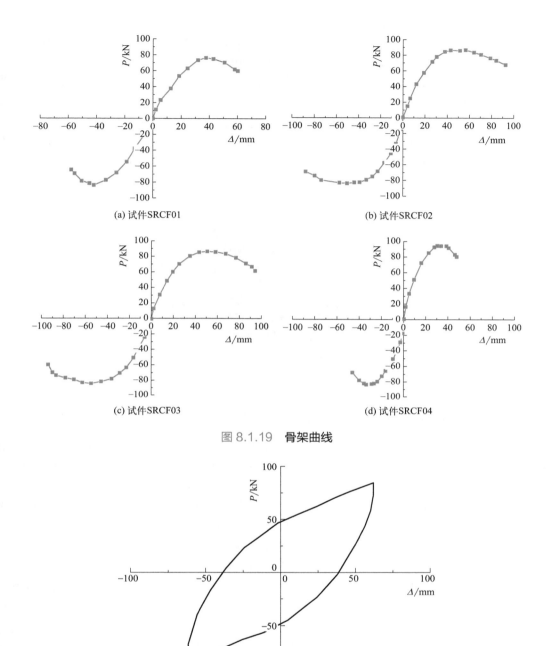

(a) 试件SRCF01　　　　　　　　　　　(b) 试件SRCF02

(c) 试件SRCF03　　　　　　　　　　　(d) 试件SRCF04

图 8.1.19　骨架曲线

图 8.1.20　典型滞回环

## 8.1.6　抗震性能的参数分析

### 8.1.6.1　滞回性能参数分析

（1）受火时间的影响

试件 SRCF01（常温）、试件 SRCF02（受火时间 $t_h$=60min）、试件 SRCF03（受火时间 $t_h$=30min）滞回曲线的比较如图 8.1.21 所示，上述 3 个试件轴压比相同，受火时间不同。从图中可见，试件 SRCF02 和 SRCF03 的滞回曲线形状接近，加卸载刚度接近，延性相近。与试件 SRCF02 和 SRCF03 相比，SRCF01 的加卸载刚度较大，而延性较差。试件受火后混凝土材料的极限压应变增加，延缓了混凝土的破坏，在一定程度上提高了试件的延性，所以受火试件 SRCF02 和 SRCF03 的延性比非受火试件 SRCF01 增加。受火后混凝土材料的弹性模量降低，导致受火试件 SRCF02 和 SRCF03 的刚度比非受火试件 SRCF01 的有所降低。试件 SRCF02 和 SRCF03 各测点的过火最高温度均在 400℃ 以下，这个温度下钢材的材性还没有出现明显损伤，而两个试件由于混凝土过火最高温度不同导致的性能差别在试件总的性能中所占比例较小，因此，试件 SRCF02 和 SRCF03 的滞回曲线比较接近。

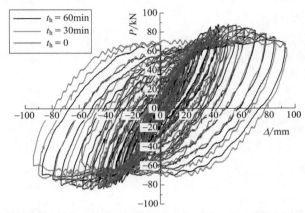

图 8.1.21　受火时间对滞回曲线的影响（试件 SRCF01、SRCF02、SRCF03，$n$=0.25）

　　上述 3 个试件滞回曲线的骨架曲线如图 8.1.22 所示。从图中可见，试件 SRCF02 和 SRCF03 承载能力和延性相似。与非受火试件 SRCF01 相比，受火试件 SRCF02 和 SRCF03 延性增加。由于混凝土和钢材的材料强度差异、试件的施工误差等原因，可大体认为试件 SRCF01 的水平承载能力与受火试件相差不大。从前面的分析可知，上述 3 个试件钢材的过火温度均在 400℃ 以下，根据 Tao[52] 的研究结论，火灾后钢材和钢筋强度还没有降低，火灾后混凝土的强度有降低，由于混凝土材料强度在试件承载力中占比较小，所以火灾后试件的承载能力降低幅度很小。

　　试件 SCRF04 和试件 SCRF05 的轴压比 $n$ 为 0.42，试件 SCRF04 和试件 SCRF05 的受火时间分别为 30min 和 60min，其中 SRCF05 在炉温的下降段发生了破坏，破坏发生在点火后的 117min。试件 SCRF04 和 SCRF05 两试件的轴压比相同，但受火时间不同，受火时间大的试件火灾后失去抗震能力。可见，当受火时间达到某一程度时，试件将会在降温阶段发生破坏，火灾后失去抗震能力。

　　（2）轴压比的影响

　　试件 SRCF03 和 SRCF04 的受火时间均为 30min，试件 SRCF03 的轴压比 $n$ 为 0.25，SRCF04 的轴压比 $n$ 为 0.42，上述两个试件的滞回曲线及骨架曲线分别如图 8.1.23、图 8.1.24 所示。从图 8.1.23 可见，试件 SRCF04 较试件 SRCF03 很快到达承载能力，到达承载能力之后快速下降，试件 SRCF04 的加卸载刚度较试件 SRCF03 大。试件 SRCF03 到达承载能力之后，有稳定的滞回环，延性较好。当柱的轴压比增加后，柱的承载能力增加，但延性变差，试件破坏较早。从图 8.1.24 可见，与试件 SRCF03 相比，试件 SRCF04 的骨架曲线比较陡，到达承载能力后下降较快。试件 SRCF04 的承载能力较强，延性较差。可见，轴压比增加导致试件的承载能力增加，延性变差，这与常温下试件性能相同。

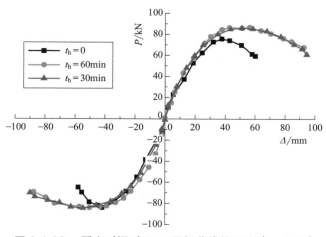

图 8.1.22  受火时间对 $P$-$\Delta$ 骨架曲线的影响（$n$=0.25）

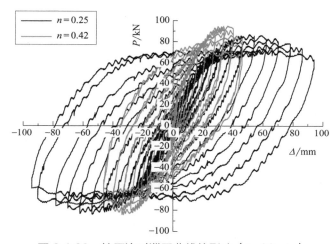

图 8.1.23  轴压比对滞回曲线的影响（$t_{\mathrm{h}}$=30min）

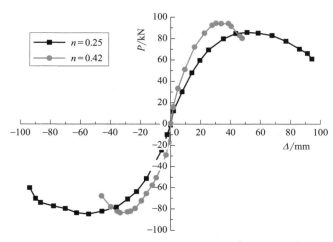

图 8.1.24  轴压比对骨架曲线的影响（$t_{\mathrm{h}}$=30min）

#### 8.1.6.2 刚度退化规律

框架结构的刚度定义为使框架发生单位位移需要施加的力，刚度一般分为切线刚度和割线刚度。由于割线刚度更具有代表性，本节取框架水平力-水平位移滞回环正负两个方向顶点处的割线刚度的平均值作为框架等效刚度 $K1$。把常温试件 $\Delta=8\text{mm}$ 时的刚度作为标准，等效刚度与常温试件的刚度之比用 $K$ 表示，称为相对刚度。各级位移作用下各试件的等效刚度见表 8.1.3，图中也给出了黏滞阻尼系数。

表 8.1.3　各试件等效刚度及等效黏滞阻尼系数

| 试件编号 | 等效刚度及等效黏滞阻尼系数 | | | | | |
|---|---|---|---|---|---|---|
| SRCF01 | 位移 /mm | 8 | 16 | 26 | 38 | 50 |
| | 等效刚度 /（kN/m） | 3015 | 2674 | 2475 | 2095 | 1338 |
| | 相对刚度 | 1.00 | 0.89 | 0.82 | 0.69 | 0.44 |
| | 黏滞阻尼系数 | 0.103 | 0.106 | 0.107 | 0.168 | 0.353 |
| SRCF02 | 位移 /mm | 8 | 20 | 40 | 58 | 80 |
| | 等效刚度 /（kN/m） | 3027 | 2529 | 2110 | 1484 | 956 |
| | 相对刚度 | 1.00 | 0.84 | 0.70 | 0.49 | 0.32 |
| | 黏滞阻尼系数 | 0.110 | 0.112 | 0.177 | 0.245 | 0.368 |
| SRCF03 | 位移 /mm | 8 | 24 | 38 | 62 | 88 |
| | 等效刚度 /（kN/m） | 2989 | 2727 | 2050 | 1371 | 826 |
| | 相对刚度 | 0.99 | 0.90 | 0.68 | 0.45 | 0.27 |
| | 黏滞阻尼系数 | 0.105 | 0.130 | 0.170 | 0.279 | 0.439 |
| SRCF04 | 位移 /mm | 8 | 16 | 26 | 40 | 45 |
| | 等效刚度 /（kN/m） | 5555 | 4281 | 2975 | 2136 | 1687 |
| | 相对刚度 | 1.84 | 1.42 | 0.97 | 0.71 | 0.56 |
| | 黏滞阻尼系数 | 0.142 | 0.150 | 0.185 | 0.273 | 0.366 |

（1）受火时间的影响

试件 SRCF01、SRCF02、SRCF03 受火时间分别为 0、60min 和 30min，轴压比 $n$ 为 0.25，其余条件均相同。上述试件的相对刚度 $K$ 与水平位移 $\Delta$ 的关系曲线如图 8.1.25 所示。可见，随水平位移增加，试件的相对刚度均降低。与受火试件相比，水平位移增加，非受火试件 SRCF01 的刚度下降程度更大。受火试件受火后混凝土材料的极限压应变增加，导致框架试件的延性增加。可见，框架试件受火后延性增加，致使在较大位移时框架仍保持一定的刚度。另外，受火 30min 的试件 SRCF03 和受火 60min 的试件 SRCF02 刚度总体较为接近。从图 8.1.10 可以看出，对于受火时间为 30min 的试件 SRCF03，框架柱测点 1-1 和 1-5 以及框架梁测点 2-1 达到的最高温度大约为 300℃，对于试件 SRCF02，框架柱测点 1-1 和 1-5 经历的最高温度大约为 400℃，相差 100℃。根据 Tao[52] 的研究结果，过火 300℃和过火 400℃后混凝土材料的强度相差较小，钢材过火温度在 500℃以内火灾后钢材的强度和弹性模量不会退化。因此，尽管两个试件的受火时间相差 30min，两试件的刚度退化基本接近。

（2）轴压比的影响

试件 SRCF03 和试件 SRCF04 受火时间为 30min，两试件的轴压比分别为 0.25 和 0.42，两试件的相对刚度与水平位移的关系曲线如图 8.1.26 所示。从图中可见，轴压比较大的试件 SRC04 刚度较大，随位移增加而退化的幅度大于轴压比较小的试件 SRCF03。可见，轴压比较大试件的刚度较大，但随水平位移增加的退化程度较大。

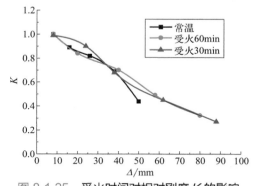

图 8.1.25　受火时间对相对刚度 $K$ 的影响
（$n$=0.25）

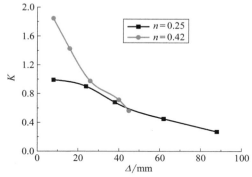

图 8.1.26　轴压比对相对刚度 $K$ 的影响
（受火 30min）

### 8.1.6.3　阻尼系数

（1）受火时间对阻尼系数的影响

试件 SRCF01、SRCF02 和试件 SRCF03 受火时间分别为 0、60min 和 30min，轴压比 $n$ 为 0.25。上述试件的等效黏滞阻尼系数 $\xi_{eq}$ 与水平位移 $\varDelta$ 的关系曲线如图 8.1.27 所示。可见，随水平位移的增加，所有试件的 $\xi_{eq}$ 增加。从图中还可看出，受火试件 SRCF02 和 SRCF03 的等效黏滞阻尼系数较为接近，而试件 SRCF01 在 40mm 后的等效黏滞阻尼系数增长较大。试件 SRCF01 在位移大于 40mm 时进入破坏阶段，试件的耗能能力更强，导致阻尼系数更大。由于试件 SRCF02 和试件 SRCF03 受火时间相差 30min，混凝土过火温度相差不大，过火后混凝土的强度相差较小。而且，由于过火温度小于 500℃，钢材高温后的材性没有降低。因此，试件 SRCF02 和试件 SRCF03 的耗能能力较为接近。

（2）轴压比对阻尼系数的影响

试件 SRCF03 和试件 SRCF04 受火时间为 30min，两试件的轴压比分别为 0.25 和 0.42，两试件的阻尼系数与水平位移的关系曲线如图 8.1.28 所示。从图中可见，轴压比较大的试件 SRCF04 阻尼系数较轴压比较小试件 SRCF03 的阻尼系数小。

### 8.1.6.4　延性

当框架部分截面钢筋和钢材开始屈服时框架的水平力-水平位移骨架曲线上会出现明显转折点，这时框架整体结构就发生了屈服。梁受弯时的力-变形曲线，屈服点较为明显。本节框架由于柱受轴压力的影响，框架 $P$-$\varDelta$ 曲线上转折点不很明显，无法直接明确确定屈服点。采用"通用屈服弯矩法"（G.Y.M.M）确定柱顶水平力-柱顶水平位移曲线的屈服点。

通过上述方法确定的 $P$-$\varDelta$ 骨架曲线的屈服点及其对应位移和荷载见表 8.1.4。将 $P$-$\varDelta$ 骨架曲线上荷载下降至极限荷载的 85% 时对应的点称为破坏点，破坏点对应的位移为极限位移。框架试件的屈服位移和极限位移见表 8.1.4。构件的延性一般可用延性系数表示，延性系数为极限位移与屈服位移的比值。本节试件的延性系数见表 8.1.4。下面分析延性系数随各参数的变化。

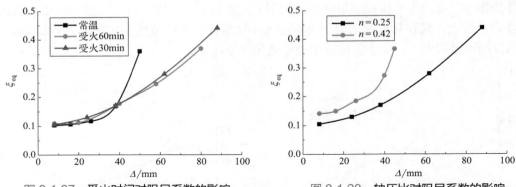

图 8.1.27　受火时间对阻尼系数的影响　　　图 8.1.28　轴压比对阻尼系数的影响

表 8.1.4　试件的屈服点、极限荷载点、极限位移点和延性系数

| 试件编号 | 方向 | 屈服点 | | 极限荷载点 | | | 极限位移点 | | 延性系数 | |
| --- | --- | --- | --- | --- | --- | --- | --- | --- | --- | --- |
| | | 位移 /mm | 荷载 /kN | 位移 /mm | 荷载 /kN | 均值 /kN | 位移 /mm | 荷载 /kN | 计算值 | 均值 |
| SRCF01 | 正 | 26.3 | 64.1 | 37.7 | 75.7 | 80.0 | 55.4 | 65.3 | 2.11 | 1.95 |
| | 负 | 30.9 | 75.0 | 41.7 | 84.2 | | 54.9 | 71.5 | 1.78 | |
| SRCF02 | 正 | 30.3 | 77.5 | 51.3 | 86.6 | 85.6 | 83.0 | 73.6 | 2.74 | 3.18 |
| | 负 | 23.4 | 70.1 | 50.1 | 84.5 | | 84.7 | 71.8 | 3.62 | |
| SRCF03 | 正 | 25.7 | 70.0 | 51.0 | 85.8 | 85.2 | 82.8 | 72.9 | 3.22 | 3.31 |
| | 负 | 25.7 | 67.6 | 54.6 | 84.8 | | 87.4 | 72.8 | 3.40 | |
| SRCF04 | 正 | 19.2 | 78.0 | 33.8 | 95.7 | 89.9 | 46.3 | 81.3 | 2.41 | 2.73 |
| | 负 | 14.5 | 63.1 | 33.6 | 84.0 | | 44.1 | 71.4 | 3.04 | |

（1）受火时间

试件 SRCF01、SRCF02 和 SRCF03 的受火时间分别为 0、60min、30min，轴压比 $n$ 均为 0.25。从表 8.1.4 中可见，受火试件 SRCF02 和 SRCF03 的延性系数分别为 3.18 和 3.31，二者相差不大。如前所述，尽管两受火试件受火时间相差 30min，但过火最高温度导致的混凝土材性差别不大，而钢材在高温后材性没有降低，故两受火试件的延性系数比较接近。从表 8.1.4 中可见，未受火试件 SRCF01 的延性系数为 1.95，明显小于受火试件的值。可见，受火后框架的延性系数有一定程度的增加，主要原因是混凝土材料受火后极限压应变得到了一定程度的增加。

（2）轴压比

试件 SRCF03 和试件 SRCF04 轴压比分别为 0.25 和 0.42，受火时间均为 30min，其余条件相同。上述试件的延性系数与受火时间的关系如图 8.1.29 所示。从图中可见，轴压比越大，延性系数越小。可见，轴压比增加降低了框架的延性，这与常温下的规律一致。

### 8.1.7　结论

本节进行了考虑升降温影响及火灾和荷载的耦合作用的火灾后型钢混凝土框架试件抗震性能试验，对火灾后型钢混凝土框架的承载能力、典型滞回环的形状、耗能能力、刚度、延性和阻尼系数等特性进行了系统的试验研究和分析。在本节试件的参数条件下，可得到如下结论：

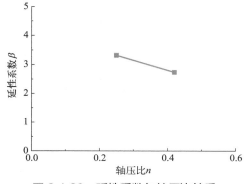

图 8.1.29　延性系数与轴压比关系

①　试验表明，相对于炉温，试件各测点温度升降温均滞后于炉温，测点位置越往里温度发展越滞后，温度-时间关系曲线上的最高温度也越低。

②　受火时间较长、轴压比较大的框架试件 SRCF05 在炉温的下降阶段出现了破坏，在实际的建筑火灾中要充分注意火灾降温阶段及火熄灭后建筑结构倒塌的可能性。

③　本试验中，火灾后框架试件受水平反复荷载时，在受荷载初期，框架柱型钢-混凝土交界面处出现了明显的黏结滑移裂缝，表明型钢-混凝土交界面是框架柱的薄弱环节，会降低框架的抗震性能。在火灾后承受水平反复荷载的破坏阶段，框架柱两端出现了明显的双向斜裂缝，框架试件最终的破坏形态为两根框架柱破坏，框架破坏时柱上下两端出现塑性铰，框架形成机构而发生破坏。框架的梁柱节点产生少量裂缝，但没有破坏。框架梁侧面出现了较多的腹剪斜裂缝，框架梁顶面没有出现受弯裂缝，框架梁底面端部出现少量受弯裂缝，框架梁没有发生破坏。

④　试件滞回曲线的滞回环形状为梭形，形状饱满，耗能能力较强。本节框架为型钢混凝土结构，无论高温前后，试件内的型钢都保持了较好的滞回性能，因此整个框架试件的滞回曲线饱满，耗能能力较强。

⑤　相对于未受火试件，受火后试件的极限位移较大，受火后框架试件的延性系数较大，延性较好。受火时间对试件的刚度影响不大，轴压比增加能明显增加试件的刚度。水平位移较大时，未受火试件的阻尼比较受火试件的阻尼比大，受火时间对受火试件的阻尼系数影响较小。轴压比增加，导致阻尼系数增加。

# 8.2　火灾后 SRC 柱-RC 梁框架结构<br>抗震性能试验研究

## 8.2.1　引言

型钢混凝土柱-钢筋混凝土梁框架结构也是应用较为广泛的结构形式，上一节进行了火灾后型钢混凝土柱-型钢混凝土梁的抗震性能试验，作为对比，本节开展火灾后型钢混凝土柱-钢筋混凝土梁框架结构的抗震性能试验，进一步丰富型钢混凝土结构火灾后抗震性能的试验成果。

本节进行了考虑火灾作用全过程的火灾后型钢混凝土框架结构抗震性能的试验研究,考虑受火时间和轴压比等参数的影响对火灾后型钢混凝土框架的温度场分布、破坏形态、滞回性能、刚度、延性及耗能能力进行了详细研究,本节成果可为火灾后型钢混凝土柱-钢筋混凝土梁框架结构的抗震性能评估及修复加固提供参考依据。

### 8.2.2 试件设计

考虑到高温试验炉的尺寸及加载能力,选取平面框架中单层单跨型钢混凝土柱-钢筋混凝土梁框架为研究对象,试验模型如图 8.2.1 所示。考虑到型钢混凝土框架结构中存在十字形次梁的情况,本试验中梁跨中采用集中加载。

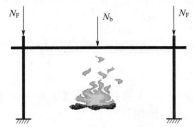

图 8.2.1　耐火试验模型选取

考虑高温试验炉尺寸、加载能力等的影响进行试件设计,试验采用单层单跨平面框架试件。同时考虑楼板吸热作用对温度场的影响及对框架刚度和承载力的影响,试件设计时考虑楼板,框架尺寸如图 8.2.2 所示。

框架试件与第 4 章标准试件基本相同。型钢混凝土柱截面尺寸为 260mm×260mm,框架柱中型钢截面为 H120mm×100mm×12mm×12mm,钢筋混凝土梁截面尺寸为 200mm×260mm。型钢采用 Q345 钢。混凝土采用 C35。试件梁柱纵向受力钢筋为 HRB335 级钢筋,型钢混凝土柱纵向受力钢筋直径为 16mm,钢筋混凝土梁纵向受力钢筋直径为 16mm 和 10mm。同时在钢筋混凝土楼板中布置了单层双向分布钢筋,直径为 8mm,分布钢筋均采用 HRB235 级光圆钢筋。框架梁、柱箍筋直径为 8mm,柱箍筋间距 100mm,梁箍筋间距 150mm,梁柱主筋混凝土保护层厚度均为 25mm。框架试件构造如图 8.2.2 所示。实测 C35 混凝土立方体抗压强度平均值为 35.2MPa,实测钢材的性能参数见表 8.2.1。

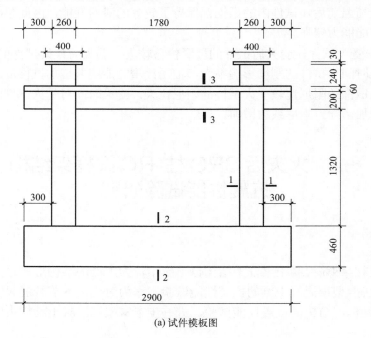

(a) 试件模板图

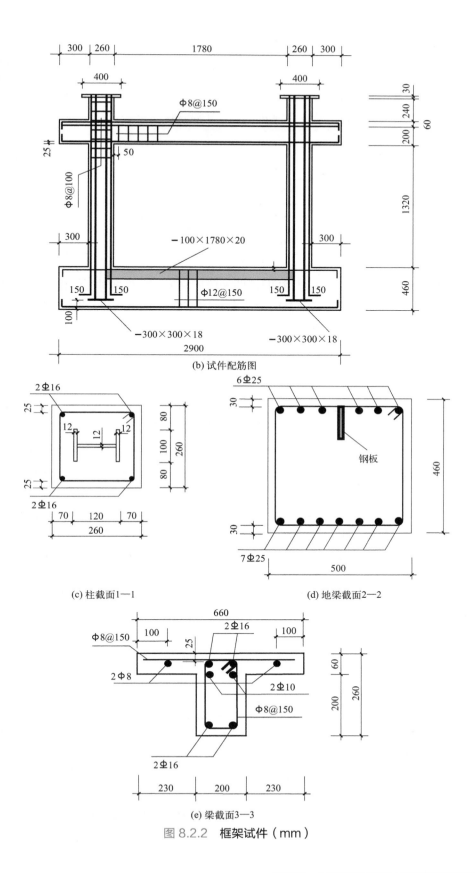

(b) 试件配筋图

(c) 柱截面1—1

(d) 地梁截面2—2

(e) 梁截面3—3

图 8.2.2　框架试件（mm）

表 8.2.1　试件的材料性能参数

| 材料类别 | 钢板厚度或钢筋直径/mm | 弹性模量/MPa | 屈服强度/MPa | 抗拉强度/MPa |
|---|---|---|---|---|
| Q345 | 12 | $2.00\times10^5$ | 466 | 631 |
| HPB235 | 8 | $2.00\times10^5$ | 352 | 518 |
| | 12 | $2.00\times10^5$ | 459 | 589 |
| HRB335 | 10 | $1.96\times10^5$ | 450 | 578 |
| | 16 | $2.00\times10^5$ | 489 | 613 |
| | 25 | $2.00\times10^5$ | 442 | 570 |

试验考虑受火时间（$t_h$，即升温时间）、柱轴压比（$n$）等参数对型钢混凝土框架抗震性能的影响，共设计了 3 榀框架，SRCF01 为常温对比试件，SRCF02 ～ SRCF03 为全过程火灾后抗震性能测试试件。试验参数包括受火时间和柱轴压比，各试件详细设计参数见表 8.2.2。

表 8.2.2　型钢混凝土柱-型钢混凝土梁平面框架试件参数

| 试件编号 | 柱荷载/kN | 梁荷载/kN | 轴压比 $n$ | 受火时间 $t_h$/min | 试验类型 |
|---|---|---|---|---|---|
| SRCF01 | 1963 | 63 | 0.60 | 0 | 常温 |
| SRCF02 | 1963 | 63 | 0.60 | 70 | 火灾后抗震 |
| SRCF03 | 1963 | 63 | 0.60 | 100 | 火灾后抗震 |

注：$n$ 为柱轴压比；$t_h$ 为试件的受火时间，即升温时间。

试件按照"强柱弱梁、强剪弱弯"进行抗震设计。根据材料实测值核算，常温下，框架承受水平荷载当梁两端截面均分别达到正负抗弯承载力时，梁两端截面所受剪力均为 94.5kN，而梁截面的抗剪承载力为 103.2kN。因此，除试件 SRCF01 外，其余试件的框架梁均满足强剪弱弯的要求。经核算，当柱轴压力分别为 0、1340kN 和 1995kN（柱轴力与梁传过来的力之和）时，柱截面的抗弯承载力分别为 102kN·m、95kN·m 和 70kN·m，大于梁端截面的抗弯承载力 59.9kN·m。因此，设计的框架试件可保证强柱弱梁。

## 8.2.3　试验装置和测试内容

### 8.2.3.1　试验装置

（1）火灾升降温试验

火灾升降温试验装置同第 4 章，为阅读方便，这里给出试验装置总体布置图，如图 8.2.3 所示。火灾试验炉炉膛的净尺寸为 3m×2m×3.3m，柱顶采用 2000kN 液压千斤顶加载，梁跨中采用 200kN 液压千斤顶加载。加载与测量试验装置如图 8.2.3 所示。为了模拟平面框架的实际平面外约束条件，在平面框架试件柱顶部安装框架平面外支持钢管，以限制框架柱顶的平面外位移，相当于框架柱顶设置一个限制其平面外水平位移的支座。该支座中心至框架试件柱底端（地梁上表面）的距离为 2.11m，即自地梁顶面算起的框架侧向支撑的高度为 2.11m。

图 8.2.3　框架结构耐火性能试验装置

（2）火灾后抗震性能试验

高温炉熄火后打开炉盖降温，炉内空气温度逐渐降低，随着炉内温度降低，试件内部温度逐步降低。待试件内部各测点温度降至室温后卸载。火灾后恢复梁柱荷载进行型钢混凝土框架结构抗震性能试验，抗震性能试验装置如图 8.2.4 所示。火灾后进行框架试件抗震性能试验时，水平力由水平 MST 液压伺服作动器提供，水平 MST 液压伺服作动器固定在反力墙上。框架竖向加载装置有竖向加载架及竖向千斤顶。柱顶及梁跨中竖向力由竖向千斤顶提供，试件抗震性能试验柱顶荷载及梁跨中荷载与火灾下的荷载相同，保证了升降温及火灾后阶段框架所受竖向荷载的一致性。地梁中部及两端由压梁和水平向千斤顶进行固定，保证试件在试验过程中不发生偏移。

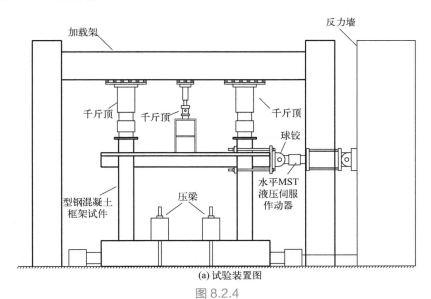

(a) 试验装置图

图 8.2.4

(b) 现场试验装置图

图 8.2.4　火灾后框架抗震性能试验装置

### 8.2.3.2　量测内容

（1）温度

① 炉腔温度

需记录升温过程中炉温的变化。

② 试件内部温度

需记录耐火性能试验中框架试件截面内部在升温过程中的温度变化，以及升降温试验中框架试件内部的温度变化。在试件内部埋设热电偶测试试件的内部温度，热电偶采用镍铬-镍硅型铠装热电偶。

测量温度截面位置位于梁跨中截面及梁端部截面、柱高中间截面及柱端部截面，测温截面的具体位置如图 8.2.5 所示。柱温度测点分别布置在柱的左右柱两个截面，左柱的测温截面 $c1$ 位于柱高度中间位置，代表柱中部的温度。右柱的测温截面 $c2$ 位于距离梁底以下 120mm 处，代表柱端部的温度。每个测温截面布置 3 个热电偶，截面上的热电偶测点布置如图 8.2.6 所示。

柱测温截面分别编号为 $c1$ 和 $c2$，截面 $c1$ 的测点 1 编号为 $c1$-1，测点 2 编号为 $c1$-2，测点 3 的编号为 $c1$-3，截面 $c2$ 各测点的编号以此类推。

梁测温截面分别编号为 $b3$ 和 $b4$，截面 $b3$ 的测点 1、2、3 分别编号为 $b3$-1、$b3$-2 和 $b3$-3。梁截面 $b4$ 的 1、2、3 测点编号分别为 $b4$-1、$b4$-2 和 $b4$-3。

（2）升降温过程中的位移

试验过程中需测量柱顶和梁跨中竖向位移，两柱顶和梁跨中安装位移计，测量柱顶和梁跨中顶面的竖向位移。每个柱顶和梁跨中均设置两个位移计，柱顶位移取两个位移计的平均值，两柱顶的平均位移分别记为位移计 1 和位移计 2，跨中位移平均值记为位移计 3。为了解框架的整体水平侧移及两个框架柱的相对水平位移，在框架柱顶布置两个水平位移计（位移计 4 和位移计 5），在受火过程中测量两框架柱顶的水平位移，两柱顶水平位移平均值定义为框架整体水平位移，两柱顶水平位移之差为两框架柱的相对水平位移。各位移测点的布置如图 8.2.5 所示。

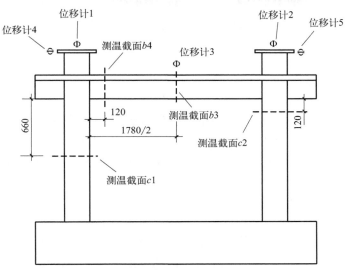

图 8.2.5　升降温过程中测温截面及位移计布置

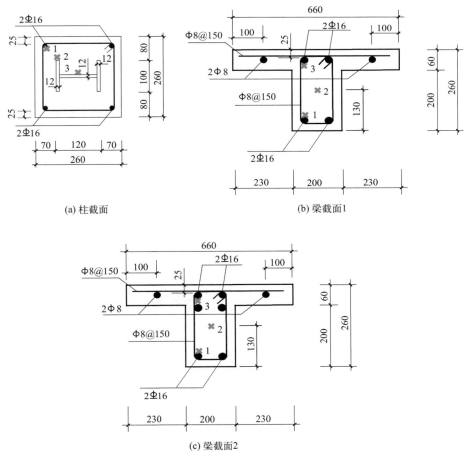

(a) 柱截面　　　　(b) 梁截面1

(c) 梁截面2

图 8.2.6　测温截面热电偶布置

（3）火灾后框架抗震性能试验的位移

利用位移计测量框架梁端部加载点及梁另一端水平位移、两根柱中间位移，各位移计测点的布置如图 8.2.5 所示。水平荷载由 MTS 作动器的数据采集系统进行采集。

### 8.2.4 试验过程

#### 8.2.4.1 升降温力学性能试验

耐火试验包括如下过程：

试件安装就位，保证位置正确和准确，将试件内部预留的热电偶引出线拔出后，封闭炉壁和楼盖。然后将热电偶、柱顶位移计、梁跨中位移计与数据采集装置相连接。接着按照试件设计荷载值的 60% 进行预加载，同时检查采集仪器、位移计、力传感器、热电偶等是否正常工作，数据是否合理。然后先对梁进行加载，再对柱进行加载。对梁柱逐级施加荷载至试验设计值，之后保持梁柱荷载稳定，记录此时柱顶和梁跨中测点位移大小。

保持梁柱荷载大小不变，炉内温度按照 ISO834[3] 标准升温曲线进行升温，升温过程中测试测点温度及测点位移随时间的变化。当受火时间达到设计受火时间时即停止升温。升温停止后，炉内温度开始下降，试件进入自然降温阶段。降温阶段过程中，保持柱顶和梁跨中荷载不变，同时记录炉温、试件内部各测点温度的变化，以及柱顶、梁顶位移的变化。直到框架的温度降至常温，停止试验。升降温试验实测平均炉温与 ISO834[3] 标准升温曲线的比较如图 8.2.7 所示。可见，在炉温上升阶段，平均炉温与 ISO834[3] 标准升温曲线基本吻合。

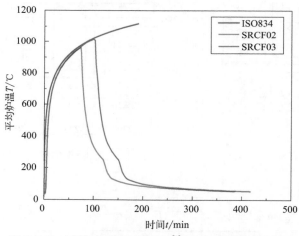

图 8.2.7　试验炉温与 ISO834[3] 标准升温曲线的比较

#### 8.2.4.2 火灾后框架抗震性能试验

当平面框架温度降至常温后，将框架试件移动至反力墙附近的竖向加载架上进行火灾后型钢混凝土框架抗震性能试验。

试验中首先施加竖向荷载，先施加梁顶荷载，后施加柱顶荷载，梁柱加载分 3 级加载。之后，在梁端加载试件水平反复荷载，水平反复荷载按位移控制加载。当水平荷载控制位移不大于 8mm 时，由于试件损伤较小，每级位移循环一周。当控制位移大于 8mm 时，每级位移循环 3 周。水平位移与加载周数的关系如图 8.2.8 所示。

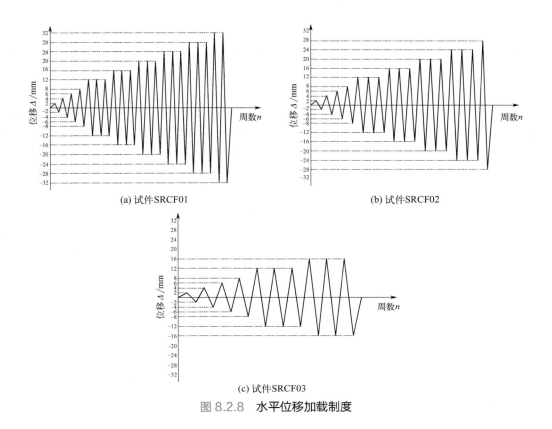

(a) 试件SRCF01

(b) 试件SRCF02

(c) 试件SRCF03

图 8.2.8　水平位移加载制度

## 8.2.5　框架升降温试验的结果及分析

### 8.2.5.1　试验现象和破坏特征

经历升降温之后试件 SRCF02、SRCF03 的形态如图 8.2.9 所示。可见，试件 SRCF02 的柱和梁均发生了混凝土剥落，左柱底端混凝土剥落深度达到箍筋，剥落程度较为严重。试件 SRCF03 柱和梁均发生了混凝土剥落，右柱底端混凝土剥落深度达到主筋，剥落程度较为严重，框架梁发生了明显的挠曲变形。

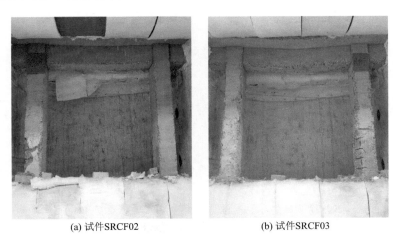

(a) 试件SRCF02

(b) 试件SRCF03

图 8.2.9　经历火灾后框架整体变形形态

#### 8.2.5.2　温度-时间关系曲线

　　试验按照 ISO834[3] 标准升温曲线对试件 SRCF02 和试件 SRCF03 进行 70min 和 100min 升温后采取自然降温，同时保持梁柱荷载恒定，并继续测试测点温度及梁柱变形，当试件各测点温度降至室温后停止试验。

　　试验测得的试件 SRCF02、SRCF03 柱截面各测点温度-受火时间关系曲线分别如图 8.2.10、图 8.2.11 所示。可见，截面测点温度都经历了升降温过程，测点的升降温要滞后于炉温的升降温，截面测点 2、3 温度-受火时间关系曲线升降温转折时刻接近，但要滞后于测点 1。测点 1 位于截面外部，其温度变化受炉温影响较大。测点 2、3 位于截面内部，混凝土为热惰性材料，截面传热梯度大，测点 2、3 温度变化滞后于测点 1。试件 SRCF02 的 $c1$ 截面三个测点分别在 75min、168min 和 180min 时到达最高温度，最高温度分别为 587℃、262℃和 263℃；$c2$ 截面三个测点分别在 84min、153min 和 174min 时到达最高温度，最高温度分别为 503℃、271℃和 259℃。试件 SRCF03 的 $c1$ 截面三个测点分别在 108min、183min 和 204min 时到达最高温度，最高温度分别为 696℃、341℃和 334℃；$c2$ 截面三个测点分别在 105min、183min 和 204min 时到达最高温度，最高温度分别为 631℃、360℃和 360℃。

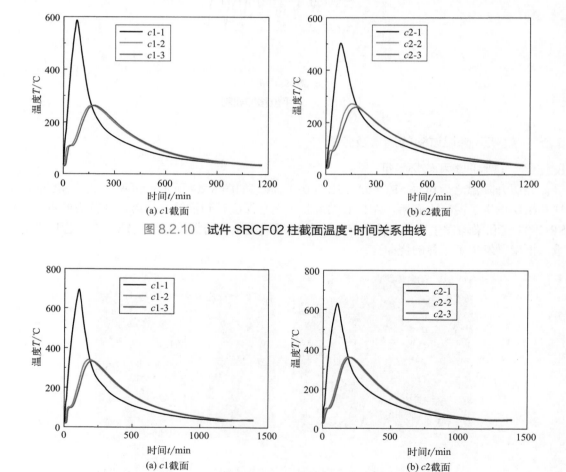

图 8.2.10　试件 SRCF02 柱截面温度-时间关系曲线

图 8.2.11　试件 SRCF03 柱截面温度-时间关系曲线

　　试验测得的各梁截面 $b3$ 和 $b4$ 各测点的温度-受火时间关系曲线分别如图8.2.12、图8.2.13

所示。可见，测点的升降温滞后于炉温升降温曲线，截面测点 2、3 温度-受火时间关系曲线升降温转折时刻滞后于测点 1。试件 SRCF02 的 b3 截面三个测点分别在 87min、90min 和 171min 时到达最高温度，最高温度分别为 565℃、215℃ 和 231℃；b4 截面三个测点分别在 78min、90min 和 180min 时到达最高温度，最高温度分别为 551℃、207℃ 和 232℃。试件 SRCF03 的 b3 截面三个测点分别在 108min、129min 和 186min 时到达最高温度，最高温度分别为 771℃、306℃ 和 334℃；b4 截面三个测点分别在 102min、183min 和 189min 时到达最高温度，最高温度分别为 736℃、334℃ 和 318℃。可见，梁截面测点的温度变化规律同柱截面。

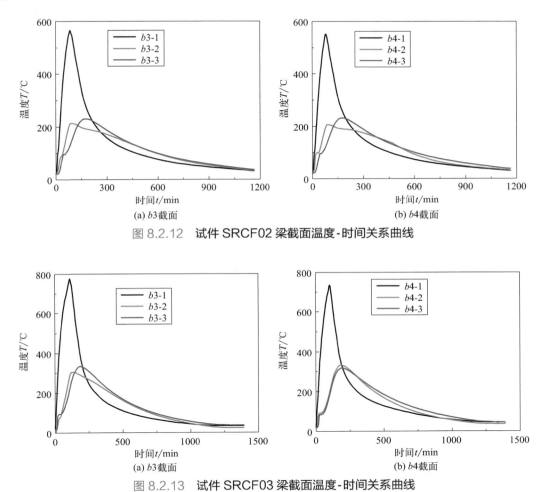

图 8.2.12　试件 SRCF02 梁截面温度-时间关系曲线

图 8.2.13　试件 SRCF03 梁截面温度-时间关系曲线

### 8.2.5.3　位移-时间关系曲线

试验测得的各框架柱顶竖向位移-受火时间关系曲线分别如图 8.2.14 所示。图中正值位移表示柱相对于受火前原位置被压缩，负值位移表示柱受热膨胀。从图中可见，升降温过程中，左柱和右柱均首先出现热膨胀变形。SRCF02 框架右柱最大热膨胀变形为 4.2mm。受火 70min 之后，相对于热膨胀变形峰值，两柱出现压缩变形，当试件温度降至室温时，两柱平均的压缩变形达到 8mm，该变形为框架柱经历升降温之后增加的压缩变形。SRCF03 框架左柱和右柱先出现热膨胀变形，右柱最大热膨胀变形为 3.9mm。受火 100min 之后，相对于最大热膨胀变形位置，柱出现压缩变形，当试件温度降至室温时，柱的压缩变形要大于受火前加载后的变形。综上可见，经历高温作用后，柱的刚度降低。比较两框架，受火时间较长的 SRCF03 两柱平均压缩变形为 12mm，大于 SRCF02 两柱平均压缩变形 8mm。可见，受火时间增加进一步使得柱刚度降低。

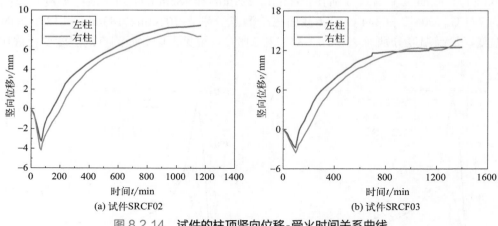

图 8.2.14　试件的柱顶竖向位移-受火时间关系曲线

试件 SRCF02、SRCF03 框架梁跨中挠度-时间关系曲线如图 8.2.15 所示。从图中可见，当时间 $t$=96min 时，试件 SRCF02 梁跨中挠度达到峰值 14mm。之后，当 $t$=165min 时，梁跨中挠度恢复至 13mm。从图 8.2.12（a）可见，在 129min 之后，测点 1、2 均已进入降温阶段，而测点 3 还处于升温阶段，温度的变化差异导致梁跨中挠度出现恢复。降温阶段后期，梁的竖向挠度缓慢增加，说明经历升降温后，梁的刚度有所降低。

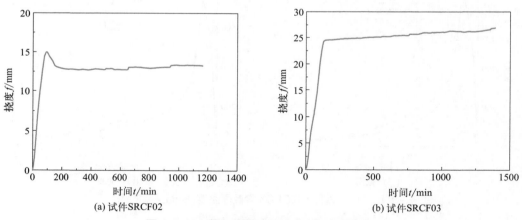

图 8.2.15　框架梁跨中挠度-时间关系曲线

降温后，试件 SRCF03 梁跨中挠度-受火时间关系曲线在 $t$=132min 时出现转折点，转折点处梁的跨中挠度为 24mm。转折点之后，梁的挠度增长速度明显变缓，但在降温阶段，梁的跨中挠度一直缓慢增加。该转折点的出现主要是因为炉温降温引起的，炉温降低之后，结构热膨胀变形减小，钢材强度有所恢复，导致与高温下相比梁的挠度增长变缓。试件 SRCF03 的炉温升温时间为 100min，而框架梁挠度曲线转折点时间为 132min。可见，由于结构内部温度变化相对于炉温变化的滞后性，与炉温的变化相比，框架梁的变形也具有滞后性。

SRCF02 梁的最大挠度为 14mm，SRCF03 梁的最大挠度为 24mm，可见，升降温过程中，升温时间长，框架试件挠度大。

两个框架试件整体水平位移-时间关系曲线、试件两柱顶相对水平位移-时间关系曲线分别如图 8.2.16、图 8.2.17 所示。整体水平位移负值表示整体位移向左偏移，正值表示整体位移向右偏移。可见，升降温过程中，试件整体呈现出向左侧偏移的情况，SRCF02 最大偏移距离接近 1mm，SRCF03 最大偏移距离约 1.8mm。

相对水平位移正值表示两框架柱相对远离，负值表示两框架柱互相靠近。可见，升降温过程中 SRCF02 两柱发生靠近的相对位移 2.8mm，SRCF03 两柱发生靠近的相对位移 3mm。

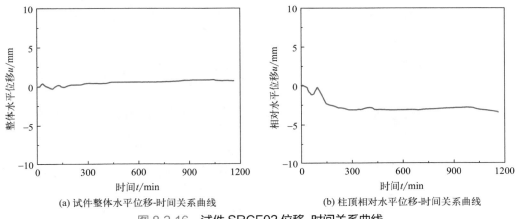

(a) 试件整体水平位移-时间关系曲线　　　(b) 柱顶相对水平位移-时间关系曲线

图 8.2.16　试件 SRCF02 位移-时间关系曲线

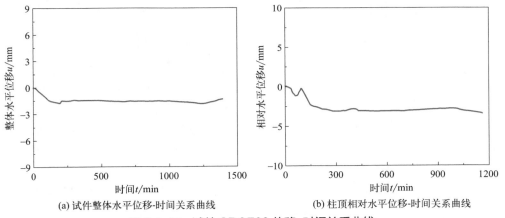

(a) 试件整体水平位移-时间关系曲线　　　(b) 柱顶相对水平位移-时间关系曲线

图 8.2.17　试件 SRCF03 位移-时间关系曲线

### 8.2.6　火灾后抗震性能试验结果及分析

进行型钢混凝土框架火灾后抗震性能试验时，首先按预定分级在试件梁跨中和柱顶施加竖向荷载，竖向荷载值与火灾升降温的柱顶荷载施加值相同，见表 8.2.1。竖向荷载稳压 30min 后开始增加水平荷载，水平荷载按照位移控制施加。

下面分析各试件承受水平反复荷载作用下裂缝开展过程及破坏过程。

① 常温试件 SRCF01

试件 SRCF01 裂缝开展及破坏过程如图 8.2.18 所示。当水平位移 $\Delta$=6mm 时，框架梁上开始出现受弯裂缝和弯剪斜裂缝，随着位移的增加，弯剪斜裂缝数量不断增加并与板发生贯

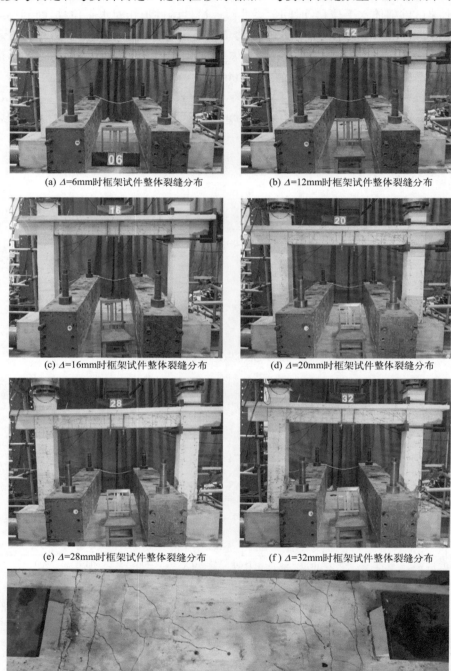

(a) $\Delta$=6mm时框架试件整体裂缝分布　　(b) $\Delta$=12mm时框架试件整体裂缝分布

(c) $\Delta$=16mm时框架试件整体裂缝分布　　(d) $\Delta$=20mm时框架试件整体裂缝分布

(e) $\Delta$=28mm时框架试件整体裂缝分布　　(f) $\Delta$=32mm时框架试件整体裂缝分布

(g) 板顶裂缝分布

图 8.2.18　框架试件 SRCF01 加载时的裂缝开展及破坏过程

通。在 $\varDelta$=12mm 时，框架右柱有小部分混凝土被压碎，并未出现裂缝。在 $\varDelta$=16mm 时，框架梁弯剪斜裂缝数量持续增加，框架右柱主筋-混凝土交界面开始出现黏结滑移裂缝并且柱底端内侧混凝土压碎脱落，框架左柱仅有少量裂缝。在 $\varDelta$=20mm 时，框架右柱主筋-混凝土交界面黏结滑移裂缝持续增多并贯通，且柱底端外侧有混凝土被压碎，柱底开始形成塑性铰。随着水平位移的增加，框架右柱黏结滑移裂缝数量不断增加并向上发展，且底端混凝土不断压碎脱落，框架左柱始终未出现主筋-混凝土交界面的黏结滑移裂缝。在 $\varDelta$=28mm 时，框架右柱已有大量混凝土脱落，左柱出现主筋-混凝土交界面黏结滑移裂缝且有少量混凝土脱落，梁端弯剪斜裂缝汇集处有小部分混凝土脱落。在 $\varDelta$=32mm 时，框架左柱黏结裂缝贯通，混凝土持续脱落，开始形成塑性铰，框架右柱混凝土保护层完全脱落，主筋与箍筋裸露出来。试验最后，框架右柱纵筋屈服，混凝土被压碎，右柱发生竖向破坏失去竖向承载力。

从图 8.2.18（g）可见，板顶在梁端部的位置出现了受弯裂缝，裂缝宽度较大，裂缝开展深度超过板厚并达到较大深度，而且梁端下部出现了混凝土压碎，表明梁端截面出现了受弯破坏。同时，从上述破坏过程也可看出，梁端部出现了数条弯剪斜裂缝，表明梁的受剪变形较大，亦接近受剪破坏，但尚没有出现临界斜裂缝。从上述破坏过程可见，梁端出现较多的弯剪斜裂缝，梁端受剪变形较大，尚没有出现受剪破坏，而是发生了受弯破坏。框架节点端没有发生破坏，而梁端发生了破坏。对于汇交于节点的梁和柱，梁的破坏早于柱的破坏，保证了框架强柱弱梁的抗震要求。但由于框架柱轴压比较大，限制了框架试件水平位移，使得框架试件柱的破坏较早，限制了梁的充分破坏。

② 试件 SRCF02

试件 SRCF02 裂缝开展及破坏过程如图 8.2.19 所示。从图 8.2.19（a）可见，竖向荷载加载完成后，由于弯曲正应力和剪应力的影响，框架梁出现受弯裂缝与弯剪斜裂缝。随着水平荷载的施加，框架梁裂缝数量不断增加。从图 8.2.19（b）可见，当水平位移 $\varDelta$=8mm 时，框架梁已出现较多数量的弯剪斜裂缝，而框架柱只有少量裂缝。框架梁弯剪斜裂缝的方向沿着梁跨中加载点与梁端的连线方向，是由框架梁受弯和受剪复合受力引起的。

随着框架顶端水平位移增加，柱前后两面主筋内侧与混凝土交界面出现多条混凝土受拉细微斜裂缝，这些裂缝总体上是由主筋与混凝土交界面之间的黏结破坏引起的。总体上看，这些裂缝沿着主筋内侧与混凝土的交界面开展，称为竖向裂缝带。随着这类斜裂缝的增加，逐渐在柱的主筋-混凝土交界面附近形成较为明显的竖向宏观裂缝。由于钢筋刚度较大，混凝土刚度较小，当柱子发生剪切变形时，主筋-混凝土交界面会产生剪应力，当主筋-混凝土交界面的应力超过黏结强度时，主筋-混凝土交界面要产生滑移裂缝。从图 8.2.19（c）可见，当水平位移 $\varDelta$=12mm 时，框架右柱已有较多的黏结滑移裂缝，框架梁弯剪斜裂缝也不断增多。随着框架水平位移增加、滞回次数增加，这些裂缝数量、长度逐渐增加，黏结裂缝有贯通的趋势。

从图 8.2.19（d）可见，当水平位移 $\varDelta$=16mm 时，框架梁弯剪斜裂缝还在逐步增多，框架右柱沿主筋-混凝土交界面的黏结滑移裂缝数量也在显著增加并有贯通的趋势，框架左柱仅有少量滑移裂缝。

从图 8.2.19（e）可见，当水平位移 $\varDelta$=20mm 时，框架柱主筋-混凝土交界面的黏结滑移裂缝向上发展并不断增多，部分裂缝贯通。右柱底端受压区部分混凝土被压碎，混凝土开始脱落，柱底端开始形成塑性铰。

从图 8.2.19（f）可见，当水平位移 $\varDelta$=28mm 时，框架左柱底端受压区混凝土被压碎，混凝土开始脱落，柱底端开始形成塑性铰。框架右柱主筋-混凝土交界面黏结滑移裂缝贯通，底端钢筋混凝土保护层脱落殆尽。从图 8.2.19（g）可见，板顶有几条延板横向贯通的裂缝，且分布在箍筋布置区域，由此可见，框架梁发生了斜截面破坏。从后面图 8.2.20（d）、8.2.21（d）可见，框架破坏时框架柱下端出现塑性铰，框架柱底端混凝土逐渐压碎并逐渐失去竖向承载力，框架整体逐步失去水平承载力。

从图 8.2.19（g）中可以看出，框架梁板顶在梁端部出现较少数量裂缝，这些裂缝宽带较小，开裂深度较浅。可见，梁端截面没有出现弯曲破坏。

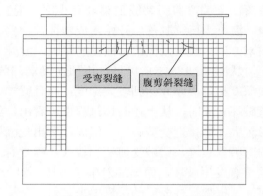

(a) 竖向加载后框架试件整体裂缝分布

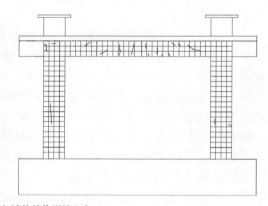

(b) Δ=8mm时框架试件整体裂缝分布

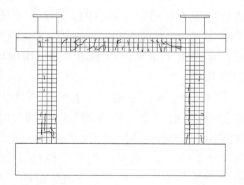

(c) Δ=12mm时框架试件整体裂缝分布

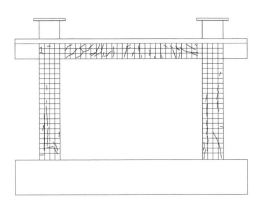

(d) $\Delta = 16$mm时框架试件整体裂缝分布

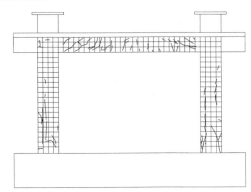

(e) $\Delta = 20$mm时框架试件整体裂缝分布

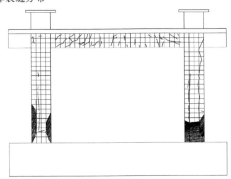

(f) $\Delta = 28$mm时框架试件整体裂缝分布

(g) 板顶裂缝分布

图 8.2.19　框架试件 SRCF02 加载时的裂缝开展及破坏过程

从试验过程中可见，试件框架梁首先出现弯剪斜裂缝。由于自跨中至梁端梁的剪力基本均匀，框架梁的剪切变形也基本均匀，框架梁的受剪变形没有集中于某一截面，所以框架梁受剪破坏的临界斜裂缝不明显，而是分布于梁端部一定长度内。但总体上看，梁最终出现了受剪破坏，框架柱底端发生压弯破坏失去承载力。在框架试件的节点处，梁出现了破坏，而柱没有发生破坏，梁的破坏早于柱的破坏。

图 8.2.20 和图 8.2.21 显示了框架试件 SRCF02 左、右柱裂缝开展及破坏发展的过程。从图中可以更详细地看出框架柱主筋-混凝土交界面黏结裂缝的分布、发展及贯通的过程。而且可以看出，试验最终是框架右柱发生破坏失去竖向承载力。

(a) $\Delta = 8$mm

(b) $\Delta = 16$mm

(c) $\Delta = 20$mm

(d) $\Delta = 28$mm

图 8.2.20  SRCF02 左柱破坏过程

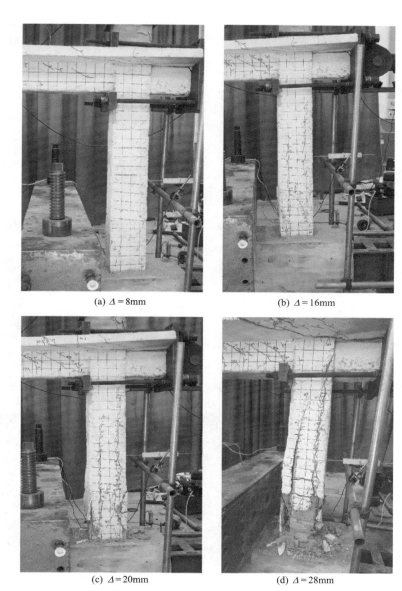

(a) $\Delta = 8$mm        (b) $\Delta = 16$mm

(c) $\Delta = 20$mm        (d) $\Delta = 28$mm

图 8.2.21　SRCF02 右柱破坏过程

③ 试件 SRCF03

试件 SRCF03 裂缝开展及破坏过程如图 8.2.22 所示。在竖向荷载加载完成后，由于弯曲正应力和剪应力的影响，框架梁出现几条弯剪斜裂缝。随着水平位移的增加框架梁上弯剪斜裂缝的数量不断增多，但框架柱未出现明显裂缝。在 $\Delta=12$mm 时，框架左柱上端主筋-混凝土交界面出现黏结滑移裂缝，并且在正应力和剪应力的共同作用下，柱上端出现斜裂缝，框架右柱并无明显裂缝。在 $\Delta=16$mm 时，框架左柱上端混凝土逐渐开裂，黏结滑移裂缝向下发展并贯通。试验最后，框架左柱上端混凝土脱落，纵筋屈服，发生平面外破坏，遂失去竖向承载力，试验终止。试件 SRCF03 在受火过程中，左柱出现了明显的平面外挠曲变形，致使在火灾后抗震性能试验中在左柱上端较早地出现了破坏。可见，受火过程中建筑结构的残余变形会对其火灾后的抗震性能产生明显的影响，应基于受火全过程分析火灾后建筑结构的抗震性能。

(a) 竖向加载后框架试件整体裂缝分布　　　　(b) Δ=8mm时框架试件整体裂缝分布

(c) Δ=12mm时框架试件整体裂缝分布　　　　(d) Δ=16mm时框架试件整体裂缝分布

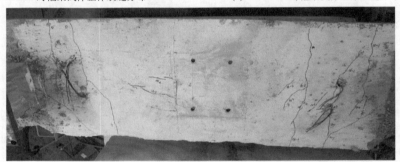

(e) 板顶裂缝分布

图 8.2.22　框架试件 SRCF03 加载时的裂缝开展及破坏过程

### 8.2.7　火灾后抗震性能试验破坏形态比较分析

　　试件 SRCF02 火灾后抗震性能试验后试件最终的破坏形态如图 8.2.19（f）所示。从图中可见，框架柱主筋-混凝土交界面处出现了明显的黏结滑移裂缝且贯通，框架柱底端两侧混凝土被压碎，框架破坏时柱下端出现塑性铰，框架形成机构而破坏。框架的梁柱节点仅有少量裂缝，且没有发生破坏，框架梁出现少量受弯裂缝以及大量弯剪斜裂缝，框架梁接近破坏。

　　试件 SRCF01 抗震性能试验后试件最终的破坏形态如图 8.2.18（f）所示。从图中可见，框架的破坏形态与试件 SRCF02 相似，框架柱主筋-混凝土交界面处出现了明显的黏结滑移裂缝并贯通，框架柱底端两侧混凝土被压碎，框架破坏时柱下端出现塑性铰，框架形成机构而破坏。框架的梁柱节点没有发生破坏，框架梁端发生了正截面受弯破坏，框架梁有大量弯剪斜裂缝，接近斜截面破坏。

试件 SRCF03 火灾后抗震性能试验后试件最终的破坏形态如图 8.2.22（d）所示。从图中可见，试件左柱型钢-混凝土交界面处出现了明显的黏结滑移裂缝且贯通，框架柱底端出现双向斜裂缝，框架梁出现少量受弯裂缝以及大量弯剪斜裂缝，与试件 SRCF02 框架梁、柱裂缝发展一致。由于火灾导致结构发生平面外变形，试验中结构提前发生平面外破坏，故试验终止。由此可见，火灾下结构产生的残余变形会严重影响结构火灾后的抗震性能。

与非受火试件 SRCF01 相比，受火试件 SRCF02、SRCF03 在施加竖向荷载后，框架梁均不同程度地出现受弯裂缝和弯剪斜裂缝，可见，火灾对型钢混凝土框架结构框架梁的刚度有一定的削弱。试件 SRCF02 与试件 SRCF01 的破坏过程和破坏形态相似，均在框架梁上出现大量弯剪斜裂缝，且框架柱裂缝多为主筋-混凝土交界面的黏结滑移裂缝，但在 $\Delta=16$mm 时，试件 SRCF02 已出现较多黏结滑移裂缝，而试件 SRCF01 才刚开始出现滑移裂缝。可见，受火过程对主筋与混凝土之间的黏结能力造成了削弱，使得受火试件较早出现黏结滑移裂缝。试件 SRCF03 与试件 SRCF02 的框架梁裂缝发展过程相似，框架柱破坏形态不同，在 $\Delta=16$mm 时，试件 SRCF03 框架左柱上端发生平面外破坏，可见，试件受火过程中产生的缺陷对试件火灾后抗震性能的影响较大。

### 8.2.8　滞回曲线及骨架曲线

试件 SRCF01 ～ SRCF03 试验测得的梁端水平荷载-水平位移滞回曲线如图 8.2.23 所示。总体上看，各试件滞回曲线形状饱满，整体呈饱满的梭形，有较小的捏拢效应。由于框架为型钢混凝土框架结构，型钢的使用大大地改善了框架的滞回性能。

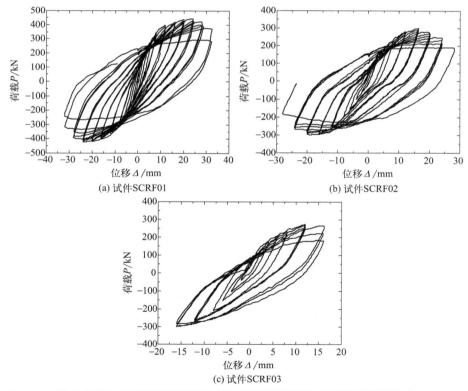

图 8.2.23　火灾后型钢混凝土框架梁端水平荷载-水平位移滞回曲线

试件 SRCF01 ～ SRCF03 滞回曲线的骨架曲线如图 8.2.24 所示。从图中可见，各个试件的骨架曲线形状饱满，极限位移较大，构件的延性较好。

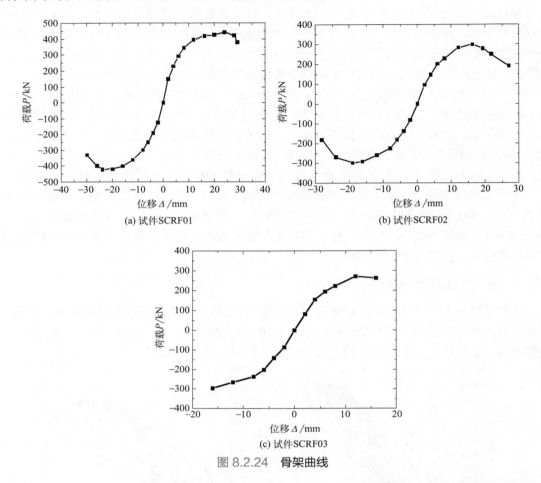

(a) 试件SCRF01
(b) 试件SCRF02
(c) 试件SCRF03

图 8.2.24　骨架曲线

试验框架为型钢混凝土结构，无论高温前后，试件内的型钢都保持了较好的滞回性能，导致整个框架试件的滞回曲线饱满，耗能能力较强。

### 8.2.9　抗震性能的参数分析

#### 8.2.9.1　滞回性能

试件 SRCF01（常温）、试件 SRCF02（受火时间 $t_h$=70min）、试件 SRCF03（受火时间 $t_h$=100min）滞回曲线的比较如图 8.2.25 所示，上述 3 个试件轴压比相同，受火时间不同。从图中可见，试件 SRCF02 和 SRCF03 的滞回曲线形状接近，加卸载刚度接近。由于火灾使试件 SRCF03 的结构发生平面外变形，导致抗震性能试验中结构提前破坏，无法测出承载能力下降段的滞回曲线，因此无法计算延性系数。由此可见，火灾下结构产生的残余变形会严重影响结构火灾后的抗震性能。与试件 SRCF02 和 SRCF03 相比，SRCF01 的加卸载刚度较大，延性也较好。受火后混凝土材料的弹性模量降低，导致受火试件 SRCF02 和 SRCF03 的刚度与非受火试件 SRCF01 的刚度相比有所降低。试件 SRCF02 和 SRCF03 测点 1 过火最高温度均超过 500℃，但测点 2、3 的过火最高温度均在 400℃ 以下，这个温度下钢材的材性还没有出现明显损伤，另外，虽然两个试件混凝土过火最高温度相差111℃，但由于混凝土过火最高温度不同导致的试件性能差别在试件总的性能中所占比例较小，因此，试件SRCF02和SRCF03的滞回曲线比较接近。

框架试件的典型滞回环如图8.2.26所示。从图中可见，滞回环形状为梭形，形状饱满，耗能能力较强。试验框架为型钢混凝土结构，无论高温前后，试件内的型钢都保持了较好的滞回性能，导致整个框架试件的滞回曲线饱满，耗能能力较强。

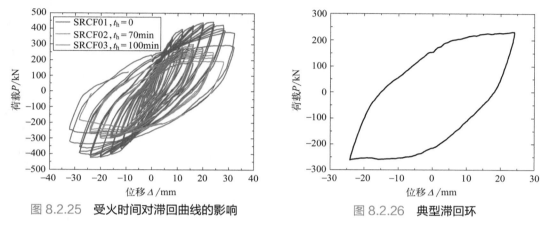

图 8.2.25　受火时间对滞回曲线的影响　　　　图 8.2.26　典型滞回环

图中滞回曲线有较小的捏拢现象，主要原因是梁的受剪变形及柱主筋与混凝土的黏结滑移破坏。

上述3个试件滞回曲线的骨架曲线如图8.2.27所示。从图中可见，试件SRCF02和SRCF03承载能力接近且显著低于非受火试件SRCF01。与非受火试件SRCF01相比，受火试件SRCF02延性降低，且受火过程中产生的缺陷对试件的承载能力影响较大，导致受火后试件水平承载力显著降低。由于混凝土过火最高温度不同导致的性能差别在试件总的性能中所占比例较小，试件SRCF02和SRCF03的骨架曲线与水平承载力比较接近。

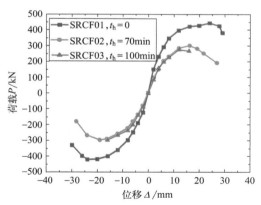

图 8.2.27　受火时间对 $P$-$\Delta$ 骨架曲线的影响

### 8.2.9.2　刚度退化规律

框架结构的刚度定义为使框架发生单位位移需要施加的力，刚度一般分为切线刚度和割线刚度。由于割线刚度更具有代表性，取框架水平力-水平位移滞回环正负两个方向顶点处割线刚度的平均值作为框架等效刚度 $K1$。以常温试件最大刚度为标准，等效刚度与常温试件的刚度之比用 $K$ 表示，称为相对刚度。各级位移作用下各试件的等效刚度见表 8.2.3，表中也给出了等效黏滞阻尼系数。

表 8.2.3　各试件等效刚度及等效黏滞阻尼系数

| 位移 /mm | SRCF01 | | | SRCF02 | | | SRCF03 | | |
|---|---|---|---|---|---|---|---|---|---|
| | 等效刚度 /（kN/m） | 相对刚度 | 等效黏滞阻尼系数 | 等效刚度 /（kN/m） | 相对刚度 | 等效黏滞阻尼系数 | 等效刚度 /（kN/m） | 相对刚度 | 等效黏滞阻尼系数 |
| 2 | 67355 | 1.00 | 0.112 | 41209 | 0.61 | 0.109 | 41668 | 0.62 | 0.111 |
| 4 | 52293 | 0.78 | 0.117 | 35738 | 0.53 | 0.112 | 37045 | 0.55 | 0.116 |
| 6 | 45150 | 0.67 | 0.120 | 31975 | 0.48 | 0.117 | 33258 | 0.49 | 0.134 |
| 8 | 40045 | 0.60 | 0.120 | 28230 | 0.42 | 0.123 | 28951 | 0.43 | 0.158 |
| 12 | 30939 | 0.46 | 0.147 | 22356 | 0.33 | 0.136 | 22023 | 0.33 | 0.164 |
| 16 | 25128 | 0.38 | 0.155 | 18023 | 0.27 | 0.173 | 16055 | 0.24 | 0.224 |
| 20 | 20696 | 0.31 | 0.173 | 13763 | 0.20 | 0.247 | — | — | — |
| 24 | 17412 | 0.26 | 0.200 | 10120 | 0.15 | 0.349 | — | — | — |
| 28 | 13718 | 0.20 | 0.254 | 6581 | 0.10 | 0.462 | — | — | — |
| 32 | 9461 | 0.14 | 0.368 | — | — | — | — | — | — |

试件 SRCF01、SRCF02、SRCF03 受火时间分别为 0、70min、100min，轴压比 $n$ 为 0.60，其余条件均相同。上述试件的相对刚度 $K$ 与水平位移 $\Delta$ 的关系曲线如图 8.2.28 所示。可见，随水平位移增加，试件的相对刚度均降低。与受火试件相比，随着水平位移增加，非受火试件 SRCF01 的刚度下降程度更大。受火 70min 的试件 SRCF02 和受火 100min 的试件 SRCF03 刚度总体较为接近。

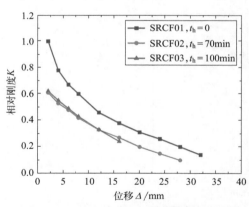

图 8.2.28　受火时间对相对刚度 $K$ 的影响

### 8.2.9.3　延性

当框架部分截面钢筋和钢材开始屈服时框架的水平力-水平位移骨架曲线上会出现明显转折点，这时框架整体结构就发生了屈服。梁受弯时的 $P\text{-}\Delta$ 曲线，屈服点较为明显。由于柱受轴压力的影响，框架 $P\text{-}\Delta$ 曲线上转折点不很明显，无法直接明确确定屈服点。采用"通用屈服弯矩法"（G.Y.M.M）确定柱顶水平力-柱顶水平位移曲线的屈服点。

通过上述方法确定的 $P\text{-}\Delta$ 骨架曲线的屈服点及其对应位移和荷载见表 8.2.4。将 $P\text{-}\Delta$ 骨架曲线上荷载下降至极限荷载的 85% 时对应的点称为破坏点，破坏点对应的位移为极限位移。本节框架试件的屈服位移和极限位移见表 8.2.4。构件的延性一般可用延性系数表示，延性系数为极限位移与屈服位移的比值。本节试件的延性系数见表 8.2.4。下面分析延性系数随受火时间的变化。

表 8.2.4    试件的屈服点、极限荷载点、极限位移点和延性系数

| 试件编号 | 方向 | 屈服点 | | 极限荷载点 | | | 极限位移点 | | 延性系数 | |
|---|---|---|---|---|---|---|---|---|---|---|
| | | 位移 /mm | 荷载 /kN | 位移 /mm | 荷载 /kN | 均值 /kN | 位移 /mm | 荷载 /kN | 计算值 | 均值 |
| SRCF01 | 正 | 9.02 | 358.08 | 24.07 | 441.98 | 431.87 | 29.11 | 375.68 | 3.23 | 2.93 |
| | 负 | 10.76 | 341.52 | 23.9 | 421.75 | | 28.32 | 358.49 | 2.63 | |
| SRCF02 | 正 | 9.64 | 250.37 | 16.3 | 299.2 | 299.2 | 21.38 | 254.32 | 2.22 | 2.28 |
| | 负 | 10.56 | 250.14 | 19 | 299.1 | | 24.73 | 254.24 | 2.34 | |
| SRCF03 | 正 | 9.05 | 238.37 | 12 | 274.3 | 286.6 | | | | |
| | 负 | 9.39 | 247.88 | 16 | 298.8 | | | | | |

试件 SRCF01、SRCF02 和 SRCF03 的受火时间分别为 0、70min、100min，轴压比 $n$ 均为 0.60。从表中可见，受火试件 SRCF01 和 SRCF02 的延性系数分别为 2.93 和 2.28，由于试件受火后承载力显著降低，且本试验轴压比较大，导致受火试件较早破坏，以致试件受火后延性也显著降低。由于火灾使试件 SRCF03 结构发生平面外变形，导致试验中结构提前破坏，无法计算其延性系数。

### 8.2.9.4    阻尼系数

阻尼系数是评估框架结构在地震作用下的耗能能力指标之一，实际中应用最广的为等效黏滞阻尼系数。

计算得到的各框架试件的等效黏滞阻尼系数见表 8.2.3。从表中可见，框架试件的等效黏滞阻尼系数均大于 0.1，可见，火灾后型钢混凝土框架试件的耗能能力较强。

试件 SRCF01、SRCF02 和试件 SRCF03 受火时间分别为 0、70min 和 100min，轴压比 $n$ 为 0.60。上述试件的等效黏滞阻尼系数 $\xi_{eq}$ 与水平位移 $\Delta$ 的关系曲线如图 8.2.29 所示。可见，随水平位移的增加，所有试件的等效黏滞阻尼系数 $\xi_{eq}$ 增加。从图中还可看出，受火试件 SRCF02 和 SRCF03 的等效黏滞阻尼系数的增长趋势较为接近。而试件 SRCF01 在 28mm 后的等效黏滞阻尼系数增长较大，这是由于试件 SRCF01 在位移大于 28mm 时进入破坏阶段，试件耗能能力增强。试件 SRCF02 在 20mm 后的等效黏滞阻尼系数增长较大，这是由于试件 SRCF02 框架梁在位移大于 20mm 时进入破坏阶段，试件耗能能力增强。

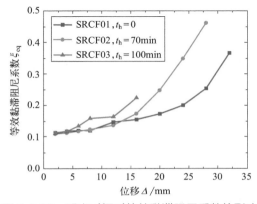

图 8.2.29    受火时间对等效黏滞阻尼系数的影响

### 8.2.10 结论

本节进行了考虑升降温影响及火灾和荷载的耦合作用的火灾后型钢混凝土框架试件抗震性能试验，对火灾后型钢混凝土框架的承载能力、典型滞回环的形状、耗能能力、刚度、延性和阻尼系数等特性进行了系统的试验研究和分析。在本节试件的参数条件下，可得到如下结论：

① 试验表明，试件各测点温度升降温均滞后于炉温，测点位置越往里温度发展越滞后，温度-时间关系曲线上的最高温度也越低。

② 受火时间较长的框架试件 SRCF03 受火过程中产生较大的残余变形，该残余变形对火灾后试件的抗震性能有较大影响，在实际火灾后建筑的抗震性能评估中，要充分考虑火灾造成的初始缺陷的影响。

③ 本节参数下，火灾后框架试件受水平反复荷载时，在受荷载初期，框架柱主筋-混凝土交界面处出现了明显的黏结滑移裂缝，且后期黏结滑移裂缝贯通，表明主筋-混凝土交界面为框架柱的薄弱环节，钢筋与混凝土之间发生黏结滑移会降低框架的抗震性能。在火灾后承受水平反复荷载的破坏阶段，框架柱下端两侧混凝土逐渐被压碎而脱落，框架破坏时柱下两端出现塑性铰，框架形成机构而失去承载力。框架的梁柱节点仅有少量裂缝，且没有破坏。框架梁出现较多弯剪斜裂缝。由于柱轴压比较大，框架的最大水平位移较小，致使框架柱发生破坏时，框架梁的破坏尚不充分。

④ 试件滞回曲线的滞回环形状为梭形，形状饱满，耗能能力较强。本节框架为型钢混凝土结构，无论高温前后，试件内的型钢都保持了较好的滞回性能，因此整个框架试件的滞回曲线饱满，耗能能力较强。

⑤ 相对于未受火试件，受火后试件的极限荷载较小，受火后框架试件的延性系数降低，延性变差。未受火试件的刚度较受火试件的刚度大，且随水平位移增加，试件的相对刚度均降低。试件 SRCF02、SRCF03 的刚度及刚度变化基本一致，表明受火时间的长短对试件的刚度影响不大。受火试件 SRCF02、SRCF03 的等效黏滞阻尼系数的增长趋势较为接近，且在位移较大时，未受火试件的等效黏滞阻尼系数增长较大。

# 8.3　火灾后型钢混凝土框架结构抗震性能计算模型

## 8.3.1　引言

本节在试验研究的基础上提出了型钢混凝土结构火灾后力学性能评估的有限元计算模型，为型钢混凝土结构的抗震性能验算提供了有效方法。

## 8.3.2　材料热工参数及温度场计算模型

钢材和混凝土的热工参数随温度的变化而变化。混凝土的热工参数包括：密度（$\rho_c$）、比热容（$c_c$）和热传导系数（$\lambda_c$）。钢材的热工参数包括：密度（$\rho_s$）、比热容（$c_s$）和热传导系数（$\lambda_s$）。这里采用 Lie 和 Denham[72] 提出的钢材和混凝土的热工参数模型进行计算。

采用上述材料热工参数建立了框架试件温度场计算模型，计算模型不考虑混凝土与型钢之间的热阻，用"TIE"约束混凝土单元和型钢单元节点的温度，同时不考虑钢筋对传热计算的影响。试件表面考虑对流和辐射边界条件。对型钢和混凝土采用三维实体八节点线性热传导单元 DC3D8 划分网格。

### 8.3.3 材料本构关系

#### 8.3.3.1 钢材

（1）升温阶段

火灾升温阶段钢材的应力-应变关系采用 Lie[79] 提出的模型。

（2）降温阶段

降温阶段采用韩林海[7] 提出的模型。韩林海[7] 假定降温阶段应力-应变关系模型与高温后的形式相同，屈服强度以当前温度 $T$ 为自变量在 $T_o$（室温）$\sim T_m$（过火最高温度）之间线性插值，降温阶段应力-应变关系为：

$$\sigma = \begin{cases} E(T,T_m)\varepsilon & \varepsilon \leqslant \varepsilon_{yc}(T,T_m) \\ f_{yc}(T,T_m) + E'(T,T_m)[\varepsilon - \varepsilon_{yc}(T,T_m)] & \varepsilon > \varepsilon_{yc}(T,T_m) \end{cases} \tag{8.3.1}$$

降温阶段钢材屈服强度 $f_{yc}(T,T_m)$ 和屈服应变 $\varepsilon_{yc}(T,T_m)$ 可分别按下式取值：

$$f_{yc}(T,T_m) = f_{yh}(T_m) - \frac{T_m - T}{T_m - T_o}[f_{yh}(T_m) - f_{yp}(T_m)] \tag{8.3.2}$$

$$\varepsilon_{yc}(T,T_m) = \varepsilon_{yh}(T_m) - \frac{T_m - T}{T_m - T_o}[\varepsilon_{yh}(T_m) - \varepsilon_{yp}(T_m)] \tag{8.3.3}$$

式中，$f_{yh}(T_m)$ 和 $\varepsilon_{yh}(T_m)$ 分别为过火最高温度为 $T_m$ 时钢材在升温阶段的屈服强度和屈服应变；$E(T,T_m)$ 和 $E'(T,T_m)$ 分别为降温阶段钢材的弹性模量和强化模量，$E'(T,T_m)=0.01E(T,T_m)$。

（3）火灾后阶段

火灾后钢材采用宋天诣[51] 提出的模型，表达式如下：

$$\sigma = \begin{cases} E_{sp}(T_m)\varepsilon & \varepsilon \leqslant \varepsilon_{yp}(T_m) \\ f_{yp}(T_m) + E'_{sp}(T_m)[\varepsilon - \varepsilon_{yp}(T_m)] & \varepsilon > \varepsilon_{yp}(T_m) \end{cases} \tag{8.3.4}$$

式中，$E_{sp}(T_m)$ 和 $E'_{sp}(T_m)$ 分别为高温后钢材的弹性模量和强化模量，$E'_{sp}(T_m) = 0.01E_{sp}(T_m)$；$E_{sp}(T_m)$ 可根据文献 [50] 取值；$f_{yp}(T_m)$ 和 $\varepsilon_{yp}(T_m)$ 分别为火灾后钢材的屈服强度和屈服应变；$f_{yp}(T_m)$ 可根据文献 [50] 取值。

#### 8.3.3.2 混凝土

（1）升温阶段

升温阶段混凝土单轴受压应力-应变关系采用 Lie[36] 提出的模型。

（2）降温阶段

在降温阶段，混凝土材料降温收缩产生裂缝导致其材料性能进一步劣化。目前，关于降温阶段混凝土材料特性的研究成果还很少。谭清华[61] 在进行火灾后型钢混凝土框架结构分析时，降温阶段混凝土材料模型采用火灾后阶段的模型，取得了较好的效果。故降温阶段采用火灾后阶段的模型。

（3）火灾后阶段

火灾后混凝土的应力-应变关系与材料所经历的历史最高温度、骨料类型、配合比、冷却方式等因素有关，采用陆洲导等[56]给出的火灾后混凝土应力-应变关系模型，具体表达式如下：

$$\sigma = \begin{cases} f_{cp}(T_m)\left[1-\left(\dfrac{\varepsilon_{op}-\varepsilon}{\varepsilon_{op}}\right)^2\right] & (\varepsilon \leqslant \varepsilon_{op}) \\[4mm] f_{cp}(T_m)\left[1-\dfrac{115(\varepsilon-\varepsilon_{op})}{1+5.04\times10^{-3}T_m}\right] & (\varepsilon_{op} < \varepsilon \leqslant \varepsilon_{up}) \end{cases} \tag{8.3.5}$$

式中，$f_{cp}(T_m)$ 为火灾后阶段过火最高温度为 $T_m$ 时混凝土应力-应变曲线的峰值应力；$\varepsilon_{op}$ 和 $\varepsilon_{up}$ 分别为火灾后混凝土应力应变曲线的峰值应变和极限应变。

### 8.3.3.3 升温、降温及火灾后各阶段材料本构关系的转变

研究表明，在升温、降温和火灾后各阶段钢材和混凝土的本构关系不同，在火灾后型钢混凝土框架结构抗震性能分析中需要区分上述三个阶段，以便确定相应阶段的材料本构关系。通过在 ABAQUS 软件平台上编制用户自定义场变量子程序 USDFLD，并根据温度变化对材料所处升温、降温、火灾后阶段定义场变量，从而确定各升温阶段材料的本构关系。

## 8.3.4 混凝土与型钢、钢筋之间界面的黏结-滑移特性

火灾后结构的抗震性能研究主要研究结构遭受"大震"时的延性、承载能力和耗能能力。这时，由于建筑结构遭受的地震作用较强，建筑结构的变形较大，建筑结构构件也出现了不同程度的损伤，例如型钢混凝土柱中型钢与混凝土之间和钢筋与混凝土之间界面的黏结破坏，这两个界面的力学特性对型钢混凝土柱的滞回特性和耗能能力有较大的影响。因此，在火灾后型钢混凝土柱抗震性能的计算分析时需要考虑型钢与混凝土之间和钢筋与混凝土之间的界面滑移特性。

### 8.3.4.1 型钢与混凝土之间的黏结滑移特性

考虑火灾高温作用，宋天诣[51]提出了火灾下和火灾后型钢与混凝土之间的黏结应力-黏结滑移量关系曲线的计算模型。这里采用上述宋天诣[51]提出的模型，具体见第 7 章。

### 8.3.4.2 钢筋与混凝土之间的黏结滑移特性

考虑火灾高温对钢筋-混凝土之间界面的影响，宋天诣[51]提出了火灾下和火灾后钢筋与混凝土之间的黏结应力-黏结滑移关系曲线的计算模型。本节采用上述模型，具体见第 7 章。

### 8.3.4.3 钢筋-混凝土、型钢-混凝土界面处理

钢筋一般采用桁架单元进行模拟，钢筋与混凝土之间的界面的方向可按照纵向和横向进行确定，如图 8.3.1（a）所示。型钢-混凝土界面位于型钢表面，界面方向可按照界面切向和法向确定，如图 8.3.1（b）所示。

在已有方法中，型钢-混凝土、钢筋-混凝土之间界面的处理一般采用非线性弹簧模拟，需要在混凝土节点与钢材节点之间建立 3 个弹簧，而且要求混凝土单元节点与钢材单元节点

空间位置相同。上述工作需要手工建模完成，建模工作量巨大，是这类模型的明显缺点，限制了其推广应用。本文建立型钢-混凝土、钢筋-混凝土界面模型时分别采用面面接触、线面接触，采用接触模拟可使建模的工作量大为减少。

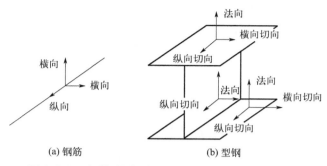

图 8.3.1　**钢筋-混凝土界面、型钢-混凝土界面方向**

黏结模型（Cohesive Behavior）是 ABAQUS 中模拟界面接触特性的一种有效模型，这种模型假设两个接触面之间有一层厚度简化为零的黏结材料，模型通过定义黏结材料的本构关系确定两个接触面切向和法向的力-位移关系，切向和法向的材料本构关系不耦合。黏结模型切向和法向的材料本构关系均采用弹性损伤模型，其应力-应变关系曲线如图 8.3.2 所示。对于切向（纵向）表示的黏结方向，当黏结应力 $\tau$ 达到最大应力 $\tau_{max}$ 后界面开始发生损伤，黏结应力开始降低，至最大位移 $s_{max}$ 后黏结应力降为 0。

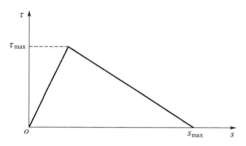

图 8.3.2　**界面模型应力-应变关系曲线**

如图 8.3.2 所示，高温后型钢-混凝土界面的黏结应力-滑移关系曲线基本是双直线形状，这里采用 ABAQUS 自带的黏结特性模型可基本反映高温后型钢-混凝土界面的黏结应力-滑移关系，同时也克服了采用非线性弹簧单元建模工作量较大的缺点。钢筋-混凝土界面的黏结滑移特性与型钢-混凝土界面相似，本文火灾下及火灾后钢筋-混凝土界面模型仍采用 ABAQUS 软件自带的黏结特性模型。在具体确定各参数时，由于钢筋采用线单元模拟，钢筋-混凝土界面的黏结应力需乘以周长转变为黏结力输入，而型钢-混凝土界面的黏结应力直接按照宋天诣 [51] 提出的模型参数输入即可。

## 8.3.5　有限元模型的网格划分

建立火灾后型钢混凝土框架结构抗震性能有限元计算模型时，混凝土和型钢采用三维实体线性缩减积分单元 C3D8R 划分网格，钢筋采用三维线性桁架单元 T3D1 划分网格，钢筋主筋和混凝土之间采用线面接触，型钢与混凝土之间采用面面接触，并通过设置黏结特性设置型钢-混凝土界面、钢筋主筋-混凝土界面之间的黏结-滑移本构关系。板分布筋及箍筋通过约束（embedded）埋入混凝土约束其自由度。利用上述方法建立的型钢混凝土框架有限元模型如图 8.3.3 所示。

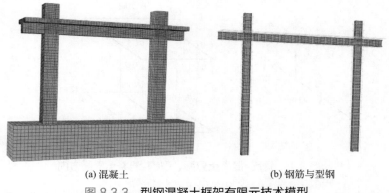

(a) 混凝土　　　　　　　　　　　　(b) 钢筋与型钢

图 8.3.3　型钢混凝土框架有限元技术模型

### 8.3.6　温度场计算结果与实测结果的对比

第 7 章进行了 7 个型钢混凝土柱温度场试验，利用上述温度场计算模型得到的 7 个受火型钢混凝土柱试件各测点的温度场计算结果如图 8.3.4 所示，图中也一并给出了这些测点的

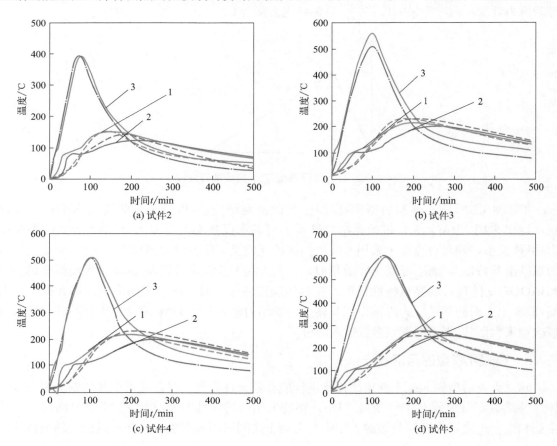

(a) 试件2　　　　　　　　　　　　(b) 试件3

(c) 试件4　　　　　　　　　　　　(d) 试件5

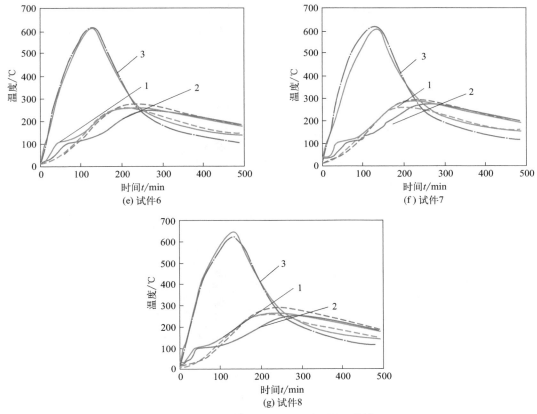

图 8.3.4　试件温度-受火时间关系曲线

(注：图中实线表示试验所得温度场数据，虚线表示 ABAQUS 模拟的温度场数据)

实测结果。由图可见，各构件测点 1、2 和 3 的滞后现象和升降温过程的模拟结果均与试验结果吻合较好，但也存在微小差异。导致差异的原因一方面可能是选取模型的热工参数和实际热工参数存在一定差异，另一方面可能是热电偶的实际布置和理想位置存在一定偏差。总体来说，计算结果与试验结果基本吻合。

　　利用上述模型计算了本章第 1 节型钢混凝土框架火灾全过程试验中各试件梁柱截面测点的温度-时间关系，建立的框架温度场计算模型如图 8.3.5 所示。

　　采用 ABAQUS 有限元软件计算的 4 榀型钢混凝土框架的温度场结果如图 8.3.6 所示。计算值与试验值基本吻合。试件 SRCF02 和试件 SRCF03 梁截面测点 1 试验值与计算值有一定误差，其主要原因在于模型热工参数与实际材料热工参数具有一定的差异，同时模型中温度场无法考虑测点位置偏差等因素带来的误差。

### 8.3.7　滞回曲线计算结果与实测结果的对比

#### 8.3.7.1　破坏形态

　　计算得到的当框架梁端水平位移 $\Delta$ 为 80mm 时试件 SRCF02（$t_h$=60min）的变形形态及其塑性应变的大小（PEMAG）如图 8.3.7 所示，型钢塑性应变大小分布如图 8.3.8 所示，型钢正应力的分布如图 8.3.9 所示。混凝土塑性应变的大小大体表示梁柱构件的变形及破坏程度。从图 8.3.7 中可见，这时框架柱上下两端截面的顶面和底面侧塑性应变较大，表示柱上下端产生塑性铰，试验中 SRCF02 的破坏形态如图 8.3.7（b）所示。可见，计算模拟 SRCF02 变形及破坏形态与试验结果基本吻合。其余试件的计算模拟结果与试验的破坏形态也基本吻合，不再赘述。

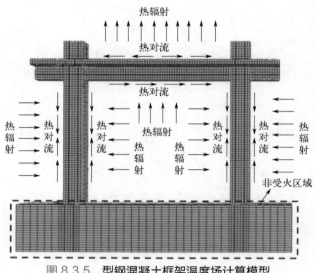

图 8.3.5　型钢混凝土框架温度场计算模型

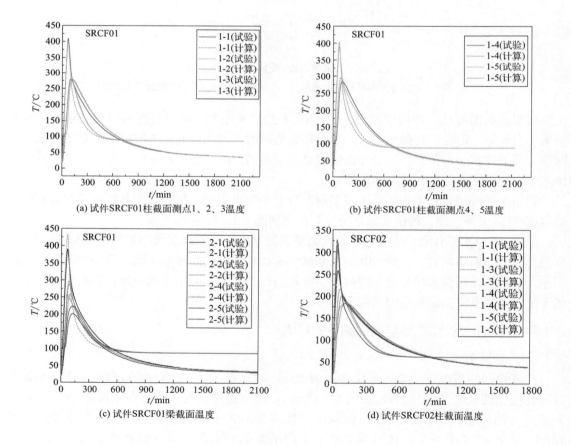

(a) 试件SRCF01柱截面测点1、2、3温度

(b) 试件SRCF01柱截面测点4、5温度

(c) 试件SRCF01梁截面温度

(d) 试件SRCF02柱截面温度

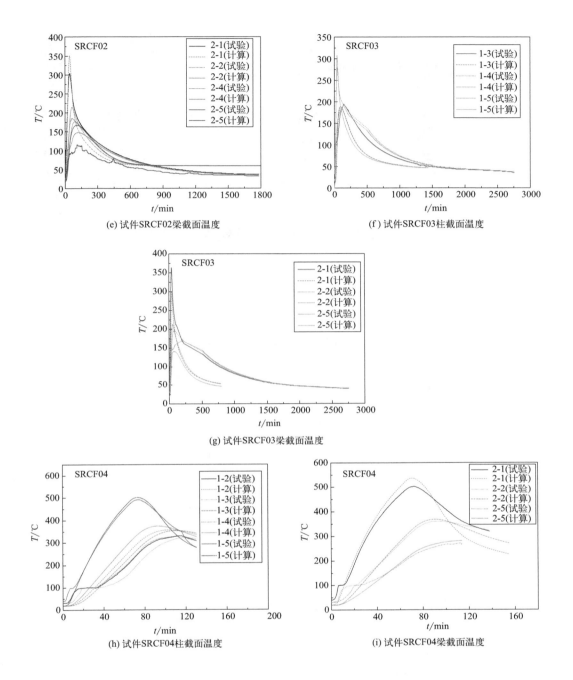

(e) 试件SRCF02梁截面温度

(f) 试件SRCF03柱截面温度

(g) 试件SRCF03梁截面温度

(h) 试件SRCF04柱截面温度

(i) 试件SRCF04梁截面温度

图 8.3.6　温度计算结果与试验结果的比较

从图 8.3.8、图 8.3.9 可见，当梁端水平位移 $\Delta$ 为 80mm 时框架柱两端型钢的塑性应变和应力均较大，其次是梁两端的塑性应变和应力也较大。

**8.3.7.2　滞回曲线**

计算得到的试件 SRCF01 ～ SRCF04 梁端水平力-水平位移滞回曲线与试验结果的比较如图 8.3.10 所示。从图中可见，计算结果与试验结果基本吻合。

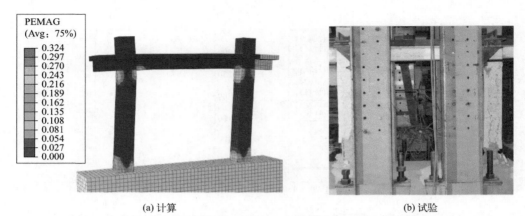

(a) 计算        (b) 试验

图 8.3.7   计算的试件 SRCF02 塑性应变大小与试验的对比

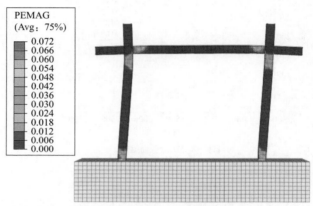

图 8.3.8   计算的试件 SRCF02 型钢塑性应变大小分布

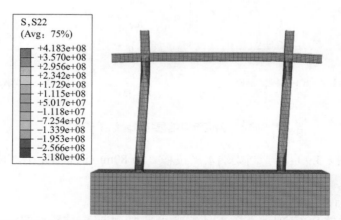

图 8.3.9   计算的试件 SRCF02 型钢截面正应力分布（单位：Pa）

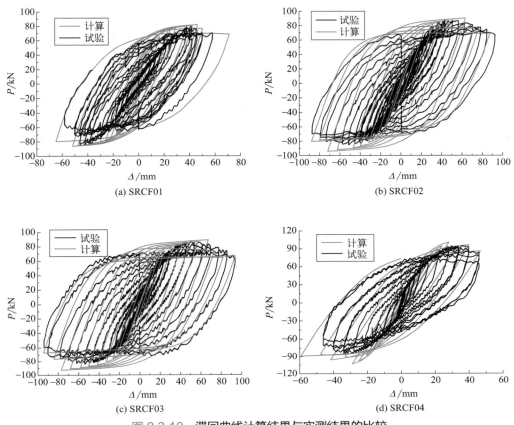

(a) SRCF01　　　　　　　　　　　　　　　(b) SRCF02

(c) SRCF03　　　　　　　　　　　　　　　(d) SRCF04

图 8.3.10　滞回曲线计算结果与实测结果的比较

### 8.3.8　结论

本节在试验研究的基础上，考虑升温阶段、降温阶段以及火灾后阶段材料本构关系的变化，考虑型钢与混凝土以及钢筋与混凝土之间界面黏结特性，建立了型钢混凝土框架结构温度场及火灾后抗震性能的精细计算模型。温度场计算结果以及框架试件变形及破坏形态、滞回曲线的计算结果与试验结果基本吻合。可见，本节提出的模型是准确的和合理的。

# 8.4　基于梁柱单元的火灾后框架结构力学性能分析方法

### 8.4.1　引言

火灾后建筑结构的典型力学性能包括承载能力、刚度和抗震性能，火灾后建筑结构的刚度和承载能力是保证火灾后建筑结构满足正常使用和承载能力极限状态安全的保障，火灾后建筑结构的抗震性能则是满足建筑结构"大震不倒"、保障生命安全的最后一道防线，对火灾后建筑结构力学性能分析方法的研究十分重要。型钢混凝土和钢筋混凝土框架结构在高层建筑结构中应用较多，对于火灾后型钢（钢筋）混凝土框架结构力学性能的研究具有重要的理论意义和工程应用价值。

在钢筋及型钢混凝土框架结构火灾后力学性能分析时，如果采用三维实体单元，由于计算量较大，结构分析计算的计算量和难度均较大，会给结构分析带来很大难度。因此，进行火灾后型钢（钢筋）混凝土框架结构力学性能的分析需要建立高效的计算模型。如果采用梁柱单元则可以较大程度地减少结构分析的计算量，降低结构分析的难度，因此，采用梁柱单元进行型钢（钢筋）混凝土框架结构火灾后力学性能分析是一个提高计算效率的有效方法。

本节介绍了基于梁柱单元的型钢（钢筋）混凝土框架结构火灾升降温及火灾后力学性能的分析方法，本章方法可为型钢混凝土框架结构火灾升降温和火灾后的力学性能分析提供有效方法。同时，本节在 ABAQUS 平台上进行二次开发，实现了型钢（钢筋）混凝土框架结构火灾升降温及火灾后力学性能的分析。

### 8.4.2　分析方法简介

#### 8.4.2.1　全过程火灾后建筑结构力学性能分析原理

如第 6 章所述，火灾下实际建筑结构一般都要承受荷载作用，随着构件温度的升高，由于热膨胀和材料的力学性能劣化，结构变形会逐渐增大。随着可燃物逐渐燃烧殆尽，环境进入降温阶段，这时室内温度不断降低，结构构件内部的温度也会逐渐降低。火灾后，结构构件的温度降到了室温，但经历过火灾的结构构件，其钢材的强度可得到不同程度的恢复，而混凝土的强度可能更加劣化，结构变形可以得到一定程度的恢复，受火后的结构还具有一定剩余承载能力。由于在升温、降温和火灾后阶段，材料的本构关系不同，火灾后建筑结构的力学性能分析需要考虑材料的升温、降温及火灾后三个阶段，才能更准确地反映实际结构在火灾作用下及火灾后的工作特点。

#### 8.4.2.2　分析过程

利用梁柱单元分析型钢（钢筋）混凝土结构火灾后的力学性能采用如下方法。首先进行梁柱构件截面的二维传热分析，编制后处理程序，为结构分析准备温度数据，传热分析中需要考虑型钢的影响。然后进行火灾升降温以及火灾后阶段框架结构的力学性能分析，通过编制用户场变量子程序确定构件截面混凝土及钢筋的当前温度场和过火最高温度场以及材料所处的升温、降温或者火灾后各个温度阶段。按上述方法确定构件截面的温度场、过火最高温度场及所处的温度阶段后，通过材料子程序 UMAT 确定升温、降温及火灾后三个阶段的材料本构关系。计算流程如图 8.4.1 所示。

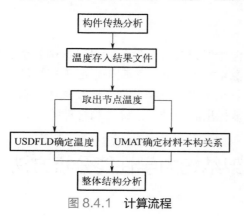

图 8.4.1　计算流程

#### 8.4.2.3　材料子程序（UMAT）编制方法

型钢混凝土结构是在钢筋混凝土结构中埋置型钢形成的一种组合结构，型钢混凝土构件可以看作是钢筋混凝土构件和型钢构件的叠加。建立模型时，型钢混凝土单元可以通过绑定钢筋混凝土构件和型钢构件实现，两种构件单元的自由度相等，即可实现型钢混凝土构件的数值模拟。本章中钢筋混凝土构件和型钢采用梁柱单元进行模拟，确定混凝土材料在各温度阶段的本构关系时，通过编制 UMAT 实现。

在编制 UMAT 时，主要的工作是确定积分点的材料雅可比矩阵 $\{\partial\Delta\sigma / \partial\Delta\varepsilon\}$ 及增量步末

端的应力。对于梁单元，假设正应力与剪应力不耦合，需要确定如下本构关系

$$\begin{Bmatrix} d\sigma_{11} \\ d\sigma_{12} \end{Bmatrix} = \begin{bmatrix} E_t & 0 \\ 0 & G_t \end{bmatrix} \begin{Bmatrix} d\varepsilon_{11} \\ d\varepsilon_{12} \end{Bmatrix} \tag{8.4.1}$$

式中，$\sigma_{11}$ 和 $\sigma_{12}$ 分别为梁截面的正应力和剪应力；$\varepsilon_{11}$ 和 $\varepsilon_{12}$ 分别为梁截面正应变和剪应变；$E_t$ 和 $G_t$ 分别为材料受拉或受压时的切线模量和受剪时的剪切模量。

本章只考虑截面积分点正应力的非线性本构关系，采用塑性增量应力-应变关系；剪切应力-应变关系采用弹性本构关系，剪切模量随温度变化。

### 8.4.3 升温、降温及火灾后各阶段混凝土的应力-应变关系

本节采用的升温、降温及火灾后各阶段材料的本构关系与第 1 章相同，但为了本章推导方便，仍将各阶段材料本构关系列在这里。

#### 8.4.3.1 升温阶段

升温阶段混凝土单轴受压应力-应变关系采用 Lie[5] 提出的模型

$$\sigma = \begin{cases} f_c(T)\left[1 - \left(\dfrac{\varepsilon_{max} - \varepsilon}{\varepsilon_{max}}\right)^2\right] & \varepsilon \leqslant \varepsilon_{max} \\ f_c(T)\left[1 - \left(\dfrac{\varepsilon_{max} - \varepsilon}{3\varepsilon_{max}}\right)^2\right] & \varepsilon > \varepsilon_{max} \end{cases} \tag{8.4.2}$$

$$\varepsilon_{max} = 0.0025 + (6T + 0.04T^2) \times 10^{-6}$$

$$f_c(T) = \begin{cases} f_c' & 0 \leqslant T \leqslant 450℃ \\ f_c'\left[2.011 - 2.353\left(\dfrac{T - 20}{1000}\right)\right] & 450℃ < T \leqslant 874℃ \\ 0 & T > 874℃ \end{cases} \tag{8.4.3}$$

式中，$\sigma$、$\varepsilon$ 分别为混凝土的应力和应变；$\varepsilon_{max}$ 为混凝土的受压峰值应变；$f_c(T)$ 为温度为 $T$ 时混凝土圆柱体强度；$f_c'$ 为常温下混凝土圆柱体强度；$T$ 为温度。

高温下混凝土的抗拉强度按文献 [78] 取值：

$$f_t(T) = (1 - 0.001T)f_t' \tag{8.4.4}$$

式中，$f_t'$ 为混凝土常温下的抗拉强度。

混凝土单轴受拉应力-应变关系采用图 8.4.2 所示的双线型模型。

高温下受拉极限应变 [54, 55] $\varepsilon_{tu}(T) = (15 \sim 25)\varepsilon_{cr}(T)$，本章取

$$\varepsilon_{tu}(T) = 15\varepsilon_{cr}(T) \tag{8.4.5}$$

式中，$\varepsilon_{cr}(T) = f_t(T)/E(T)$；$E(T)$ 为高温下混凝土的弹性模量。

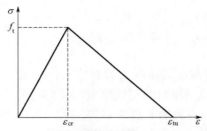

图 8.4.2　混凝土受拉应力-应变关系

升温阶段混凝土在压应力作用下温度升高时会产生瞬态热应变，本章中瞬态热应变采用修改材料热膨胀系数的方法进行模拟，并通过编制用户自定义热膨胀系数子程序 UEXPAN 实现。本节混凝土热膨胀变形采用 Lie[5] 提出的模型。

### 8.4.3.2　降温阶段

本章进行考虑升降温及火灾后型钢混凝土柱力学性能试验时，发现降温阶段柱发出连续的"咔嚓"声，这是混凝土材料降温收缩产生裂缝导致的。由于收缩裂缝出现，与高温下相比，降温阶段混凝土材料特性更加劣化。目前，关于降温阶段混凝土材料特性的研究成果还很少。谭清华[61] 在进行火灾后型钢混凝土框架结构耐火性能分析时降温阶段混凝土材料模型采用火灾后阶段的模型，取得了较好的效果，本章降温阶段采用火灾后阶段的模型。

### 8.4.3.3　火灾后阶段

火灾后混凝土的应力-应变关系与材料所经历的历史最高温度、骨料类型、配合比、冷却方式等因素有关，学者们对其已有较多的研究，采用陆洲导等[56] 给出的火灾后混凝土应力-应变关系模型，具体表达式如下：

$$\sigma = \begin{cases} f_{cp}(T_m)\left[1 - \left(\dfrac{\varepsilon_{op} - \varepsilon}{\varepsilon_{op}}\right)^2\right] & \varepsilon \leqslant \varepsilon_{op} \\ f_{cp}(T_m)\left[1 - \dfrac{115(\varepsilon - \varepsilon_{op})}{1 + 5.04 \times 10^{-3}T_m}\right] & \varepsilon_{op} < \varepsilon \leqslant \varepsilon_{up} \end{cases} \tag{8.4.6}$$

式中，$f_{cp}(T_m)$ 为火灾后阶段过火最高温度为 $T_m$ 时混凝土轴心抗压强度，按照吴波[50] 提出的公式确定：

$$f_{cp}(T_m) = \left[1.0 - 0.58149\left(\frac{T_m - 20}{1000}\right)\right]f_c' \quad T_m \leqslant 200\text{℃} \tag{8.4.7}$$

$$f_{cp}(T_m) = \left[1.1459 - 1.39255\left(\frac{T_m - 20}{1000}\right)\right]f_c' \quad T_m > 200\text{℃} \tag{8.4.8}$$

$f_c'$ 为混凝土常温下的轴心抗压强度；$\varepsilon_{op}$ 和 $\varepsilon_{up}$ 分别为火灾后阶段混凝土应力-应变曲线的峰值应变和极限应变，可分别按下式计算：

$$\varepsilon_{op} = \varepsilon_o (1.0 + 2.5 \times 10^{-3} T_m) \tag{8.4.9}$$

$$\varepsilon_{up} = \varepsilon_o (1.0 + 3.5 \times 10^{-3} T_m) \tag{8.4.10}$$

$\varepsilon_o$ 为常温阶段混凝土的峰值应变。

火灾后混凝土抗拉强度与过火温度的关系根据胡翠平等[57] 提出的模型确定：

$$f_{tp}(T_m) = 0.976 + \left[ 1.56 \left( \frac{T_m}{100} \right) - 4.35 \left( \frac{T_m}{100} \right)^2 + 0.345 \left( \frac{T_m}{100} \right)^3 \right] \times 100^{-2} \quad 20℃ \leqslant T_m \leqslant 800℃ \tag{8.4.11}$$

火灾后混凝土的受拉应力应变曲线仍采用双线性模型[58]，如图 8.4.2 所示。由于目前还没有混凝土火灾后受拉极限应变的研究成果，本章暂按高温下的方法取值，高温后受拉极限应变：

$$\varepsilon_{tup}(T_m) = 15\varepsilon_{crp}(T_m) \tag{8.4.12}$$

式中，$\varepsilon_{crp}(T_m) = f_{tp}(T_m) / E_p(T_m)$；$E_p(T_m)$ 为高温后混凝土弹性模量。

### 8.4.4 升温、降温及火灾后阶段钢材的应力-应变关系

#### 8.4.4.1 应力-应变关系

（1）升温阶段

采用 Lie[5] 给出的不同温度下钢材的应力-应变关系模型

$$\sigma = \begin{cases} \dfrac{f(T, 0.001)}{0.001} \varepsilon & \varepsilon \leqslant \varepsilon_p \\ \dfrac{f(T, 0.001)}{0.001} \varepsilon_p + f(T, \varepsilon - \varepsilon_p + 0.001) - f(T, 0.001) & \varepsilon > \varepsilon_p \end{cases} \tag{8.4.13}$$

式中，$f(T, 0.001) = (50 - 0.04T)\{1 - \exp[(-30 + 0.03T)\sqrt{0.001}]\} \times 6.9$；$f(T, \varepsilon - \varepsilon_p + 0.001) = (50 - 0.04T)\{1 - \exp[(-30 + 0.03T)\sqrt{\varepsilon - \varepsilon_p + 0.001}]\} \times 6.9$；$\varepsilon_p$ 为与比例极限对应的应变；$T$ 为温度，℃。

当温度为常温时，即为常温时钢材的表达式。常温下钢材弹性模量 $E_s$=2.06×10$^5$N/mm$^2$，泊松比 $\mu_s$=0.283。

（2）降温阶段

目前，钢材高温下的模型都是通过初次升温实验得到的，没有考虑降温阶段的影响。目前，还没有见到钢材处于降温阶段时材料特性方面的研究。文献 [80] 指出，当钢材过火温度不超过 600℃时，火灾后钢材的微观结构和强度变化很小，可以推测当过火温度不超过 600℃时降温对钢材材性的影响很小。降温阶段钢材一般仍处于高温下，鉴于目前还没有降温阶段钢材的材料模型，降温阶段钢材和钢筋的模型暂采用高温下的模型，即式（8.4.13）。

（3）火灾后阶段

高温后钢材的力学性能与钢材的种类、高温持续时间、冷却方式等因素有关，对于高温后不同类型钢材的应力-应变关系已有一定研究，一般认为：高温下钢材内部的金相结构发生变化，强度和弹性模量随着温度的升高逐渐降低，而高温冷却后，其强度会有较大程度的恢复。宋天诣[51, 81]对火灾后钢管混凝土构件的力学性能进行研究时，高温后钢材的应力-应变关系采用了双折线模型，取得了较好的计算结果。本章高温后钢材也采用该模型，表达式如下：

$$\sigma_s = \begin{cases} E_{sp}(T_m)\varepsilon_s & \varepsilon_s \leqslant \varepsilon_{yp}(T_m) \\ f_{yp}(T_m) + E'_{sp}(T_m)\left[\varepsilon_s - \varepsilon_{yp}(T_m)\right] & \varepsilon_s > \varepsilon_{yp}(T_m) \end{cases} \tag{8.4.14}$$

式中，$E_{sp}(T_m)$ 和 $E'_{sp}(T_m)$ 分别为火灾后钢材的弹性模量和强化模量，可按常温下取值，$E'_{sp}(T_m) = 0.01E_{sp}(T_m)$；$E_{sp}(T_m)$ 可按下式取值：

$$E_{sp}(T_m) / E_s = \begin{cases} 1.0 & T_m \leqslant 500°C \\ 1 - 1.30 \times 10^{-4}(T_m - 500) & T_m > 500°C \end{cases} \tag{8.4.15}$$

$E_s$ 为钢材常温下的弹性模量。

火灾后型钢和钢筋的屈服强度 $f_{yp}(T_m)$ [52] 可分别根据式（8.4.16）和式（8.4.17）取值：

$$f_{yp}(T_m) / f_y = \begin{cases} 1.0 & T_m \leqslant 500°C \\ 1 - 2.23 \times 10^{-4}(T_m - 500) - 3.88 \times 10^{-7}(T_m - 500)^2 & T_m > 500°C \end{cases} \tag{8.4.16}$$

$$f_{yp}(T_m) / f_y = \begin{cases} 1.0 & T_m \leqslant 500°C \\ 1 - 5.82 \times 10^{-4}(T_m - 500) & T_m > 500°C \end{cases} \tag{8.4.17}$$

火灾后钢材的屈服应变 $\varepsilon_{yp}(T_m) = f_{yp}(T_m) / E_{sp}(T_m)$。

### 8.4.4.2 钢材的强化模型

当进行火灾后型钢混凝土结构的静力力学性能分析时，由于加载为单向加载，型钢和钢筋的模型可采用各向同性等向强化弹塑性模型。

当进行型钢混凝土结构火灾后抗震性能分析时，由于构件为往复加载，钢材存在明显的包辛格效应和应变强化两种现象，钢材采用混合强化模型。本章采用 ABAQUS 软件的混合强化模型实现了型钢混凝土结构中钢材的模拟。

## 8.4.5 混凝土塑性增量本构关系

### 8.4.5.1 屈服函数及增量本构关系

（1）屈服函数

采用塑性增量理论模拟升温阶段、降温阶段和火灾后阶段混凝土的力学性能。塑性增量理论的首要问题是确定材料的屈服面，混凝土材料典型特点是受拉和受压特性不同，因此需要采用两个屈服函数分别描述材料受拉和受压的屈服面。

受压屈服函数的硬化参数采用受压有效塑性应变 $\varepsilon^{\mathrm{p}}$，应力以拉应力为正。

$$f = \sigma - \sigma_{\mathrm{cp}}(\varepsilon^{\mathrm{p}}, f_{\mathrm{c}}^{\mathrm{p}}) = 0 \tag{8.4.18}$$

受拉屈服函数的硬化参数采用受拉有效塑性应变 $\varepsilon^{\mathrm{t}}$

$$f = \sigma - \sigma_{\mathrm{tp}}(\varepsilon^{\mathrm{t}}, f_{\mathrm{t}}^{\mathrm{p}}) = 0 \tag{8.4.19}$$

式中，$\sigma$ 为应力；$\sigma_{\mathrm{cp}}$ 和 $\sigma_{\mathrm{tp}}$ 为混凝土单轴受压和受拉的屈服应力，可根据升温阶段、降温阶段和火灾后阶段混凝土单轴受压应力-塑性应变关系、单轴受拉应力-塑性应变关系标定；硬化参数 $\varepsilon^{\mathrm{p}}$、$\varepsilon^{\mathrm{t}}$ 分别为混凝土受压、受拉等效塑性应变；$f_{\mathrm{c}}^{\mathrm{p}}$ 和 $f_{\mathrm{t}}^{\mathrm{p}}$ 分别为升降温或火灾后阶段混凝土抗压、抗拉强度；升降温阶段分别为 $f_{\mathrm{c}}(T)$、$f_{\mathrm{t}}(T)$，火灾后阶段分别为 $f_{\mathrm{cp}}(T_{\mathrm{m}})$、$f_{\mathrm{tp}}(T_{\mathrm{m}})$。

（2）增量应力-应变关系

① 切线模量

切线模量 $E_{\mathrm{t}}$ 与塑性模量 $E_{\mathrm{pl}}$ 和弹性模量 $E$ 的关系为

$$E_{\mathrm{t}} = \frac{E E_{\mathrm{pl}}}{E + E_{\mathrm{pl}}} \tag{8.4.20}$$

由 $\mathrm{d}\sigma = E_{\mathrm{pl}}\mathrm{d}\varepsilon_{\mathrm{p}}$ 和 $\mathrm{d}\sigma = E_{\mathrm{t}}\mathrm{d}\varepsilon$，得

$$\mathrm{d}\varepsilon_{\mathrm{p}} = \frac{E}{E + E_{\mathrm{pl}}}\mathrm{d}\varepsilon \tag{8.4.21}$$

$$\mathrm{d}\varepsilon = \mathrm{d}\varepsilon_{\mathrm{tot}} - \mathrm{d}\varepsilon_{\mathrm{th}} \tag{8.4.22}$$

式中，$\mathrm{d}\varepsilon$ 为力学应变增量；$\mathrm{d}\varepsilon_{\mathrm{tot}}$ 为总应变增量；$\mathrm{d}\varepsilon_{\mathrm{th}}$ 热膨胀应变增量。

加卸载准则采用可用于软化材料的加卸载准则

$$f = 0 \quad \frac{\mathrm{d}f}{\mathrm{d}\sigma}E\mathrm{d}\varepsilon > 0 \quad 加载 \tag{8.4.23}$$

$$f = 0 \quad \frac{\mathrm{d}f}{\mathrm{d}\sigma}E\mathrm{d}\varepsilon < 0 \quad 卸载 \tag{8.4.24}$$

式中，$E$ 为弹性模量。

② 积分方法

实际计算中，式（8.4.21）可变换为有限增量形式，并将有限应变增量分为 $m$ 个子增量进行积分，本章取 $m=10$。

$$\Delta \varepsilon_p = \frac{E}{E + E_{pl}} \Delta \varepsilon \tag{8.4.25}$$

对于该式的积分计算，本章采用了二阶的 Runge-Kutta 积分。

### 8.4.5.2 混凝土应力-塑性应变关系及塑性模量

（1）升温阶段

① 受压应力-塑性应变关系及塑性模量

弹性模量近似取为应力-应变曲线上升阶段上应力为 0.4 倍峰值应力时的割线模量，式（8.4.2）表示的应力-应变曲线的规格化弹性模量 $\bar{E}[\bar{E} = \varepsilon_{max}E(T)/f_c(T)]$ 为

$$\bar{E} = 1.7746 \tag{8.4.26}$$

由于只考虑一维受压弹塑性变形，塑性应变 $\varepsilon_p$ 为

$$\varepsilon_p = \varepsilon - \sigma / E(T) \tag{8.4.27}$$

令规则化塑性应变 $\varepsilon_m = \varepsilon_p / \varepsilon_{max}$，并由 $E(T) = f_c(T)\bar{E}/\varepsilon_{max}$，得

$$\varepsilon_m = x - y / \bar{E} \tag{8.4.28}$$

式中，$x = \varepsilon / \varepsilon_{max}$；$y = \sigma / f_c(T)$。

联立式（8.4.13）、式（8.4.27）和式（8.4.28），可得规则化应力 $y$ 和规则化塑性应变 $\varepsilon_m$ 的函数关系，其解为一隐函数，现通过分段多项式函数拟合（如图 8.4.3 所示），得

$$y = \begin{cases} -1685\varepsilon_m^6 + 2504.9\varepsilon_m^5 - 1473.4\varepsilon_m^4 + 441.18\varepsilon_m^3 - 74.519\varepsilon_m^2 + 8.118\varepsilon_m + 0.413 & \varepsilon_m \leqslant 0.442 \\ 0.0058\varepsilon_m^3 - 0.1044\varepsilon_m^2 + 0.0778\varepsilon_m + 0.9871 & 0.442 < \varepsilon_m \leqslant 3.8 \\ 0.1 & \varepsilon_m > 3.8 \end{cases} \tag{8.4.29}$$

式中，为了避免出现数值问题，取残余应力为峰值应力的 0.1 倍。

屈服应力为

$$\sigma_{pl} = f_c(T) y \tag{8.4.30}$$

式（8.4.30）对塑性应变 $\varepsilon_p$ 求导，得塑性模量

$$E_{pl} = \begin{cases} f_c(T)(-10110.0\varepsilon_m^5 + 12524.5\varepsilon_m^4 - 5893.6\varepsilon_m^3 + 1323.54\varepsilon_m^2 - 149.038\varepsilon_m + 8.118)/\varepsilon_{max} & \varepsilon_m \leqslant 0.442 \\ f_c(T)(0.0174\varepsilon_m^2 - 0.2088\varepsilon_m + 0.0778)/\varepsilon_{max} & 0.442 < \varepsilon_m \leqslant 3.8 \\ 0 & \varepsilon_m > 3.8 \end{cases} \tag{8.4.31}$$

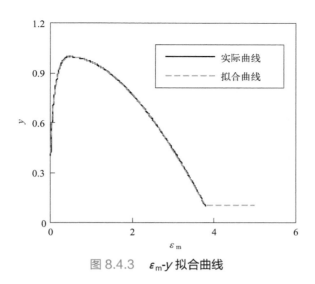

图 8.4.3　$\varepsilon_\mathrm{m}$-$y$ 拟合曲线

② 受拉应力-塑性应变关系及塑性模量

根据图 8.4.2，受拉屈服应力

$$\sigma_\mathrm{pl} = f_\mathrm{t}(T)[1 - \varepsilon_\mathrm{t} / \varepsilon_\mathrm{tu}(T)] \tag{8.4.32}$$

受拉塑性模量

$$E_\mathrm{pl} = -f_\mathrm{t}(T) / \varepsilon_\mathrm{tu}(T) \qquad \varepsilon_\mathrm{t} \leqslant 0.9\varepsilon_\mathrm{tu}(T) \tag{8.4.33}$$

$$E_\mathrm{pl} = 0 \qquad \varepsilon_\mathrm{t} > 0.9\varepsilon_\mathrm{tu}(T) \tag{8.4.34}$$

（2）降温阶段及火灾后阶段

① 应力-应变曲线上升段

降温阶段和火灾后阶段混凝土的受拉应力应变关系相同，因此，两个阶段的混凝土受拉应力-塑性应变关系和塑性模量形式均相同，降温及火灾后阶段的受拉应力-塑性应变关系和塑性模量只需将升温阶段公式中的材料特征参数 $f_\mathrm{t}(T)$ 和 $\varepsilon_\mathrm{tu}(T)$ 替换为火灾后阶段的相应参数 $f_\mathrm{tp}(T_\mathrm{m})$ 和 $\varepsilon_\mathrm{tup}(T_\mathrm{m})$ 即可。从公式（8.4.2）和公式（8.4.6）可看出，升温阶段和火灾后阶段混凝土应力-应变关系曲线上升阶段的形式相同，这两个阶段应力-应变关系上升阶段的受压应力-塑性应变关系和塑性模量的形式均相同，降温阶段和火灾后阶段只需将公式中升温阶段的参数 $f_\mathrm{c}(T)$ 和 $\varepsilon_\mathrm{max}$ 替换为 $f_\mathrm{cp}(T_\mathrm{m})$ 和 $\varepsilon_\mathrm{op}$ 即可。

② 应力-应变曲线下降段

降温及火灾后阶段混凝土受压应力-应变关系曲线的下降段与升温阶段不同，这里只需给出火灾后阶段混凝土应力-应变关系曲线下降段的应力和塑性模量，降温阶段与火灾后阶段相同。

火灾后混凝土的受压应力-应变关系曲线可转换为应力-塑性应变关系曲线，如图 8.4.4 所示，图中 $A$ 点为曲线峰值点，$B$ 点为极限应变对应的点。

$OA$ 阶段为上升段，根据对升降温阶段的推导，$A$ 点横纵坐标分别为

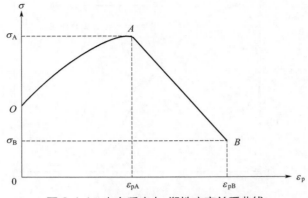

图 8.4.4　火灾后应力-塑性应变关系曲线

$$\varepsilon_{pA} = 0.442\varepsilon_{op} \tag{8.4.35}$$

$$\sigma_A = f_{cp}(T_m) \tag{8.4.36}$$

令 $k = 1 - 115(\varepsilon_{up} - \varepsilon_{op}) / (1 + 5.04 \times 10^{-3} T_m)$，$B$ 点的坐标为

$$\varepsilon_{pB} = \varepsilon_{up} - 0.564k\varepsilon_{op} \tag{8.4.37}$$

$$\sigma_B = kf_{cp}(T_m) \tag{8.4.38}$$

*AB* 阶段的斜率为塑性模量

$$E_{pl} = \frac{1-k}{(0.564k + 0.442)\varepsilon_{op} - \varepsilon_{up}} f_{cp}(T_m) \tag{8.4.39}$$

AB 阶段的应力与塑性应变 $\varepsilon_p$ 的关系

$$\sigma_{pl} = \left[ 1 + \frac{(1-k)(\varepsilon_p - 0.442\varepsilon_{op})}{(0.564k + 0.442)\varepsilon_{op} - \varepsilon_{up}} \right] f_{cp}(T_m) \tag{8.4.40}$$

### 8.4.5.3　升温阶段温度变化前后应力应变状态的转变

升温阶段，当温度变化时，变化前温度为 $T$ 的应力应变状态要向温度变化后温度为 $T+\Delta T$ 的应力应变状态进行转变。对于应力，采用如下转变方法：如果升温前的应力不大于升温后的屈服应力，则应力无需转变；如果升温前的应力大于升温后的屈服应力，则将应力直接等于屈服应力。图 8.4.5 示出了升温前任意点 $C$ 转变到升温后点 $C'$ 的转变方法，其中 $A$、$B$ 两点为升温前后与 $C$ 和 $C'$ 对应的屈服点，$\varepsilon_p$ 为塑性应变。对于力学应变的转换，根据图 8.4.5 可得

$$\varepsilon' = \varepsilon + \frac{\sigma'}{E_{T+\Delta T}} - \frac{\sigma}{E_T} \tag{8.4.41}$$

式中，$E_{T+\Delta T}$，$E_T$ 分别为温度 $T+\Delta T$、$T$ 时的弹性模量；$\varepsilon$，$\varepsilon'$ 分别为转变前后的力学应变；$\sigma$，$\sigma'$ 分别为转变前后的应力。

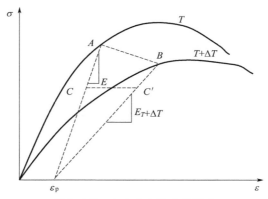

图 8.4.5　应力应变状态的转变

火灾后阶段，对每个特定的材料点，过火最高温度保持为常值，是一个恒温加载的过程，不存在上述温度变化后应力应变状态的转变问题。

#### 8.4.5.4　强化模型

混凝土材料采用各向同性强化模型。

### 8.4.6　分析方法的验证

#### 8.4.6.1　钢筋混凝土框架耐火性能试验

过镇海等[53]进行了 4 榀单层单跨钢筋混凝土框架试件的耐火性能试验。常温下钢筋的屈服强度为 270MPa，混凝土立方体抗压强度为 29.94MPa。首先在框架梁顶三分点施加两个竖向集中荷载 $P$ 并保持恒定，按照预定升温曲线升温直至试件不能持荷停止试验。试验过程中在柱顶和梁跨中布置位移计测量梁跨中位移变化。框架试件构造及几何尺寸见图 8.4.6。

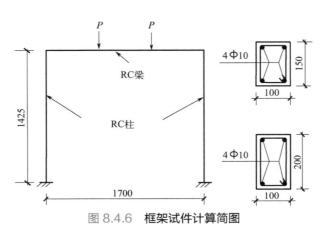

图 8.4.6　框架试件计算简图

采用梁柱单元 B32 建立框架试件的有限元计算模型，单元长度 0.1m，同时编制混凝土材料子程序 UMAT 和温度子程序 USDFLD 进行计算。计算得到的 4 个框架试件梁跨中挠度-炉内温度的关系曲线与实测值的对比如图 8.4.7 所示。可见，计算结果与试验结果吻合较好。

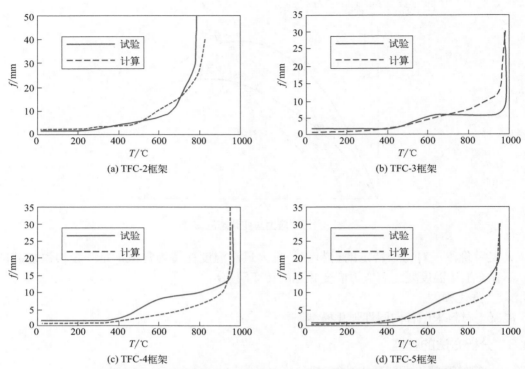

(a) TFC-2框架  (b) TFC-3框架

(c) TFC-4框架  (d) TFC-5框架

图 8.4.7　钢筋混凝土框架梁跨中挠度-炉内温度关系曲线计算结果与试验结果的比较

### 8.4.6.2　火灾升降温及火灾后型钢混凝土柱力学性能试验

第 6 章进行了考虑升降温的火灾后型钢混凝土柱力学性能试验，试验详见第 6 章。本节建立了第 6 章火灾后型钢混凝土柱力学性能的计算模型，对试验试件进行了计算分析，计算得到的柱顶竖向位移-时间的关系曲线与实测结果的对比如图 8.4.8 所示。可见，计算结果与试验吻合较好。

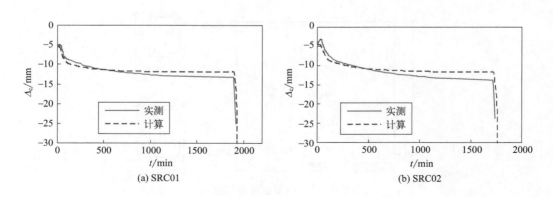

(a) SRC01  (b) SRC02

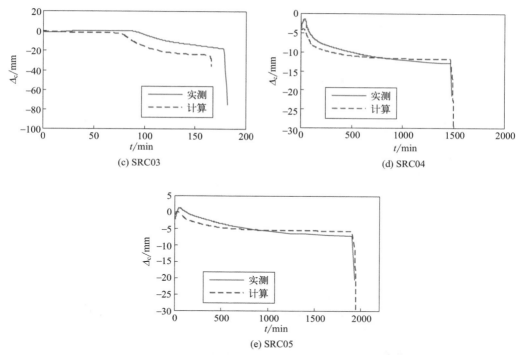

图 8.4.8　计算柱顶竖向位移-时间关系曲线与实测结果的比较

### 8.4.6.3　火灾后型钢混凝土柱抗震性能试验

第 7 章进行了型钢混凝土柱火灾后抗震性能的试验研究，测试了火灾后型钢混凝土柱端水平力与水平位移的滞回曲线及破坏特征。

利用上述方法对上述试验中柱端水平力-水平位移的滞回曲线进行了数值模拟，由于试验在升降温阶段没有加载，本章模拟时只考虑了火灾后阶段的材料特性。型钢混凝土柱滞回曲线计算结果与实测结果的对比如图 8.4.9 所示。从图中可见，计算结果与实测结果基本吻合。计算结果与实测结果之间存在少许误差，这些误差是由混凝土材料压碎和开裂的偶然性以及火灾后型钢混凝土构件抗震性能的复杂性造成的。

谭清华[61] 进行了 3 个火灾升降温及受火后型钢混凝土柱-钢筋混凝土梁框架试件受力性能试验。混凝土立方体抗压强度 58.6MPa，型钢屈服强度 338MPa，直径 16mm 的钢筋屈服强度 382MPa，直径为 8mm 的钢筋屈服强度 260MPa。试验时，首先在柱顶和梁顶施加竖向集中荷载 N、P，并在升降温过程中保持荷载恒定。然后，按照 ISO834[3] 标准升温曲线升温至预定的受火时间。之后，打开炉盖自然降温。试件温度降至环境温度后保持 N 不变增加 P，每级荷载 50kN，持荷 2min，至试件不能持荷，得到受火后框架梁极限荷载。试验过程中在框架跨中布置位移计测竖向位移。试件的构造及几何尺寸如图 8.4.10 所示。

采用梁柱单元 B32 建立上述框架试件的有限元计算模型，单元长度 0.1m，计算得到的三个框架试件梁跨中竖向位移-时间的关系曲线与试验结果的对比如图 8.4.11 所示。可见，计算结果与试验结果基本吻合。

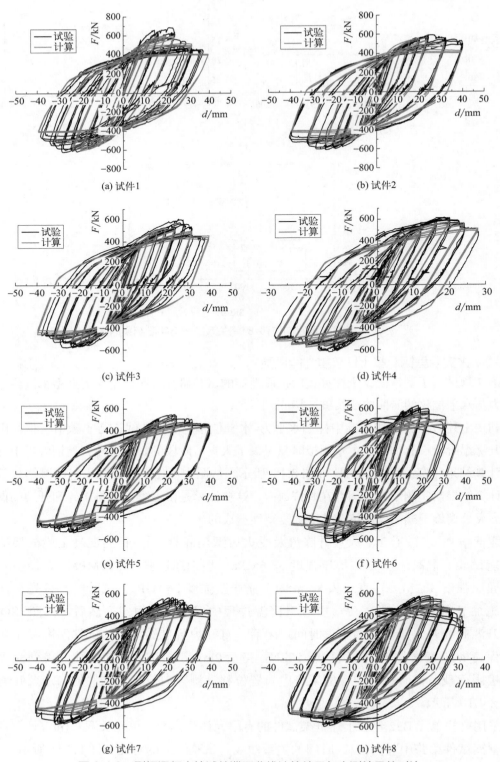

图 8.4.9　型钢混凝土柱试件滞回曲线计算结果与实测结果的对比

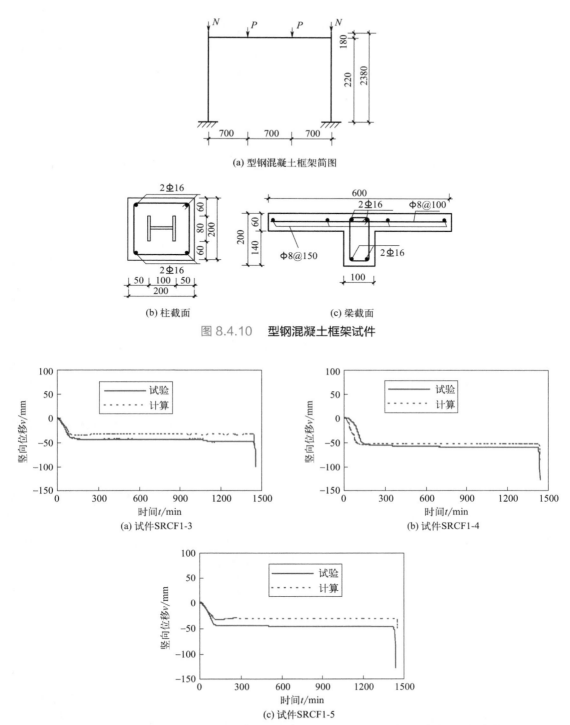

(a) 型钢混凝土框架简图

(b) 柱截面

(c) 梁截面

图 8.4.10　型钢混凝土框架试件

(a) 试件SRCF1-3

(b) 试件SRCF1-4

(c) 试件SRCF1-5

图 8.4.11　型钢混凝土框架梁跨中竖向位移-时间关系曲线计算与试验结果的比较

## 8.4.7　结论

本节在采用梁柱单元的基础上，提出了考虑火灾升温、降温以及火灾后不同阶段材料本构关系的、火灾下及火灾后型钢混凝土框架结构和钢筋混凝土框架结构力学性能分析的计算模型，并通过在 ABAQUS 平台上开发材料子程序实现了上述计算模型。利用该计算模型对钢筋混凝土框架耐火性能试验、火灾下及火灾后型钢混凝土柱力学性能试验、火灾后型钢混凝土柱抗震性能试验进行了数值模拟，计算结果与试验基本吻合。可见，本节提出的方法是合理的。本节计算模型可用于型钢混凝土框架、钢筋混凝土框架结构耐火性能分析及火灾后的力学性能分析，包括承载能力分析、变形分析及抗震性能分析。

## 8.5 火灾后高层型钢混凝土框架结构的抗震性能评估

### 8.5.1 引言

对于地震区，建筑结构的抗震性能十分重要。在地震区，如果一个建筑结构遭受火灾，火灾后需要重新评估其火灾后的性能，以便确定该建筑结构是否仍然满足抗震的要求。如果不满足，则需要进行抗震加固。例如央视新址电视文化中心 2009 年 2 月 9 日遭受了特大火灾袭击，其建筑结构形式为型钢混凝土框架-剪力墙结构。型钢混凝土框架结构具有承载能力高、延性好、抗震性能优越等优点，在高层建筑结构中应用较广。对型钢混凝土框架结构火灾后抗震性能的研究可为遭受火灾的型钢混凝土框架结构抗震性能评估和修复加固提供理论基础和实用方法，具有重要的理论意义。本节建立了可考虑受火灾升降温影响的型钢混凝土框架结构火灾后抗震性能计算模型，并对一典型的高层型钢混凝土框架火灾升降温作用下的变形及受力状态，火灾后承受地震作用时的破坏形态及破坏机理，火灾后地震承载能力，地震作用下顶层水平位移及层间位移、基底剪力等特性进行了分析，结论可为火灾后型钢混凝土框架结构抗震性能的评估提供参考。

### 8.5.2 计算原理

实际建筑结构在火灾下一般都承受荷载作用，为了更好地模拟火灾后型钢混凝土框架结构实际的受力情况，型钢混凝土框架结构火灾后抗震性能分析时考虑了第 6 章图 6.1.1 所示的火灾与荷载耦合的火灾作用全过程。首先，在型钢混凝土框架结构上施加重力荷载代表值。然后，进行升温，当升温至一定受火时间后开始降温，升降温过程中保持结构上的竖向荷载恒定。当结构构件内的温度降至室温后开始施加水平地震作用，包括弹性水平地震力和水平地震加速度时程，分别进行框架结构的静力弹塑性分析和非线性动力时程分析，最后进行结构抗震性能计算与分析。

### 8.5.3 典型型钢混凝土框架结构的设计

选择地震设防烈度 8 度、设计基本地震加速度 0.2g 的一幢横向 3 跨、纵向 6 跨、高度 10 层的型钢混凝土框架结构。该框架结构纵横向跨度均为 8.4m，层高 4m，高度为 40m，建筑标准层平面图如图 8.5.1（a）所示。由于跨度较大，框架梁和框架柱均采用型钢混凝土结构。混凝土采用 C30 混凝土，型钢采用 Q345 钢材，钢筋采用 HRB400 级钢筋。考虑楼板自重后恒载采用 5.12kN/m²，活载采用 4.0kN/m²。利用 PKPM2010 软件的 SATWE 进行结构设计，框架梁截面为 400mm×700mm，配置型钢H200mm×500mm×18mm×24mm，框架柱截面为 800mm×800mm，配置型钢H400mm×500mm×24mm×30mm。柱截面主筋保护层厚度取

30mm，梁截面主筋保护层厚度取 25mm。梁柱截面配筋如图 8.5.1（b）～（f）所示。

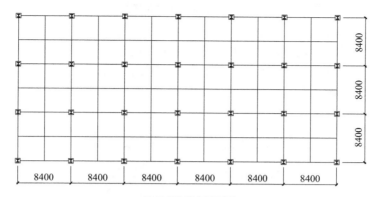

(a) 建筑标准层平面图

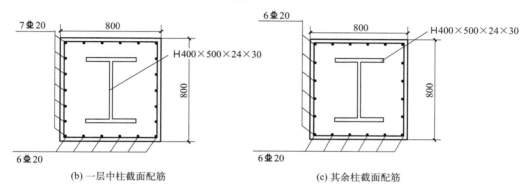

(b) 一层中柱截面配筋

(c) 其余柱截面配筋

(d) 梁截面配筋

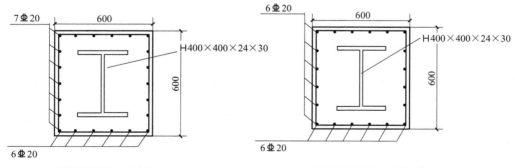

(e) 截面变化后一层中柱

(f) 截面变化后一层其余柱

图 8.5.1 建筑平面图及梁柱配筋

本节分析时取纵向中间一榀横向框架进行分析。本节采用 PKPM 进行导荷计算，由于楼面布置了次梁，导荷之后平面框架梁上分别作用三角形荷载及次梁和主梁集中荷载，荷载组合采用《建筑抗震设计规范（2016 年版）》（GB 50011—2010）中重力荷载代表值，该值与《建筑钢结构防火技术规范》（GB 51249—2017）[2] 规定的长期荷载组合接近。升降温过程中平面框架的荷载分布如图 8.5.2 所示。受火前，竖向荷载首先作用，并在受火过程中保持不变。受火后，水平地震作用开始施加。

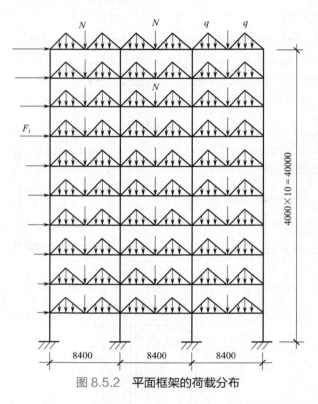

图 8.5.2　平面框架的荷载分布

上述建筑结构是按照现行结构规范设计的，是典型的强柱弱梁结构。相对典型的强柱弱梁结构，当结构跨度较大时，梁的截面相应增大，实际建筑结构中也有柱承载能力相对变低的情况。为了深入了解当柱的承载力相对较低时框架结构的抗震性能，本章还将柱截面修改为 600mm×600mm，型钢截面修改为 H400mm×400mm×24mm×30mm，钢筋配筋不变，做对比研究。

这里研究的建筑空间为一般建筑空间，非大空间建筑。根据《建筑设计防火规范（2018年版）》（GB 50016—2014）[4]，室内火灾可采用 ISO834 标准升温曲线[3]。考虑到实际火灾均包括升温阶段和降温阶段，为了分析建筑结构降温阶段的力学性能，国际标准化组织给出了 ISO834 标准升降温曲线[3]，本章火灾温度场空气温度取 ISO834 标准升降温曲线[3]。该建筑每层建筑面积为 1270m²，依据《建筑设计防火规范（2018 年版）》（GB 50016—2014）[4]，只需划分一个防火分区。假设火灾发生在某一层的全部三跨。在竖向，对火灾位置进行参数分析，分析了火灾分别发生在第一层、第二层、一直到第十层时火灾后框架的抗震性能。典型的火灾场景布置如图 8.5.3 所示。每层受火时，框架中柱为四面受火，框架边柱为三面受火，上部框架梁为三面受火，底部框架梁为顶面受火。

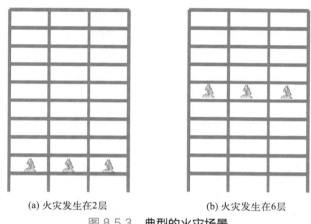

(a) 火灾发生在2层　　　　　　(b) 火灾发生在6层

图 8.5.3　**典型的火灾场景**

### 8.5.4　框架结构地震静力非线性分析

《建筑结构抗震设计规范（2016 年版）》（GB 50011—2010）规定了建筑设防的三个设防水准，概括地说就是"小震不坏"、"中震可修"和"大震不倒"。大震作用下，建筑结构变形较大，如果结构发生倒塌，将会造成生命财产损失，大震作用下建筑结构的抗震性能十分重要，本节主要研究大震作用下建筑结构的抗震性能。

大震作用下建筑结构的性能分析有两种方法：第一种为静力非线性分析；第二种为非线性地震时程分析。静力非线性分析的原理是在结构上施加弹性水平地震力，分析结构在上述地震力作用下的性能。静力非线性分析主要反映框架第一振型的性能，但静力非线性分析的结果明确、规律清晰，在建筑结构抗震性能分析中有广泛的应用。非线性地震时程分析即分析特定的地震加速度时程作用下建筑结构的实时反应，非线性地震时程分析可分析特定地震下结构的真实反应，但由于结构反应复杂，反应规律不是很明确。本章首先采用静力非线性分析方法分析框架的破坏形态及机理、水平承载能力等性能，然后采用非线性地震时程分析计算特定地震作用下建筑结构的实际反应。

这里首先介绍静力非线性分析。如前所述，分析分三个分析步。第一步施加重力荷载代表值的竖向荷载，进行竖向静力荷载下的静力非线性分析。第二步在结构上施加火灾升温和降温荷载，该分析步的分析时间取实际时间 4800min。根据传热分析结果，自起火开始算起4800min 之后构件截面的温度已经非常接近室温了，为了减少计算时间，选择 4800min 的分析时间长度是合适的。第三步模拟火灾后框架结构遭遇地震时的建筑结构性能。

确定结构上的地震力时，将 SATWE 计算的前 21 阶振型的各层水平地震力按照 CQC 组合之后的水平地震力施加至框架楼层处，进行结构的静力非线性分析，直至结构倒塌破坏。实际分析时，由于结构到达承载能力后出现负刚度，使静力分析难以进行，在第三分析步采用隐式动力分析方法顺利计算出框架结构的水平承载能力。

#### 8.5.4.1　升降温过程中框架截面温度场及力学性能变化规律

（1）梁柱截面温度场

以四面受火柱和三面受火梁为例对梁柱截面温度场进行分析。受火时间 $t_h$ 为 180min 的四面受火柱各时刻的温度场如图 8.5.4 所示，图 8.5.4（a）表示截面升温阶段起火时间（自升温开始计算的总时间称为起火时间，火灾的升降温临界时间称为受火时间。这里请注意起火时间与受火时间的区别）$t$ 为 180min 时温度场，图 8.5.4（b）表示截面处于降温阶段 $t$ 为 1200min 时温度场。可见，升温阶段，截面内部温度较低，而降温阶段截面内部温度较高，说明截面外部的温度场首先下降，而内部温度下降较慢。受火时间 $t_h$ 为 180min 的三面受火梁各时刻的温度场如图 8.5.5 所示，图 8.5.5（a）表示截面升温阶段 $t$ 为 180min 时温度场，图 8.5.5（b）表示截面降温阶段 $t$ 为 500min 时温度场。可见，三面受火梁截面温度场与四面受火柱相似，都是在升温阶段截面内部温度较低，而在降温阶段截面内部温度较高，说明截面外部的温度场首先下降，而内部温度下降较慢。

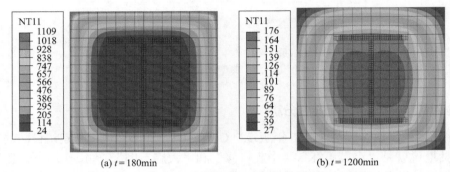

(a) $t = 180\text{min}$　　　　　　　　　　(b) $t = 1200\text{min}$

图 8.5.4　受火时间 180min 时四面受火柱温度场（℃）

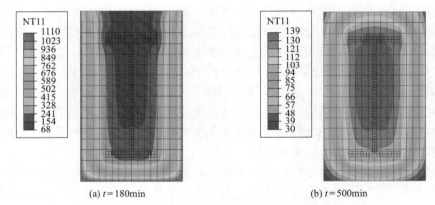

(a) $t = 180\text{min}$　　　　　　　　　　(b) $t = 500\text{min}$

图 8.5.5　受火时间 180min 时三面受火梁温度场（℃）

（2）变形及内力

以火灾发生在第二层、受火时间 $t_h$ 为 180min 时为例对升降温过程中框架的变形和内力变化规律进行分析。火灾发生在第二层时，ISO834 标准升降温曲线[3] 的受火时间 $t_h$ 为 180min 时框架各个特征时间点的变形图如图 8.5.6 所示。从图 8.5.6 中可见，起火时间 $t$ 为 200min 时，此时升温曲线刚刚到达下降阶段，第二层顶部框架梁发生明显的挠曲变形，二层边柱柱顶发生较大的向外变形。这时，结构受火部分温度较高，受火梁柱热膨胀变形较大，导致二层柱顶发生较大向外变形。当起火时间 $t$ 为 1200min 时，此时试件温度已经降低，试件的变形有所恢复。当起火时间为 4800min 时，此时试件内部温度接近室温，框架梁仍有较大的残余挠曲变形。可见，升降温过程中结构发生了塑性变形，火灾后框架结构出现残余变形。

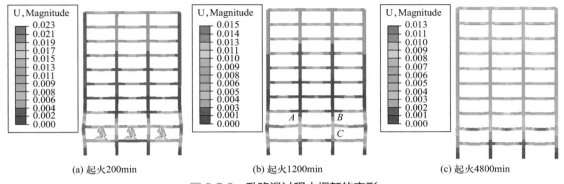

| (a) 起火200min | (b) 起火1200min | (c) 起火4800min |

图 8.5.6　升降温过程中框架的变形

以二层顶部中跨框架梁 *AB* 为例，对其变形及内力进行分析。升降温过程中，梁 *AB* 跨中挠度-起火时间关系曲线如图 8.5.7 所示。从图中可见，挠度最大值对应的起火时间为 800min，远大于受火时间 180min。温度场分析表明，由于混凝土为热惰性材料，相对于空气升降温，构件温度升降温出现滞后，当火灾空气温度处于降温段后，构件内部的温度仍在上升，致使结构的变形仍在增加。从图 8.5.7 中还可看出，火灾降温后梁仍残留较大的竖向挠度。柱顶 *B* 点的竖向位移-起火时间关系曲线如图 8.5.8 所示。可见，火灾升降温过程中，柱顶竖向位移首先向上增加，然后又逐渐减少，变形逐步恢复。由于构件升降温的滞后性，柱位移到达峰值的时间比火灾空气升降温滞后。

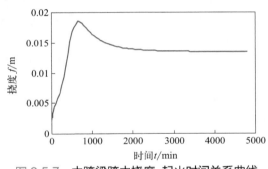

图 8.5.7　中跨梁跨中挠度-起火时间关系曲线
（2 层受火）

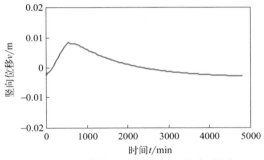

图 8.5.8　中柱 *BC* 顶端竖向位移-起火
时间关系曲线

受火过程中梁 *AB* 跨中截面和柱 *BC* 高度中间截面的轴力-起火时间关系曲线如图 8.5.9 所示，图中轴力以拉力为正。从图 8.5.9 中可见，受火后，梁跨中截面轴力为压力，随起火时间增加，梁轴压力增加，540min 时压力达到峰值 4000kN，压力较大。之后，梁轴压力一直减小，至 1220min 之后，梁压力转变为拉力并开始增加。3000min 之后，拉力达到 2300kN 并基本保持稳定。由于梁受热膨胀，而梁两端的结构阻止了梁的热膨胀，导致梁中产生较大的轴压力。当梁温度降低之后，由于梁出现弯曲塑性变形，梁的挠曲变形恢复不了，导致梁中出现拉力，并随温度降低而增加。结构抗火设计时应该考虑轴压力及轴拉力对框架梁极限状态的影响，可取几个极限状态进行设计，或者进行结构的全过程分析。本章框架受火时间为 180min，而梁压力峰值出现在起火时间 540min 时，可见，由于混凝土传热的滞后性，梁轴压力峰值相对火灾升降温临界时间出现延后。同样，柱在受火过程中也出现了压力增加的现象，在结构抗火设计中也应该考虑。

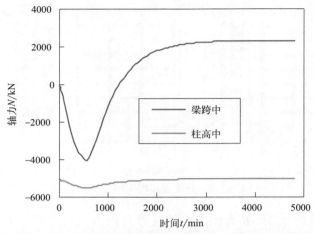

图 8.5.9　中跨梁柱中间轴力和梁中间轴力-起火时间关系曲线

升降温过程中,梁 *AB* 跨中截面和梁端截面弯矩-起火时间关系曲线如图 8.5.10 所示。可见,受火后,梁端弯矩绝对值增加,起火 200min 时到达峰值,之后开始降低。起火 930min 之后,梁端弯矩反向增加,之后梁端弯矩保持较小的正弯矩。受火后跨中截面正弯矩减小,减小至零后反向增加,至起火 200min 时到达峰值。之后,跨中截面负弯矩减小,减小至零后重新转变为正弯矩并开始增加。至起火 1300min 后到达峰值 540kN·m,之后开始缓慢降低,至起火 4800min 时其值为 465kN·m。可见,结构经历升降温并降至室温后,梁 *AB* 跨中残留有 465kN·m 的正弯矩。受火后结构升温时,梁温度升高导致梁发生热膨胀变形,由于框架结构的约束作用,该热膨胀变形被部分约束,梁内产生较大的轴向压力。当框架梁温度开始下降时,梁遇冷回缩,但由于梁发生了塑性变形,梁回缩不是自由的,梁内产生了较大的拉力。梁 *AB* 为三面受火梁,梁底部温度比上部温度高,梁内由于温度产生的压力和拉力是向下偏心的,压力导致梁端负弯矩增加和跨中正弯矩减小,拉力导致梁端负弯矩减小和跨中正弯矩增加,从而导致了梁端和跨中弯矩的相应变化。受火过程中的这些变化将对火灾后抵抗地震产生一定影响。

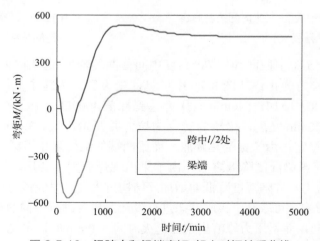

图 8.5.10　梁跨中和梁端弯矩-起火时间关系曲线

## 8.5.4.2 火灾后框架在地震力作用下破坏形态的参数分析

### (1) 受火位置的影响

当一层发生火灾时,火灾后水平地震力作用下框架的变形如图 8.5.11 (a) 所示。可见,在水平地震力作用下框架的变形为典型的剪切变形,框架底部的层间相对变形较大,而上部的变形较小。当水平地震力增加到极限荷载后,框架出现倾覆破坏,框架倾覆破坏时的结构变形如图 8.5.11 (b) 所示。此时框架在一层柱底端和四层柱顶端出现了塑性铰,一至三层梁两端均出现了塑性铰,框架结构底部四层形成机构导致结构出现倾覆破坏。火灾后阶段框架破坏之前的弯矩图如图 8.5.12 所示,图 8.5.12 (a) 为钢筋混凝土框架部分的弯矩图,图 8.5.12 (b) 为型钢框架部分的弯矩图。从图中可见,框架柱底端为左侧受拉弯矩,三到七层柱基本上为右侧受拉弯矩,而且四层柱顶弯矩最大。弯矩较大导致柱弯曲变形较大,所以在水平地震力作用下在框架的底层柱底端和四层柱顶端出现了塑性铰,结构成为机构而发生倾覆破坏,结构破坏时的机构如图 8.5.11 (b) 所示。

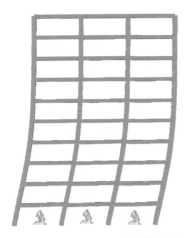
(a) 火灾后框架承受水平地震力时的变形

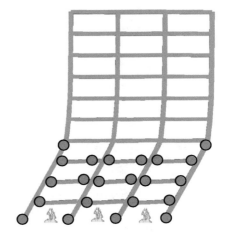
(b) 火灾后框架破坏时的变形

图 8.5.11　一层火灾时框架的变形及破坏形态

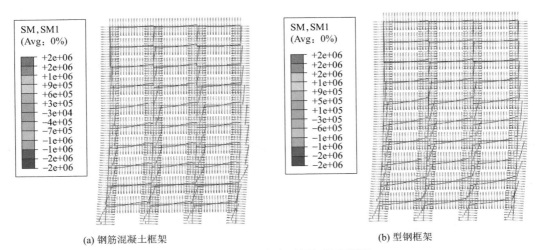

(a) 钢筋混凝土框架　　　　　　　　　　　　(b) 型钢框架

图 8.5.12　一层火灾时框架的弯矩图

分析表明，不受火、二层受火、四层受火、六到十层受火时火灾后水平地震作用下框架的破坏形态与一层受火时相同，均是底部四层出现破坏机构。分析还表明，当三层受火时，火灾后承受水平地震作用时框架在底部三层出现了破坏机构，五层受火时框架在底部五层出现了破坏机构，分别如图8.5.13、图8.5.14所示。框架破坏时柱底端出现塑性铰是破坏机构形成的必要条件，而四层上下的柱端是框架弯曲变形较大的位置，是易出现塑性铰的位置。三层受火时，火灾后三层柱顶的承载能力降低，故在三层柱顶处出现了塑性铰。五层受火时，五层柱顶火灾后承载能力降低，导致塑性铰出现在五层柱顶。当受火位置位于六层及以上时，破坏仍出现在底部四层。通过以上分析可知，本章分析的型钢混凝土框架，当受火时间为180min时，塑性铰一般出现在底部四层，当受火位置靠近四层时，框架破坏机构的上部就出现在受火层；当受火层远离第四层时，破坏机构仍然出现在底部四层。

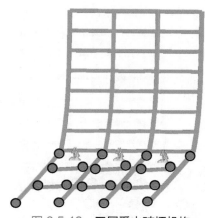 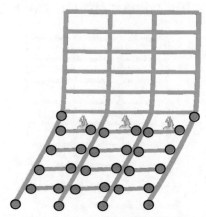

图8.5.13　三层受火破坏机构　　　　　图8.5.14　五层受火破坏机构

（2）受火时间的影响

分析表明，当受火时间为300min时，火灾后框架受水平地震力时的破坏形态与受火时间为180min时相同，三层火灾和五层火灾时分别在底部三层和底部五层形成机构而导致倾覆破坏，不受火情况及其他受火情况下火灾后框架均为底部四层形成机构而破坏。

（3）梁柱承载能力之比的影响

分析表明，当柱截面为600mm×600mm、受火时间为300min时，火灾后承受水平地震作用时框架的破坏形态与柱截面为800mm×800mm类似，二层火灾时框架的破坏机构出现在底部二层，四层火灾时框架的破坏机构出现在底部四层，其余火灾情况及非受火情况下框架的破坏机构均出现底部三层，各种破坏机构分别如图8.5.15~图8.5.17所示。另外，柱截面为600mm×600mm时框架火灾后均在底部三层附近出现破坏机构，各种火灾位置情况下均比柱截面为800mm×800mm低一层。可见，柱承载能力降低之后，框架火灾后的破坏位置也随之降低。分析表明，此时框架三层柱顶在水平地震作用下右侧的弯矩和曲率均较大，为容易出现塑性铰的位置。当火灾正好位于三层上下时，火灾导致柱承载能力下降，使破坏机构上移或下移一层，当受火位置远离三层时，地震作用下框架均在底部三层出现了破坏机构。

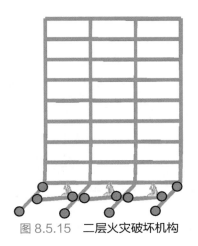

图 8.5.15　二层火灾破坏机构

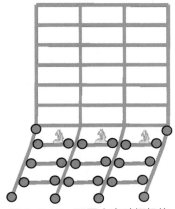

图 8.5.16　四层火灾破坏机构

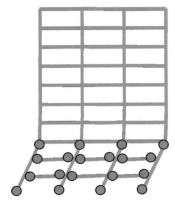

图 8.5.17　不受火及其他层受火破坏机构

### 8.5.4.3　火灾后框架水平地震承载能力的参数分析

（1）受火位置的影响

受火时间为 180min 时各层受火情况下火灾后框架的底层剪力与顶层水平位移的关系曲线如图 8.5.18 所示，曲线顶部的详图如图 8.5.19 所示，曲线的顶点即为框架的水平地震承载力。从图 8.5.19 中可以看出，承载能力大致分为三组：1 层受火为一组，火灾后水平地震承载能力最小；不受火与 7～9 层受火为一组，火灾后水平地震承载能力最高；2～6 层受火为一组，水平地震承载能力位于中间。承载能力最低值与最高值相差 8%，可见火灾后框架的抗震能力明显降低。所有的破坏机构都在柱底端出现塑性铰，当火灾作用在 1 层时，底端火灾后的承载能力降低，同时层顶部梁端火灾后承载能力降低，所以 1 层火灾情况下建筑结构火灾后的水平承载能力最低。当火灾发生在 7～10 层时，破坏机构在底部 4 层，火灾位置对框架水平地震承载能力影响不大，这几种火灾位置时框架的承载能力较为接近，而且与不受火框架接近。其余受火情况时框架的水平承载力接近。可见，火灾发生在建筑底部时对火灾后框架的承载能力的影响较大。

受火时间为 300min 时框架底层剪力-顶层位移关系曲线及其局部放大图如图 8.5.20、图 8.5.21 所示。从图中可见，受火位置对框架火灾后水平地震承载能力的影响规律与受火180min 相同。经计算知，火灾位于一层时火灾后框架的承载能力降低 9%。可见，受火时间越长，框架水平承载能力降低幅度越大。

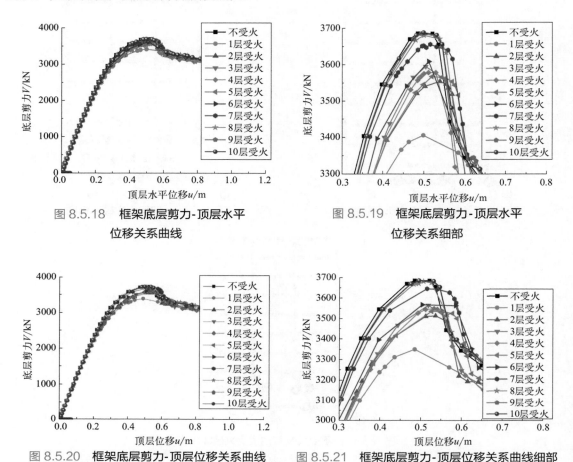

图 8.5.18　框架底层剪力-顶层水平
　　　　　位移关系曲线

图 8.5.19　框架底层剪力-顶层水平
　　　　　位移关系细部

图 8.5.20　框架底层剪力-顶层位移关系曲线

图 8.5.21　框架底层剪力-顶层位移关系曲线细部

柱截面为 600mm×600mm、受火时间为 300min 时框架底层剪力-顶层位移关系曲线及其局部放大图如图 8.5.22、图 8.5.23 所示。从图中可见，随受火楼层增加，框架火灾后水平承载能力逐步增加，7 层火灾的承载能力几乎与不受火情况接近。经计算知，一层发生火灾后框架的承载能力降低 10%。可见，截面越小，火灾后框架水平地震承载能力降低幅度越大。

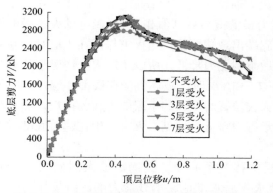

图 8.5.22　框架底层剪力-顶层位移关系曲线

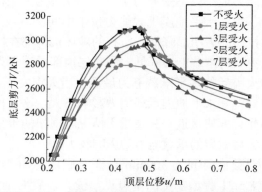

图 8.5.23　框架底层剪力-顶层位移关系曲线细部

（2）受火时间的影响

典型层 1 层受火、3 层受火、5 层受火时火灾后框架的底层剪力-顶层位移关系曲线分别如图 8.5.24 ～图 8.5.26 所示。从图中可见，受火时间为 180min 火灾后框架水平地震承载能力出现了降低，受火 300min 与受火 180min 框架火灾后承载能力相差不大。分析表明，由于混凝土传热相对空气升温的滞后性，构件在空气温度下降时仍在升温，受火时间 180min 和受火时间 300min 时构件最高温度相差不太大，导致火灾后混凝土强度相差也不太大。此外，火灾后钢材的强度大部分得到恢复。由于上述因素，受火 300min 的框架水平承载能力比受火 180min 框架降低幅度不大。

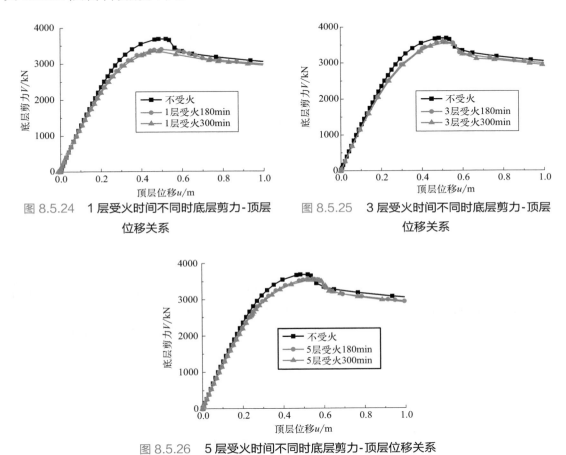

图 8.5.24　1 层受火时间不同时底层剪力-顶层位移关系　　图 8.5.25　3 层受火时间不同时底层剪力-顶层位移关系

图 8.5.26　5 层受火时间不同时底层剪力-顶层位移关系

## 8.5.5　非线性地震时程分析

非线性地震时程分析能够获得地震作用下结构的实时反应，采用 EL CENTRO NS 1940 地震加速度时程曲线，对本节选择的典型型钢混凝土框架进行了非线性地震时程分析。本节分析罕遇地震下结构的反应，将其加速度峰值放大至 400cm/s²，分析时长 20s。分析仍分三个分析步，与前述静力非线性分析一致。第一分析步为静力分析，分析受火前荷载作用下结构的变形。第二分析步为静力分析，分析结构升降温过程中结构的反应。受火前及受火过程中结构上作用的竖向荷载仍采用重力荷载代表值。第三个分析步为地震时程分析，除前两步结构上作用的重力荷载代表值，结构上还要施加水平地震加速度时程。

### 8.5.5.1 顶层位移

（1）受火位置的影响

不受火及受火时间为 180min 时 1、3、5、7、9 层受火情况下，火灾后地震作用下框架顶层水平位移时程曲线如图 8.5.27 所示。从图 8.5.27 中可见，不受火情况框架顶层位移最小，受火后顶层位移显著增加。受火情况下，受火层数越往上，地震中顶层位移越小。可见，火灾作用在下部楼层时，火灾后地震的位移较大。下部楼层剪力较大，相同火灾后剩余刚度条件下，下部楼层受火时产生的楼层变形较大，从而导致下部楼层受火时顶层位移较大。

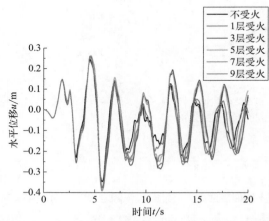

图 8.5.27　受火楼层不同时框架顶层水平位移时程曲线

（2）受火时间的影响

以 4 层受火工况为例进行分析。4 层受火时，受火时间分别为 180min 和 300min 条件下火灾后框架顶层水平位移时程曲线如图 8.5.28 所示。可见，4 层受火时，受火时间 300min 时框架顶层位移大于受火时间 180min，但相差幅度不大，原因同静力非线性分析。其他工况与 4 层受火近似，不再赘述。

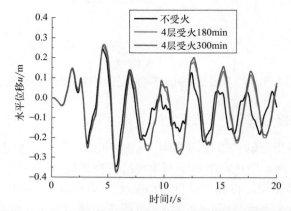

图 8.5.28　受火时间不同时框架顶层水平位移时程曲线

（3）梁柱承载力之比

以四层受火、受火时间 300min 为例进行分析。柱截面分别为 800mm×800mm 和

600mm×600mm 时框架顶层的水平位移时程曲线如图 8.5.29 所示。可见，当柱截面减小、柱承载能力降低之后框架顶层位移明显增加。柱截面减小之后，柱的刚度明显降低，导致框架顶层位移增加。

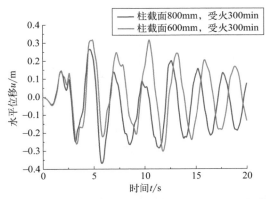

图 8.5.29　梁柱承载力之比不同时框架顶层水平位移时程曲线

#### 8.5.5.2　弹塑性层间位移角

弹塑性层间位移角是高层建筑薄弱层变形验算的一个重要指标，是地震下建筑结构是否倒塌的一个重要指标，现行《建筑抗震设计规范（2016 年版）》（GB 50011—2010）规定罕遇地震下框架结构的弹塑性层间位移角限值为 1/50。

（1）受火时间的影响

以 4 层受火为例进行分析。受火时间分别为 180min 和 300min 时，当 4 层受火时受火层受火后的层间位移角的时程曲线如图 8.5.30 所示。从图 8.5.30 中可见，受火后，框架受火层的层间位移角明显增大，受火时间为 300min 时层间位移角比受火时间 180min 时略大。

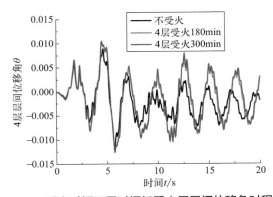

图 8.5.30　受火时间不同时框架受火层层间位移角时程曲线

（2）梁柱承载能力之比

以 4 层受火、受火时间 300min 为例进行分析。柱截面分别为 800mm×800mm 和 600mm×600mm 时框架受火层层间位移角时程如图 8.5.31 所示。可见，当柱截面减小、柱承载能力降低之后框架受火层层间位移角明显增大，而且结构振动周期变长。柱截面减小之后，柱的刚度明显降低，导致框架层间位移角增大，结构振动周期变长。

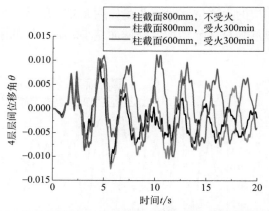

图 8.5.31　梁柱承载力之比不同时框架受火层层间位移角时程曲线

### 8.5.5.3　底层剪力-时间关系

以第 4 层受火为例进行分析。受火时间分别为 180min 和 300min 时，当 4 层受火时底层剪力时程曲线如图 8.5.32 所示。从图中可见，受火后框架底层剪力与受火前基本一致。由于受火范围仅限于一层，范围较小。同时，火灾后钢材强度和刚度得到较大恢复，因此，受火区域构件刚度降低对结构整体刚度的降低影响较小，使得底层剪力变化不大。

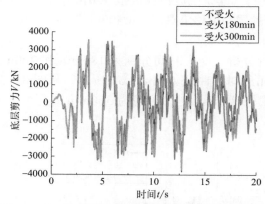

图 8.5.32　受火时间不同时框架底层剪力时程曲线

## 8.5.6　结论

本节采用第 4 节方法，用梁柱单元建立了可进行火灾升降温作用下型钢混凝土框架结构力学性能分析及火灾后抗震性能分析的计算模型。然后利用该计算模型对地震设防烈度 8 度区的一典型 10 层型钢混凝土框架结构在火灾下的力学反应进行了分析。同时，采用静力非线性分析和非线性地震时程分析对型钢混凝土框架火灾后的抗震性能进行了系统的参数分析。在本章分析的参数范围内可得如下结论：

①火灾升降温过程中，由于结构升温的滞后性，结构构件的温度升高滞后于火灾空气温度，构件的变形增长及恢复也滞后于火灾空气升降温。由于升降温过程中构件出现塑性变形，火灾后构件有残余变形。

②升降温过程中，由于受热膨胀，受火框架梁首先出现压力。构件降温后，由于构件

遇冷收缩，梁出现拉力。梁内轴力对梁的弯矩有明显的影响。火灾后，受火梁有较大残余拉力，跨中截面残余正弯矩也较大。

③ 火灾后的地震静力非线性分析表明，火灾后框架承受水平地震静力时，框架破坏机构往往出现在底部几层；当受火层位于常温下破坏机构顶部的上层或下层时，可使破坏机构上移或下移一层；其余情况下，底部破坏机构的范围保持不变。

④ 火灾后静力非线性分析表明，当受火位置位于底层时，火灾后框架的水平地震承载能力最低，当受火时间分别为 180min 和 300min 时，与不受火框架相比，框架水平地震承载能力分别降低 8% 和 9%；当受火位置位于框架上部几层时，框架火灾后的水平地震承载能力几乎不降低；当受火位置位于破坏机构内部时，框架的水平地震承载能力位于上述两种情况之间。

⑤ 火灾后非线性地震时程分析表明，受火位置越低，框架顶层位移越大；与不受火框架相比，受火时间为 180min 时，框架顶层位移增幅较大；受火时间分别 180min 和 300min 时，随受火时间增加，框架顶层位移加大，但总体上二者相差不大；柱截面承载力对框架顶层位移影响较大，柱截面承载力越小，顶层位移较大；底层剪力随受火时间的变化不大。

# 8.6 型钢混凝土结构火灾后性能评估方法的工程应用

## 8.6.1 引言

针对 2009 年 2 月 9 日央视电视文化中心（TVCC）特大火灾（如图 8.6.1 所示），本章提出了高层建筑火灾后力学性能评估的系统理论和方法。首先通过火灾现场调查和火灾数值模拟，确定建筑火灾温度场。然后，提出了考虑火灾和荷载耦合的建筑结构火灾反应分析方法。同时，还提出了整体建筑结构的火灾反应分析方法。本节还进行了大量结构及构件的火灾后力学性能试验，对评估方法进行验证，从而保证了评估方法的正确性和合理性。本节提出的评估方法为央视电视文化中心火灾后的力学性能评估提供了有效方法。

(a) 火灾中的建筑　　　　　　(b) 火灾后的建筑

图 8.6.1　TVCC 火灾

本节开展了大量的火灾现场的调查工作，包括火灾荷载调查、火灾温度场调查、结构构件损伤情况调查。同时，进行了大量建筑结构及构件的火灾后力学性能的试验研究和理论分析工作。在上述工作的基础上，提出了一套针对超高层建筑结构火灾后性能评估的系统理论和方法。同时，本节提出的理论和方法成功应用于央视 TVCC 火灾后建筑结构的性能评估，为央视 TVCC 的修复加固提供了依据。

## 8.6.2 TVCC 建筑结构的总体评估思路

央视 TVCC 为典型的超高层五星级酒店建筑，其结构形式为型钢混凝土柱-钢筋混凝土梁框架-剪力墙结构。TVCC 共有 40 个结构层，大屋面标高 138m，大屋面之上采用网架作为装饰层，总建筑高度 159m。建筑平面为一侧开口的 C 字形结构，开口部分采用巨型钢支撑加强结构的整体性。另外，为进一步加强结构的整体性，建筑结构上部为钢桁架结构及悬挂钢结构，结构形式及受力复杂。火灾发生时，首先发生了建筑外立面的整体火灾蔓延，然后火灾由建筑外部向内部发展，火灾在建筑内部多个楼层均发生了大面积蔓延，建筑受火情况极为复杂，火灾后结构性能评估难度较大。

为评估火灾对 TVCC 建筑结构整体的影响程度，在对国内外火灾事故的深入调查、对国内外相关科研成果的分析基础之上，提出了央视 TVCC 建筑结构火灾后力学性能评估的总体评估思路，详述如下。

火灾后对建筑结构的性能评估最重要的是确定火灾温度场，确定火灾温度场的基础是火灾现场的勘查工作。在对火灾现场烧损情况和结构损伤情况调查、对建筑设计资料及施工现场情况调查的基础上，结合典型现场材料燃烧性能试验，利用建筑火灾的数值模拟重现当时的真实火灾，为结构及构件的力学性能评估提供建筑温度场数据。在确定建筑火灾的基础上，进行建筑结构及构件的传热分析，确定建筑结构及构件的温度场。确定构件温度场之后，进行荷载作用下建筑结构的火灾全过程分析，包括火灾下的荷载与温度耦合分析，以及考虑火灾导致的结构残余内力和残余变形、刚度和承载能力损失的火灾后结构的力学性能分析。由于评估工作复杂、难度大，为了确保评估方法的正确性，项目评估时还进行了大量材料和构件的火灾后力学性能试验，这些试验一方面可以用来验证评估方法的正确性，同时也可直接为计算模型提供计算参数。总体评估思路如图 8.6.2 所示。

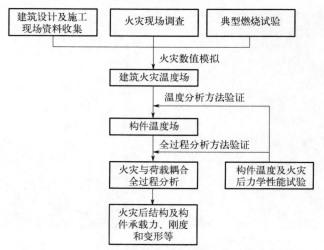

图 8.6.2 TVCC 火灾后力学性能评估总体评估思路

### 8.6.3　火灾现场调查及数值模拟

　　对火灾后的建筑进行性能评估最基础和最重要的工作是确定当时实际的火灾温度场。确定火灾温度场一般通过下面几种方法综合确定。第一种方法根据室内燃烧的可燃物数量和房间的大小及开口情况，利用各种火灾燃烧模型确定火灾温度场。火灾燃烧模型包括经验模型、区域模型和场模型三类，其中场模型最为复杂，计算耗费时间最多，计算结果最精确。第二种方法是根据室内各种典型的火灾后物理和化学现象确定火灾的过火最高温度。例如，片状玻璃在850℃发生流动，如果发生火灾现场有片状玻璃流动现象，就可以据此确定火灾温度不低于850℃。第三种方法是根据混凝土结构或钢结构表面颜色和烧损现象确定混凝土结构和钢结构表面的过火最高温度。对于混凝土和钢结构，各种过火温度下构件表面呈现出不同的现象和颜色，可以根据构件表面的情况确定构件过火的最高温度。由于这种方法能够直接确定构件的过火温度，这种方法在构件的过火温度评估中经常采用。

　　火灾发生后，立即组织专业人员，对建筑火灾现场进行了详细的火灾现场勘察工作，利用文字记录、拍照和录像等手段对火灾后第一时间的现场进行了记录，调查的内容包括室内可燃物火灾烧损数量及分布、结构构件的损伤情况、表征房间过火温度高低的各类典型的物理和化学现象等。然后对获得的资料按照不同的建筑楼层进行了系统的归纳和整理，绘制了整栋建筑各楼层火灾损伤程度及烧毁情况的火灾荷载的分布图，为确定建筑室内火灾温度场获取了宝贵的基础资料。某楼层火灾现场调查情况如图 8.6.3 所示，某楼层结构火灾损伤程度分布如图 8.6.4 所示。

　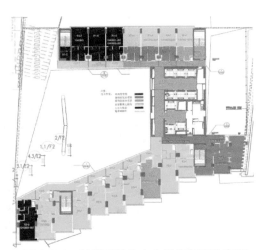

图 8.6.3　某楼层现场调查情况　　　　图 8.6.4　某楼层结构火灾损伤程度分布图

　　获得上述资料之后就可以着手确定火灾温度场了。确定火灾温度场需要确定火灾空气升温的最高温度和火灾空气温度与时间的关系曲线，只有确定了过火最高温度和温度-时间曲线才能确定火灾温度场。由于该项工作主要是进行结构及构件的力学性能评估，而且建筑结构为混凝土结构，本项目在确定火灾温度场时首先根据混凝土构件的表面颜色和烧损现象确定过火最高温度场，然后利用经验模型和场模型根据着火房间体积、开口情况确定房间的火灾温度-时间关系，最后将最高温度与根据构件表面烧损情况确定的最高温度进行对比。如果二者较为接近，说明经验模型和场模型的计算结果可靠，可以采用。如果相差过大，还要调整计算参数，使二者基本接近。当然，这里还要注意构件表面温度往往低于构件表面的空气温度，温度场评估时还要考虑二者的差异。另外，对于一般房间内的火灾轰燃情况，经验模型是适用的，对于开敞的空间及大空间，经验模型是不适用的，这时只能采用场模型的计算结果。本项目评估中，分别利用经验模型和场模型确定火灾的温度-时间关系曲线。因为评估是针对实际工程的评估，工程中需要得到偏于安全的评估结果。本项目的火灾温度-时间关系曲线取经验模型和场模型计算结果的温度-时间关系曲线与时间轴围成的面积较大值，因为面积越大，构件的温度场越高，构件在火灾中受到的损伤越大。

该建筑发生火灾时，建筑外立面保温层首先发生燃烧，然后火通过洞口蔓延至建筑内部，导致了火灾在建筑内部的蔓延。在建筑内部，由于当时正处于内部装修阶段，楼内堆放着各种可燃材料，火灾不仅在房间内蔓延，也在楼梯间及走廊内蔓延，规模较大。为了全面评价火灾对建筑内外的损伤情况，需要对当时建筑整体的火灾蔓延情况进行再现和模拟。防火所采用专业火灾模拟软件 FDS 建立建筑整体火灾模拟的 CFD 计算模型，该模型计算网格数量为 500 万～ 1000 万，计算时对重点关注的区域网格进行局部细化。由于受到计算机计算能力的限制，该计算模型能分别进行建筑外立面、建筑每层的火灾数值模拟。利用该计算模型实现了建筑每层内的火灾模拟和建筑外部火灾的数值模拟。建筑整体火灾数值模拟的 FDS 计算模型如图 8.6.5 所示，建筑整体外立面火灾蔓延过程的数值模拟结果如图 8.6.6 所示，第 9 层火灾蔓延时温度场如图 8.6.7 所示，图中 t 表示火灾时间，以本区域火灾发生的时间作为原点开始记录的时间作为火灾时间。经过与火灾调查的结果进行对比分析，数值模拟结果与调查结果基本吻合。

图 8.6.5　建筑整体 FDS 火灾计算模型

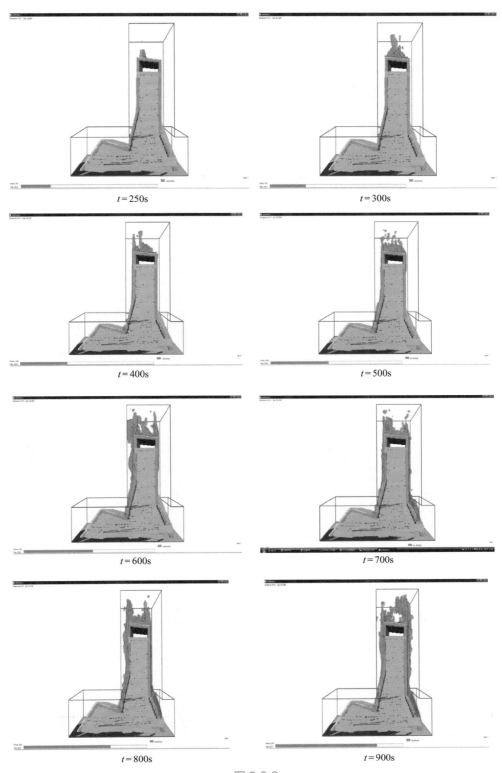

$t=250\text{s}$      $t=300\text{s}$

$t=400\text{s}$      $t=500\text{s}$

$t=600\text{s}$      $t=700\text{s}$

$t=800\text{s}$      $t=900\text{s}$

图 8.6.6

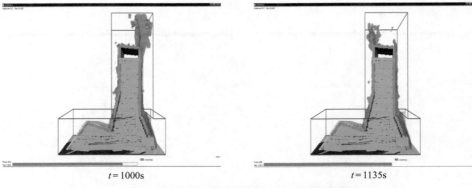

| | |
|---|---|
| $t=1000\text{s}$ | $t=1135\text{s}$ |

图 8.6.6　建筑外立面火灾蔓延数值模拟结果

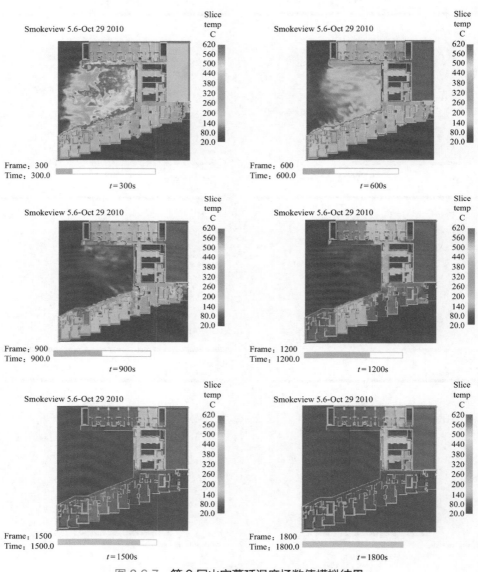

图 8.6.7　第 9 层火灾蔓延温度场数值模拟结果

### 8.6.4　火灾与荷载耦合分析方法

采用第 6 章图 6.1.1 所示的火灾和荷载的耦合路径，火灾后建筑结构评估过程中考虑升降温过程中火灾和荷载的耦合。

在 TVCC 建筑结构火灾后力学性能评估时依据上述评估思路，考虑火灾升降温及火灾后的火灾全过程作用以及火灾与荷载的耦合作用进行评估。这种评估方法最大程度上考虑了结构与火灾的耦合作用，与实际最为接近，从而保证了评估结果的正确性与可靠性。

### 8.6.5　整体结构的火灾全过程反应分析

建筑结构是由构件连接而成的，各构件之间存在较强的相互作用，研究建筑结构火灾下及火灾后的性能需要考虑结构的整体作用，建立整体结构的计算模型。目前，关于火灾下及火灾后整体结构力学性能的研究成果主要集中在平面框架结构[82-85]和大跨网架结构。本节中建立了考虑结构整体作用的 TVCC 受火部分子结构空间三维计算模型，为精确地分析建筑结构的火灾提供了方法。

火灾对结构将产生两种效应：第一种为火灾导致结构及构件的承载能力降低；第二种为火灾将使建筑结构产生残余内力和残余变形。火灾作用下，构件材料性能发生劣化，导致构件的承载能力降低。另外，由于建筑结构为多次超静定结构，如果火灾过程中建筑结构构件发生塑性变形，火灾后结构的塑性变形不能恢复，结构内部将出现残余内力和残余变形。对于发生火灾的建筑结构，这种残余内力和残余变形与恒载效应类似，一旦发生火灾之后就永远存在，其荷载效应的荷载分项系数应该与恒载相同。对于火灾后建筑结构的力学性能评估就是围绕结构及构件火灾后的承载能力、结构的残余内力和残余变形两个问题展开的。

通过对整体建筑结构的火灾全过程反应分析，一方面可以获得火灾升降温过程中在结构内部产生的残余内力和残余变形，称为火灾效应。火灾效应和其他荷载效应进行组合后形成结构或构件的效应设计值，在此基础上可完成构件的火灾后承载能力及结构的变形验算。另一方面，通过对整体建筑结构火灾下及火灾后的分析可以直接完成整体结构火灾后承载能力和变形验算。

火灾后结构的残余内力和残余变形需要进行整体结构在火灾和荷载耦合作用下的分析，这就需要建立整体结构的计算模型，进行整体结构火灾作用下的非线性分析。整体结构非线性分析的建模和分析都需要非常大的工作量。实际上，该超高层建筑只有十几个楼层发生火灾，其余多数楼层均没有发生火灾，没有发生火灾的楼层可以看作是发生火灾楼层的边界约束，只分析发生火灾的楼层建筑结构。这样，就可以把模型的规模降低，计算难度相应降低。本项目评估中，分别建立受火部分结构的整体计算模型，对受火部分结构进行了考虑结构整体作用的分析。

整体结构的火灾全过程反应分析过程可分为火灾升温阶段、火灾降温阶段和火灾后常温加载阶段三个连续的分析阶段。前两个阶段分析火灾升降温作用下结构的反应，可计算出火灾升降温作用后结构产生的火灾效应。在构件验算阶段，火灾效应需要和其他效应进行组合，进行构件的承载能力验算。第三个阶段为分析经历火灾的结构在火灾后的常温下加载至破坏的阶段，可验算火灾后整体结构的承载能力和变形。在 TVCC 的评估过程中，针对受火部分建立了计算模型，分析了受火部分的火灾反应。下面列举了一些计算模型及部分计算结果。TVCC 上部悬挂钢结构的计算模型如图 8.6.8 所示，受火时间 $t$ 为 60min 时悬挂钢结构的竖向位移云图如图 8.6.9 所示。上部钢桁架结构的整体计算模型如图 8.6.10 所示，受火时间 $t$ 为 2275s 时上部钢桁架结构的温度分布如图 8.6.11 所示，图中 NT11 表示温度。火灾后竖向荷载标准组合作用下上部钢桁架结构竖向位移云图如图 8.6.12 所示，图中 U3 表示竖向位移。TVCC 裙房-展览大厅的有限元计算模型如图 8.6.13 所示。

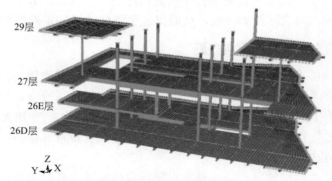

图 8.6.8　悬挂钢结构计算模型

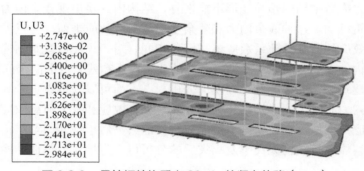

图 8.6.9　悬挂钢结构受火 60min 的竖向位移（mm）

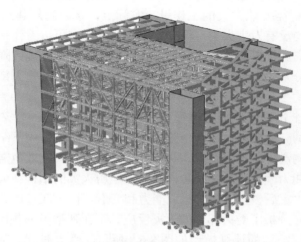

图 8.6.10　上部钢桁架结构整体计算模型

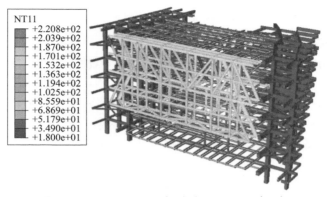

图 8.6.11　t=2275s 时钢桁架温度分布（℃）

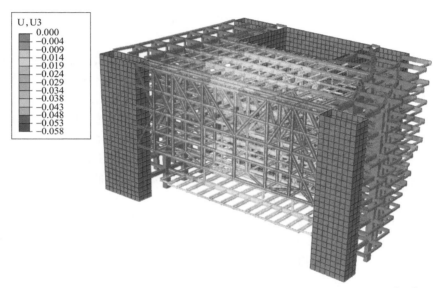

图 8.6.12　火灾后竖向荷载标准组合作用下钢桁架结构竖向位移云图（m）

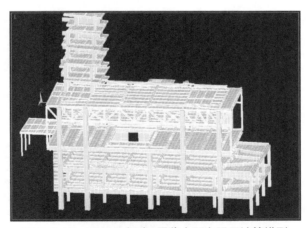

图 8.6.13　TVCC 裙房-展览大厅有限元计算模型

### 8.6.6 火灾后整体结构及构件承载能力验算

#### 8.6.6.1 火灾后整体结构承载能力验算

火灾后发生损伤的建筑结构需要验算其火灾后的承载能力和变形性能，以确定建筑结构在剩余的使用期限内是否满足承受各种荷载和作用的要求。进行建筑结构火灾后承载能力的验算有两种方法：第一种为火灾后整体结构承载能力验算；第二种为基于规范原则的火灾后构件的承载能力验算。进行火灾后整体结构承载能力验算，需要按照上节整体结构的火灾全过程反应分析。整体结构验算是在结构整体层次上进行结构的承载能力和变形性能的验算，是一种基于性能的结构验算方法，与地震作用下结构的弹塑性时程分析类似，得到的是结构实际的性能。由于进行了整体结构的火灾全过程反应分析，火灾效应自然考虑在内，不再需要单独考虑。整体结构验算的内容在上一节已经详述。

#### 8.6.6.2 火灾后构件承载能力验算

火灾后构件承载能力验算的目的是验算构件的荷载效应组合设计值是否小于构件的承载能力。

火灾后，确定了构件截面的过火最高温度场之后就可确定截面各点的材料强度。由于构件截面过火最高温度场分布不均匀，所以火灾后构件截面各点的材料强度分布也不均匀，火灾后构件截面承载能力计算问题转变为计算组合截面构件承载能力的问题。火灾后构件截面承载能力可根据构件截面过火最高温度场分布确定截面各点材料强度后进行积分计算。由于火灾可使结构产生残余内力，火灾后构件的荷载效应组合需要包含残余内力，即火灾效应。获得火灾效应之后，可将火灾效应作为恒载效应，采取与常温下相同的方法进行构件的荷载效应组合。最后，将包含火灾效应的荷载效应设计值与构件承载能力进行对比，验算火灾后构件的安全性。本项目超高层建筑结构的火灾后承载能力验算首先进行了重力荷载作用下整体结构的火灾升降温全过程分析，以及火灾后竖向荷载作用下的承载能力的验算，并获得了各构件的火灾效应，然后进行了火灾后构件的承载能力验算。对于不满足安全性要求的构件，进行了加固设计。下面以钢筋混凝土剪力墙火灾后承载能力验算为例说明火灾后构件承载能力的验算过程，其他构件验算情况类似。

这里以五层某剪力墙火灾后承载能力验算为例。综合考虑火灾现场调查确定的过火温度范围、现场烧损的火灾荷载数量及分布、现场空间大小及开口情况，利用经验模拟确定的墙表面空气温度与时间的关系曲线如图 8.6.14 所示。

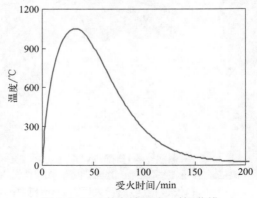

图 8.6.14 剪力墙温度-时间曲线

利用 ABAQUS 传热分析功能进行构件火灾下的温度场分析，单元采用壳单元。同时，通过编制自定义场变量子程序获得了受火过程中剪力墙截面各点的最高温度分布，称为过火最高温度场。受火 30min 时剪力墙的温度场分布如图 8.6.15 所示，受火过程中剪力墙过火最高温度场分布如图 8.6.16 所示。两图中 TEMP 表示温度，FV1 表示最高温度，单位℃。

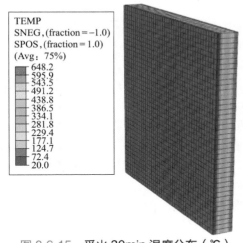

图 8.6.15　受火 30min 温度分布（℃）

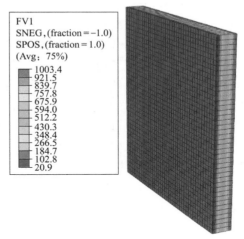

图 8.6.16　过火最高温度场分布（℃）

首先利用 ABAQUS 软件建立了包含该剪力墙的受火子结构有限元计算模型，计算得到了火灾升降温作用后剪力墙控制截面的残余内力，即火灾效应。然后将火灾效应与该剪力墙的其他内力进行荷载效应组合，得到包含火灾效应的截面设计控制效应，即使截面配筋量最大的一组轴力和弯矩的组合，称为控制弯矩及其对应的轴力。该剪力墙控制截面的控制设计弯矩 $M$ 为 22060kN·m，相应的轴力 $N$ 为 −6115kN，轴力以拉为正。

获得截面的最高温度之后，利用 ABAQUS 的温度-力耦合计算功能计算剪力墙控制截面的偏心受压承载能力。由于截面每个积分点的温度不同，材料特性也不同，ABAQUS 根据温度值利用数值积分法计算截面的承载能力。

在计算控制截面抗弯承载能力时，首先将与截面控制弯矩对应的轴力加上，利用非线性方法计算剪力墙控制截面的弯矩-转角关系曲线，可计算出剪力墙控制截面的抗弯承载力。利用上述方法计算得到的控制截面火灾前及火灾后的弯矩 $M$ 与转角 $\theta$ 关系曲线如图 8.6.17 所示。依据图 8.6.17，根据火灾前后混凝土极限压应变和钢筋的极限拉应变可确定出剪力墙在受轴压力 6115kN 时的抗弯承载力，该剪力墙火灾前和火灾后的抗弯承载力分别为 50200kN·m 和 48100kN·m。可见，火灾后控制轴压力作用下剪力墙控制截面抗弯承载能力降低了约 4.2%。

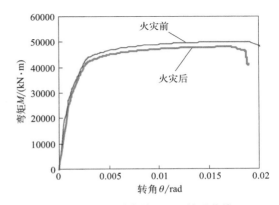

图 8.6.17　剪力墙 $M$-$\theta$ 关系曲线

### 8.6.7　试验研究

目前，国内外对建筑结构火灾后力学性能评估方法方面的研究成果还较少，国家还没有制定相关规范指导建筑结构的火灾后力学性能评估工作。为了使该工程的火灾后力学性能评估结论科学合理，确保工程的安全性，评估过程中进行了大量的材料、构件及结构的火灾后力学性能试验研究工作。试验研究主要有三个目的：第一个目的是验证本项目评估采用的火灾全过程分析方法的正确性；第二个目的是直接为有限元模型中需要的各种材料参数提供标定数值；第三个目的是从试验研究的角度直接给出火灾后建筑构件的力学性能的定性结果。

进行的材料性能试验包括：①火灾后钢筋与混凝土的黏结特性试验；②火灾后型钢与混凝土的黏结滑移试验；③火灾后钢筋、钢材和焊缝的力学性能试验；④火灾后混凝土微观试验。进行的构件性能试验包括：①火灾后钢筋混凝土简支梁和约束梁力学性能试验；②火灾后型钢混凝土柱力学性能试验；③火灾后钢梁吊柱节点力学性能试验；④火灾后型钢混凝土柱抗震性能试验。进行的结构试验包括型钢混凝土框架火灾全过程力学性能试验。以上试验既有材料特性试验，也有构件特性试验，同时也包含了结构层次的试验，试验较为全面，通过试验获得了丰富的试验数据，为评估方法和评估结论的正确性提供了保障。火灾全过程力学性能试验中的型钢混凝土柱试件如图 8.6.18 所示。型钢混凝土框架火灾全过程力学性能试验试件如图 8.6.19 所示。火灾后型钢混凝土柱抗震性能试验试件、试验装置及典型试验结果如图 8.6.20 所示，图中 $F$ 为柱顶水平力，$d$ 为相应水平位移。从图中可见，受火后型钢混凝土柱试件的承载能力降低，延性增加，刚度变化不大，受火后试件的滞回曲线饱满，耗能能力较好。可见，一般情况下，受火后型钢混凝土柱的抗震性能退化程度不大，试件仍有较好的抗震性能，因此，可认为火灾后 TVCC 型钢混凝土柱的抗震性能退化程度不大，仍具有较好的性能。

图 8.6.18　型钢混凝土柱火灾全过程力学性能试验试件

图 8.6.19　型钢混凝土框架火灾全过程力学性能试验试件

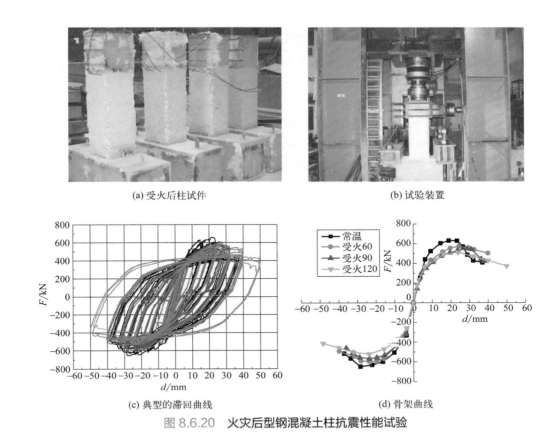

(a) 受火后柱试件

(b) 试验装置

(c) 典型的滞回曲线

(d) 骨架曲线

图 8.6.20　火灾后型钢混凝土柱抗震性能试验

## 8.6.8　结语

本节针对已经发生火灾的建筑，提出了高层建筑火灾温度场确定的方法，并建立了整体建筑火灾数值模拟的计算模型，成功实现了高层建筑火灾的数值模拟。本节还提出了采用火灾与荷载耦合的火灾全过程分析方法对发生火灾的建筑结构进行火灾后力学性能评估的方法，并提出了通过对整体建筑结构的火灾全过程分析计算建筑结构整体的承载能力和变形性能的方法。同时，本节还提出火灾效应的计算方法和火灾后建筑构件承载能力的验算方法。最后，本节将上述火灾后建筑结构力学性能评估的系统方法成功运用于央视新址电视文化中心（TVCC）超高层建筑结构火灾后力学性能评估的实际工作。在该项目评估过程中，还进行了大量的火灾后材料性能和构件性能的试验研究，验证了评估方法的正确性，从而保证了评估结论的可靠性。

# 参 考 文 献

[1] 中华人民共和国住房和城乡建设部 . 建筑结构荷载规范：GB 50009—2012 [S]. 北京：中国建筑工业出版社，2012.

[2] 中华人民共和国住房和城乡建设部 . 建筑钢结构防火技术规范：GB 51249—2017 [S]. 北京：中国计划出版社，2017.

[3] ISO. Fire-resistance tests — Elements of building construction — Part 1：General requirements：ISO 834-1：1999[S]. 1999.

[4] 中华人民共和国住房和城乡建设部 . 建筑设计防火规范（2018 年版）：GB 50016—2014 [S]. 北京：中国计划出版社，2014.

[5] LIE T T，LIN T D，ALLEN D E，et al. Fire resistance of reinforced concrete columns [R]. Ottawa：DBR Report，No.1167，1984.

[6] 王卫华 . 钢管混凝土柱-钢筋混凝土梁平面框架结构耐火性能研究 [D]. 福州：福州大学，2009.

[7] 韩林海 . 钢管混凝土结构-理论与实践 [M]. 2 版 . 北京：科学出版社，2007.

[8] SONG T Y，HAN L H，UY B. Performance of CFST column to steel beam joints subjected to simulated fire including the cooling phase [J]. Journal of constructional steel research，2010，66（4）：591-604.

[9] 王广勇，刘广伟，李玉梅 . 火灾下型钢混凝土平面框架的破坏机理 [J]. 工程力学，2012，29（12）：156-162，169.

[10] 王广勇，李玉梅 . 局部火灾下钢管混凝土柱-钢梁平面框架耐火性能 [J]. 工程力学，2013，30（10）：236-243，263.

[11] 王广勇，张东明，郑蝉蝉，等 . 钢管混凝土柱-钢梁平面框架耐火性能的参数研究 [J]. 工程力学，2014，31（06）：138-144，158.

[12] LIE T T，CARON S E. Fire resistance of hollow steel columns filled with silicate aggregate concrete：test results[R].Ottawa：NRC-CNRC Internal Report No.570，1988.

[13] LIE T T，CHABOT M. Experimental studies on the fire resistance of hollow steel columns filled with plain concrete[R]. Ottawa：NRC-CNRC Internal Report. No.611，1992.

[14] LIE T T. Fire resistance of circular steel columns filled with bar-reinforced Concrete [J]. Journal of Structural Engineering，1994，120（5）：1489-1509.

[15] HAN L H，WANG W H，YU H X. Experimental behaviour of reinforced concrete（RC）beam to concrete-filled steel tubular（CFST）column frames subjected to ISO-834 standard fire [J]. Engineering Structures，2010，32（10）：3130-3144.

[16] HAN L H，WANG W H，YU H X. Analytical behaviour of RC beam to CFST column frames subjected to fire [J]. Engineering Structures，2012，34（3）：394-410.

[17] 乔长江 . 具有端部约束的混凝土构件升降温全过程耐火性能研究 [D]. 广州：华南理工大学，2009.

[18] HUANG Z F，TAN K H，PHNG G H. Axial restraint effects on the fire resistance of composite columns encasing I-section steel [J]. Journal of Constructional Steel Research，2007，63（4）：437-447.

[19] WANG Y C，DAVIES J M. Fire tests of non-sway loaded and rotationally restrained steel column assemblies [J]. Journal of Constructional Steel Research，2003，59（3）：359-383.

[20] YANG D D，LIU F Q，HUANGS S，et al. ISO 834 standard fire test and mechanism analysis of square tubed-reinforced-concrete columns [J]. Journal of Constructional Steel Research，2010，175：106316.

[21] ALBERTO M B M，JOAO P C R. Fire resistance of reinforced concrete columns with elastically restrained thermal elongation [J]. Engineering Structures，2010，32：3330-3337.

[22] TAN K H，NGUYEN T T. Structural responses of reinforced concrete columns subjected to uniaxial bending and restraint at elevated temperatures [J]. Fire Safety Journal，2013，60：1-13.

[23] YU J T，LU Z D，XIE Q. Nonlinear analysis of SRC columns subjected to fire [J]. Fire Safety Journal，2007，42（1）：1-10.

[24] MOURA C A J P，RODRIGUES J P C. Fire resistance of partially encased steel columns with restrained thermal elongation [J]. Journal of Constructional Steel Research，2011，67（3）：593-601.

[25] YOUNG B，ELLOBODY E. Performance of axially restrained concrete encased steel composite columns at elevated temperatures [J].

Engineering Structure，2011，33（1）：245-254.

[26] DU E，SHU G P，MAO X Y. Analytical behavior of eccentrically loaded concrete encased steel columns subjected to standard fire including cooling phase [J]. International Journal of steel structures，2013，13（1）：129-140.

[27] 郑蝉蝉，王广勇，李引擎. 轴向约束型钢混凝土柱耐火性能试验研究 [J]. 建筑结构学报，2022，43（8）：154-161.

[28] 时旭东，过镇海. 高温下钢筋混凝土框架的受力性能试验研究 [J]. 土木工程学报，2000，33（1）：36-45.

[29] WALD F，SIMOES D S L，MOORE D B，et al. Experimental behavior of a steel structure under natural fire [J]. Fire Safety Journal，2006，41（7）：509-522.

[30] HAN L H，WANG W H，YU H X. Experimental behaviour of reinforced concrete（RC）beam to concrete-filled steel tubular（CFST）column frames subjected to ISO-834 standard fire [J]. Engineering Structures，2010，32（10）：3130-3144.

[31] 刘猛，王广勇，张东明. 火灾下钢筋混凝土平面框架结构的受力机理 [J]. 建筑结构学报，2020，41（10）：94-101.

[32] FUMIAKI F. Localized strong winds associated with extensive fires in central Tokyo：Cases of the Great Kanto Earthquake（1923）and an air attack in World War II（1945）[J]. Journal of Wind Engineering & Industrial Aerodynamics，2018，181（9）：79–84.

[33] Actions on structures-Part 1-2：General actions-Actions on structures exposed fire：BS EN1991-1-2：2002 [S]. 2002.

[34] KODUR V K R，WANG T C，CHENG F P. Predicting the fire resistance behavior of high strength concrete column [J]. Cement & Concrete Composite，2004，26（2）：141-153.

[35] LIM L，BUCHANAN A，MOSS P，et al. Numerical modeling of two-sway reinforced concrete slabs in fire [J]. Engineering Structures，2004，26（8）：1081-1091.

[36] LIE T T，IRWIN R J. Method to calculate the fire resistance of reinforced concrete columns with rectangular cross section [J]. ACI Structure Journal，1993，90（1）：52-56.

[37] WANG Y C. An analysis of the global structural behaviour of the Cardington steel-framed building during the two BRE fire tests [J]. Engineering Structures，2000，22（5）：401-412.

[38] FOSTER S，CHLADNA M，HSIEH C，et al. Thermal and structural behavior of a full-scale composite building subject to a severe compartment fire [J]. Fire Safety Journal，2007，42（3）：183-199.

[39] SIVARAJ S S，RICHARD G G，WILLIAM L G. Federal Building and Fire Safety Inverstigation of the World Trade Center Disaster：Final Report of the National Construction Safety Team on the Collapses of the World Trade Center Towers：NIST NCSTAR I [R].（2005.12.01）[2023.9.16].

[40] USMANI A，CHUNG Y C，TORERO J. How did the WTC towers collapse: a new theory [J]. Fire Safety Journal，2003，38（6）：501-533.

[41] FLINT G，USMANI A，LAMONT S，et al. Structural response of tall buildings to multiple floor fires [J]. Journal of Structural Engineering，2007，133（12）：1719-1732.

[42] CVETKOVSKA M，KNEZEVIC M，XU Q，et al. Fire scenario influence on fire resistance of reinforced concrete frame structure [J]. Procedia Engineering，2018，211：28-35.

[43] 王广勇，孙旋，张东明，等. 型钢混凝土框架结构耐火性能有限元分析 [J]. 建筑结构学报，2022，43（2）：65-75.

[44] MAZZA F. Wind and earthquake dynamic responses of fire-exposed steel framed structures [J]. Soil Dynamics and Earthquake Engineering，2015，78（09）：218-229.

[45] SHINTANI Y，NISHIMURA T，OKAZAKI T. Experimental study on the fire resistance of unprotected concrete-filled steel tubular columns under multi-loading [J]. Fire Safety Journal，2021，120：103174.

[46] MOORE D B，LENNON T. Fire engineering design of steel structures [J]. Progress in Structural Engineering and Materials，1997，1（1）：4-9.

[47] PLANK R J. The performance of composite-steel-framed building structures in fire [J]. Progress in Structural Engineering and

Materials，2000，2（2）：179-186.

[48] WANG Y C. An analysis of the global structural behaviour of the Cardington steel-framed building during the two BRE fire tests [J]. Engineering Structures，2000，22（5）：401-412.

[49] 李耀庄，李昀晖. 中国建筑火灾引起坍塌事故的统计与分析 [J]. 安全与环境学报，2006，6（5）：133-135.

[50] 吴波. 火灾后钢筋混凝土结构的力学性能 [M]. 北京：科学出版社，2003.

[51] 宋天诣. 火灾后钢-混凝土组合框架梁-柱节点的力学性能 [D]. 北京：清华大学，2010.

[52] TAO Z，WANG X Q，UY B. Stress-Strain Curves of Structural and Reinforcing Steels after Exposure to Elevated Temperatures [J]. Journal of Materials in Civil Engineering，2013，25（9）：1306-1316.

[53] 过镇海，时旭东. 钢筋混凝土的高温性能及其计算 [M]. 北京：清华大学出版社，2003.

[54] CAI J，BURGESS I，PLANK R J. A generalized steel/reinforced concrete beam-column element model for fire conditions [J]. Engineering Structures，2003，25（6）：817-833.

[55] HUANG Z H，BURGESS I W，PLANK R J. Nonlinear analysis of reinforced concrete slabs subjected to fire [J]. ACI Structure Journal，1999，96（1）：127-135.

[56] 陆洲导，朱伯龙，谭玮. 钢筋混凝土梁在火灾后加固修复研究：土木工程防灾国家重点实验室论文集 [C]. 上海：同济大学出版社，1993.

[57] 胡翠平，徐玉野，罗漪，等. 高温作用后混凝土抗拉强度的影响分析 [J]. 华侨大学学报，2014，35（2）：196-201.

[58] 王广勇，韩林海. 局部火灾下钢筋混凝土平面框架结构的耐火性能研究 [J]. 工程力学，2010，27（10）：81-89.

[59] THELANDERSSON S. Modeling of combined thermal and mechanical action in concrete [J]. Journal of Engineering Mechanics，ASCE，1987，113（6）：893-906.

[60] 王广勇，薛素铎. 混凝土瞬态热应变及其计算 [J]. 北京工业大学学报，2008，34（4）：423-426.

[61] 谭清华. 火灾后型钢混凝土柱、平面框架力学性能研究 [D]. 北京：清华大学，2012.

[62] 李国强. 钢结构及钢-混凝土组合结构抗火设计 [M]. 北京：中国建筑工业出版社，2006.

[63] 叶列平. 劲性钢筋混凝土偏心受压中长柱的试验研究 [J]. 建筑结构学报，1995，16（6）：45-52.

[64] 杨莉. 钢骨钢筋混凝土柱二阶效应的研究 [D]. 成都：西南交通大学，1999.

[65] 王秋维，史庆轩，姜维山. 型钢混凝土偏心受压柱的二阶效应的研究 [J]. 力学与实践，2011，33（3）：34-41.

[66] 于澍. 型钢钢筋混凝土柱正截面承载力研究 [D]. 西安：西安建筑科技大学，1991.

[67] 侯进学. 大偏心荷载作用下型钢混凝土（SRC）柱抗火全过程试验研究与理论分析 [D]. 苏州：苏州科技学院，2010.

[68] 张佳. 小偏压型钢混凝土（SRC）柱抗火全过程试验研究 [D]. 苏州：苏州科技学院，2010.

[69] 史本龙，王广勇，毛小勇. 高温后型钢混凝土柱抗震性能试验研究 [J]. 建筑结构学报，2017，38（05）：117-124.

[70] 李引擎，王广勇，李磊，等. 高层建筑结构火灾后性能评估方法及其在央视 TVCC 中的应用研究 [J]. 建筑科学，2014，30（11）：65-70.

[71] 中华人民共和国国家标准. 建筑构件耐火试验方法：GB/T 9978 [S].

[72] LIE T T，DENHAM M A. Factors affecting the fire resistance of circular hollow steel columns filled with bar-reinforced concrete [R]. Ottawa：NRC- CNRC Internal Report No.651，1993.

[73] 韩林海，陶忠，王文达. 现代组合结构和混合结构 [M]. 北京：科学出版社，2009.

[74] 杨勇. 混凝土粘结滑移基本理论及应用基础研究 [D]. 西安：西安建筑科技大学，2004.

[75] 杨勇，赵鸿铁，薛建阳，等. 型钢混凝土基准粘结滑移本构关系试验研究 [J]. 西安建筑科技大学学报，2005，37（4）：445-469，467.

[76] 姚谦峰，苏三庆. 地震工程 [M]. 西安：陕西科学技术出版社，2000.

[77] 殷小溦，吕西林，卢文胜. 配置十字型钢的型钢混凝土柱恢复力模型 [J]. 工程力学，2014，31，（1）：97-103.

[78] 过镇海，时旭东．钢筋混凝土的高温性能及其计算 [M]. 北京：清华大学出版社，2003：124-126.

[79] LIE T T，IRWIN R J. Method to calculate the fire resistance of reinforced concrete columns with rectangular cross section [J]. ACI Structure Journal，1993，90（1）：52-56.

[80] 李国强，韩林海，娄国彪，等．钢结构及钢-混凝土组合结构抗火设计 [M]. 北京：中国建筑工业出版社，2006.

[81] SONG T Y，HAN L H，UY B. Performance of CFST column to steel beam joints subjected to simulated fire including the cooling phase [J]. Journal of constructional steel research，2010，66（4）：591-604.

[82] 王广勇，韩林海，余红霞．钢筋混凝土梁-钢筋混凝土柱平面节点的耐火性能研究 [J]. 工程力学，2010，27（12）：164-173.

[83] 王广勇，刘人杰，郑蝉蝉．火灾降温阶段型钢混凝土框架结构受力性能研究 [J]. 建筑结构学报，2022，43（08）：124-132.

[84] 王广勇，韩林海．局部火灾下钢筋混凝土平面框架结构的耐火性能研究 [J]. 工程力学，2010，27（10）：81-89.

[85] 王广勇，张东明，郑蝉蝉，等．考虑受火全过程的高温作用后型钢混凝土柱力学性能研究及有限元分析 [J]. 建筑结构学报，2016，37（3）：44-50.

# 主 要 参 考 文 献

[1] 中国工程建设标准化协会.建筑钢结构防火技术规范:CECS 200—2006 [S].北京:中国计划出版社,2006.

[2] 王广勇,张东明,韩蕊.钢管混凝土框架约束钢梁的耐火性能 [J].北京工业大学学报,2015,41(03):388-394.

[3] 郑蝉蝉.型钢混凝土约束柱耐火性能研究 [D].北京:中国建筑科学研究院,2015.

[4] ZHANG C,WANG G Y,XUE S D,et al. Experimental research on the behavior of eccentrically loaded SRC columns subjected to the ISO-834 standard fire including the cooling phase [J]. International Journal of Steel Structures,2016,16(2):425-439.

[5] 王广勇,谢福娣,张东明,等.火灾后型钢混凝土柱抗震性能试验及参数分析 [J].土木工程学报,2015,48(7):60-70.

[6] WANG G Y,ZHANG C,XU J,et al. Post-fire seismic performance of SRC beam to SRC column frames[J]. Structures,2020,25(6):323-334.

[7] 王广勇,孙旋,赵伟,等.高温后型钢混凝土框架结构抗震性能及其有限元分析 [J].建筑结构学报,2020,41(4):92-101.

[8] 张超,薛素铎,王广勇,等.火灾后型钢混凝土框架结构力学性能试验研究及分析 [J].工程力学,2018,35(05):152-161.

[9] 王广勇,张超,李玉梅,等.受火后型钢混凝土框架结构抗震性能研究 [J].建筑结构学报,2017,38(12):78-87.

[10] 王广勇,邱仓虎,王力.端部约束钢管混凝土柱耐火性能研究 [J].建筑结构,2018,48(04):50-55.

[11] 王广勇,邱仓虎,王力,等.钢管混凝土框架柱耐火性能研究 [J].建筑结构,2018,48(02):88-92.

[12] 邱仓虎,王广勇,王力.端部约束钢管混凝土柱耐火性能及抗火设计方法 [J].北京工业大学学报,2016,42(07):1037-1044.

[13] 张超,王广勇,薛素铎,等.型钢混凝土柱火灾后恢复力计算模型 [J].工程力学,2016,33(12):196-205.

[14] 傅传国,王广勇.钢筋混凝土框架结构火灾行为试验研究与理论分析 [M].北京:科学出版社,2016.

[15] 王广勇,苏恒,刘维华,等.水平荷载下型钢混凝土框架结构的耐火性能研究 [J/OL].工程力学:1-13[2023-09-16].http://kns.cnki.net/kcms/detail/11.2595.O3.20230817.1322.96.html.

[16] 王广勇.钢筋混凝土、钢-混凝土组合框架结构耐火性能研究 [R].博士后出站报告.北京:清华大学,2010.